·高等教育法学应用教材·

律 师 制 度

主　编　田文昌

副主编　刘金华

中国政法大学出版社

高等教育法学应用教材编委会

主编简介

田文昌 律师，京都律师事务所主任、合伙人，法学硕士。1983 年至 1995 年在中国政法大学任教，曾任法律系副主任、研究生导师。1995 年创办京都律师事务所。中国法学会会员，中国法学会刑法学研究会常务理事，北京市法学会理事，全国律协刑事业务委员会主任，西北政法大学刑事法律学院名誉院长，北京大学、清华大学、中国政法大学、社会科学院法学所兼职教授。1996 年被评为北京市首届十佳律师。2002 年被美国刑事辩护律师协会授予"终身荣誉会员"证书。

出版说明

为适应高等法学教育发展的需要，提高学生发现问题、解决问题以及运用法学知识的能力，我们组织编写了本套《高等教育法学应用教材》。

法学是理论性与应用性相结合的学科，本套教材的最大特点在于突出法学的应用性。主要表现在以下几个方面：

1. 力求与现行最新的立法、司法解释及法律实务相一致。本套教材强调对现行最新的立法、司法解释进行介绍和分析，强调联系司法实务中的新老问题进行论述。

2. 力求与最新的《国家司法考试大纲》相一致。司法考试是从事法律工作的职业资格考试，但每年有大量的法律专业本科生、研究生无法通过司法考试。本教材力图使教学内容与司法考试紧密相联。

3. 力求用简洁、实用的事例说明深奥的原理和规范。在每一本教材中都努力用简洁的文字、实用明晰的案例对基本原理和法律规范进行说明，使学生在最短的时间内读懂教材，并结合历年司法考试试题加以分析。

4. 力求结合最新的研究成果和立法动态。立法、司法和法律实务是动态、发展的。本套教材密切关注和把握改革发展的方向与趋势，努力结合最新的学术研究成果，使法学理论应用于法律实务和教学。

　　为了保证本套教材的高水平和高质量，编委会聘请了多位知名的法学家担任主编。这些专家多数参加过立法和修法工作，并是司法考试教学辅导的名师，具有编写高校教材的丰富经验。

　　本套教材适用于大学本科的教学，尤其适用于司法考试。

　　本套教材的编写，得到了教育部有关领导、中国政法大学领导与教师以及中国政法大学出版社的大力支持，在此一并表示感谢。

　　《律师制度》是本套教材的一种，其作者情况如下：

　　除主编、副主编外按撰写章节顺序排列：

田文昌　北京市京都律师事务所主任律师、合伙人。

刘金华　中国政法大学副教授、在职博士、硕士生导师。

杨　军　中国政法大学法学博士。

蔡景丽　北京市京都律师事务所律师、合伙人。

李本森　中国政法大学副教授、法学博士、硕士生导师。

何鹏飞　广西大学法学院研究生。

张远毅　中国政法大学法学院研究生。

曹树昌　北京市京都律师事务所律师、合伙人。

杨照东　北京市京都律师事务所律师、合伙人。

孟　冰　北京市京都律师事务所律师、合伙人。

朱勇辉　北京市京都律师事务所律师、合伙人。

高文晓　北京市京都律师事务所大连分所律师、合伙人。

陈立群　北京市京都律师事务所大连分所律师、合伙人。

于海纯　北京市京都律师事务所律师、合伙人。

白冬飚　北京市京都律师事务所律师、合伙人。

陆　琦　北京市京都律师事务所律师、合伙人。

华　洋　北京市京都律师事务所大连分所主任律师、合伙人。

中国政法大学《高等教育法学应用教材》编委会

2007 年 4 月

目 录

上编 律师制度

中编 律师诉讼业务

下编 律师非诉讼业务

上 编　律师制度

第一章　律师制度概述

■　第一节　律师的概念和性质

一、律师的概念

律师,我们可以从多重意义上来使用。律师作为一种职业,它是社会分工的产物;律师作为一种身份,是社会对从事律师工作的人的泛称;律师还是一种称谓,是人们对具有律师身份的某个人的特称,如"王律师"、"张律师"等等。[1] 关于律师的概念,各国的说法不尽一致。律师一般指专门从事为当事人提供法律帮助的专业人员。

美国出版的《国际大百科全书》解释:律师又称法律辩护人,是指"受过法律专业训练的人,他在法律上有权为当事人于法院内外提出意见或代表当事人的利益行事"。依据其1983年通过,1991年修正的《律师职业行为示范规则》之规定,律师的概念由三要素构成,即:律师是当事人的代理人,是法制工作者,是对法律的顺利实施和司法的质量负有特殊责任的公民。美国的律师(Lawyer)按工作内容的不同,又分为自己开办法律事务所的"挂牌律师"、政府机关雇用的律师、大企业公司雇用的律师等。

英国没有一般律师的称呼,只有"巴律师"和"沙律师"之称。"巴律师"又称"辩护律师"、"出庭律师"、"大律师"。"巴律师"的任务主要是出庭辩护,他们有权在各类法院包括基层法院、高级法院、贵族法院、王室法院出庭。有时也就"沙律师"提出的法律问题发表意见。这类律师执业10年以上的,经本人申请并经大法官推荐,可由英王授予"皇家律师"称号。"沙律师"又称"事务律师"、"撰状律师"、"初级律师"、"小律师"。"沙律师"通常只从事向当事人解释有关法律问题、提供诉讼等方面的指导。他们有时也代理案件,但仅限于在治安法院、郡法院等初级法院和上诉法院。[2]

---

〔1〕　谭兵:《律师法学》,法律出版社2005年版,第1页。
〔2〕　陈宝权等:《中外律师制度比较研究》,法律出版社1995年版,第17页。

德国则在法律中对律师的概念作了明确规定,《德意志联邦共和国律师法》第 1 条规定:"律师是独立的司法人员。"第 2 条规定:"律师为自由职业者。律师的活动不具有经营的性质。"第 3 条规定:"律师是法律事务中独立的、职业的顾问和代理人。"

法国没有对律师概念作完整表述的法律,但却有关于"律师职业是自由与独立的职业"[1]这类可凭此判断律师性质的规定。在法国,律师也有类似英国那样的大小律师之分。该国的原在大审法院从业的大审代诉员,相当于英国的出庭律师,而小律师不能在大审法院从事代诉活动,他们通常只在商务法院从业。直到 1971 年法国才对其原有律师体制进行改革,将上述两种律师"合二而一"。

日本则把律师称为"辩护士",兼职律师叫做"客员辩护士",候补律师叫"辩护士试补"。日本的《律师道德法》序言中,有涉及律师概念的如此规定:律师在社会中,是自由的倡导者,是秩序的维护者。

在我国古代,"律师"一词原本为佛家语,佛教称熟知戒律,并能向人解说者为"律师",即"能否佛法所作,善能解说,是名律师"。"律师"一词也用于道家修行的品号。"道家修行有三号,其一曰法师,其二曰威仪师,其三曰律师。"因此,佛家和道家所讲的"律师"与我们现在所讲的律师概念完全不同。我国真正意义上的现代"律师"的称谓出现在清朝末年,清政府制定的《大清刑事民事诉讼律》中出现了律师一词。尽管这一诉讼法并未生效,但旧中国的律师制度仍然沿用了"律师"这一名称。

新中国成立后,在废除国民党旧的律师制度的同时,也取消了"大律师"(出庭律师)和"小律师"(撰状律师)之分,新的律师制度将从事法律服务的专业人员统称为"律师",此称呼一直沿用至今,并为我国法律所确认。《中华人民共和国律师法》第 2 条规定,律师是"依法取得律师执业证书,为社会提供法律服务的执业人员"。

根据《律师法》及有关法规,我们可以将律师的特征归纳如下:

1. 社会性。律师作为一种职业,是一种社会性职业,是面向社会为社会上需要法律服务的人提供法律服务的。这种职业是一种开放式的职业,它不是仅为某一行业或某一阶层提供服务,而是面向全社会开放的、无选择的、全方位的法律服务职业。律师可以运用自己的聪明才智,为社会主体提供优质的法律服务。历史已经证明,律师早已跳出旧有的职业范围,全面参与到社会的政治、经济、文化等活动中。律师通过为社会提供法律服务,在帮助委托人正确行使法律权利,保护其合法权益的同时,有助于在全社会树立权利观念、法治观念。

---

[1] 法国 1971 年《关于改革若干司法职业和法律职业的第 71 – 1130 号法律》。

2.民主性。律师是"辩论专家"。辩论,意味着允许发表不同意见和观点,意味着民主,在没有民主的制度下,是不允许辩论的,因此也不会有律师制度的存在。律师制度的产生、发展与完善,是民主进程的重要标志。律师及律师职业的民主性主要表现在:①律师产生于统治阶级民主管理国家的需要。这一点从古罗马时期实行朴素的政治民主从而产生律师及律师职业可以得到认证。通过律师活动,统治者能直接了解公民的不同意见和心态,了解法律在公民中的执行和遵循情况,发挥法律在民主管理国家中的作用。而在专制社会中,律师制度则丧失了生存和发展的政治氛围,遭到无情的扼杀。②就律师从事的法律服务活动本身而言,律师制度的确立表明了统治者管理国家和社会的一种民主态度。同时,律师参与法庭辩论和对抗,有利于防止审判人员思维方式和裁判依据的孤立和片面,避免其主观臆断和偏听偏信,体现了诉讼的民主和科学。

3.专业性。不论是我国还是其他国家,任职律师都必须具备一定的条件,一般的要求是受过法律专业训练,具有法律专业知识。律师是处理当事人法律事务的专业人员,经过专门的教育培训,通过全国统一的司法考试,获得相应的专业资格,在法律专业知识、职业品行、专业阅历等方面已经超出社会普通人员的法律专业水平,被称为法律专家,律师运用渊博的法律知识和娴熟的专业技能,使当事人的合法权益得到有效的保护,这对创造良好的法治环境,促进社会的和谐发展起着不容忽视的作用。我国司法部从1986年开始在全国实行律师资格统一考试,取得了良好的效果,使我国的律师队伍在保证质量的基础上得到了迅速发展。随着司法制度的改革,2002年我国正式实行法官、检察官、律师资格一元化的司法考试制度。此项考试合格,才有权申请律师资格。因此,一个人如果不具有相当的法律专业知识,就不可能成为一名律师。

4.受托性。律师执业基于当事人的委托,当事人与律师之间是委托与被委托的关系,而且律师执业的种类与范围亦由当事人根据需要指定。如果没有当事人的委托,律师就不能开展业务工作;而没有业务,则法律规定的律师执业权利也就无法行使。法官行使国家审判权与检察官行使国家检察权的活动是职务活动,律师的执业活动不具有行使权力的性质,这是律师职业与法官、检察官等官方法律职业的根本区别。

5.服务性与有偿性。律师的天职是为社会提供法律服务,但律师向当事人提供法律服务仅仅是对当事人的一种帮助,当事人可以采纳律师的意见,也可以拒绝采纳。这一特征决定了律师所提供的法律服务与执法人员的执法活动在法律效力上具有实质性的区别。律师及律师职业的有偿性,是指律师为社会主体或当事人提供的法律服务,原则上应是有偿的。法律服务是律师的劳动成果,具有商品特征。律师通过自己的知识、技能为当事人提供法律服务,当事人则通过给付金钱的方式向律师支付酬金。而且,为了保证律师法律服务在商品交换中体现公平、等价,各国都制定有律师收费的有关标准。同时,为保护当事人的利益,又创制了律师责任赔偿制度等等。这种有偿性将有利于提高律师的法律服务质量和推动律师制度的不断发展。

6. 独立性。独立性是指律师法律服务活动的相对独立,律师组织的相对独立和律师工作形式的相对独立。律师自治,是律师独立性的表现和要求。律师在办案的过程中,不受制于任何外来力量,在坚持法律的原则下,依据客观事实独立思考。律师与委托人的关系是一种契约关系,接受当事人委托为其提供法律服务,是在法律范围内的服务与被服务的关系.而不仅仅是金钱雇佣关系。律师职业的独立性具体表现在:①律师在依法执业活动中不受任何个人和组织非法干预,律师及律师职业与行政、司法工作实行制度分离。律师的这种独立,有利于在社会主体或当事人中树立起律师民主、公正的形象。②律师工作形式的相对独立。律师活动往往是单个进行的,较少集体活动,而且在接受当事人委托,为当事人提供法律服务过程中,不受当事人左右,而是依据事实和法律进行活动。③律师由律师协会实行自治性管理。律师职业不同于行政管理,西方多数国家都实行律师组织自治管理的模式,这一方面有利于维护律师自身权益,另一方面使对律师的管理更直接、高效。我国根据实际状况采取了司法行政管理与律师协会自律管理相结合的模式。

二、律师的性质

1. 律师性质的概述。所谓律师的性质,是指律师作为法律工作者,其职业本身所具有的性质,并区别于其他职业的本质属性。在一个国家的律师制度中,律师的性质是个根本性问题,它体现在律师制度的各个方面,制约着律师的地位、权利、义务、作用、责任和律师制度的发展趋势。在近现代,律师发展成为一种高度专业化的职业,并由一个从业群体演进为一个社会阶层,这是同期进行的法治实践的结果。律师作为一种职业,具有与其他社会职业不同的特性。因此,从这一层意义上说,律师的性质主要体现在律师的职业属性的定位上。

关于律师的职业属性,各国律师法的表述不尽一致。西方国家多将律师定性为"自由职业者"。例如,德国律师法规定,律师为自由职业者,律师的活动不具有经营的性质;法国《关于改革若干司法职业的第71-1130号法律》第7条规定,律师职业属于自由职业。西方国家之所以强调律师自由职业者的身份,是与律师具有的独立性分不开的。律师为社会提供各种法律服务,其执业活动不具有公务性,与法官、检察官等作为国家司法权力行使者完全不同。"自由职业者"的定性对律师来说,表现为律师执业的非官方性或社会性。法官、检察官等公务人员工作的内容具有职务性，而律师的工作具有自主性。律师工作的自主性表现为律师执业形式与方式的自由与自主。律师不仅可以自主决定提供法律服务的内容与对象，他甚至还可以像医生开办个体诊所一样开办个人律师事务所，并以个人名义执业。当然，律师作为自由职业者并非指律师执业享有绝对的自由（这种绝对的自由是不存在的）。律师的执业活动应在法律规定的范围内进行。

2. 我国律师职责的定位。律师制度在中国是纯粹的"舶来品"，自 1979 年恢复律师制度以来，律师制度在我国的发展不过二十几年。在法治不断发展和完善的今天，律师制度已经成为了法治社会不可缺少的重要组成部分，没有律师就谈不上法治。然而，令人深感遗憾的是，关于律师职责的定位问题至今仍然困惑着我们。

1980 年 8 月全国人大常委会十五次会议通过的《中华人民共和国律师暂行条例》第 1 条明确规定："律师是国家的法律工作者。"在通过该条例时的立法说明中解释说，我国律师的"工作性质，实际上肩负着国家赋予的使命，按照我国的社会主义法律办事，又通过自己的工作维护社会主义法律的正确实施"。因此，"律师是国家政治、经济领域和社会生活中一支维护法律的力量"。据此，当时的主流观点就认定我国律师的性质是"国家法律工作者"。但随着市场经济的发展，对外经济文化交流步伐的加快，民主法制进程的深入，人们逐步认识到，将律师的性质界定为"国家法律工作者"难以体现律师的自身属性和职业特点，不利于对外交往和自身发展。因此，1996 年 5 月通过的《中华人民共和国律师法》把律师界定为"依法取得执业证书，为社会提供法律服务的执业人员"。

关于律师职责的定位，目前，我国学术界争论较大，没有达成统一认识。从 20 世纪 80 年代起至今，大致形成了以下三种意见：

（1）主张将律师定性为"国家法律工作者"。持这种观点者认为，我国是社会主义国家，法官、检察官、律师都是国家的法律工作者，都为我国社会主义制度服务，它们之间的区别只是分工不同而已。这种观点只强调了律师的阶级属性，未能进一步揭示律师职业不同于法官、检察官职业的特殊性，尤其是未能认识到律师职业在我国的发展前景。因此，这种观点抹煞了律师职业的特点，不利于律师职业的发展，亦会对律师在我国法治建设中发挥应有的作用产生消极的影响。

（2）认为律师是"社会法律工作者"。持这种观点者认为，律师作为社会法律工作者，是由律师工作的社会性所决定的。这种社会性首先表现为律师执业活动的非公务性。律师作为法律工作者，其接受当事人的委托，提供法律服务的执业活动就是为了维护"私权"，这与法官、检察官行使"公权"截然不同。从这一意义上讲，社会法律工作者的定性比国家法律工作者的定性更正确地揭示了律师的特征。其次表现为律师服务对象的广泛性。律师可以为政府、企事业单位以及公民个人提供法律服务,律师执业亦不受地域和行业的限制。而且,律师作为"社会法律工作者"的另一层含义是指律师提供法律服务是有偿的。"社会法律工作者"的提法显然无法完全将律师与其他法律工作者区别开来,但毕竟揭示了律师不同于法官、检察官的特殊性,因此比"国家法律工作者"的提法更科学。

(3)认为律师是"自由职业者",从律师职业活动的方式来看,律师接受当事人的委托,担任辩护人、代理人和法律顾问以及承办其他各类法律事务,都属于个人劳动。律师在一般情况下既可以接受,也可以拒绝接受,具有自由原则的特点。律师接受委托后,以什么样的方式维护委托人的利益,也完全由律师决定。

对于上述观点,我们认为,探究律师的性质,应该先确立两方面的前提认识:①律师属于法律职业者,从性质上看,应当与法官、检察官等其他法律职业者拥有共通的属性从而区别于其他职业的从业人员。②应当进一步界定律师与其他法律职业者在职业属性上的差异。综合以上两个方面的内容,才能看作是对律师性质的合理界定。[1]

要弄清律师的职责,首先要弄清什么是律师。在20世纪80年代律师制度恢复至今的20多年时间里,中国的律师身份也随着社会的发展在不断变更。由最初的"国家法律工作者"到现今的"为社会提供法律服务的执业人员"(现行《律师法》的定义),随着社会主义市场经济的发展,律师身份最重要的变化体现在,律师已经失去了原有的公职身份,没有国家赋予的公权力,而只是具有独立、自由身份的、在法律规定的范围内,为委托人提供有偿法律服务的法律职业者。用一句通俗的话来描述律师:律师既不是天使,也不是魔鬼;律师既不代表正义,也不代表邪恶,而是通过参与司法活动的整体过程去实现并体现正义。弄清了律师是什么,我们就可以很清楚地看出,律师的工作就是为委托人提供法律服务,律师工作的背景和立场具有民间性,律师的职责就是依法最大限度的维护委托人的利益。除此之外,再无其他。

律师不代表正义,因为他以维护委托人的利益为己任,而委托人作为冲突的一方显然不能代表正义。律师维护正义,因为他以最大限度维护委托人利益的方式去扶正了法律的天平。所以,从形式上看,律师是委托人利益的代言人;从本质上看,律师则是构建法律公正的必备要素。

律师是与法治并存的,律师职业道德与社会道德在根本上是和谐统一的,律师职业本质与社会公平正义是并不矛盾冲突的。当公权力与私权利

---

[1] 陈卫东:《律师执业概论》,法律出版社2005年版,第19页。

发生冲突时,面对这两种权利的悬殊差别,律师站在私权利一边与公权力抗衡,是防止公权滥用的重要制约手段,而这种制约又正是维护公权力的正当性从而使国家政权得以稳固所必需的。另外,当私权利之间发生冲突时,面对繁杂深奥的法律规范,律师站在委托人一边,运用丰富娴熟的法律知识去帮助他们处理法律难题,去帮助他们维护和争取自己的合法权益,又是维护司法公正和保障社会经济发展的有效制约手段。从根本上讲,这种作用同样也是使国家政权得以稳固所必需的。

律师应当以依法维护委托人的合法权益作为其职业道德的基本准则。当律师的职业道德与社会道德相冲突时,律师首先应当服从职业道德。而服从职业道德本身正是以维护法律公正的方式,从根本上维护了社会道德。所以,在本质上,律师的职业道德与社会道德是统一的,两者并不矛盾。正因如此,律师才负有为委托人保密的义务,律师才不能揭发委托人的罪行和提供委托人的有罪证据,也不能在民事诉讼中以主持正义为理由而出卖委托人的利益。律师为被告辩护,并不是为了帮助被告人与法律相抗衡,而是从维护被告合法权益的角度,通过与公诉人相对抗的方式去寻求司法公正。

通过以上对律师社会角色定位的分析,我们可以得出结论:律师维护人权,维护法律、维护公平和正义乃至维护社会统治秩序的作用,只能在其为委托人提供法律服务的具体过程中得到综合体现。律师职责的最终目标,是通过依法为其委托人提供法律服务,实现司法公正,并最终实现社会的正义。

因此,我们认为,律师职业属性的定位应该是为委托人提供法律服务的社会工作者。这一定位,反映了律师的本质特征,有利于我国律师业的健康发展,有利于律师作用的充分发挥,但仅作这种定性还不够。我们应该逐步完善律师制度,规范律师管理,充分发挥律师协会的自治作用,使律师真正成为高度自律的职业,真正成为充分发挥其应有作用的社会自由职业。

■ 第二节 律师的任务和业务范围

一、律师的任务

律师的基本任务,也可称为律师的职能,这是由国家立法规定的,与各国的社会、政治制度密切相关。如《日本律师法》第1条规定:"律师的使命:①律师以维护基本人权、实现社会正义为使命;②律师根据前项使命应当诚实地执行职务,努力维护社会秩序和改善法律制度。"我国律师的基本任务体现在《律师法》第1条规定的立法宗旨中,根据该条规定,我国律师的任务包括以下几个方面:

1. 维护当事人的合法权益是我国律师的基本任务。律师开展业务活动是基于当事人的委托,当事人委托律师的目的是希望律师保护他的合法权益,律师只有维护了当事人的合法权益,才能算得上真正履行了自己的职责,可以说维护当事人的合法权益是律师的天职。当然,律师维护的是当事人合法的权益,对于当事人非法的和不正当的要求,律师应当拒绝,更不应当当作律师的任务来完成。

2. 维护国家法律的正确实施是我国律师的根本任务。我国律师是社会主义国家的法律执业人员,他必须在法律规定的范围内开展业务活动,通过开展业务活动维护国家法律的正确实施。它与律师的具体任务是密切相关的:①当事人的合法权益是由国家法律赋予的,因此,律师通过提供法律服务,维护当事人的合法权益,国家法律就可以得到正确实施;反之,如果当事人的合法权益得不到维护,则规定这种权益的法律就得不到遵守和执行。②律师在提供法律服务中,必须严格遵守法律的规定,依法办事,而不能歪曲法律,故意规避法律去迎合当事人,损害国家和集体的利益,破坏法律的统一和尊严。由此可见,维护当事人的合法权益和维护法律的正确实施,两者是统一的,不可偏废。律师既不能以维护当事人合法权益为由,损害法律的统一和尊严,也不能以维护法律为借口,损害当事人的合法权益。

3. 发挥律师在社会主义法制建设中的积极作用是我国律师的本职要求。律师通过开展大量的业务工作,解决矛盾、缓解纠纷,宣传法律、普及法律,对维护社会稳定、增强当事人法律意识起到了良好的作用,律师精通法律,勤于实践,通过理论实践循环往复的过程对我国法制建设提出好的意见和建议,从而为我国民主与法制的日臻完善起到应有的作用,这些都应当作为律师的本职工作来完成。

二、律师的业务范围

律师的业务是指法律规定的律师可以提供法律服务的范围。在法律中明确规定律师的业务,使律师在提供法律服务过程中有法律保障,也为公民、法人和其他组织寻求法律帮助指明方向。我国律师提供的业务活动必须有法律依据,没有法律依据是不能介入的。

从理论上说,律师的业务应当是没有具体界限的,律师作为社会提供法律服务的专门性职业,只要是有助于保障国家法律的正确执行,有助于市场经济的发展,有助于维护国家机关、企事业单位、社会团体和公民的合法权益,律师都可以并且应当从事这些活动。但是,律师的业务往往受到国家的政治、经济、文化和律师的总体素质的影响,因而被限制在一定的范围之内。我国1996年颁布的《律师法》在吸收律师制度改革成果的基础上将我国律师的业务规定为七大项,《律师法》第25条规定我国律师可以开展以下业务:

1.接受公民、法人和其他组织的聘请,担任法律顾问。

2.接受民事案件、行政案件当事人的委托,担任代理人,参加诉讼。

3.接受刑事案件犯罪嫌疑人的聘请,为其提供法律咨询,代理申诉、控告,申请取保候审,接受犯罪嫌疑人、被告人的委托或者人民法院的指定,担任辩护人,接受自诉案件自诉人、公诉案件被害人或者其近亲属的委托,担任代理人,参加诉讼。

4.代理各类诉讼案件的申诉。

5.接受当事人的委托,参加调解、仲裁活动。

6.接受非诉讼法律事务当事人的委托,提供法律服务。

7.解答有关法律的询问、代写诉讼文书和有关法律事务的其他文书。

■ 第三节　律师的执业原则

律师工作的基本原则是指律师开展工作时应遵循的基本行为准则。律师执业活动必须遵循这些原则是由我国的国家性质和律师制度的本质所决定的,同时,也是由我国的律师工作的特点所决定的。律师执业的基本原则的含义表现在以下几个方面:①这些原则在我国的《律师法》、《民事诉讼法》、《刑事诉讼法》、《行政诉讼法》等法律规范中都有比较明确的体现。②这些原则具有高度的概括性和覆盖面,贯彻于律师执业的整个过程中,体现在律师执业的各个方面。③这些原则对律师的业务活动具有普遍的指导意义,具体的法律条文没有规定或规定不明确的可以适用基本原则。④这些原则确立的目的在于维护司法公正、建设社会主义法治国家,更好地实现法律赋予律师的历史使命。根据我国《律师法》第3条规定,我国律师执业必须遵守的原则包括以下:

一、遵守宪法和法律原则

宪法是国家的根本大法,每个公民都必须遵守。我国《宪法》第5条第4款规定"任何组织或者个人都不得有超越宪法和法律的特权",第33条第3款规定"任何公民享有宪法和法律规定的权利,同时必须履行宪法和法律规定的义务"。律师作为我国公民,应当履行我国公民的义务,遵守宪法和法律。律师遵守宪法和法律有两层含义:①律师在执业时必须遵守宪法和法律,不得拥有超越宪法和法律的特权,必须如实地履行宪法和法律规定的义务,我国《律师法》第3条第1款规定"律师执业必须遵守宪法和法律"。如果律师执业时自己违犯宪法和法律,那么不但违背了律师的职责,而且有损律师的声誉。②律师在非执业时间作为一个普通公民也应遵守宪法和法律,遵守宪法和法律是每一个公民的神圣职责,律师在非执业时作为普通的公民更应当起模范带头作用。

二、恪守律师职业道德和执业纪律原则

律师的职业道德是律师在长期的实践中形成的行业道德规范,每个行业都有自己的职业道德,律师也不例外。律师的执业纪律是律师职业道德的具体体现,是律师执业时必须遵守的行为规范。没有规矩不成方圆,律师必须遵守好职业道德和执业纪律,我国《律师法》第 3 条第 1 款规定律师执业必须恪守律师职业道德和执业纪律。1996 年 10 月 6 日,中华全国律师协会常务理事会通过了《律师职业道德和执业纪律规范》,对律师职业道德和执业纪律作了全面、具体的规定。律师在执业活动中,只有恪守职业道德和执业纪律,才能保证提供优质的法律服务,维护当事人的合法权益,维护法律的正确实施,从而促进律师事业沿着健康的方向发展。

三、以事实为根据、以法律为准绳原则

我国《律师法》第 3 条第 1 款规定:"律师执业必须遵守宪法和法律。"第 3 条第 2 款又规定:"律师执业必须以事实为根据,以法律为准绳。"遵守宪法和法律是我国公民的义务,律师本身也是公民,理应遵守宪法和法律。律师只有自身首先模范地遵守宪法和法律,才能在工作中真正做到以法律为准绳。

以事实为根据,指律师进行任何一项业务活动,都应尊重客观事实,以事实真相为基础,把全部业务活动都建立在充分可靠的客观事实和证据的基础上。具体体现在律师的业务活动中,要求其认真阅卷,全面进行调查和了解情况,仔细核实,反复推敲以认清案件真相。而不是单凭主观臆想推测,也不能偏听偏信。如果因怕麻烦、图省事而不做调查分析简单下结论,则难免办错案。坚持以事实为根据还要求律师在法庭辩论中,摆事实讲道理,而不是强词夺理。当然,如果遇到现场遭破坏,证据灭失等使律师调查事实受到限制或难以实施的情况,律师则可以以"没有一定事实"为依据,提出矛盾,指出有关证据不充分、不确实之处,提醒有关机关某案件的认定值得怀疑,以协助案件的全面查清,做到不枉不纵。同时,也发挥了律师对有关机关的监督和制约作用。

以法律为准绳,则要求律师进行任何一项业务活动,均须以国家的有关法律、法规为标准去判断是非曲直。同时,准确地理解和把握法律的原则,以此指导业务活动。在任何情况下,不违反、背离法律,也不做出不利于法律正确实施的行为。具体体现在:①律师应系统地通晓法律,掌握和熟悉法律条文。②在从事的各项业务活动中,严格执法办事,维护法律的尊严,对违反法律的事坚决抵制,不屈从于外部压力,更不能为达到个人目的而断章取义地歪曲法律。③具备高度的法律观念和深厚的法学素养,配合司法机关在没有法律的时候找到"准绳",做好一案一事的审理判决工作。

四、接受国家、社会和当事人监督原则

律师执业是否依法,是否恪守了律师职业道德和执业纪律,关系到律师事业的健康发展,因此律师执业必须接受监督。律师执业接受监督有利于树立律师良好的执业形象,规范律师的行为,提高律师的执业水平。《律师法》第3条第3款规定:"律师执业应当接受国家、社会和当事人的监督。"

国家对律师的监督,主要是通过国家机关来实现的,具体有:①人民代表大会及其常务委员会的监督。各级人民代表大会及其常务委员会通过执法检查来检查律师执业过程中是否有违法行为,对违法的律师按程序移交司法机关或其他机关处理。②司法行政机关的监督。国务院司法行政部门依照律师法对律师和律师协会进行监督,省、自治区、直辖市的司法行政部门对违反律师法规定的,可视情节给律师以警告、停止执业、没收违法所得或吊销律师执业证书等行政处罚。③税务机关的监督。律师有纳税的义务,税务机关对律师偷税、漏税、欠税、抗税的按有关规定处罚。④检察机关的监督。对于律师在执业活动中有泄露国家重要机密、行贿、介绍贿赂或伪证行为,情节严重构成犯罪的,由检察机关立案侦查,并决定是否向人民法院提起公诉。⑤人民法院的监督。律师作为辩护人或代理人在刑事诉讼、民事诉讼或行政诉讼中有违法行为的,人民法院可以根据情节轻重予以罚款、拘留,情节严重构成犯罪的,依法追究刑事责任。

社会对律师的监督,具体包括民主党派的监督、社会团体的监督、群众组织的监督和广大人民群众的监督等。社会各方面对律师的监督表现在:对于律师违反职业道德的行为,任何单位和个人都可以直接向律师提出批评,予以谴责,也可以向律师所在的律师事务所、律师协会、司法行政机关进行反映,或通过新闻机构、报刊杂志等媒体加以揭露和曝光以实现舆论监督。对于律师违反执业纪律、不履行义务的行为,任何单位和个人都有权向司法行政机关进行检举揭发。对于律师泄露国家重要机密、行贿或介绍贿赂的行为,任何单位和个人均有权向检察机关进行举报。

当事人对律师的监督体现在对于律师在接受其委托为其提供法律服务的过程中,发生违反法律、法规,不遵守职业道德和执业纪律,敷衍塞责的,当事人有权向律师所在的律师事务所、律师协会或司法行政机关提出控告,要求依法处理。对于律师违法执业或者因过错给自己造成损失的,有权向人民法院提起诉讼,要求律师所在的律师事务所承担赔偿责任。

五、律师依法执业受法律保护的原则

律师依法执业受法律保护原则包含以下内容:

1. 律师有权依据事实和法律,独立开展业务活动,不受其他单位、个人的非法干涉。关于律师的依法独立执业,是各国律师法的普遍规定。例如,《日本律师法》第1条规定:"律师是独立的法律工作者。"《日本律师联合会

会章》第 16 条规定："律师的本质是自由的,不受权力和物质所左右。"法国、德国、美国等国家的律师法中也有类似的规定。可见,允许律师依法独立执业是保证律师真正发挥其作用职能所需要的。

2.律师只有依法执业才能受到法律保护。即是说,如果违法执业,或者在执业过程中从事违法活动,法律则不予保护。例如,被处罚停止执业但仍去执业,或者在执业中出现提供虚假证据的行为等,法律不仅不予保护,还要追究其责任。

3.律师依法执业,其职务权利、人身权利均受法律保护。任何单位、个人不得非法限制或剥夺律师的法定权利。如果发生律师在依法执业过程中,其各项法定权利甚至人身权利受到侵犯的问题,律师协会、司法行政机关要采取有效方式予以保护。司法机关也应依法予以保护。从而达到全社会都应消除对律师工作的误解、疑虑、偏见,尊重并支持律师依法执业,自觉承认和维护律师依法执业享有的接受法律保护的权利,而不应当发生阻挠、破坏律师的依法执业的现象与行为。

我国《律师法》第 3 条第 4 款规定："律师依法执业受法律保护。"这一条为律师依法执业提供了法律保障依据,是有中国特色的律师执业原则。我国律师制度自 1979 年下半年恢复重建以来,为我国民主与法制建设做出了重要贡献,也得到了社会的尊重。但是由于多方面因素的影响,现实生活中侵犯律师合法权益的事情时有发生,例如对方当事人迁怒于律师,殴打律师,当事人扣押律师做人质,某些法官不让律师查阅案卷,防止律师会见犯罪嫌疑人、被告人、与被告人通信,法院根本不尊重律师的意见,你辩你的,我判我的,有的法官无视律师的合法权益,将律师"驱逐"出法庭等。针对以上这些侵犯律师合法权益的情况,《律师法》规定"律师依法执业受法律保护",这样有利于保障律师的合法权益,为律师执业创造一个良好的执业环境。律师执业,必须依照法律规定提供法律服务,如果律师本身违法不但得不到法律的保护,而且要按法律或规章的规定追究责任。把律师依法执业受法律保护作为我国律师执业的原则,反映了我国民主与法制建设已达到了一定的水平,是我国民主与法制建设的重要体现。

第二章 律师制度的产生和发展

■ 第一节 西方律师制度的产生和发展

一、外国律师制度的历史沿革

（一）古希腊和古罗马时代的辩护制度

早在公元前 6 世纪古希腊雅典共和国时期，伦理、道德、习俗和法律尚未分化，当然不可能有律师。但是在当时争论的场所，已经出现了一些能言善辩的人。这些人在发生纠纷的场合似乎也能起到律师的作用，虽然当时的这种辩论的主要根据是伦理、道德和习俗方面，但也起到了代理人的作用。对此，美国著名法学家庞德认为这就是律师的萌芽。根据当时雅典的法律规定，只有雅典男性公民才享有起诉权（奴隶除外），异邦人只有通过他的"保护人"才能起诉。诉讼分私人诉讼和公共诉讼两种，诉讼程序又分审查与裁判两阶段。[1] 在裁判会上，法官先宣读原告的申诉书和被告的反驳书，然后双方当事人发言进行辩论。有的还委托别人撰写发言稿，并让委托人在法庭上宣读。当事人察觉到法官易受善辩的影响，便不惜花钱雇用精通法律而又口齿伶俐的人来为自己辩解。这样，雅典的辩护士就应运而生了。

如果说雅典的保护人或辩护士是律师的雏型，那么，在罗马帝国时期形成的叫做"阿多克梯斯"的辩护人制度，则是西方律师制度的雏型。古罗马共和国时期，法庭允许监护人、保护人以自己的名义代理他人进行诉讼活动，至共和国末期，在法律上就出现了"保护人"，并逐渐形成保护人制度。《十二铜表法》中就有多处规定了出庭辩护和依法进行辩护的条文，到了公元前 1 世纪至公元 5 世纪的罗马帝国时期，逐渐形成一批专门从事法庭辩护和诉讼代理的人，其活动已被纳入国家法制的轨道。当时的法律规定："诉讼代理人"或"辩护士"必须受过 5 年的法律教育，"诉讼代理人"、"辩护士"分从业、候补两类，按管辖地区配备，在从业"辩护士"不足时，候补"辩护士"才上任，开始不允许收费，后又明文规定可以按标准收费，其活动受执政官监督。这些精通法律、善于言辞、有资格解释法律并有希望成为法官的人

---

[1] 谭兵：《律师法学》，法律出版社 2005 年版，第 14 页。

逐渐形成一个特殊阶层,即辩护人团体,其中的刑事辩护人就叫做"阿多克梯斯"。"阿多克梯斯"的产生标志着罗马时代的律师已有专职化分工,它也被人们认为是西方律师制度的起源。

(二)中世纪的律师制度

公元476年罗马帝国灭亡,至公元1640年英国资产阶级革命,史称"中世纪"。在这一段时期封建等级制度森严,国王和教会专权,宗教色彩非常浓厚,在司法领域实行"纠问式"诉讼,被告人没有多少申辩权利,刑事辩护制度形同虚设,刑讯逼供、"招认"是其主要特征,漫长的中世纪就像一个罐头瓶把人的思想禁锢起来。如:臭名昭著的宗教裁判所,专门审判有关异教徒。在宗教裁判所的审判中,被告人的招认被视为"证据之王"。另外,国王与教会的权力斗争导致世俗法院与宗教法院长期并存,诉讼活动中还带有浓厚的宗教色彩。所有这一切都抑制了律师发挥应有的作用。

中世纪的法国,在世俗法院里,虽然还保留着极少数的辩护形式,但是出庭辩护的只能是僧侣,故称"僧侣律师"。直到12世纪以后,法国从封建割据向等级代表君主制过渡,王权日益强大,逐步限制僧侣参与世俗法院的诉讼活动。13世纪以前,司法决斗是解决诉讼的基本证据形式。当僧侣律师在世俗法院的活动受到限制,直到被禁止到世俗法院充当辩护人后,受过系统法律教育,经过宣誓、注册登记的世俗律师在法国悄然兴起,并逐步取代了僧侣律师。诉讼中的决斗形式也被禁止。在16世纪的意大利,唯物主义哲学家布鲁诺就被宗教裁判所用火刑处死,毫无申辩之权利。

中世纪的英国,教会法院与世俗的君主法庭共存了相当长时间,到爱德华一世时期,君主法庭在英国的司法制度中已占中心地位,世俗律师才崭露头角,世俗律师又分辩护律师与初级律师。辩护律师是受一方诉讼当事人的委托在法庭上为其进行辩护的人。英国出现辩护律师还与英国的诉讼程序密切相关。当时的诉讼程序规定,在法庭上由双方当事人口述自己的主张,而且一经陈述则不许撤回。有些案件明明有理,但因当事人一时紧张或不善表达说错了话而败诉。可是,当事人的代理人提出的主张,却允许更改或追诉。于是,当事人委托代理人,就成为保护自己利益、避免因失误而造成败诉的重要措施。另外,当时英国实行陪审制,审判程序复杂,当事人在法庭之上,一般都需要律师的帮助。到13世纪末,英国就产生了辩护律师职业团体,职业化的辩护律师又称高级律师,在国王法院拥有垄断辩护业务的特权。初级律师又称代办人或替身,主要是帮助当事人进行诉讼活动,在法庭上并不倚重辩论。15世纪中期,英国就有了四所旨在培养律师人才、后又成为英国司法制度的中枢、法官的摇篮的律师学院。在英国,成为正式的辩护律师需要经过严格的考核,专门律师垄断法庭辩论权也成了惯例。

从中世纪欧洲总体发展看,律师的权限、活动范围等受到很大限制,律师制度无法得以发展,从这个意义上说,这一时期,律师及律师制度基本上处于衰落和停滞状态。

(三)近代资本主义律师制度

近代资本主义律师制度是资产阶级革命的产物。十七世纪初,资产阶级启蒙思想家李尔本、洛克、孟德斯鸠、伏尔泰等,对封建专横的纠问式诉讼制度进行了猛烈的抨击。他们提出罪刑相等、无罪推定等原则,宣扬"天赋人权"、"人人平等"的思想,主张用辩论式诉讼代替纠问式诉讼,被告人有权自行或请律师为自己辩护等等。这一切为形成辩论式诉讼制度奠定了思想基础。

资产阶级革命胜利后,资本主义国家以法律的形式将一系列辩护制度确立下来。英国于1679年5月26日公布了《人身保护法》,第一次以成文法的形式确立了诉讼中的辩论原则和被告人的辩护权。1695年,英王威廉三世颁布法律规定:严重叛国案的被告人可以聘请律师为其辩护。1863年,英王威廉四世再次颁布法律规定:不论任何案件的预审或审判,被告人都享有辩护权。1791年《法国宪法》规定,从预审开始就不得禁止被告人接受辩护人的帮助。1793年《法国雅克宾宪法》又规定,国家要有"公设辩护人"。1808年《拿破仑刑事诉讼法典》完全确立了辩论原则和律师制度。《美国宪法修正案》第6条规定:刑事被告人"受法庭律师辩护之协助"。资本主义律师制度确立以后,由原来狭窄的刑事辩护业务迅速扩充延伸到政治、生活的各个领域,现在,律师制度已经成为资本主义法律制度不可缺少的组成部分。

(四)现代资本主义律师制度

资产阶级在取得国家政权以后,商品经济迅猛发展,国内外的经济交往十分频繁,私人财产大量增加,各种利益的冲突和要求与日俱增。在这种情况下,无论是国家、社会还是普通民众都不得不进一步求助法律这个"社会生活的调节器"来调节纷繁复杂的社会关系,维持社会程序的正常运转。国家立法机关整年忙于制定各种法律,行政部门不断发布行政命令,法院也经常制定判例法来补充立法上的不足。多如牛毛的法律逐渐渗透到社会生活的各个方面及每个细节。这样,不仅是普遍民众,即使是精明的企业家,甚至政府官员也无法熟悉各种法律规定。他们在处理各种各样法律事务时,也不得不聘请熟谙法律及其应用的律师来辅佐。律师制度对于缓冲资本主义社会的矛盾,理顺各种社会关系起到了不能替代的作用。由此可见,建立在资本主义经济基础之上的律师制度,反过来积极地为资本主义的商品经济服务,对资本主义商品生产、自由竞争、等价交换等都起到了明显的促进作用。另外,由于律师制度在执法过程中所起到的制约作用,使得资本主义国家的立法得以正确地贯彻执行,使资本主义国家政权进一步得到了巩固与完善。

二、现代主要资本主义国家律师制度简介

（一）英国

英国是发生资产阶级革命最早的国家,律师制度的建立也早,而且很多传统被沿袭下来,在英国,司法部门仅指法院,司法界仅指法官和律师,法律界是指法官、律师和法学教师。英国的现代律师制度是在经历 19 世纪司法改革后才最终定型的。目前所有的律师法都已由 1974 年《律师法》合而为一,该法是根据从 1957 年至 1974 年间与律师有关的法律和其他法律规定制定的。该法对律师资格的取得,律师执业的权利和义务,对律师的管理等作了明确的规定。

英国的律师分为政府律师和开业律师。政府律师在刑事案件中代表国家提起公诉,开业律师则为被告人进行辩护。在行政案件中,开业律师则代理原告进行起诉,政府律师则为政府辩护。在民事和经济案件中,无论是开业律师还是政府律师,都是各自为自己的当事人服务。由于历史的原因,英国的律师制度颇具特殊性。英国的律师分为大律师和小律师。大律师从小律师处接受工作,这种分类是其他国家所没有的。

1.大律师。大律师亦称出庭律师、辩护律师,英语是"barrister",取义于"bar"即"法栏",是指法庭内审判区与旁听席相隔的围栏。在英格兰,"被召进围栏"系指具备开业资格的出庭律师而言。大律师是专在具有制定判例职权的高等法院、法官面前进行言词辩论活动的人。[1] 大律师的工作集中于对案件所涉及的法律问题进行研究和法庭之上的口头陈述和辩论工作。大律师也可以不开业而受雇于工商各界和政府机关。

大律师含有名誉公职性质,所以其取得资格规定很严。必须通过法律教育委员会的考试,获准进入 4 个法学协会之一,即林肯法学协会(Lincoln's Inn)、内殿法学协会(the Inner Temple)、格林法学协会(Gray Inn)、中殿法学协会(the Middle Temple)。进行 3 年时间,共计 12 个学期的学习。大律师在执业 15～20 年以后得提出申请成为皇家大律师(Queen's Counsel)。一旦成为皇家大律师后,即成为律师界的导师((leader)之一,他可以只办大案要案,不办小案,可以收取很高的费用,在法庭内,皇家大律师坐在第一排,普通大律师只能坐在第二排。[2]

大律师必须在有制定判例权的法官面前办理言词辩论的诉讼程序,有权在王室法院以上的法院行使辩论权。除此之外,大律师也可为小律师提

---

〔1〕〔日〕东京第二律师协会编,朱育瑛、王舜华译:《各国律师制度》,法律出版社 1992 年版,第 98 页。

〔2〕司法部法规司编:《各国律师制度简介》,吉林人民出版社 1990 年版,第 93～94 页。

供法律意见,起草法律文件,原则上接受小律师的委托而进行工作。非经小律师引介,大律师不得直接对当事人提供法律意见或接触当事人,更不得直接收取当事人的报酬。大律师对自己的当事人应当忠诚无二,而不能顾及自身之得失,此外,绝不可欺骗法院。大律师在工作中虽有时应负损害赔偿责任,但对其在法院之工作却具有豁免责任之特权。

大律师只能单独开业,不准合伙开业。不得同时兼任小律师,亦不得从事其他有碍专业独立或大律师名誉之职业。大律师也可以自己不开业,而受聘于工商企业或政府机关,也可被任命为高级司法官。

2. 小律师。小律师亦称"事务律师"、"撰状律师"、"初级律师"等,英文为 solicit,取义于"solicit",即恳求、征求、请人帮助之义。是指在下级法院办案及执行非诉讼职务的律师。小律师可以直接接受当事人的委托办理法律事务。如果所接受的是属于在王室法院以上的法院进行辩论的诉讼案件,小律师须对案件进行初步审阅和研究,并写出一个扼要的简报(briefing)交给大律师。同时还须附上证据、证人名单及诉讼费。材料的封面上须写明大律师的名字,并用绸带将卷宗扎好。大律师接受以后,即负有处理该案一切事务的权责。

英国的这套双轨制的律师制度有利有弊。所谓利者,主要有:①诉讼在英国是极其复杂、繁琐的工作,难度高、涉及面广。由于大、小律师有了明确的分工,使大律师能专职于诉讼,脱离开一些事务性的工作,对有关法律进行深入细致的研究。②大律师能够精熟诉讼程序,熟练地运用各种诉讼技巧在法庭上切实维护当事人的合法权益。③大律师不直接与当事人接触,以免先入为主,所提供的法律意见较为客观公正。所谓弊者,近年来英国各界对这种双轨的律师制度批评日益尖锐。主要体现在:①认为大律师与小律师之分只是人为的割裂,小律师完全有能力从事大律师的工作,不必有业务上的划分。②大律师与当事人之间无合同关系,无法通过法律程序追回当事人欠缴的诉讼费,大律师对其工作上的失误,也不负有法律责任,易造成大律师的工作和当事人的利益相脱节的现象。

(二)美国

美国的律师制度渊源于英国,但它并未继承英国律师制度中的分级制度、业务垄断等传统做法,而是伴随美国政治、经济和社会的发展,开辟了一种独特的发展模式。

在殖民地时期,美国的诉讼制度因袭英国的普通法。17世纪末,英国的律师开始在北美开业,他们运用英国的法律,遵循英国的诉讼程序和方式。当时的律师参加了政治运动,尤其是在美国独立战争中,有不少律师积极反对英国殖民统治,支持美国独立。1776年,美国独立战争胜利,为保障资产阶级"人人生而平等"和不可侵犯的"天赋人权",在建立资产阶级法治化进

程中,律师制度逐步得到确立。1791 年的《美国宪法修正案》第 6 条规定:
"在一切刑事诉讼中,被告有权在发生罪案之外或者经法庭确定之区域中由
公正陪审团予以迅速及公开之审判,并被告知受控案情之性质与原因;与原
告证人对质;将取得有利于他的证人列为必要程序,并取得辩护律师的协
助。"19 世纪下半叶,由于美国工业的迅速发展,成文法的增多,犯罪率的增
加等因素,美国的律师队伍得到很大的发展,律师在社会生活中所发挥的作
用日益突出。

美国的律师人数多,业务广,地位高,无论是绝对数还是律师在总人口
中的比例都远远高于其他国家。美国律师多的主要原因是美国的法律非常
复杂,在社会中的作用非常大,而且涉及社会生活的方方面面。除各种法律
纠纷外,美国人从生到死,从结婚到离婚,从生活到工作,从挣钱到花钱,几
乎事事都离不开律师。经过几百年的发展,美国的律师业已经相当规范、相
当成熟。律师的服务范围越来越广泛,几乎遍及社会生活的各个领域,包括
从对外战争到家庭纠纷,为政府、企业、社会团体和个人代理各种的法律服
务。规范律师执业行为以及律师事务所管理、运作的法律法规也相当完备,
形成了一套制度化、体系化的律师管理、运作体系。

众所周知,美国的法律制度是"双轨制",即联邦法和州法共存,加上美
国是判例法国家,所以,美国无统一的律师法。有关律师制度的法规,散见
于宪法、判例法以及律师协会制订的《律师守则》中。

1.律师的业务与地位。美国的律师不像英国那样实行二元制,而是"一
元制","lawyer"是律师的统称。根据律师的任职情况,有人将美国的律师分
为三种:政府机关雇用的律师、企业公司雇用的律师和开办律师事务所的律
师。前两种是政府或企业公司的雇员,他们仅处理本政府机关、本公司企业
的法律事务,并不接受社会上当事人的委托。后者在社会上执行律师职务,
为社会上不特定多数人服务,领取营业执照,所以又称"挂牌律师"。

由于法律专业越分越细,诉讼案件往往涉及一些非常专业的知识。近
几十年来,美国出现了一些专门研究某门法律、专门办理某类案件的律师,
律师分工的倾向越来越明显。目前,美国已出现了一批专业律师,如专利律
师、合同律师、税法律师等。

概括地说,美国律师的活动范围和业务是很广泛的。在社会的各个领
域,如总统竞选、租赁房屋、买卖住房、订立遗嘱、处理财产、设立公司都有律
师活动。律师的业务从最早期的刑事辩护发展到兼任法律顾问、提供咨询、
代写诉讼、办理非诉讼法律事务等等。

在美国,律师的社会地位很高,是人们所向往的崇高的职业。这种崇高
的社会地位取决于以下几点原因:①由于美国是遵守判例法的国家,法律非
常复杂,人们处理政治生活、经济生活和社会生活中的各种问题,都要得到

律师的帮助,否则寸步难行。除个人外,一些政府机关、企业、社会团体做出重大决策,即使不是由律师亲自做出,也往往要慎重考虑他们的意见后做出。②律师的经济收入较高。律师的收费,一般是每小时 30~100 美元,高者可达数万美元。因此,律师是美国社会中的富裕者。③律师资格是向上晋升的阶梯。迄今为止,美国有 23 位总统出身于律师,国会中有 60% 以上的议员曾执行过律师职务,法官、检察官一般都由具有律师资格的人担任。

2. 律师资格。在美国,实行律师资格与执行律师职务分离的制度。由于律师的社会地位较高,取得律师资格的条件是很严格的,虽然各州的具体规定不同,但大致应具备以下几个条件:①必须是成年人;②经过品行调查证明没有劣迹者;③必须通过州的律师资格考试。在美国,律师资格考试由各州最高法院任命的主考人组成的考试委员会负责主持,主考人一般是本州具有权威的法官或律师,应考者必须是美国法学院毕业,具有法学学士学位。考试内容包括联邦法律和州法律。考试通过后,由考试委员会发给律师资格证书。在一个州取得律师资格,并不等于可以在其他州从事律师工作。如果在另一州从事律师工作,还需要通过另一州的律师资格考试。取得律师资格的人并不都从事律师职业,如有的人到政府部门工作,有的到司法部门工作,还有的到法学院当教授。如要开业当"挂牌律师",则需要州最高法院批准。在联邦法院办案,还需向联邦法院申请,经批准后方可。

美国律师执业执照的核准与颁发,是由各州掌握的。一个律师只许在一个州开业,只有极少数律师被允许在一个以上的州开业。各州法律关于申请执业律师资格条件的规定有所不同,但一般都要求申请人必须具有良好的道德品质,至少受过两年专业法律教育,或者是法律院校的毕业生,并必须通过州的律师考试且成绩合格。

3. 律师执业形式。美国律师执业主要有三种形式:①个人开业,大约有1/3 以上的人属于这种情况。个人经营的律师事务所可以受理全部案件,遇到重大或特殊案件,可以委托专家。②联合经营事务所。这些事务所,共同雇佣办事员,但在财务上是各自相互区分的,每个律师向其各自的委托人负责。③合伙经营律师事务所。参加这类律师事务所的律师也占 1/3 以上。这种事务所通常由 4~5 名律师组成,多的可以达到百人以上。另外,在必要时还雇佣其他律师和一般工作人员。这些律师事务所业务范围广泛,一般有国际性质。

美国早期律师的执业形式都是单独开业。19 世纪后期,非诉讼法律业务的发展促进了律师的组合,一些大城市里出现了由数名甚至数十名律师共同开办的律师事务所。20 世纪以来,美国律师事务所的规模不断扩大,而且出现了许多跨州和跨国的"大所"。例如,美国的贝克律师事务所目前是世界上规模最大的律师事务所,共有律师 1600 多人,在世界各地建有 55 个分所。合伙制是美国律师事务所的基本组织形式。合伙人对事务所的债务承担无限责任。律师个人是纳税主体,事务所不承担纳税义务。在事务所内部,合伙人既是财产所有人,也是决策管理人。非合伙人的律师是事务所聘用或雇用的工作人员,一般拿固定工资,不承担责任风险。如果受聘或受雇的律师在事务所工作达到一定年限而且业绩优秀,经全体合伙人讨论同意,可以升转为合伙人。近年来,美国一些州出现了依据公司法成立的"法律公司",即公司制的律师事务所。这种新型的律师执业组织属于有限责任实体,律师对公司的债务不再承担无限责任,但是公司和律师个人都是纳税的主体。这种公司形式的律师事务所一般规模都不太大,律师人数不会超过70人。

公共辩护律师处也是美国律师执业的一种组织形式,当然,这种组织不是私人性质,而是由政府建立的。美国宪法修正案规定刑事案件的被告人都享有获得律师辩护的权利。为了保证贫穷被告人得到辩护律师的帮助,美国各州都建有公共辩护律师处。有些州的公共辩护律师属于一个集中的系统,但分别派驻在不同的法院;有些州的公共辩护律师则分别归属于各县的公共辩护律师处。律师协会是行业自律性组织。除美国律师协会(ABA)外,各州都有自己的律师协会。美国律师协会是自愿加入的组织,目前有会员近40万人。美国律师协会的总部设在芝加哥,下设许多专业委员会,分别在各自领域内协调和指导各州律师协会的工作。各州律师协会负责本州的律师资格考试、律师继续教育、律师职业管理、律师纪律处分和律师法律援助等具体事务。律师协会还经常举办各种社会活动和公益活动。

4.律师组织。美国的律师组织是律师协会,联邦有联邦的律师协会(成立于1878年),州有州的律师协会,县有县的律师协会。联邦和州的律师协会没有隶属关系。在大多数州,参加律师协会是自愿的,律师有选择加入或不加入的自由,而在个别州,加入律师协会是强制性的,如加利福尼亚规定:在本州加入律师协会是律师所必须的。律师协会的任务有三:①制定《律师守则》,对律师进行道德和纪律教育;②组织律师进修和研究法律;③对社会进行法律宣传教育。此外,律师协会还监督律师执行《律师守则》,受理公民对律师的控告。州律师协会如认为律师所犯错误严重,可向州法院提起纪律制裁的诉讼,律师协会没有权力对律师直接做出惩戒、停止执业或开除律师资格的处分,这些权力由州法院行使。这一点和英国是不同的。

(三)德国

德国于1878年颁布律师条例,鉴于各个州律师制度有很大的差异,德国于1959年颁布了《联邦律师条例》,废止了各州的有关法律,使律师制度趋于统一。近50年来,该条例经过了近30次修改。现行的联邦律师法为2001年修订案。德国律师总数为12万,律师占人口总数的0.15%。德国律师制度的大致情况体现在以下几个方面：

1. 实行资格制。律师在德国是自由职业者，要成为律师，首先要经过国家司法资格考试，取得候补文官资格。然后可以选择律师职业，也可以申请成为法官、检察官。律师资格的授予以申请为前提。德国历史传统上对律师资格的批准是由法院负责的。通过19世纪对律师制度的改革，将律师资格的授予权移交给司法部，同时又赋予律师协会鉴定权和建议权。申请取得律师资格，须向州司法部提出，由州司法部决定是否授予申请人以律师资格。如律师协会理事会出具了拒绝的鉴定书，州司法部暂不对取得律师资格的申请作出决定，并将鉴定书副本送达申请人。申请人可向州律师名誉法院申请就此事作出裁决。

2. 执业情况。德国允许律师可以是有资格的独立法律顾问，可以是各种法律事务的代理人，也可以是刑事案件中的辩护律师。法庭可指定律师为被告人提供辩护服务。从律师的执业地域来看，在民事诉讼中，律师原则上可以在州法庭、州高等法院和联邦法院出庭代理诉讼。在刑事案件中，任何律师都可在联邦地区内，在任何德国法庭上辩护。德国也允许高等学校法律教师充当辩护律师。德国制订有《联邦律师收费条例》，律师从事的所有业务都要按标准收费，并由法院监督执行。在当事人以书面形式表示同意的情况下，律师也可以收取高于法定标准的酬金。当事人在向律师支付酬金后，通常可以向败诉当事人收回他所支付的全部律师费。但在法律援助案件中，律师酬金由法院确定先由国家支付，随后由败诉方当事人归还国家已垫付的律师酬金，这种情况下，法院确定的律师酬金数额一般都偏低。

3. 律师管理和惩戒。在德国，律师行业组织受司法部领导与监督。律师协会主席团主席每年必须向司法部长作一次书面工作报告。已取得执业资格的律师有权开业，进行执业活动，任何人不得剥夺律师从事执业的权利。如果一个律师犯有严重错误并且被加以证实，将受到处罚，处罚包括警告、训诫、罚款、1～5年内禁止执业、撤销律师资格等措施。律师的处罚程序由律师法院主持，律师法院分地区律师名誉法院、州律师名誉法院和联邦律师法院三个审级。

（四）日本

明治维新以前，日本无律师制度。明治五年，日本以法兰西为蓝本制定了司法职务制度。根据这个制度，日本出现了"代书人"和"代言人"，开辟了代理人参与民事诉讼的道路。1876年2月，日本公布了《代言人规则》（甲第一号）。1880年5月，又对该规则进行了修改。1882年的《治罪法》，首次确立了行政辩护制度。1903年2月，日本颁布了《律师法》，该法虽然取代了《代言人规则》，但却将规则中的基本精神承续下来，第二次世界大战后，日本吸收英美的立法经验，改革了司法制度，于1949年颁布了新的《律师法》。该法几经修改,是日本现行律师制度的法律基础。

1.律师的使命及职务。《日本律师法》第1条规定律师的使命有两个:①拥护基本人权,实现社会正义;②在诚实执行职务的基础上,努力维持社会秩序及改善法律制度。第二次世界大战以来,日本律师界为完成上述使命做出了许多工作。①他们发起组织了"人权拥护大会"。至目前为止,该会已召开20多次大会。②日本律师界还对公害、药害事件极为敏感,对这些危害进行了不屈不挠的斗争,取得了一些胜利。③在改善法律制度方面,日本律师作出了大量工作,例如关于少年的立法,因为律师界的反对,使得严厉处置少年犯罪案件的立法意图未能实现。律师的这些行动,颇受日本国民拥护。

律师法规定的律师职务主要有:参与诉讼案件,为公民、机关团体代理诉讼,为刑事被告人进行辩护;在非诉讼案件中为社会提供法律帮助;充任税务代办人等。

2.日本律师资格的取得。日本律师资格分为积极资格与消极资格。所谓积极资格是指具备哪些条件才能取得律师资格。原则上须在大学法律系毕业以后,参加由国家统一组织的司法官考试,考试合格以后到政府主办的司法研修所学习2年,期满考试合格者,授予候补辩护律师资格。取得候补律师以后还需在司法机关、政府或法院工作5年以上,才能取得正式律师资格。但是下列人员可不经过司法官考试和司法研修而授予律师资格:[1]①曾任最高法院审判官5年以上者;②从事法律公务员工作5年以上,经司法官考试可免司法研修;③曾任大学法学教授或副教授5年以上者;④律师法颁布之前已取得律师资格者。所谓消极资格是指具有以下情况的人不能取得或不予承认其律师资格:①曾被判处过监禁以上刑罚者;②受过惩戒处分,被开除免职未满3年者;③破产未恢复权利者。具有律师资格者要成为执业律师必须在联合会具备的名册上登记。为此须由所在地律师会提出申报,经日本律师联合会批准才准予登记。律师会无正当理由而不予申报,申请人可向联合会申请审查或向东京高等法院申请。

3.日本律师的业务与惩戒。《日本律师法》规定,律师可在所属律师会的地区内申请设立一个法律事务所,并规定一个律师不能同时在两个事务所里服务。律师也不得兼任有报酬的公职。非经所属律师会批准,律师也不得经营其他业务或担任营利性法人的董事或成员。这样规定,不仅能确保律师能专心致志于自己的业务工作,提高工作水平,同时也有利于律师在办案中保持客观立场,廉洁公正。

根据《日本刑事诉讼法》、《律师法》规定,在刑事诉讼中采取律师辩护

---

〔1〕 中国社会科学院法学所译:《日本律师法》第4、5、6条,中国社会科学出版社。

强制主义原则,即一般人不准在法庭之上担任辩护人或代理人。能够在法庭上进行诉讼活动者仅限于律师。在民事诉讼中不采取律师辩护强制主义,允许当事人自行陈述和申辩。律师对委托办案的当事人负有诚实的义务,不得与诉讼对方洽谈本案的事,也不能接受对方当事人所委托的其他案件。此外,也不得接受对方的好处或向对方索要好处,不能承受双方的诉讼权利。如有违反者则要受到惩戒。

律师违反法律或律师会的规则,或有品行不正行为时,将受到惩戒。惩戒由所属律师会遵照惩戒委员会决议执行。惩戒分为四种:警告、停止执业两年、命令退会、开除。日本律师联合会认为有必要由自己进行惩戒时,也可以执行惩戒。受到惩戒的律师可以向联合会提出审查请求,或进一步对联合会的处分向东京高等法院起诉。申请对律师进行惩戒的人对所属律师会的处理不服时也可向联合会提出异议。

4.日本律师组织及律师工作机构。日本律师实行自治,其律师组织在律师制度中占有重要地位。日本的律师组织分为两种:日本律师联合会(简称"日律联")和律师会。日本律师联合会(也称日本辩护士联合会)是全国性律师组织。其使命是保护律师品格,谋求律师改善和进步,对律师和律师会进行监督指导和业务联系。日本律师联合会设会长1人,副会长11人,理事71人,监事5人。这些人以选举产生。会长任期2年,其余是义务职,任期1年。除此之外,"日律联"设8个委员会:资格审查委员会;惩戒委员会;纲纪委员会;人权拥护委员会;司法修习委员会;司法制度调查委员会;律师推荐委员会;选举管理委员会。"日律联"的工作主要有三方面:①审查律师资格,监督律师行为、惩戒违法律师、监督律师会的工作。这方面的工作是首要的,也是日常性的。②对立法、司法的改善进行调查研究。1972年日本的一项决议规定:今后有关司法制度法规的改正、修订,要经"日律联"和最高裁判所共同研究后,才向国会提出。③从事维护人权的活动。

律师会是日本的地方性组织,其使命与"日律联"相同。律师会是法人组织,按照《律师法》规定,它在每一地区裁判所辖区设立,目前除东京有三个律师会外,律师会的成员是本辖区内所有的律师。小的律师会仅有十几名会员。律师会必须制订会则,向"日律联"登记,接受"日律联"的指导和监督。律师会设会长1人,副会长若干人。另外设资格审查委员会、惩罚委员会、纲纪委员会等等专门组织。律师会在日本律师系统中起承上启下的作用,日常是审查律师资格,指导律师开展业务,对律师活动实行直接的监督。

日本律师的工作机构是"法律事务所"。日本的律师属自由职业者,所以有不少法律事务所是个人的。个人法律事务所的名称都是法律事务所前冠以律师的名字,如山田法律事务所、鸠山法律事务所。这些事务所有的有专门办公地点,也有的就设在律师家里。除单个人办的法律事务所外,还有数人合伙的法律事务所。合伙法律事务所力量大,竞争力强,便于律师业务水平的提高,颇受公民信任,所以,最近几年,这种法律事务所增长很快。律师除个人开办或者合伙开办法律事务所外,也有受雇佣在法律事务所工作的。这些律师多是新手,在受雇期间锻炼成熟,为以后单独开办法律事务所打下基础。

■ 第二节 我国律师制度的产生和发展

一、中国古代律师现象

我国春秋时期以来,产生了助人诉讼的"讼师"。"讼师"精通当时法律,提供法律帮助时可收取适当的报酬,但由于受政治、经济条件的制约,不可能出现真正意义上的律师制度。根据陕西省岐山县童家村 1975 年 2 月出土的西周青铜器上记载,有一起诉讼案件的判决,距今有 2800 年的历史,此案的标的物是 5 个奴隶,有原告、被告,还有 4 人是诉讼代理人和证人。这起案件的代理人已经向法庭提供了讼词和辩护词,向原告和被告提供了法律帮助。

我国古代律师的萌芽,最早见于公元前 7 世纪的春秋时期。公元前 632 年冬,卫侯与卫国大夫元恒发生诉讼。卫侯因不便与其臣下同堂辩论,委派大士(司法官)士荣代理出庭,自己不出庭。在法庭上,经过一场唇枪舌剑的激烈辩论,士荣败诉,被杀。杨鸿烈在《中国法律发达史》中认为:"士荣系充律师也。"由此可见,我国古代已有诉讼代理现象存在。又如公元前 6 世纪,郑国大夫邓析,相传他是能言善辩之士,据《吕氏春秋·离谓》记载,"邓析……以非为是,以是为非,是非无度,可与不可日变,所欲胜而胜,所欲罪而罪"。他不仅广招弟子、聚众讲学,还在法庭内外帮助新兴地主和平民进行诉讼。《淮南子》中说他是个"巧辩"之人。由于邓析的法律思想及助人诉讼、传播诉讼法律知识的活动危害了奴隶主贵族的统治,其思想及活动受到禁锢,最后惨遭奴隶主贵族的杀害。邓析的活动也很有些类似律师代理、辩护的色彩。元、明、清时期的法律,也曾有过诉讼代理制度的某些规定,但适用范围狭窄。此外,在我国封建社会里,还产生了一些私下帮人撰写诉状打官司的人,即民间的"讼师",又称"刀笔先生",他们的活动形式类似于现代律师的咨询和代书。但直至清朝灭亡,千百年来讼师始终没有合法地位,古老的中华法系始终未能孕育出律师和律师制度。

二、近代中国社会律师制度的引进和移植

中国的律师制度形成于近代。1840 年鸦片战争以后,中国逐步沦为半

殖民地半封建社会,这时固有的封建旧法不能适应急剧变化的社会关系,为了缓和国内矛盾,清政府不得不变法修律,寻找出路,律师制度这才如同其他司法制度一样在中国得到了引进和发展。1902年,清政府设立法律馆,指派沈家本为修律大臣,负责拟订各项法律与各项专门法典,删订旧有法律与章程。自此在我国立法史上首次出现了有关律师的内容。之后,北洋政府又制定了系统的律师立法,从而建立起我国的律师制度。

(一)清政府制定的《大清刑民事诉讼法》

1906年,在沈家本主持下完成修订了《大清刑民事诉讼法》,其中律师的内容专列一节,共9条分别规定了律师的资格、注册登记、职责、违纪处分、外国律师在通商口岸公堂办案等。沈家本在其奏文中奏到:当事人在"公庭惶惊之下,言辞每多失措,如能律师代理诉讼事宜,就能杜绝案件的枉纵深故"。设立律师,对案件的承审官可起到制约作用,而且认为"国家多一公正之律师,即异日多一习练之承审官",将律师列为法官之后备军。[1] 然而,这部法典因遭各省督抚反对而未能颁布实施,1907年,法律修订馆重新编纂诉讼法典,于是1911年编成《刑事诉讼律草案》和《民事诉讼律草案》,再次规定律师条文并准备实行律师制度。同时,在某些租界地域中,如上海等也出现了少数律师。但不久由于爆发了辛亥革命,清王朝被推翻,两部法典均未及颁布与实施。

(二)北洋政府关于律师的立法

1911年10月,辛亥革命后成立南京临时政府,孙中山曾命令法制局制定《律师法》草案,后因袁世凯窃国,此法再行夭折。袁世凯窃居中华民国大总统之后,于1912年9月16日,北洋政府颁布了《律师暂行章程》。这是中国近代第一部颁行的关于律师的单行法规。该章程的设计以日本司法为模式,共38条,分为律师资格、律师证书、律师公会、律师惩戒等。

由于对律师资格的规定过于宽滥,使得某些学疏品劣、投机钻营者乘机取得律师资格而进入律师队伍。清政府时期的一些讼师也利用律师制度的不健全,加入律师行列,使昔日秘密的行为成为今日公开的职业。由于律师证书的滥发,必然造成从业人员素质的低劣。一些人以律师的名义,在社会上挑词架讼,伪造证据,包打官司,为害不浅,当时的报章屡屡披露。一时间竟引起律师制度存废的争论。

为整顿律师制度,北洋政府司法部从加强资格考试和惩戒入手,又先后制定了《律师惩戒会决议书式令》(1914年4月25日)、《复审查律师惩戒会审查细则》(1917年1月12日)和《律师考试令》(1917年10月8日),从而建立起我国初期的律师制度。至北洋政府末期,已有律师约3000人。1922

---

〔1〕 茅彭年、李必达主编:《中国律师制度研究》,法律出版社1992年版,第35页。

年上海成立了律师公会,这是中国最早的律师社团组织。

(三)国民党时期的律师制度

1927年以后,国民党政府沿袭北洋政府的律师制度,并在此基础上作了修订,颁布了《律师章程》。后于1935年起草,1941年1月正式公布了《律师法》。同年又颁布了《律师法实施细则》、《律师登录规则》等。这些法律法规逐渐代替了北洋政府颁布的律师法规,并赋予新内容。

与北洋政府相比,国民党政府对律师的立法突出的变化是:①允许女子可以充任律师;②律师的年龄提高到21岁以上;③加强了政府对律师公会的监督和惩戒。但对律师资格的规定仍过宽滥。大抵"只须修习法律之学3年以上得有毕业证书,照章缴纳免试合格证书费及律师证书费连同印花税费22元,即可取得律师资格。而其人学习是否优良,实务是否谙练,人格是否高尚及拥护正义,协助司法是否诚实,则不暇过问"。为革除这些弊端,国民党政府又先后颁布了《律师惩戒规则》、《律师检核办法》等法规,使律师制度更加规范化。这一时期,上海、南京等大城市的律师发展很快。1930年上海有律师659人,到1934年为1120人,4年增长500人左右。1934年南京有律师1200余人。国民党政府仿效英国,把律师分为大律师和小律师。大律师能承办全部律师业务和出庭参加辩护;小律师只能代写诉状和承办一般法律事务。律师基本上都是私人开业。[1]

三、新中国律师制度的曲折历程

(一)中华人民共和国律师制度的创立与夭折

新中国的律师制度是在砸碎旧的律师制度的基础上建立起来的,而新民主主义革命时期颁布的一些条例、确立的辩护原则以及苏联社会主义国家的律师制度,都为新中国律师制度的建立,提供了有益的经验。

在第二次国内革命战争时期,中国共产党领导下的革命根据地实行了辩护制度。1932年6月《中华苏维埃共和国裁判部暂行组织及裁判条例》第24条规定:被告人为本身利益,可派代表出庭辩护。抗日战争时期,各根据地都加强了司法制度的建设,1941年12月25日,陕甘宁边区政府工作报告中指出:边区的司法制度……允许群众团体代为诉讼。解放前红色政权有关律师制度的方针政策为新中国律师制度的建立打下了坚实的基础。1949年2月,中共中央发出废除国民党的《六法全书》和旧法统的通知,1950年12月中共中央政府司法部发出了《关于取缔黑律师及讼棍事件的通知》,废除了旧的律师制度。1950年7月政务院公布了《人民法庭通则》,其中规定"应保障被告人有辩护和请人辩护的权利"。从这个时期开始,全国各地开始创办律师工作机构。1953年,上海市在人民法院中设立"公设辩护人

---

〔1〕 茅彭年、李必达主编:《中国律师制度研究》,法律出版社1992年版,第38页。

室"，专为刑事被告进行辩护。根据上海市有关规定，被告人可以申请审判长指定公设辩护人或由有关团体指派代表为被告辩护，同时审判长也可以径行指定。但是由于当时并没有律师，无论是公设的还是指定的辩护人均非律师。这样的辩护人的业务素质和办案质量不能与专业律师相提并论。到1954年，上海市人民法院设立"公设律师室"，既帮助刑事被告进行辩护，也为妇女离婚提供法律帮助。同年7月，中央人民政府司法部发出《关于试验法院组织制度中几个问题的通告》，指定北京、上海、天津、重庆、武汉、沈阳等大城市率先试办法律顾问处，开展律师业务，逐步建立律师制度。9月，第一届全国人民代表大会通过的《中华人民共和国宪法》规定："被告人有权获得辩护。"同时，《中华人民共和国法院组织法》规定，被告除自己行使辩护权外，可以委托律师为他辩护。可以由人民团体介绍的或者经人民法院许可的公民为他辩护，可以由被告人的近亲属、监护人为他辩护，人民法院认为必要时，也可以指定辩护人为他辩护。到1955年，全国已有26个城市开始试行律师制度，全国共有律师81人。1956年7月10日，国务院正式批准了司法部《关于建立律师工作的请示报告》，并且批准了《律师收费办法》。从此，新中国的律师事业蓬勃展开，至1957年6月，全国已有19个省、市、自治区成立了律师协会，共建立法律顾问处817个，全国有专职律师2572人，兼职律师350人，律师事业初具规模。

正当新建立起来的律师制度处于蓬勃发展之际，却遭到了20世纪50年代政治风暴的冲击。在1957年反右斗争中，由于当时在我国普遍存在着"法律虚无主义"和极"左"思潮的影响，许多人对律师职业缺乏正确的认识，甚至对律师的工作横加指责、非难。1957年反"右"斗争扩大化，许多正常执行职务的律师被诬为"站在犯罪分子的立场"，"替犯罪分子开脱罪责"。因此，有些律师被错划"右派"，有的则送去劳动教养，还有的则被判刑劳改，致使律师制度试行不到两年便夭折了。"十年动乱"时期，林彪、"四人帮"一伙实行封建法西斯专政，民主与法制受到肆意践踏，律师制度也随着公、检、法三机关被"彻底砸烂"。从此，我国出现了一个没有律师和律师制度的空白时期。从建国初期到20世纪70年代中期这一时期，是我国法制建设，也是我国律师制度发展的一个曲折阶段，它既为20世纪80年代律师制度的恢复发展奠定了一定的基础，同时也给我们留下了深刻的教训。

（二）中华人民共和国律师制度的恢复与发展

1978年中共十一届三中全会召开，进行了全面拨乱反正，确立了发扬民主、健全法制的方针。对律师职业这一进步、光明的社会现象重新加以肯定。1979年以来，全国又陆续调配了一批律师工作者，成立了一批律师工作机构，积极开展了律师业务活动，取得了较好的社会效果。1980年8月26日，第五届全国人民代表大会常务委员会第十五次会议讨论通过了《中华人民共和国律师暂行条例》,进一步在法律上肯定和推动了律师工作。从此以后,律师事业迅猛发展,律师已成为一种热门职业。1986年7月,在北京召开了第一次全国律师代表大会,会上成立了中华全国律师协会,从此,律师有了自己的群众组织。

党的十四大提出建立社会主义市场经济体制的目标后,国家进一步加快了律师工作改革和发展的步伐。1992年8月,司法部颁布了《关于律师工作进一步改革的意见》,1993年12月27日,司法部又发布了《律师职业道德和执业纪律规范》。1996年6月25日,第八届全国人大常委会第十五次会议通过了《中华人民共和国律师法》。由于其在我国律师制度发展进程中的重大意义,被称为"我国律师制度发展史上的里程碑"。之后,一系列配套规章的颁行,使我国的律师制度进一步走向成熟和完善。[1]

我国律师制度自1979年恢复以来,取得了巨大的、令人鼓舞的成绩。这些成绩表现在:①律师队伍迅速壮大,人员素质整体提高。律师从1979年的212人发展到现在的11万多人,具有大专以上学历的达到86.8%,而律师事务所则由1979年的几十家发展到今天的9000余家;②律师管理由单一的行政管理进入到行业自治管理的过渡阶段,即实现了司法行政机关指导、监督和律师协会行业管理相结合;③《律师法》的颁布实施,特别是其将律师的性质界定为"社会法律工作者",改变了律师制度恢复时期的"国家法律工作者"的定位,推动了律师业的发展;④律师的业务范围已由诉讼领域扩展到非诉讼领域,已达到社会政治、经济、文化等各个领域的各个层面,并在对外交流与合作中发挥着越来越大的作用。总的来说,律师的队伍不断壮大,素质不断提高,社会影响力日益扩大,社会地位在逐渐提高,介入政治经济生活的深度、广度也日益增强,我国律师业的发展取得了令世人瞩目的成绩。

在肯定律师业取得的成绩的同时,我们也应看到,由于我国律师制度恢复和发展的时间较短,加之传统法律文化观念、经济发展水平、司法体制等因素的影响,我国律师业还存在很多的不足之处,与发达国家相比还有较大的差距,主要表现在:①律师队伍综合素质不高,人员良莠不齐。就律师队伍整体而言,与社会需求总体水平还存在相当大的差距,致使一些领域的业务难以深入。②律师业务各领域、各地区发展不平衡。律师多局限于"打官司"的诉讼领域,非诉讼业务不发达。而且,律师业务发展因地区经济发展水平不同,在各地域间出现极不平衡状态。③律师的执业权利得不到充分保障,社会地位有待提高。律师调查取证权及诉讼中的会见、言论豁免等权利难以充分有效保障,执业中存在一定的风险。④律师收费制度和税费负

---

[1]　谭兵:《律师法学》,法律出版社2005年版,第23页。

担不合理,分配与保障机制不健全。⑤律师管理体制不健全,有效的监督约束机制尚待建立。律师行业管理方面,缺乏律师业务绩效考核的标准,片面追求经济效益,对违反律师职业道德、执业纪律的行为管得不严、惩戒力度不够,对律师的继续教育培训管理不完善,影响了律师素质的提高。当然,这些差距都是暂时的,完全可以通过采取切实可行的改进措施,加速发展,迎头赶上。可以预见,随着我国社会主义市场经济的进一步发展和社会主义法制的逐步完善,在不久的将来,我国律师业的发展必将迈上一个新的台阶。

第三章 律师资格与律师执业

■ 第一节 律师资格

律师资格是指从事律师职业应当具备的基本条件。只有取得律师资格的公民才能通过法定的程序取得律师执业证书，从事律师职业，才能享有法律规定的律师权利，才能以律师身份办理律师业务，并承担相应的义务。由于律师职业的专业性很强，律师的服务质量与当事人的利益密切相关。因此，律师必须具备良好的业务素质和职业道德。所以，并不是所有的公民都可以取得律师资格，只有那些具备了一定条件的人，才有可能进入律师的行列。在我国，根据法律规定，取得律师资格实行考试与考核相结合的方法。

一、取得律师资格的条件

（一）考试取得律师资格的条件

取得律师资格应当具备哪些条件，各国因社会制度、法律教育程度、律师职业在社会中的地位和作用的不同而有所区别，但一般要求都比较严格。我国《律师法》第5、6条规定："律师执业，应当取得律师资格和执业证书。""取得律师资格应当经过国家统一的司法考试。具有高等院校法律专业本科以上学历，或者高等院校其他专业本科以上学历具有法律专业知识的人员，经国家司法考试合格的，取得资格。适用前款规定的学历条件确有困难的地方，经国务院司法行政部门审核确定，在一定期限内，可以将学历放宽为高等院校法律专业专科学历。"以上法律规定说明，在我国，只有取得律师资格、具有律师执业证书的人才能担任律师、从事律师工作。具有律师资格是律师执业的一个前提条件。取得律师资格，必须具备以下两个条件：

1. 学历要求。根据《律师法》的规定，除法律特别规定的以外，取得律师资格，必须参加全国统一司法考试。而且，并不是所有的人员都可以参加考试。为了确保进入律师行业人员的基本素质，《律师法》对参加考试人员的条件作了严格的限制。具体要求有两条：①具有高等院校法律专业本科以上学历的人员；②高等院校其他专业本科以上学历具有法律专业知识的人员。以上两个要求，具备其中之一者，即可报名参加国家统一司法考试。

2. 考试要求。我国《律师法》明确规定，国家实行统一司法考试制度。取得律师资格，必须经过考试合格，并履行法定的审批手续。

以上两个条件,必须同时具备。只有既符合学历要求,又经过全国统一司法考试合格者,通过司法行政部门审查、批准,才能取得律师资格。

（二）考核取得律师资格的条件

考虑到某些人由于长期专门从事法律教学、研究工作,或者曾长期从事法律实务,对法学理论及实务均较为熟悉和精通,即使不经过考试,也能达到法定的取得律师资格的条件和标准。因此,我国律师法对此做了特殊的规定。

《律师法》第7条规定:"具有高等院校法学本科以上学历,从事法律研究、教学等专业工作并具有高级职称或者具有同等专业水平的人员,申请律师执业的,经国务院司法行政部门按照规定的条件考核批准,授予律师资格。"根据上述法律规定,考核取得律师资格应当具备以下几个条件:①具有高等院校法学本科以上学历;②从事法律研究、教学等专业工作;③具有高级职称;④申请律师执业。

以上四个条件,必须同时具备,经国务院司法行政部门按照规定的条件考核批准,才能取得律师资格。

（三）对法定取得律师资格条件的评析

回顾我国律师制度发展的历史,1980年公布的《中华人民共和国律师暂行条例》明确规定了我国律师的性质、任务、职责、权利、义务、资格条件等,并明确规定国家司法行政机关是律师管理机关,为律师制度的迅速发展提供了法律保障。其中,由于受我国当时实际情况的限制,对取得律师资格的条件规定得比较宽松。主要原因是:

1. 从我国实际出发。一方面,全国需要大量法律人才;另一方面,现有法律人才的数量很少,二者互相矛盾。考虑到律师人员的来源,不可能在较短的时间内通过高等院校毕业生得到满足,因此,对取得律师资格条件的规定不能过高。

2. 从律师工作的性质考虑。律师职业专业性很强。作为一名律师,不仅要拥有渊博的法律专业知识,而且还需要有较强的实际业务能力。所以,《律师暂行条例》对取得律师资格条件的规定,特别强调实践性。《律师暂行条例》第11条规定:"热爱中华人民共和国,拥护社会主义制度,有选举权和被选举权的下列公民,经考核合格,可以取得律师资格,担任律师:①在高等院校法律专业毕业,并且做过两年以上司法工作、法律教学工作或者法学研究工作的;②受过法律专业训练,并且担任过人民法院审判员、人民检察院检察员的;③受过高等教育,做过3年以上经济、科技等工作,熟悉本专业以及与本专业有关的法律、法令,并且经过法律专业训练,适合从事律师工作的;④其他具有本条例第①项或第②项所列人员的法律水平,并且有高等学校文化水平,适合从事律师工作的。"

以上规定,在当时对律师制度的发展起到了积极的推动作用。但是,随着时间的推移,我国法制的不断健全,上述规定显然已经不适应形势发展的需要。具体体现在以下几个方面:

(1)政治条件规定的比较笼统、原则,在实践中难以掌握。

(2)业务条件的规定,主要存在以下几个问题:①学历要求偏低。既未规定必须具有高等院校毕业的学历,也未规定最低学历;②所谓"受过法律专业训练"的要求过于含糊。达到什么程度才算受过法律专业训练未作明确规定,实践中难以掌握执行;③对人民法院审判员、人民检察院检察员取得律师资格条件的规定过于宽松;④将非法律专业毕业的学历等同于法律专业毕业的学历。

(3)通过考核授予律师资格,各地在具体执行时,宽严不一,难以保证律师队伍的质量。

由于《律师暂行条例》的规定,存在上述诸多问题,显然已经不适应我国目前律师制度发展的需要。为了提高律师队伍素质,发挥律师在社会中的作用,有必要对取得律师资格的条件从严规定。因此,我国《律师法》第6条规定,取得律师资格应当经过国家统一的司法考试。具有高等院校法律专业本科以上学历,或者高等院校其他专业本科以上学历具有法律专业知识的人员,经国家司法考试合格的,取得资格。适用前款规定的学历条件确有困难的地方,经国务院司法行政部门审核确定,在一定期限内,可以将学历放宽为高等院校法律专业专科学历。这样规定主要有以下两个方面的特点:

第一,加强了业务条件的要求。我国《律师法》规定,报名参加全国统一司法考试,法律专业报考人员,必须具有高等院校法律专业本科以上学历;非法律专业报考人员,必须具有其他专业本科以上的学历具有法律专业知识的人员。法律规定严格了学历要求,业务条件要求提高了。

第二,严格了授予资格的办法。考虑到近来,我国的法学教育已经有了很大的发展,每年高等院校法律专业毕业的学生加上各种业余法律培训人员已形成一支庞大的法律人才队伍,律师队伍也已初具规模。因此,《律师法》明确规定,以"考试"代替"考核"的办法。要想取得律师资格,必须参加全国统一司法考试,考试合格者,由国务院司法行政部门授予律师资格。

从以上法律规定可以看出,我国《律师法》从严规定了取得律师资格的条件,统一了标准,有利于从整体上提高律师队伍的素质,保证律师的质量。

此外,结合我国实际情况,《律师法》第7条规定:"具有高等院校法学本科以上学历,从事法学研究、教学等专业工作并具有高级职称或者具有同等专业水平的人员,申请律师执业的,经国务院司法行政部门按照规定的条件考核批准,授予律师资格。"

二、取得律师资格的程序

律师是为社会提供法律服务的执业人员。其在配合国家加强法制,发展社会主义民主和健全社会主义法制方面,居于重要地位,起着重要的作用。同时,社会对律师的要求也越来越高。因此,国家在对律师资格从业务和考核、考试两方面规定了严格条件的同时,还规定了取得律师资格的程序。

根据我国《律师法》的规定,经过考试取得律师资格的程序是:①参加全国统一司法考试合格;②填写律师资格审批呈报表;③由国务院司法行政部门审查批准授予律师资格。

经过考核取得律师资格的程序为:①经过业务考核合格;②由所在律师事务所逐级上报;③由国务院司法行政部门审查批准,授予律师资格。

三、全国统一司法考试制度

为了保证律师质量,加快律师队伍的发展,1984年,江西省首创全省律师资格统一考试,取得了良好效果。1985年北京等地也举行了类似考试。1986年,司法部在借鉴国外的做法和总结国内各地律师资格考试经验的基础上,作出了实行全国律师资格统一考试的决定,允许品德好、具有法学大专以上学历的公民考试取得律师资格,从此,律师资格考试成为我国律师制度中的一项重要制度改革。

根据司法部关于深化律师工作改革方案和加快律师事业发展的需要,全国律师资格考试自1993年起已由每两年举行一次改为一年一次,并通过进一步改革和完善考试命题、考试组织和考试录取工作,逐步健全和完善适合我国国情,有利选拔合格律师人才的"公平、平等、竞争、择优"的律师资格考试制度。

在2001年以前,我国一直实行全国统一的律师资格考试制度,并且取得了良好的效果。在此期间,与之并行的考试还有全国统一的法官资格考试、检察官资格考试和公证员资格考试。考虑到多种考试同时并存,既浪费社会资源,考试内容也存在差异,通过标准也不统一,通过考试的人员不能达到法律职业一体化的标准。总结历年律师资格、法官资格、检察官资格和公证员资格考试的经验,借鉴国外的做法,例如,德国实行统一的司法考试,参加司法考试的人员范围,比我国现存的全国统一司法考试人员的范围还要宽,即国家行政机关公务员的考试也包括在内。国家立法机关在修改法律时作出决定,国家实行全国统一司法考试制度。

2001年6月30日,九届全国人大常委会第二十二次会议通过了《关于修改法官法的决定》和《关于修改检察官法的决定》,分别规定:国家对初任法官、检察官和取得律师资格实行统一的司法考试制度,国务院司法行政部门会同最高人民法院、最高人民检察院共同制定司法考试实施办法,由国务院司法行政部门负责实施。2001 年 7 月 12 日司法部根据全国人大常委会的两个决定,发布了《关于废止〈律师资格考试办法〉的决定》。

2001 年 7 月 15 日,最高人民法院、最高人民检察院和司法部联合发布公告,确定 2001 年度人民法院的初任法官考试、人民检察院的初任检察官考试和司法部的律师资格考试都不再单独组织,纳入 2002 年年初举办的首次国家司法考试。国家司法考试的命题范围原则上依据司法部颁布的 2001 年律师资格考试大纲和最高人民法院、最高人民检察院颁布的初任法官、检察官考试大纲、纲要确定,考试科目和考试内容将根据三家共同制定的考试实施办法做适当调整。

2001 年 12 月 30 日,司法部发布公告,确定首次国家司法考试定于 2002 年 3 月 30 日、31 日在全国统一举行,并对考试的其他问题做了具体规定。司法统一考试的报名条件为:①具有中华人民共和国国籍;②拥护《中华人民共和国宪法》,享有选举权和被选举权;③具有完全民事行为能力;④符合《法官法》、《检察官法》和《律师法》规定的学历、专业条件,即具有高等院校法律专业本科以上学历,或者高等院校其他专业本科以上学历具有法律专业知识(经司法部依照最高人民法院、最高人民检察院、司法部分别制定的放宽担任初任法官、初任检察官和取得律师资格的学历条件的原则意见审核确定,适用上述学历条件确有困难的地方,在一定期限内,可以将报名的学历条件放宽为高等院校法律专业专科学历);⑤品德良好。

自 2002 年全国首次统一的司法考试,我国律师执业资格的取得完成了从参加律师资格考试到统一司法考试的转变。经过两年国家司法考试的实践,2004 年全国统一的国家司法考试在总结前两年考试经验的基础上,对考试时间、试卷分值、参考答案的公布与审查、录取分数线等方面进行了适当调整和完善,基本上形成了统一司法考试的模式。

四、国外取得律师资格的规定

世界各国对取得律师资格的条件都有严格的规定,以防止不合格的人员流入律师队伍。纵观世界各个国家,取得律师资格的方式主要有以下三种:

(一)实行考试制度的国家

在多数发达国家,公民欲取得本国律师资格,一般须参加国家统一考试或授权考试部门组织的考试,考试合格者方可获取律师资格。如美国、英国、加拿大、澳大利亚等国家。

美国是联邦制国家,各州在处理重大事务上有相当大的自主权。在律师资格的取得方面也是如此。州有律师资格考试委员会,具体组织各州的律师资格考试。考试委员会的成员由州的最高法院指定,主管人一般是本州具有权威的法官或律师。全国有律师资格考试领导小组,负责协调各州律师资格考试命题与评分,传递有关情报和信息,并且主办《全国律师资格考试主考人》杂志。凡年满 18 岁或 21 岁,取得学士学位(有的州仅限于法学学士或博士)、道德品行端正没有污点的美国公民(少数州规定必须在本州居住 2 个月或 6 个月以上),或具有永久居留权的外国人(也有少数不限制外国人)都可以报考。大多数州一年举办两次律师资格考试,一般在考前 45 天到 60 天公布报考日期,有的州还规定一个考生在 5 年内只能参加 3 次律师资格考试。考试的内容包括两个方面:①法律专业知识考试;②律师职业道德规范考试。法律专业知识考试又分两个部分:第一部分全国命题,考试的形式是多项答案选择,共 200 题,由全国律师资格考试领导小组配合教育测试中心命题。其内容主要包括宪法、合同法、刑法、证据法、不动产法、侵权行为法。这一部分考试由全国律师资格考试领导小组评分。第二部分由州律师资格考试委员会命题。考试的内容一般大多涉及本州的法律规定。法律专业知识考试共需 2 天,第一天考选择题;第二天考问答题。律师职业道德规范考试与法律专业考试每年举行 3 次,全国统考在指定的大学内进行。通过律师职业道德规范考试并不是参加法律专业知识考试的先决条件,但为取得律师资格所必需。有的州还明确规定,考生在参加律师资格统一考试前,必须参加一段时间的律师实务培训,以便取得律师资格后,即能上岗执业。由于律师资格考试是由各州举行的,因而取得的律师资格也仅在本州有效。对于已经取得律师资格的人迁往他州时,其资格是否为新迁居的州所承认,各州的规定不一样。有的承认,有的不承认。多数是要求迁入者重新参加本州的律师资格考试或专为这种人所设立的特殊考试。在美国,要成为律师,必须参加考试,没有特批律师资格这一说。

在英国,执行律师职务的人分两类:即大律师和小律师。大律师又称出庭律师、辩护律师,是指能在英国上级法院执行律师职务的律师。大律师一般是精通某门法律或某类案件的专家。他们不仅通过辩护为当事人提供法律帮助,而且解答小律师们提出的疑难问题。大律师经过大法官的提名,可以由英王或女王授予皇家大律师的称号。此外,大律师还有更多的机会被任命为高等法院法官和上诉法院法官。由于大律师具有较高的社会地位,所以取得大律师资格的条件很严格:①取得大律师资格,要受过一定的高等教育。包括:已有大学或工艺学校的法律学位;获得英国大学或工艺学校其他学位等,年满 25 岁,通过其专业考试,并且已有相当的学业、专业或商业能力的成熟学生。②必须参加一个大律师组织。包括林肯律师学院、内殿律师学院、中殿律师学院和格林律师学院。③必须提交品格良好的证明书。曾犯某种罪行及现被宣告为破产之人;现为代理人、商标代理人和小律师的人,不得参加训练取得律师资格。④法学院学习期满后,在有经验的大律师指导下,实习一年,签署入会誓言。以上四个条件具备后,方可成为大律师。

小律师在英国又称为初级律师、诉讼律师等,是指直接受当事人的委托,在下级法院及诉讼外执行律师职务,为当事人提供多种法律服务的人。它是由中世纪普通法诉讼程序的代理人,衡平法诉讼程序中的申请人和教会法院中的代管人演变而来的。小律师的活动范围比大律师广泛。他们可以担任政府、公司、银行、商店、公私团体的法律顾问,可以在下级法院,如治安法院、郡法院和验尸官法院执行代理和辩护职务,还可以处理非诉讼案件,为当事人起草法律文书和解答一般的法律问题,英国的初级律师教育和培训问题,是《1974年初级律师法》以及1979~1986年的初级律师资格管理条例规定的。初级律师的考试形式根据报考对象的不同而不同。对于那些没有取得法律学位,准备担任初级律师的人,或者年龄较大,具有一定实际工作经验的"进修学生"经初级律师学会批准的可以参加普通业务考试的应考对象,必须首先进行普通业务考试,然后进行为期一年的专门学习,再参加初等律师资格统考。而那些已经取得法律学位的应考对象在参加了初级律师学会组织的培训活动后,可以直接参加初等律师资格考试。普通业务考试内容由初级律师协会确定,包括宪法、行政法、侵权行为法、合同法、刑法、土地法、信托法等六门课程,除此之外,再从其他诸多学科中选考两门课程。考试一律采取书面形式,初级律师资格统一考试,必须经过书面统考,任何人不得免试。考试由初级律师协会的教育与培训委员会负责组织。申请初级律师资格者,通过初级律师资格统一考试后,即可请求担任初级律师,并将其名字载入初级律师名录。

在澳大利亚,要取得律师资格,必须在大学或类似的学院读完全部课程,通过考试取得法学学士学位,或通过全国律师考试委员会的考试合格,才可以申请取得律师资格。学生入校要经过严格的考试,入校以后要系统地学习法学理论,研究案例,并到律师事务所实习一年后,经出庭律师推荐,律师协会审查批准,才能取得律师资格,予以注册。律师注册或由不出庭律师转为出庭的律师均要举行庄严的宣誓仪式。仪式通常是在本州的最高法院举行。开始是由推荐人简要介绍他们的履历和表现,尔后宣誓者手捧圣经,面对法官,宣誓永远忠于上帝,最后由大法官向他们祝贺,勉励他们为正义而忠实地工作。

(二)实行考核制度的国家

有些国家,不经过国家统一考试,只要求具有大学法律系或法学院毕业学历,经过法定时间的实习和被司法当局审核合格,就可以申请取得律师资格。如:马来西亚、新加坡、印度、韩国、泰国、斯里兰卡、阿尔及利亚、比利时、丹麦等。

在马来西亚,根据1979年通过的《律师法》规定,申请律师资格必须具备下列条件:①马来西亚大学或新加坡大学通过法学学士学位考试的合格者;②有英国法庭律师及律师评议会指定的资格的保持者;③必须年满18岁;④有善良品行;⑤为马来西亚联邦的公民或永久居住者,并应在有7年以上律师工作经验的律师指导下进修一年,其中对担任过法律工作的人可准予免修。

在新加坡,取得律师资格不需要经过全国统一考试,但需具备以下条件:①要读完司法部指定的几所大学法律系本科课程;②要考入法学院学习,并取得法学学士学位;③接受最高法院4个月的培训后,到一家律师事务所实习6个月;④经法院考核品质和专业均达到了要求并年满21岁。只有在以上条件都具备的情况下,才能成为律师。

在韩国,取得律师资格必须大学法律系毕业,并具有2~3年的司法工作经验,熟悉法律专业,包括司法文书和资料业务,经本人申请,由司法部审查合格后,任命为律师。法官、检察官和军事法官也可以取得律师资格,但如果担任军事法官不满10年即从部队退役的不能取得律师资格,受到刑事处罚后不满1年以及破产业主、受到严重纪律处分的人在相当长时期内不能取得律师资格。具有律师资格的法官、检察官、军官和警官要想从事律师工作必须在辞退原来职务2年以后,才能在当地从事律师业务。

在泰国,大学毕业生考入法学院学习2年后,要求从事律师工作的人,经向法学院申请,由法学院批准授予律师资格。

在印度,大学毕业生必须再考入法学院学习3年,毕业后向邦律师协会提出申请(缴纳250卢比的申请费),由邦律师协会审核合格后,才能被授予律师资格。

在比利时,取得律师资格必须具有法学学士学位。在宣誓后进行为期3年的见习,除非经律师协会管理机构的特许,见习期不得中断或中止,必须连续进行。见习内容由各律师协会的规定确定。通常情况下,见习者必须拜一个执业10年以上的律师为指导老师,并在该指导老师的事务所正常上班,旁听各种法庭审判,参加"辩护和咨询处"会议。如果见习律师不履行其义务,律师协会可以延长他的见习期。见习期满,即取得律师资格。

(三)实行考试和考核相结合制度的国家

有些国家实行律师资格考试制度为主,而对部分人员不经考试,须经考核取得律师资格作为补充的制度。如日本、法国、德国、意大利等。

在日本,根据《司法考试法》的规定,取得律师资格须参加司法考试。司法考试分为两次:参加第一次考试没有学历的限制,取得法学学士的可以免考;参加第二次考试必须是大学法学学位获得者或第一次考试合格者。有关从事律师职业的考核条件,前文已有叙述,在此不再赘述。

在法国,1971年12月31日《关于改革若干司法职业和法律职业的第71-1130号法律》规定:报考律师资格,须是由司法部长和大学国务秘书联合制定的法学硕士学位名册中的法学硕士学位获得者,或法学博士学位获得者。1985 年 10 月 22 日的第 85 - 1123 号法令规定,对于有些人,比如以前的公证人,不要求考试取得律师资格。

在意大利,1933 年《意大利律师和检察官法》规定:获得由一所大学授予或确认的法学毕业文凭,可以申请担任法律代理人。担任法律代理人满 2 年后,可以参加全国律师资格考试。

此外,《意大利律师和检察官法》规定,下列人员取得律师资格,不需经律师资格考试:①在司法、军事或行政领域担任法官至少 8 年,或者担任国家律师委员会法律顾问和国家铁路局法律办公室代理人 8 年的;②曾在司法、军事和行政部门担任过法官,其级别不低于最高法院法官,最高行政法院法官或审计法院法官的人或者担任过至少 3 年的上诉法院法官或同等级别法官的人;③担任过总法律代理人,副总法律代理人或上诉法院国家律师职业的人,前铁路局法律办公室首长,担任过至少 3 年国家律师委员会秘书长或代理律师或者前铁路局法律办公室高级监察官的人;④前省行政长官;⑤大学法学教授和教学 3 年以上的高等学院的具有同等资格者;⑥在取得自由讲师资格后从事教学职务至少 8 年者,他的教学工作应当同律师职业有关;⑦担任名誉代理独任法官至少 15 年的人。

在德国,1961 年的《德国法官法》规定:准备从事律师职业的人必须通过中学毕业考试(亦即大学入学考试)后,学习 3 年半后,参加第一次国家考试,取得实习文官资格,再在各州依据《法律培训条例》和《法律培训规则》完成 2 年半的实习,然后参加第二次国家考试,正式取得律师资格。

此外,《德国律师法》第 4 条规定:根据《法官法》有资格成为法官者,也可以成为律师。

五、我国律师资格与律师执业的关系

我国从 1986 年开始,实行全国律师资格统一考试制度。从 1988 年开始规定实行律师资格与律师执业相分离的制度。所谓律师资格与律师执业相分离,是指从事非律师职业的人可以取得律师资格,取得律师资格的人可以不从事律师职业。

由此可见,取得律师资格只是律师执业的一个前提条件。取得律师资格以后,要从事律师职业,还必须符合法律规定的其他条件,并向主管机关提出执业申请,经主管机关批准并颁发律师执业证书后,才能成为执业律师。结合律师工作的理论与实践,实行律师资格与律师执业相分离制度,主要具有以下几个方面的益处:①可以为律师队伍的发展储备一大批具有律师资格的人才;②有利于提高律师的素质,加强律师的社会地位与影响。

纵观世界各国,许多国家也实行律师资格与律师执业相分离的制度。例如,德国有关法律规定,执业律师如果担任公职或从事其他不能同时从事律师职业的职务时,其律师资格可以保留。

我国之所以实行律师资格与律师执业相分离制度,是因为律师资格与律师执业可以分离。取得了律师资格,说明一个公民已经具备了从事律师职业的基本要求,达到了最低标准。而要从事律师职业还应当具备更高的要求。包括实际工作经验、良好的品德和敬业精神等。司法实践经验也证明,实行律师资格与律师执业相分离制度,有益于我国律师制度的发展和完善。

■ 第二节　律师执业

一、律师执业的条件

我国《律师法》第 8 条规定:"拥护中华人民共和国宪法并符合下列条件的,可以申请领取律师执业证书:①具有律师资格;②在律师事务所实习满 1 年;③品行良好。

根据上述法律规定,从事律师职业必须符合以下几个条件:

1.拥护中华人民共和国宪法。律师是以维护国家法律的正确实施,维护国家、集体的利益和公民的合法权益为其使命,为国家机关、企事业单位、社会团体和公民提供法律帮助的执业人员。《宪法》是我国的根本大法,拥护中华人民共和国宪法,这是对律师的起码要求。如果不具备这一条件,就不能取得律师执业证书。拥护中华人民共和国宪法,是取得律师执业证书应当具备的最基本的政治条件。

2.具有律师资格。我国《律师法》第 5 条规定:"律师执业应当取得律师资格和执业证书。"上述法律规定说明,在我国,只有取得律师资格,具有律师执业证书的人才能担任律师、从事律师工作。具有律师资格是律师执业的一个前提条件。取得律师资格需要具备一定的条件,这些条件是对准备从事律师职业的人的基本要求和最低标准。符合这些条件只能说明某人具备了担任律师的基础,而取得律师执业证书,则既是取得律师资格的标志,又是律师身份的证明,同时还是司法行政机关对公民从事律师职业、开展律师业务活动的许可。

3.在律师事务所实习满 1 年。律师为社会提供法律服务的性质,决定了律师业务的实践性很强。律师不仅需要拥有渊博的法律专业知识,而且需要具有较强的业务实践能力。要达到这一水平,就必须付诸实践。只有通过实践,积累实践经验,才能增长做好律师工作的才干。我国《律师法》第 8 条第 2 项规定,申请领取执业证书必须在律师事务所实习满 1 年,正是贯穿了专业知识和实践经验相结合的特点。经过 1 年的律师业务实习,熟悉业务工作,积累司法经验,具备了律师的素质后,取得律师执业证书,正式从事律师业务工作,才能适应社会对律师工作的要求和需要,才能为社会提供优质的法律服务。

4.品行良好。品行良好就是指申请取得律师执业证书的人员应当廉洁清正,不贪钱财,谨慎谦虚,团结协作,礼貌待人。律师作为法律工作者,肩负着维护法律正确实施,维护国家、集体和公民合法权益的重任。律师执业不仅应当遵守宪法和法律,而且应当恪守律师的职业道德和执业纪律。品行良好是模范遵守法律和职业道德的基础。西方国家普遍对执业者的品行作出了严格的规定。

此外,我国《律师法》对不予颁发律师执业证书的情形也作了明确规定。《律师法》第9条规定:"有下列情形之一的,不予颁发律师执业证书:①无民事行为能力或者限制民事行为能力的;②受过刑事处罚的,但过失犯罪的除外;③被开除公职或者被吊销律师执业证书的。"

世界各国对不能取得律师资格的情形,在法律中也都有明确的规定。如美国规定,有下列行为之一者,视为品行不合格,不能具有律师资格:①不合法行为;②学业上有不正当行为;③虚假陈述,包括在工作期间的失职行为;④不诚实、欺骗、或违法代理行为;⑤滥用法律程序行为;⑥违反法庭判决行为;⑦经济责任的过失行为;⑧有证据表明对药物或酒精有瘾;⑨有证据表明精神上丧失正常能力;⑩在其他司法区未通过品行考察;⑪被律师惩戒机构或者其他职业惩罚机构、司法部门给予过惩罚。

《日本律师法》也规定:有以下情况之一者,没有做律师的资格:①曾被判处监禁以上的刑罚的;②曾受过弹劾法院的罢免裁决的;③由于受到惩戒处分因而律师被除名的,商务代理人的业务被停止,注册会计师的登录被撤销的,税务代办人的业务被停止或公务员被免职,而从受处分之日起尚未满3年的;④禁治产人或准禁治产人;⑤破产人而没有复权。

二、申请律师执业的程序

我国《律师法》第10条规定:"申请领取律师执业证书的,应当提交下列文件:①申请书;②律师资格证明;③申请人所在律师事务所出具的实习鉴定材料;④申请人身份证明的复印件。"《律师法》第11条规定:"申请领取律师执业证书的,经省、自治区、直辖市以上人民政府司法行政部门审核,符合本法规定条件的,应当自收到申请之日起30日内颁发律师执业证书;不符合本法规定条件的,不予颁发律师执业证书,并应当自收到申请之日起30日内书面通知申请人。"

根据以上法律规定,律师申请领取律师执业证书主要经过以下几个程序:

1.申请。凡愿意从事律师工作、具有律师资格,符合《律师法》规定执业条件的人员,可写出书面申请书,连同律师资格证明、申请人身份证明的复印件,一起提交到其欲执业的律师事务所,经律师事务所同意后,由申请人所在律师事务所出具实习鉴定材料,向主管司法行政机关申报。

2. 审查。申请人所在地的司法行政机关对申请人呈报的申请律师执业证书的材料进行审查后,符合《律师法》规定的审批条件的,逐级上报至省、自治区、直辖市以上人民政府司法行政部门审核。审批部门依照《律师法》规定的条件进行审查后,在法律规定的期限内决定颁发或者不颁发执业证书。

3. 颁证。根据律师法的规定,省、自治区、直辖市司法行政部门对申请人呈报的有关材料进行审查后,符合《律师法》规定的条件的,应当自收到申请之日起30日内颁发律师执业证书;不符合《律师法》规定条件的,不予颁发律师执业证书,并应当自收到申请之日起30日内书面通知申请人。

三、律师执业的限制性规定

我国《律师法》第12条规定:律师应当在一个律师事务所执业,不得同时在两个以上律师事务所执业。律师执业不受地域限制。第13条规定:国家机关的现职工作人员不得兼任执业律师。律师担任各级人民代表大会常务委员会组成人员期间,不得执业。第14条规定:没有取得律师执业证书的人员,不得以律师名义执业,不得为牟取经济利益从事诉讼代理或者辩护业务。以上法律规定,不仅有利于保障法律正确、有效的实施,而且有利于维护当事人的合法权益。

(一)关于禁止律师跨所执业的规定

我国《律师法》第12条规定:"律师应当在一个律师事务所执业,不得同时在两个以上律师事务所执业。"在我国,律师执业的工作机构是律师事务所。律师事务所按照章程组织律师开展业务工作,学习法律和国家政策,总结、交流工作经验。律师承办业务,由律师事务所统一接受委托,与委托人签订书面委托合同,按照国家规定向当事人统一收取费用并如实入账。如果一名律师同时在两个或两个以上律师事务所履行职务,当各律师事务所依据自身享有的职权,同时指派律师办理案件时,由于律师个人的精力有限,不可能同时接受两个或两个以上的委托,也就不可能完成律师事务所分配的任务。因此,从律师开展业务工作的角度出发,律师不宜在两个或两个以上律师事务所履行职务。

从律师事务所对律师进行管理的角度来看,律师事务所与律师之间的关系是领导与被领导的关系,律师属于律师事务所的成员。如果律师在两个或两个以上律师事务所履行职务,势必形成律师与律师事务所之间的多方领导关系,导致几个律师事务所对律师都有领导权,实际上谁都无法领导的局面。而且也不利于律师事务所对律师进行管理。

总之，无论是从现实情况，还是从今后律师工作发展的角度讲，律师都不宜在两个或两个以上律师事务所执业。我国《律师法》在制定过程中，正是考虑到上述情况，因此规定，律师应当在一个律师事务所执业，不得同时在两个以上律师事务所执业。

（二）关于兼职律师的限制性规定

我国《律师法》中，对兼职律师问题没有作出明确的规定，既没有予以肯定，也没有予以否定。但是，《律师法》第13条作出了限制性的规定。即"国家机关的现职工作人员不得兼任执业律师。律师担任各级人民代表大会常务委员会组成人员期间，不得执业"。

所谓兼职律师是指已经取得律师资格，在不脱离本职工作的同时兼做律师工作的人员。《律师暂行条例》第10条规定："取得律师资格的人员不能脱离本职的，可以担任兼职律师。"兼职律师是我国恢复律师制度初期出现的，哪些人可以担任兼职律师，随着不同时期的要求也有变化。我国当初发展兼职律师的主要原因有以下几个方面：①专职律师数量很少，不能满足法律服务的社会需求；②国家希望吸收一些法律水平较高的人员，从事律师工作；③在法律院校内设立兼职律师事务所，可以使在校学生有实践的基地。

我国《律师暂行条例》确立兼职律师制度，在弥补专职律师的不足，律师结构不合理方面起到了积极作用，但在实践中也出现了一些问题。主要表现在以下几个方面：①兼职律师影响专职律师的发展。兼职律师一般都拿国家工资，享受单位的福利待遇，"旱涝保收"；②有的兼职律师利用职业的关系来办案，影响执业的公正性；③有些兼职律师处理不好本职工作与兼职工作的关系，使律师工作与本职工作产生冲突，尤其是一些兼职律师只看重自身的经济利益，而轻视本职工作，致使兼职律师所在单位对兼职律师不满；④律师事务所对兼职律师较难管理。

综上所述，一方面兼职律师的存在有其自身固有的弊病；另一方面，目前，我国专职律师的发展还远远满足不了社会对律师的需求，还需要兼职律师作补充。因此，在我国《律师法》的立法中，对兼职律师问题存在两种意见：一种认为《律师法》中应当明确规定取消兼职律师；一种认为应当允许兼职律师的发展，但必须在《律师法》中对兼职律师作出严格的限制。考虑到兼职律师问题的复杂性，我国《律师法》中对兼职律师既没有作肯定性的规定，也没有作否定性的规定，只是作了限制性的规定。即国家机关的现职工作人员不得兼任执业律师。律师担任各级人民代表大会常务委员会组成人员期间，不得执业。《律师法》之所以这样规定，是因为这些人员的工作性质、职能、职责或任务与律师身份和律师职务活动不相适应。为保证律师依法执行职务，防止行政干预，特作如上限制性法律规定。

（三）关于禁止非律师以律师名义执业的规定

在《律师法》的制定过程中，考虑到有的律师事务所为了争夺案源，追求经济效益，不惜让非执业律师人员以本所律师的名义从事法律服务活动，从而损坏了律师的形象，降低了律师的威信。为了制止这种行为，《律师法》第14条对非执业人员以律师名义执业作了严格禁止性的规定。即：没有取得律师执业证书的人员，不得以律师名义执业，不得为牟取经济利益从事诉讼代理或者辩护业务。

法律作出上述规定主要有以下两个方面的益处：①有利于保证律师服务质量。律师从事的工作专业性很强，非执业律师人员往往不具有这方面的知识和能力，由他们为当事人提供法律服务，不能充分维护委托人的合法权益，不能保证服务质量。而律师大多数经过律师资格考试，有丰富的办案经验，由他们为当事人提供法律服务，能够保证服务质量。②有利于反对不正当竞争。律师帮助非执业律师人员以律师名义从事法律服务活动，大多由于非执业律师人员能够给律师带来经济效益。诸如非执业律师人员有案源，而且标的都比较大，以律师的名义承办，收取的诉讼费按比例上交律师事务所后，其余的部分由律师与非执业律师均分，律师出名不出力，且有经济收入。再者，就是非执业律师人员与案件承办人员，存在某种关系，能够使案件胜诉等，这些做法违反了我国《律师法》的有关规定，不利于律师公平竞争。

（四）国外律师执业的限制性规定

为了保证律师客观、公正地依法执业，世界各国都规定律师不得同时从事某些其他职业和工作。例如，在德国，如果律师当选法官或担任公职，就不能继续从事律师业务。同样，在公共行政部门担任一般职务的律师也不能继续执行律师职务。但是，担任法官和政府官员以及在公共行政部门工作的律师，如果是义务和无偿地从事律师业务，则不在此限。此外，如果经过各州司法行政部门特许，他们也可以提供有偿的法律服务。

在意大利，法律规定，禁止律师和法律代理人在政府、各省和地方政府公共福利机构、银行、参议院和众议院担任职务或从事固定的工作，不得担任公证人和牧师，但可以担任大学教师、中学法律教师和议员。

在英国，大律师不得从事以下职业：初级律师、法律代理人、议会工作人员、专利和商标代理人、税收顾问、退休金和抚恤金顾问、遗产税顾问、法官助手，其他出庭律师助手以及所有从事这些职业者的雇员和秘书。

英国法律对小律师在业务方面的限制性规定：禁止怂恿他人进行委托；禁止广告和宣传；禁止双方代理；禁止与没有小律师资格的人订立共同分担利益的契约；禁止订立成功报酬契约。

在法国，律师不能从事任何形式的商业活动，即使作为中间人也不行。

律师原则上也不得担任公职或政府官员,不得在政府机关或企业担任专职法律顾问,不得担任公共审计员,不能从事司法鉴定工作和会计工作、专业簿记工作,不能从事政府的行政管理工作以及除学校以外的其他任何公共机构的工作。

第四章　律师工作机构

■ 第一节　律师事务所概述

一、律师事务所的法定形式和特点

我国现行《律师法》第15条规定："律师事务所是律师的执业机构。"律师事务所是我国律师制度的重要组成部分。在我国现阶段，律师事务所的法定形式按照出资主体和承担法律责任的不同分为国家投资律师事务所、合作律师事务所、合伙制律师事务所和个人律师事务所。其性质具有丰富的内涵，可以概括为两个层面：①律师事务所是依法向社会提供法律服务的具有国家性、社会性、公益性和营利性的执业组织形式；②在社会主义市场经济体制的宏观背景下，它是具有中介性质的执业组织形式。[1]

二、律师事务所的职能

我国现行《律师法》第22条规定："律师事务所按照章程组织律师开展业务工作，学习法律和国家政策，总结、交流工作经验。"但是现在随着社会经济的发展以及律师行业的逐步规范，律师事务所的职能已经不局限于上述内容，根据目前我国律师业发展的实际状况，概括起来，律师事务所的职能主要包括以下几方面：

1. 组织律师开展法律业务活动。这是律师事务所的基本职能，主要内容包括：律师事务所对外统一接受当事人的委托；统一向当事人收取代理费用；指派律师具体办理当事人委托的法律事项；组织律师研究重大、疑难案件，组织律师之间的业务协作。

2. 对律师从事法律事务进行管理，提供保障。具体内容如：统一管理业务费用；统一管理业务档案；监督、检查律师承办业务情况及代理事项的质量；接受司法行政机关和律师协会的监督和指导。此外，律师事务所要为律师提供基本的办公场所及办公设备、行政后勤服务，并依法提供相应的福利保障。

3. 对律师进行业务学习和职业道德培训。律师事务所不仅是律师的执业机构，同时也是培训律师、教育律师的机构。律师事务所要组织律师学习

---

〔1〕　陈光中主编：《律师学》，中国法制出版社2004年版，第99页。

国家的方针政策、法律知识以及与律师业务有关的知识,开展各种法律业务培训、专业技能培训,从而不断提高律师的专业素质和执业水平。同时,律师事务所还要对本所律师经常进行职业道德和执业纪律教育,增强律师遵守职业道德和执业纪律的自觉性,依法办事,维护律师在社会上的良好声誉和形象。

三、律师事务所的种类

根据我国《律师法》规定,律师事务所应有三种类型,即国资所、合作所和合伙所。各类型律师事务所在投资形式、运行机制、财产关系和法律责任的承担上均有所不同。现阶段已经存在的个人律师事务所的法律地位将随着《律师法》的修订而被明确。

(一)国资律师事务所(以下简称国资所)

国资所从性质上讲是由国家投资、占用国家编制的事业单位。它是由司法行政机关根据实际需要下达编制、选调人员、核拨经费、确定住所而设立的全民所有制性质的律师事务所。国资所的开办资金由国家投入,财产归国家所有,以其全部资产承担法律责任。

随着社会经济的发展,法制建设的进一步完善,以及社会对律师要求的不断提高,国资所越来越不能满足社会主义市场经济的需求。所以,目前除了一些偏远贫穷地区现阶段还不能完全取消国资所,其他地区的国资所已逐渐改制,一小部分改成合作所作为过渡,其他的均改为合伙所。

(二)合作律师事务所(以下简称合作所)

合作所是由专职律师自愿组合,共同参与,财产由合作人共有的集体所有制性质的律师事务所。其特征为:①合作所人员不占国家编制,一律实行聘用制。原有国家公职身份的人员要成为合作律师,必须辞去公职。②合作所具有法人资格。经济上独立核算,自负盈亏,具有完全的自主权。合作所的财产归全体合作律师所有,合作律师退出律师事务所不能分割财产。在对外债务方面,以合作所全部资产承担民事责任。③管理上实行律师会议制和主任负责制。律师会议是律师事务所实行民主管理的机构,由全体专职律师组成,决定事务所的一切重大问题,律师事务所主任由律师会议选举产生。合作所作为一定时期的过渡形式,最终也将被合伙所或其他形式的律师事务所取代。

(三)合伙律师事务所(以下简称合伙所)

合伙所是指律师依照法律的规定,自愿组合,订立合伙协议,以合伙方式共同出资成立的律师事务所。合伙所具有以下特征:①合伙所属于一种合伙组织,合伙人会议是合伙律师事务所的"决策机构",负责确立律师事务所的发展规划、管理模式、分配原则及重大事项。②合伙人自愿组合,合伙协议是合伙所的基本法律文件,是决定律师权利义务关系的准则,对合伙人具有普遍的约束力。③合伙人共同出资,盈亏共担。合伙人共同享有律师事务所的财产所有权,并对事务所的债务承担无限连带责任。

随着合伙制度的不断完善,合伙律师事务所可以采用普通合伙、特殊的普通合伙的形式。合伙人按照合伙形式,对该律师事务所的债务依法承担责任。

合伙律师事务所克服了国资所和合作所的弊病,适应了社会主义经济建设的发展要求,也符合市场经济规律,已经成为我国律师事务所的主要组织形式。目前我国合伙律师事务所已占到律师事务所总数的70%。

（四）个人律师事务所

个人律师事务所是指律师以个人名义申请设立的律师事务所。目前,虽然我国法律上对此没有明确规定,但作为试点,个人开办的律师事务所已经实际存在了一段时间。而且,国内一些较大城市对个人开办律师事务所都作出明确规定,包括设立条件、审核程序以及律师事务所的管理和责任的承担。随着我国法律的不断完善,将对个人开办的律师事务所,作出更加详细的规定。

个人律师事务所在西方国家较为普遍,在一些发达国家如美国,律师事务所主要就是个人和合伙两种形式。个人律师事务所有其存在的合理性和优点,因此,个人律师事务所在我国也将得到不断完善,并成为律师事务所的主要形式之一。

■ 第二节 律师事务所的设立、变更和终止

一、律师事务所的设立

根据《律师法》第15条的规定,设立律师事务所应当具备以下条件:①有规范的名称。设立律师事务所应将拟定名称报司法部审核,经核定的名称在全国范围内享有专用权。根据司法部颁布的《律师事务所名称管理办法》的规定,律师事务所的名称应由"字号＋律师事务所"构成,字号前可以根据需要冠以行政区域的名称。②自己的住所。住所是指律师的执业场所,即律师事务所的办公场所,是保证律师能够正常开展业务活动的基本条件。③有符合规定数量的具有律师资格的专职律师和辅助人员。律师行业实行执业资格审查制,执业人员必须具有律师资格,并要有一定的执业年限,以保证律师事务所的正常业务活动。④有符合法定数量的开办资金。开办资金是设立律师事务所和保证律师事务所正常运行的必要条件之一。《律师法》规定,设立律师事务所必须有10万元以上人民币的资金。⑤有自己的章程。律师事务所的章程是全面规范律师事务所内部责权关系的规范

性文件。律师事务所章程是律师事务所的根本准则,是律师事务所赖以存在和活动的基本依据。

二、律师事务所的设立登记

依据《律师法》第19条规定,设立律师事务所要进行设立登记。设立登记是指登记机关依法对设立律师事务所的条件进行审查,确认其从业资格,明确其法律地位的活动。设立登记是司法行政机关管理律师行业的重要手段。登记程序一般为受理、审核、登记和公告。

三、律师事务所分所的设立

律师事务所分所是指律师事务所根据业务的需要,在本所以外的国内区域或境外设立的分支机构。根据分所的设立地点不同,分所可以分为国内分所和驻外分所。驻外分所包括在我国的港、澳、台地区设立的分支机构。

律师事务所分所受所在地的司法行政机关监督。律师事务所分所名称为:本所名称—分所所在地的地名—分所。派驻分所的专职律师,由分所所在地的司法行政机关颁发新的律师执业证。律师事务所分所变更登记事项时,需要向原核准成立分所的登记机关办理变更登记。解散时,应交回分所执业许可证、公章和律师执业证,并办理注销登记。律师事务所分所的债务由律师事务所承担。

四、律师事务所的变更和终止

(一)律师事务所的变更

律师事务所的变更是指律师事务所在业务活动中,改变其设立时原登记事项并报经原审核部门批准的法律行为。律师事务所变更名称、住所、负责人、合伙人、章程、合伙协议等事项时,必须经原登记机关核准。被批准后由登记机关向社会公告。

(二)律师事务所的终止

律师事务所的终止是指律师事务所在业务活动中,报经原批准机关或原批准机关决定停止、解散律师事务所的法律行为。根据规定,律师事务所终止有以下几种情况:①律师事务所申请解散,并经原批准机关核准而终止;②律师事务所违反法律、法规和律师工作的各项规章制度,情节严重,由省、自治区、直辖市司法厅(局)吊销律师事务所执业证书;③律师事务所由于负债破产而终止;④由于其他原因终止。比如律师事务所领取执业许可证后,6个月未开展业务或停止业务活动满1年的,视同停业。

律师事务所终止时应按法律法规的规定,清偿债务。律师事务所清算结束后,应向原登记机关办理注销登记,并予以公告。

■ 第三节　合伙律师事务所的管理机制

由于合伙制律师事务所在体制上有明显的优势,如产权明晰、法律责任清楚、易于调动律师的积极性等,其已经成为我国律师事务所的主要组织形式,占我国律师事务所总数的70%。而且此种形式的律师事务所在国外已经存在了几百年,经历了历史的验证,证明了其存在的合理性。下面我们着重介绍合伙所的运行模式。

一、内部管理机制

1. 接受委托制度。接受委托是指律师事务所接受当事人委托,为其提供法律服务的行为。接受委托是律师事务所开展业务活动的第一步。《律师法》第23条规定:"律师承办业务,由律师事务所统一接受委托,与委托人签订书面委托合同,按照国家规定向当事人统一收取费用并如实入账。"律师事务所与当事人签订委托协议后,指派律师负责办理,律师不能以个人名义收案。

2. 案件讨论制度。案件讨论制度是指律师事务所组织律师集体讨论、研究律师办理业务中遇到的重大疑难问题的制度。案件讨论制度是克服律师个人知识、能力等方面的局限,加强律师之间的协作,发挥集体的智慧,保证办案质量的最有效的途径。

3. 案卷归档制度。律师业务档案是律师从事业务活动情况的真实记录,具有重要的保存价值。因此,律师业务档案的整理、归档是律师事务所的一项重要任务。根据司法部和国家档案局颁布的《律师业务档案归档办法》和《律师业务档案管理办法》的规定,律师承办业务所形成的文件材料,必须严格按规定立卷归档。律师业务档案按业务性质分类归档。

4. 律师培训制度。对律师进行业务培训,是律师事务所的一项重要任务。律师事务所必须建立所内律师业务培训制度,对律师进行经常性的业务培训,以提高律师的业务素质,提高律师事务所的竞争实力。律师进行业务培训的形式主要有定期学习,邀请专家讲课,举办业务研讨活动,开展岗位培训等。律师事务所设立培训基金,以保证培训活动的必要支出。

5. 律师奖惩制度。奖惩是律师事务所管理律师的重要手段。律师事务所对律师的执业活动进行检查、监督,奖励在职业道德和业务方面表现好的律师,惩处违反职业道德和执业纪律、违反律师事务所规章制度的律师。律师事务所通过奖惩,引导、教育律师遵守职业道德和执业纪律,尽职尽责地为当事人提供高效优质的法律服务,维护律师事务所的社会形象和执业声誉。

6.财务管理制度。律师事务所财务管理的任务是做好财务收支计划、控制、核算、考核、分析工作,努力降低成本费用,提高经济效益。律师事务所财务管理的内容包括资金筹集,资产管理,收入管理,支出管理,结余和分配,财务报告和财务评价。律师事务所按照国家的有关规定,在坚持按劳分配原则的前提下,根据本所实际情况及律师资历、办理法律事务的数量和质量等因素,确定本所的分配制度。律师事务所依照国家的有关规定,建立本所的会计制度,如实行会计核算,客观、真实反映本所的财务状况。律师事务所须定期向主管部门报送年度财务报告和年度财务审计报告,接受财务检查和监督。

7.接受年检制度。年检是指律师事务所的登记机关按年度对律师事务所的执业情况进行检查,确认其执业资格的活动。律师事务所未经年检或未通过年检的,不得继续执业。登记机关将在报刊上公告通过年检的律师事务所。

二、合伙所运行机制

(一)合伙人

合伙人是根据民法规定签署合伙协议,对合伙律师事务所的财产享有所有权,对合伙律师事务所的债务承担无限连带责任的律师。

1.合伙人的权利和义务。合伙人作为合伙律师事务所的发起人或主要成员,享有下列权利:①参加合伙人会议,行使表决权;②享有律师事务所负责人的推选权和被推选权;③提请修改律师事务所章程、合伙协议和规章制度;④监督律师事务所的财务、监督合伙人会议决议的执行情况;⑤依照合伙协议的规定退出合伙;⑥依合伙协议对律师事务所的财产拥有所有权和收益分配权;⑦合伙协议规定的其他权利。

合伙人具有以下义务:①执行合伙人会议的决议;②遵守律师事务所的规章制度;③对律师事务所的债务承担连带责任;④依法承担法律援助的义务;⑤合伙协议规定的其他义务。

2.入伙与退伙。入伙是指非合伙人身份的律师取得合伙人身份的情形。接纳新的合伙人,必须按照合伙协议规定的条件和程序进行。合伙律师事务所须与入伙人订立书面协议,规定入伙人的权利义务,并报律师事务所的登记机关备案。

退伙分为自愿退伙、法定退伙和开除退伙。自愿退伙指合伙人自愿退出合伙。合伙人按合伙协议要求退伙时,应当按照合伙协议规定的时间提前通知其他合伙人。法定退伙,指基于法律法规以及律师行业的有关规定而丧失合伙人身份。开除退伙,指大多数合伙人,依照法律、法规或合伙协议的规定并经一定的方式,将某一合伙人开除出合伙。

合伙人在律师事务所成立2年内,退出合伙或被除名,又以发起人名义申请设立新的律师事务所时,须向登记机关说明退出合伙或者被除名的原因。因违反法律法规、执业纪律等被吊销执业证书的合伙人,3年内不得作为发起人申请设立新的律师事务所。

（二）合伙所的组成

合伙所的人员组成为:合伙律师、聘用律师和其他工作人员。合伙人是律师事务所的"股东",享有更多的权利,承担更多的义务,是合伙所的主要成员;聘用律师是指通过签订合同的方式被律师事务所聘用,按照聘用合同在律师事务所享受权利、承担义务的律师。其他工作人员,是指被合伙律师事务所聘用来从事非律师业务工作的人员,如行政主管、会计、文秘、打字员等。律师事务所应当根据国家的有关规定,为聘用人员办理养老、医疗等保险。

（三）合伙所权力体制

1.最高权力机构——合伙人会议。合伙律师事务所实行民主管理,由全体合伙人组成的合伙人会议是合伙律师事务所的最高权力机构,具体行使下列职权:①制定本所的发展规划和年度工作计划;②推选本所主任和管理机构的负责人;③制定本所的内部管理制度;④审议本所的年度工作总结报告;⑤审议本所的年度财务预算方案、结算报告、收益分配方案及重大开支事项;⑥决定合伙人的入伙、退伙及除名;⑦审议对本所律师的奖励和处分;⑧修改合伙协议、本所章程;⑨决定本所的变更、终止;⑩其他需要提交审议的重要事项。

2.核心管理层——主任、执行合伙人或管委会。

（1）主任负责制。根据相关规定,事务所主任只是事务所的代表而已,其具体的职权要由合伙人会议通过决议或协议的方式进行规定。在主任负责制的情况下,主任的职权一般有:①主持事务所的日常工作,召集合伙人会议。②向合伙人会议提出发展规划、年度重大工作计划等预案。③向合伙人会议提交年度经费预算和决算草案及分析报告。④提出内部机构设置方案。⑤各项规章制度的贯彻执行。⑥组织、协调各部门工作,代表律师事务所签署各种法律文件。⑦向合伙人会议报告工作等等。

（2）执行合伙人负责制。执行合伙人是由合伙人会议讨论确定的在一定时期内行使主任职能的合伙人。在执行合伙人负责制的架构下,主任不再行使其职权,改由执行合伙人代为行使,但执行合伙人制度下的律师事务所其具体职能的划分经常会根据每个律师事务所的具体情况而有所不同。执行合伙人具体的职权范围以及其他合伙人分管的职权范围均由所合伙人会议研究确定,并且根据具体实施情况会定期进行调整。

执行合伙人一般在每年的合伙人会议上采取合伙人推举加自愿的方式,再经全体合伙人讨论产生。由于执行合伙人本身也是律师,把很大部分精力用在律师事务所的管理上会造成个人创收的减少,所以很多律师事务所对执行合伙人任职期间都会制定相应的补偿制度,补偿形式可能是固定的报酬,也可能是在年终分红上有一定的政策倾斜,当然执行合伙人也要相应地承担一定的责任。总之,每个律师事务所会根据本所的具体情况制定出符合自己律师事务所特点的管理及分配制度,并没有特别固定的模式。单独的主任负责制和执行合伙人负责制的管理模式只适用于规模较小的律师事务所。

(3)管理委员会负责制。随着律师事务所规模的不断扩大,事务所的管理工作会变得更加复杂也更加重要,这种情况下,单纯的主任负责制和单纯的执行合伙人负责制已经不能满足律师事务所的发展需要。由于律师事务所的人员的壮大,合伙人的数量也相应增加,如果凡事都要召开合伙人会议来决定,既不现实,也影响工作效率。所以,就形成了只有少数合伙人参与管理的管理委员会负责制。管理委员会每年产生一届,对全体合伙人负责。

管理委员会的主要职能就是在全体合伙人会议确定的职权范围内对律师事务所进行管理。其成员是通过合伙人会议选举产生的,根据管委会成员自身特点和能力,安排其分管事务所内部事务的一部分管理工作。通常管理委员会也同时设置执行合伙人或称为管委会主任,但其职能由合伙人会议确定,与单纯的执行合伙人负责制相比已大大减弱。一般主要负责具体实施管委会和合伙人会议的决议。

由于我国合伙制律师事务所形成的历史不长,其管理模式正在不断摸索中。根据律师事务所的规模的不同,采用的管理模式也会千差万别,在此只就目前采用较多的几种模式进行介绍。但即使在管理委员会负责制下,具体操作形式也不尽相同,如有一种情况是:律师事务所主任是管理委员会的成员,他和其他管理委员会成员一起负责律师事务所的管理,其具体的管理职权由章程、合伙人会议或者管理委员会决定。还有一种情况是:律师事务所主任不是管理委员会的成员,其只在章程、合伙人会议或者管理委员会规定的范围内行使职权。所以,管委会负责制下的管理架构,管委会相当于公司中的董事会,管委会主任或执行合伙人相当于公司的董事长。

综上,从中国合伙制律师事务所发展的轨迹看,随着律师事务所规模的扩大,律师事务所的管理层次相对增加,管理难度相应加大,管理的方式也在不断发生变化。主任负责制、执行人负责制、管理委员会负责制都是在发展中出现的管理模式。就目前而言,主任负责制、执行合伙人负责制更适应于中小型律师事务所,管理委员会制则适合中型以上的律师事务所。

随着事务所规模的不断扩大,管理事务的日趋繁重,律师事务所的管理必将与律师业务分开,聘请高级管理人才负责律师事务所的管理工作将是我国律师事务所的发展趋势,只有这样才能使合伙人从其并不一定擅长且繁琐的管理事务中摆脱出来,将全部精力投入到自己的律师本职工作中去,提高律师业务能力,实现资源的最优化配置。这将成为我国律师事务所发展的必然趋势。

3.合伙所的财产管理。合伙律师事务所在财务方面实行独立核算,自负盈亏。合伙关系存续期间,合伙人的共同财产由律师事务所统一管理,未经合伙人会议同意,不得私自分割、挪用。

合伙所解散,应当清偿所有债务,清偿债务后的剩余财产,按合伙协议在合伙人之间分配;合伙所财产不足以偿还债务时,合伙人应当承担无限连带责任,依照合伙协议对余下债务进行分摊。在清算期间,合伙所的律师不得执业,合伙所的执业证书及律师执业证书应当上交原登记机关。尚未办结的法律事务,由律师事务所与委托人协商解决。合伙所终止后,财务账簿、业务档案应依照规定移交司法行政机关保管,印章由司法行政机关收回。

■ 第四节　国外律师事务所介绍

国外律师制度形成的历史久远,各国在其漫长的发展过程中形成了成熟、完善的律师事务所组成与运行模式,这些模式因各国情况而不尽相同,其中既有共性也有差别。由于篇幅有限,仅选几个国家简要介绍。

一、美国

美国律师事务所依据规模与结构的不同,大体分为六种类型:[1]

1.个人单独开办的律师事务所。美国律师大多数都是私人开业,有自己的职业场所,独立核算,自负盈亏,独立承担民事责任。

2."联合"式律师事务所。此类型律师事务所实际上就是个人开业,联合办公。是几个独立开业的律师保留自己律师事务所的名称,共同使用办公室,各自承办业务,各自对当事人负责,行政办公费用按协议分担,与英国的"事务所联合"类似。

3."合伙"式律师事务所。这是美国典型的律师执业形式。"合伙"性质的律师事务所可以聘用律师和其他辅助人员,归律师事务所统一管理,合伙人之间依合伙协议进行分配和管理。其特点是合伙人共同承担风险,共同分享收益。

4.职业性质的公司或职业联合形式的工作机构。虽然美国法律规定,

---

〔1〕　参见吴宇平:《美国律师事务所运行机制及思考》,载中国律师执业法律网。http://www.
china－lawyering.com/main/list.asp?unid＝353.

不准律师组织执行法律业务的公司,但是近年来,美国有些律师事务所已经成为职业性的公司或职业联合。采取这种形式的工作机构,其目的主要是减轻税收和有利于律师退休安排。但在业务上,这些事务所的开业方式与"合伙"通常是很相似的。许多大一点的律师事务所分设有若干个专门的业务部门如:信托部、地产部、税务部等。一个大型的律师事务所应有全面的辅助设施,如法律图书馆和打字印刷部门,助理律师也相应较多。

5. 法律服务所。这是一种特殊类型的律师事务所。它是专门就日常问题提供快速和低收费服务的律师事务所。

6. 公设律师机构(或称公设律师办公室)。这是由政府出资设立的行使法律援助职能的律师事务所,为没有能力聘请律师的当事人提供法律援助。在美国,有80%左右的人依靠公设律师为其提供法律援助(主要是刑事辩护)。所以,公设律师机构数量很多。公设律师机构的运作模式不尽相同,一般是政府出资为公设律师发酬金,或者由律师所与政府签合同,约定法律服务的定额和相应的出资额。担任公设律师的人多为刚刚从事律师工作的年轻律师,其日后可能成为个人开业律师或成为其他律师所执业律师,但也有一些律师长期或者终身担任公设律师。公设律师没有经营风险,收入虽然不太高,但稳定且有保障。

二、法国

在法国律师执业的形式有以下五种:

1. 具有"协作"关系的律师事务所。这种类型的律师事务所是松散的,其特点是:见习律师或正式登记注册的律师可以通过契约形式,用他的全部或一部分时间帮助其他律师办理业务。协议的内容必须明确协议期限,并在执行业务协会理事会备案。在执行协议过程中,当协作人与被协作人就委托的事务发生分歧时,协作人有权拒绝办理。协作人受托以被协作人的名义办理业务,所发生的民事责任由被协作人承担。在这种联合形式下,被协作人可以把事务所的一部分办公设施借给协作人使用,协作人也可以有自己的律师事务所。

2. 事务所的联合。这是一种由数名律师在同一办公场所分别开展业务,但共同分担其办公费用的形式。其特点是律师各有自己的委托人(客户)和自己的办公室,保留独立开业的自主权。律师事务所的名称都用各自的名字,各自承接业务、收取律师费,各自独立承担民事责任。对于共同使用的接待室等共同费用,则按契约约定的比例分担。凡签订联合契约必须经律师协会批准。

3. "联合"性质的律师事务所。这是一种具有合作关系的律师事务所,其名称由各个成员的姓名组合而成,但不具有法人资格。它的特点是:①律师各自办理委托人所委托的律师业务,并各自承担民事责任,而联合律师事务所不负连带责任。在内部,律师之间可以互相交换信息、互相介绍业务。②不允许各自另设个人的事务所。③不能接受本所其他律师受委托的对方的案件,这点是同"律师事务所的联合"有区别的。律师的报酬分别归属于各律师,事务所的费用一般都由各成员分担或按契约规定承担。所签协议应在15天内呈报给律师协会理事会审批。

4."合伙"形式的律师事务所。它是指2名以上律师共同达成协议,共同开展法律业务,共同承担风险,相互负连带责任,各个合伙律师以自己的名义对外从事活动的律师事务所。

5.具有专业民事法人资格的律师事务所。这种类型的律师事务所,具有法人资格,是由律师组成的民法上的非商业性的公司,其名称可由全体或一部分成员的名字组成。它与"合伙"的本质区别在于,它是一个开展法律业务的法人团体,所有的法律事务都由专业民事法人处理,各成员只能以律师所的名义,而不能以个人的名义执行职务。同时各律师也不准再参加其他的专业民事法人性质的律师事务所。报酬也由专业法人受领,然后在组成人员中进行分配。公司的股份可以转让给另一个成员律师,也可转让给第三人。

由于律师执行职务是以所的名义进行的,因此律师在执行业务过程中的民事责任应由专业民事法人承担,但是该所组成人员也负有连带民事赔偿的义务。

根据法律规定,一个法院管辖地区内的诉讼代理案件,必须由该法院管辖地区内的律师协会的成员即律师代理。

三、日本

在日本,律师从事法律事务的场所称"法律事务所"。"法律事务所"设在该所归属的律师协会所辖地区内。律师不得开设两个以上的法律事务所,但可以在其他律师事务所执行事务。然而《日本律师法》规定,律师不得兼作有报酬的公职。同时,律师在下列情况下不得行使职务:曾与对方当事人从事过商谈并接受过赞助,或曾经承诺其委托的事项;作为公务员在其职务上曾经处理过的事件;根据仲裁程序作为仲裁人处理过的事件等。

■ 第五节 中国律师事务所的发展趋势

一、我国律师事务所的现状与弊端[1]

中国法律服务业的起源从 1979 年恢复律师制度开始,随着我国改革开放、民主法制建设及律师职业化的进程而不断成长起来。但由于中国律师业的历史较短,经验不足,尤其又正处于经济变革时期,市场经济的不稳定和人们法律意识的薄弱,造成中国的法律服务业的不成熟,律师事务所的发展也一直处于摸索阶段。

国内 10 000 多家律师事务所多数处于规模小、综合实力薄弱、经营管理经验缺乏的状态。但同时,中国的市场经济发展又急需高素质的法律人才提供专业的综合化的法律服务。因此,律师事务所的发展必须符合中国市场经济的这种需求,并且不断向先进国家学习,使中国的专业法律服务业向国际化、全球化迈进。

在发达国家,由于市场经济的成熟和法治的健全,市场主体对法律服务的需求不仅是明确和主动的,而且是经常和稳定的,市场运行中的法律冲突相对较少。同时,及时、广泛的法律服务又大大减少了其中的法律隐患。由于长期的历史积淀,西方发达国家已经形成了一套完整成熟的法律服务机制和律师事务所运行机制。其律师事务所的团队化和律师业务分工的专门化是律师队伍结构的主流形式,具体表现为两种模式:①具有综合服务实力的大型律师事务所,其拥有各种专业特长的分工明确的律师队伍,在团队协作的基础上去处理各种法律事务。②一些中小型律师事务所,这些律师事务所虽然不具有综合实力,但是却能发挥自身特长,从事一些专门业务。这两种律师事务所模式在综合实力上差别很大,但其律师业务专门化的宗旨基本上是一致的,而这一点正是保证服务质量的重要前提。

我国目前律师队伍结构的弊端则在于:具有综合实力的大型律师事务所数量极少,小型律师事务所占居主导地位,而律师自身业务的多样性又妨碍了执业水平的迅速提高而难以保证服务质量。

律师事务所业务结构的综合化、管理机制的团队化、律师业务分工的专门化,是形成律师事务所综合服务实力和保证单项服务质量的基础和前提。而我国目前律师队伍的基本状况则是恰恰相反,即表现为律师事务所结构的特色化、管理机制的松散化和律师自身业务的多样化。应当说,这种现状已经成为发挥和提升我国律师总体水平的严重障碍。因此,根据市场主体

---

[1] 田文昌:《市场经济需要综合化、团队化的专业法律服务》,载《中国律师》2005 年第 4 期。

和全社会对专业法律服务的客观需求,科学地整合律师事务所的业务结构和管理机制,引导律师加速自身业务的专业化发展,已经成为一个不可忽视的重要课题。

二、我国律师事务所的发展方向

从以上的分析可以看出,我国律师事务所发展的基本方向应该是律师事务所业务结构的综合化、管理机制的团队化、律师自身业务的专门化。这三者之间相互联系又相互制约,其中的基础是管理机制的团队化。因为,律师事务所业务结构的综合化的前提是拥有各种业务专长的人才资源,但如果没有团队化的管理机制,就无法形成协同作战的综合服务总体实力。同时,因其律师的业务专长难以得到有效发挥,人才流失,律师事务所分化就会成为一种必然结局。

我国目前大、中型律师事务所之所以数量很少且缺乏综合服务的整体实力,其主要原因就在于缺乏科学、成熟的内部管理机制,而形成这种机制的首要前提又在于内部分配机制。如果内部分配机制合理,并且有一套系统的管理机制,律师事务所就能够在流畅的轨道上运行,执业律师也能够专心于自己的业务专长,使自身的业务水平得到提高,整个律师事务所的运转也就能够得到良性循环。

为了提高律师服务总体水平以适应法律服务市场的需求,同时也为了律师队伍的自身发展,应当充分认识到全面整合律师资源的重要性。从我国律师事务所的现状出发,可以考虑从以下方面进行完善:

1. 着力发展大中型律师事务所。针对目前我国具备综合实力的大型律师事务所极度缺乏的现状,应当在总结现有经验和借鉴国外模式的基础上,迅速发展一些以团队机制为基础且拥有各种专门业务人才、具备综合服务实力的大、中型律师事务所,以适应一些市场主体所面临的重大、复杂法律冲突的需求。

2. 整合小型律师事务所。在小型律师事务所中也应当逐步改变诸如"联合开业"或"租摊位"式的各自为战的松散状态,加快律师自身业务的专门化发展,以加强管理和提高单项法律服务的总体水平。实际上,有些上百人的律师事务所也同样处于前述各自为战的松散状态,这种律师事务所与小型律师事务所并无本质区别。

3. 优化律师事务所内部管理机制。从全社会对专业法律服务的总体需求来看,并非一概要求大而全的综合性律师事务所,小型律师事务所乃至个人开业的律师事务所同样也有其存在的价值。但就我国目前的状况而言,主要矛盾则在于市场主体对律师事务所综合服务实力的需求更为突出,而适应这种需求的律师事务所数量却实在太少。同时,松散式的管理机制也不利于律师自身业务的专门化发展。因此,我国法律服务业的发展方向应该是:迅速发展具备团队机制的综合性的大型律师事务所,完善律师事务所内部管理机制,形成科学的管理模式,加快律师自身业务的专门化发展,只有如此,才能使整个法律服务业的水平得到进一步提高。

三、律师事务所的全球化发展道路

（一）律师事务所全球化的内涵

当今世界,经济全球化趋势越来越热,并成为推动世界经济发展的主要动力。在世界银行《迈向 21 世纪——1999/2000 年世界发展报告》中,经济全球化被定义为"通过扩大商品、服务、资本、劳动力和观念的流动以及通过各国解决全球环境问题的集体行动而使世界各国经济持续一体化"。经济全球化将大大改变整个世界在 21 世纪的发展前景。

经济全球化的浪潮势必导致法律服务的全球化,这是因为,客户经济活动的范围已经扩展到世界各国,律师事务所如果要向他们的客户提供其所需的咨询服务,就必须在全球商业中心建立自己的办事处,发展精通不同法域的人才,采取适当的服务方式,实现国际专业知识与本地情况的结合。这就是律师事务所的全球化。

在英美等发达国家,律师事务所的全球化已经日趋成熟,有了一套完整的发展模式和运行机制。他们紧紧跟随投资者的脚步,在全球各个国家和地区设立办事处或者进行大规模的收购合并,形成了严密的全球化服务网络。同时,他们借助先进的计算机和网络技术,建立起全球统一的业务管理、客户管理、知识管理和人力资源管理系统,实现为全球客户提供 24 小时不停歇的无间断服务。这些全球化的律师事务所能够在全球范围内保持统一的服务标准,使世界各地的客户都能享受到最高质量的服务。

随着我国加入世贸组织,法律服务市场也将逐步对外开放,我国的律师事务所面临着全球顶级律师事务所的挑战,这就要求我们的律师事务所也要根据自身情况制定对外发展战略,实现全球化扩张,从而在竞争中立于不败之地。

（二）我国律师事务所全球化发展方向[1]

1. 合伙模式公司化。公司制度已经被国外许多大型律师事务所采用,这是因为,相对于合伙制来说,公司制律师事务所的组织形式赋予了律师事务所和公司一样的民事主体资格,执业律师也可以像有限公司股东一样只承担有限责任,大大降低了律师的执业风险。公司制产权清晰、管理科学的特征有利于律师事务所规模的扩大和管理的科学化。

2. 管理标准化。香港李布英达律师事务所的陶嘉颖律师认为,管理标

---

[1] 高云:《通向成功律师事务所之路》,法律出版社 2003 年版,第 326~328 页。

准化应当包括以下方面的内容：[1]

（1）聘请一个有全球见识和经验的专家掌握专业发展。例如：该所就委任建筑和工程部门的主要合伙人 Mr. David Jones 为全球各分所的负责人，监督欧洲和香港几十个分所的发展，并且监控着由这些分所提供的服务的质量。

（2）建立发展目标。在培养律师具备技术能力、商业触角以及国际眼光方面定下目标，然后按定下的目标对工作表现进行统一评估。

（3）建立业务和财务审核标准。定期审核各分所的执业，并定出一个统一的财务预算标准，以保证各地区分所进行的知识管理和专业发展的一致。

（4）建立评估基准。即建立一个核心能力框架和评估标准，以便评估在世界各地分所服务的律师的工作表现和技能。

（5）建立知识管理系统。建立一套适用于所有办事处，包括总公司和分公司的知识管理系统，以便各地律师及职员就专业知识作出交流，从而达到维持各地职员的工作表现和水平的目标。

（6）实施国际性技术培训。通过举办交流会等方式，促进律师的业务水平和团队精神。

3. 人才本土化。法律服务不仅建立在对当地法律条文的熟悉的基础上，更重要的是要了解当地的文化传统、价值观念、社会关系网络、客户喜好等因素。而本土化的人才更能准确地把握这些方面，他们熟悉本国的法律理念和制度，与当地政府和企业有着良好的关系，能够针对实际情况作出决策，这是外国的律师所不能替代的。

4. 经营网络化。这是指律师事务所广泛与各个国家和地区的会计师事务所、房地产代理公司、行业协会、高等院校、政府部门或其他经济组织达成战略合作协议或者联网合作，在研究开发、人才交流、信息交流和业务交流方面达成合作协议，提高对市场的研究和前瞻能力，拓展市场营销网络，占领市场的战略制高点，从而建立和保持在法律服务市场上的领先地位。

---

[1] 陶嘉颖：《创造品牌》，载 http://www.acla.org.cn/lawforum2/pg/newsShow.php?Id=77.

第五章　律师管理

■ 第一节　律师管理体制

一、司法行政机关的管理

我国现行律师管理体制的形成经历了一个较长的历史进程,20 世纪 80 年代初我国实行的是单一的司法行政管理体制。20 世纪 90 年代初期律师机构改革实行司法行政机关管理为主,律师协会行业管理为辅的律师管理体制。1993 年司法部《关于深化律师工作改革的方案》中提出建立司法行政机关的行政管理与律师协会行业管理相结合的管理体制,经过一个时期的实践后,逐步迈向司法行政机关宏观管理下的律师协会行业管理体制。这种两结合的管理体制,被 1995 年颁布的律师法确定下来。我国《律师法》第 4 条规定:国务院司法行政机关对律师事务所和律师协会进行监督和指导。根据法律规定,各级司法行政机关都设有专门机构对律师工作进行监督指导。司法部设有律师司;省、自治区、直辖市司法厅(局)设律师管理处;地、市司法局(处)和县、区司法局设律师管理科。

根据《律师法》和司法部颁布的有关规章的规定,司法行政机关对律师工作实行宏观管理,其主要职责是:①制定律师行业发展规划,起草和制定有关律师工作的法律草案、法规草案和规章制度;②批准律师事务所及其分支机构的设立;③负责律师资格的授予和撤销;④负责执业律师的年检注册登记;⑤加强律师机构的组织建设和思想政治工作。

司法行政机关对律师机构的管理职能主要体现在以下几个方面:①核发律师事务所执业证书;②审批律师事务所的变更和解散;③审查律师事务所的年检报告;④对律师事务所进行处罚。

司法行政机关对律师的管理职能主要体现在以下几个方面:①授予律师资格;②颁发律师执业证书;③评审律师专业职称;④负责律师执业证书的注册工作;⑤对律师进行惩戒等。[1]

二、律师协会的行业管理

在西方国家律师实行行会管理,律师组织对律师管理起着非常重要的

---

〔1〕　陈光中主编:《公证与律师制度》,北京大学出版社 2000 年版,第 204～206 页。

作用,许多国家的律师协会是非自愿性组织,律师是律师协会的当然会员,在我国,实行律师协会行业管理曾是一个有争议的敏感话题。

我国《律师暂行条例》曾规定:"为维护律师的合法权益,交流工作经验,促进律师工作的开展,增进国内外法律工作者的联系,建立律师协会。"律师协会并不具有管理律师工作的职能,实质上只不过是律师联谊性质的社团,难以实现律师协会章程赋予它的职责。在司法实践中,有的律师协会与同级司法厅(局)内的律师管理机构合署办公,一套人马,两块牌子,实际上成了司法厅(局)的内部职能机构,根本不具有相对独立的职权,形同虚设。而且司法行政部门和律师协会中的大多数人思想上也认为,律师协会只是司法行政机关管理律师的助手。在1992年召开的第一次全国地方律师协会会长会议上,会长们还认为根据我国国情建立起来的律师体制,最基本的一条就是坚持党对律师工作的领导,把律师工作直接置于国家司法行政机关的组织领导和业务监督之下,律师协会的工作范围是《律师暂行条例》第19条和《中华全国律师协会章程》规定的职责,律师协会要根据律师协会的性质,在法定的工作范围内充分发挥党和政府联系广大律师的桥梁和纽带作用。1992年2月的《中国律师》上发表一篇题为《建立有中国特色的社会主义的律师协会》的文章认为"在我国,根据我国律师工作的实际,律师协会承担着司法行政机关管理律师工作的助手的作用"。因而,尽管在理论界有的学者认为,要解决国家管理律师存在的弊端,应对律师工作实行行业管理,但始终孤掌难鸣。随着律师体制改革的深入,改革律师工作的管理体制势在必行,1993年第二次全国律师协会会长会议上,司法部领导讲话指出"各级司法行政机关要加强对律师协会的工作指导,要支持律师协会的工作,要充分发挥各级律师协会的职能作用","司法行政机关不能把律师协会看成是分庭抗礼的异军,而应当把律师协会看成是自己的得力合作者"。1993年司法部《关于深化律师工作改革的方案》中提出建立司法行政机关的行政管理与律师协会行业管理相结合的管理体制,经过一个时期的实践后,逐步迈向司法行政机关宏观管理下的律师协会行业管理体制。

司法实践证明,在我国实行律师协会的行业管理是非常必要的,具体理由如下:①律师行业管理是适应社会主义市场经济发展的需要。在市场经济体制中,律师组织作为向社会提供法律服务的中介机构,有两个基本的特点:一是自主性;二是自律性。这两个特点决定了采用司法行政机关无所不包的、具体管理律师工作的行政管理方式,既不符合律师工作的特点,影响律师事业的发展,又使司法行政机关的精力过多集中于具体事务而不能更好地行使监督指导律师工作的职能。②律师行业管理与律师组织形式相适应。律师体制的改革,使原有的国家统包律师的局面被打破,律师机构形成了多层次、多形式、多种类设置的局面,1993年提出建立"两不四自"律师事务所,即不要国家经费、不占国家编制、自愿组合、自收自支、自我发展、自我约束的自律性律师事务所。新的律师组织形式需要与之相适应的管理体制,而律师协会作为律师的自律组织,对律师工作实行行业管理直接掌握律师的工作规律,能适时指导律师工作,并且律师协会由执业律师组成,更贴近律师和律师事务所,了解律师的情况和需要,能制定切合实际、行之有效的规章制度,促进律师行业的自律,切实保护律师的合法权益,更好地为律师和律师事务所服务。同时还可以有效地克服行政管理模式的弊病。既符合律师工作特点,又与律师体制改革的要求相适应。③律师行业管理有利于与国外律师界的沟通和交流。实行律师协会行业管理,有利于加强律师的对外联系,适应与国际接轨的需要。

同时也应当注意到,律师协会要想担负起自身的职能,必须要加强自身建设。主要应当从以下几个方面入手:①加强思想建设。律师协会对律师实行行业管理,绝不是管理职能和管理权力的简单转移。而具有更深刻、更长远的意义,是律师制度的深刻变革。同时我国律师协会行业管理又不同于西方国家律师协会行会管理,我们不能照搬国外的模式。因而,从事律师协会工作的同志必须认真学习、领会邓小平同志关于建设有中国特色社会主义理论,以及十四大提出的在我国建立社会主义市场经济体制的论述,提高认识、转变观念,勇于探索符合中国国情的律师协会对律师进行行业管理的规律和方法。②加强组织建设。一是解决律师协会与司法行政机关合署办公的问题。通过司法行政机关与人事部门协商,争取拨给律师协会单独的人员编制。二是要改善和加强律师协会的领导班子。各省、自治区、直辖市律师协会都应有专职的会长、副会长和秘书长。律师协会的领导成员应从执业律师中选举产生。执业律师担任主要领导,能够体现出它的优势。1995年第三次全国律师代表大会选举新一届全国律师协会理事会、并产生了新一届全部由执业律师担任的全国律师协会领导班子。三是在律师协会内部进行人事改革,实行聘任制,形成激励与约束相结合的内部机制,建立起一支精干、高素质的律师协会队伍。四是要进一步做好律师协会会费的收费管理工作,并积极争取行政拨款和创收,以保证律师协会开展业务活动所必需的经费支出。③加强制度建设。要求全国和各地方律师协会根据各自的实际情况,在行政、人事、财务和业务管理等方面制定一整套切实可行的规章制度,使律师协会工作走上规范化的轨道,以保证律师协会的正常工作秩序,进而保证律师协会任务的顺利完成。[1]

三、国外律师管理模式

综观国外律师管理体制,主要有三种模式:①律师协会行业管理。例

---

〔1〕 肖胜喜主编:《律师与公证制度及实务》,中国政法大学出版社1999年版,第99~101页。

如,日本、英国。②司法行政机关监督、指导下的律师协会管理体制。例如,德国。③律师协会的行业管理与法院或者特别设立的机构的监督结合。例如,美国。

在美国,分权制衡的思想在律师的监督管理上体现得较为充分。法院有权监督管理律师,律师也有表达自己意愿的渠道。一方面,律师协会监督管理律师,律师则通过法院反过来监督律师协会;另一方面,法院监督管理律师、律师协会,而律师、律师协会又反过来通过一些渠道监督法院。律师协会与法院的制衡关系主要体现在以下几个方面:①法院给律师颁发执照,决定暂停执业或取消资格,行使司法权监督律协。反过来,法院管理律师的主要依据则是律师协会制定的行为守则等法律法规,并且批准律师从业,决定对律师惩戒的大量前期工作都由律师协会承担。从一定意义上讲,法院适用的法律法规,给谁颁布执照,惩戒哪个律师,都听任于律师协会,法院只是作为律师协会的消极被动的传声筒在起作用。此外,美国律协还制定了规范法官行为的法律。②法官对律师行使监督管理权,可以在不同的案件中对律师作出种种处理,且范围也较广。法官可以对律师的种种违法行为作出判决,予以惩戒。律师也可以行使上诉权使案件得到公正的处理。③在美国,除联邦法官外,各州的法官都是第一任期由州长任命,以后的任期则由民选。在选举法官上,律师协会有重要的发言权。因为外界一般不了解法官的情况,但是律师协会很了解法官的情况,法官的不良行为在律师协会的监督下,法官的前景就十分暗淡。[1]

律师协会与法院的分权主要体现在权力分工上。美国以行业协会为主对律师进行管理,这种管理主要体现在以下几个方面:①法学教育方面。美国的法学教育就是培养律师,法学院的法学教育都被认为是为以后当律师所作的法学教育、技能训练、知识积累、能力培养等方面的准备。由于法学院的学生毕业后主要出口,在一定程度上也可以说是惟一的出口,是考取律师。因此,实质上将法学教育隶属于律师业了。②律师从业资格方面。律师协会在这方面主要是负责报名申请登记,负责组织律师资格考试,阅卷,录取等一系列具体工作。还负责道德品质的考察。③律师惩戒方面。律师如果违反了律师行业规范,律师协会就要给予警告、暂予停业、取消律师资格等处罚。④律师法制建设。律师协会监督管理律师的依据除了一般的法律法规外,主要还是律师协会自己制定的一系列职业守则、职业责任、资格申请标准及程序等,这也是美国律师管理体制的一大特色。⑤律师管理工作的日常事务,例如,年度登记、注册、律师有关情况的调查统计。[2]

〔1〕 青锋编著:《美国律师制度》,中国法制出版社1995年版,第24~26页。
〔2〕 青锋编著:《美国律师制度》,中国法制出版社1995年版,第18~20页。

法院在律师管理体制上主要行使下列职权:①颁发律师执照。②对律师适用惩戒。对律师的惩戒,一般是律师协会先行调查、听证,作出建议性决定,由法院予以最后确定。③律师协会制定的一些法律法规,在一些州是由法院通过后在本州生效。④行使司法权监督管理律师。例如,审判律师的渎职行为、确定律师对受害人的法定赔偿等[1]。

在英国,律师管理实行自我管理、自我培训的体制。律师是自治的主体,比较关心整个行业的发展,经过长期努力,律师们为自己争取到了较大的法定权利。英国各级法院(基层的治安官法庭除外)的所有法官都必须从具有一定期限执业经验的律师中选任。律师的行业管理组织是律师公会,分为出庭律师(也称大律师)公会和事务律师(也称小律师)公会,各自对自己的会员进行管理,包括制定行为规则、组织考试、授予律师资格、行使惩戒权等。

英国律师协会的理事会享有普遍权力制定管理律师的职业活动和行为规则。理事会主要通过以下四种方式对律师行业进行行政监控(或监督):①对取得律师资格的限制。对取得律师资格的限制是依照律师协会随时制定的培训条例。②控制其成员之间的活动与行为。对其成员之间行为控制的依据是《律师执业章程》。对于违反章程的行为,任何人均可诉之纪律法庭。③控制其成员对于当事人、外国律师以及一般公众的行为。理事会负有一般义务,监督律师不得实施使他不适于继续从事律师工作的行为。理事会在履行该义务时的作用就像一个检察官一样,就如同监视者而非追踪者。④控制律师在他们与其当事人或其信托受益人的财经交易方面的行为。包括确保律师将当事人的钱款存入独立的银行账户中,并建立适当的当事人钱款账户;确保在当事人的钱款应公正地取得利息的情况下,律师或者设法取得该利息并将其存入账户内,或者设法付给当事人相当数额的款项等[2]。

在德国,律师组织是律师协会和由各州律师协会共同组成的联邦最高律师协会,受联邦司法部长的指导和监督。州律师协会设在州高等法院的所在地,由所有在州高等法院注册的律师组成,州律师协会、联邦最高律师协会都属于公共法律团体组织。加入律师协会是自由的,律师协会的行业管理职能主要是促进律师互助,维护律师权益,指导律师业务,解决律师争端,进行律师训诫等。州司法机关对律师协会遵守法律和章程、履行职责的情况实行监督。因此,德国实行的是在司法行政机关的监督、指导下的律师

---

[1] 青锋编著:《美国律师制度》,中国法制出版社 1995 年版,第 22~23 页。

[2] 格拉汗·J. 格拉汗—格林、弗雷得里克·T. 赫恩著,陈庚生等译:《英国律师制度和律师法》,中国政法大学出版社 1992 年版,第 409~416 页。

协会管理体制。[1]

第二节　律师协会

一、律师协会简述

根据我国《律师法》的规定，从性质上说，律师协会是社会团体法人，是律师的自治组织。执业律师必须加入所在地的地方律师协会。加入地方律师协会的律师，同时也是中华全国律师协会的会员。因此，凡是中华人民共和国的律师，均为中华全国律师协会的会员；各省、自治区、直辖市的律师协会，均为中华全国律师协会的团体会员。

根据我国《律师法》第 40 条的规定，律师协会的基本职责是：

1. 保障律师依法执业，维护律师的合法权益；

2. 总结和交流律师工作经验；

3. 组织律师业务培训；

4. 进行律师职业道德和执业纪律教育、检查和监督；

5. 组织律师开展对外交流；

6. 调解律师执业活动中发生的执业纠纷；

7. 法律规定的其他职责。

此外，律师协会可以依照律师协会章程，对律师给予奖励或处分。

二、律师协会的设置

我国的律师协会分为两级，全国设立中华全国律师协会；省、自治区、直辖市设立地方律师协会，设区的市根据需要也可以设立地方律师协会。

（一）中华全国律师协会

中华全国律师协会是依法设立的社会团体法人，是律师的自律性组织，依法对律师实行行业管理，并受司法行政部门的监督、指导。下一级律师协会接受上一级律师协会的指导。

中华全国律师协会成立于 1986 年 7 月。1986 年 7 月 5 ～ 7 日，第一次全国律师代表大会在北京召开，大会通过了《中华全国律师协会章程》，选举产生了中华全国律师协会的领导机构，正式成立了中华全国律师协会。第四次全国律师代表大会于 1999 年 4 月 26 ～ 28 日在北京召开，来自全国各地的301 位律师代表和其他各界特邀人士参加了这次会议。在这次代表大会上，通过了全国统一的《律师协会章程》，选举产生了新一届全国律师协会理事会、常务理事。大会还审议通过了第三届全国律师协会的工作报告和财

---

〔1〕　陈光中主编：《律师学》，中国法制出版社 2004 年版，第 260 ～ 261 页。

务报告,并对律师工作改革和发展的思路、任务与措施进行了研讨。

（二）地方律师协会

我国《律师法》第37条第2款规定,全国设立中华全国律师协会;省、自治区、直辖市设立地方律师协会,设区的市根据需要可以设立地方律师协会。《律师协会章程》第2条也规定,全国设立中华全国律师协会,省、自治区、直辖市设立省、自治区、直辖市律师协会,设区的市、自治州（盟）根据需要可以设立市、自治州（盟）律师协会。省、自治区、直辖市律师协会根据需要可以设立分会。目前,我国除台湾省外,各省、自治区、直辖市都成立了律师协会,并配备了数量不等的专职工作人员,各项工作也陆续开展起来。

根据《律师协会章程》的规定,该章程适用于全国各级律师协会。因此,全国各级律师协会将统一适用同一个《律师协会章程》。

根据《律师协会章程》的规定,地方律师代表大会代表从个人会员中选举或者推选产生,选举或者推选办法由地方律师协会理事会决定。

根据《律师协会章程》第15条的规定,地方律师代表大会有以下职权:

1. 向中华全国律师协会提出修改章程及其他重大事项的建议;

2. 讨论决定本地区律师协会的工作方针和任务;

3. 听取和审议地方律师协会理事会的工作报告;

4. 审议地方律师协会经审计的会费收支情况报告;

5. 选举、罢免地方律师协会理事;

6. 审议大会主席团提出的其他事项。

地方律师协会会长、副会长、常务理事、秘书长名单,应报上一级律师协会备案。

地方律师协会的领导机构及其律师代表都是由地方广大律师选举或者推选产生的,具有广泛的代表性和权威性,并在多年的工作实践中积累了丰富的经验,因此,地方律师协会组织已经成为我国律师行业管理中的主力军。

三、律师协会的宗旨和职责

律师协会的宗旨是:"团结和教育会员维护宪法和法律的尊严,忠实于律师事业,恪守律师职业道德和执业纪律;维护会员的合法权益;提高会员的执业素质;加强行业管理,促进律师事业的健康发展,为依法治国,建设社会主义法治国家,促进社会的文明和进步而奋斗。"

根据《律师协会章程》第5条的规定,律师协会履行下列职责:

1. 支持律师依法执业,维护律师的合法权益;

2. 制定律师执业规范和律师行业管理制度;

3. 指导律师事务所规范化工作;

4. 总结、交流律师工作经验,提高整体执业水准;

5. 负责律师职业道德和执业纪律的教育、检查和监督；

6. 负责对律师和律师事务所的日常管理和登记，受司法行政机关委托进行律师事务所、律师的年检注册工作；

7. 制订律师教育规划大纲，开展律师执业前培训和执业后的继续教育，制订实习律师的培训大纲和教材；

8. 处理对律师和律师事务所的投诉；

9. 调处律师和律师事务所在执业活动中发生的纠纷；

10. 宣传律师工作，出版律师刊物；

11. 组织律师和律师事务所开展对外交流；

12. 开展律师福利事业；

13. 建立并完善律师执业责任保险制度，保障律师依法执业；

14. 协调与相关司法、执法、行政机关的关系，提出立法和司法建议；

15. 司法行政部门及上级律师协会委托行使的其他职责；

16. 法律法规规定的其他职责。

四、律师协会的组织机构

律师协会的组织机构包括律师代表大会、律师协会理事会、律师协会常务理事会、律师协会执行机构和律师协会专业委员会等。

（一）律师代表大会

律师协会的最高权力机构为律师代表大会。律师代表大会每三年举行一次，必要时可由律师协会常务理事会决定提前或者延期召开。全国律师代表大会代表由省、自治区、直辖市律师协会代表大会代表从个人会员中产生，也可由省、自治区、直辖市律师协会理事会从个人会员中推选产生。地方律师协会代表大会代表从个人会员中选举或者推选产生，选举或者推选办法由地方律师协会理事会决定。根据需要，律师协会可以选举或者推选特邀代表，参加律师代表大会。特邀代表的职权由律师协会理事会确定。

全国律师代表大会的职权是：

1. 制定修改律师协会章程和重要规章制度；

2. 讨论并决定律师协会的工作方针和任务；

3. 听取和审议律师协会理事会的工作报告和工作规划；

4. 选举、罢免律师协会理事会理事；

5. 审议经审计的会费收支情况报告；

6. 审议大会主席团提出的其他事项。

（二）律师协会理事会

律师协会理事会由律师代表大会选举产生，理事会是律师代表大会的常设机构，对律师代表大会负责。律师协会理事会由律师代表大会从具有良好职业道德和较高业务水平、执业三年以上的代表中选举产生。理事会全体会议选举会长一人,副会长若干人和常务理事若干人。必要时,经理事会通过,可以增选或者罢免个别理事、常务理事。司法行政部门可以指派一位具有律师资格的律师工作管理人员作为候选人参加选举,担任律师协会的领导职务。地方各级司法行政部门推荐律师工作管理人员作为候选人时,应报上级司法行政部门批准。理事会会议每年至少举行一次,必须时经常务理事会决定,可以延期或者提前举行。理事会全体会议听取常务理事会的工作报告,审查会费的收支情况,审议下一年度的财务预算计划,讨论、决定律师协会工作的重大事宜。

（三）律师协会常务理事会

律师协会常务理事会为理事会的常设机构,常务理事会由会长、副会长、常务理事组成。常务理事会在理事会闭会期间行使理事会的职权。常务理事会至少三个月举行一次会议,研究、决定律师协会工作中的重大事宜,部署律师协会的工作。会长召集并主持常务理事会会议,必要时可以委托副会长召集、主持常务理事会会议。会长办公会议负责督促、落实常务理事会部署的工作。会长办公会议由会长、副会长组成,由会长召集,每月至少召开一次会议。常务理事会可以聘请专家、学者和有关领导担任业务委员会的顾问。

（四）律师协会执行机构

律师协会设立执行机构,具体负责落实律师代表大会、理事会、常务理事会的各项决议、决定,承担律师协会的日常工作。律师协会设秘书长一人,副秘书长若干人。秘书长由常务理事会聘任,副秘书长由秘书长提名,常务理事会通过。

秘书长在常务理事会的授权范围内,领导组织协会的执行机构开展工作。秘书长、副秘书长列席理事会会议、常务理事会会议、会长办公会议。律师协会执行机构的工作部门由常务理事会根据需要设置。

（五）律师协会专业委员会

律师协会可以设置若干专业委员会。各委员会设主任一人,副主任若干人。业务委员会的设置、调整和主任、副主任人选由常务理事会决定。业务委员会按照设立时的要求和工作目标,组织开展理论研究和业务交流活动,起草有关律师的业务规范和标准。

五、律师协会会员的权利和义务

根据我国《律师法》的规定,取得律师执业证书的律师,为律师协会的个人会员。律师事务所为律师协会的团体会员。下一级律师协会为上一级律师协会的团体会员。

（一）个人会员的权利和义务

根据《律师协会章程》第7条的规定,个人会员主要享有以下权利:

1.在律师协会内部享有表决权、选举权和被选举权；

2.享有合法执业保障权；

3.参加律师协会组织的学习和培训；

4.参加律师协会组织的专业研究和经验交流活动；

5.享受律师协会举办的福利；

6.使用律师协会的图书、资料、网络和信息资源；

7.提出立法、司法和行政执法的意见和建议；

8.对律师协会的工作进行监督，提出批评和建议；

9.通过律师协会向有关部门反映意见。

根据《律师协会章程》第8条的规定，个人会员主要应当履行以下义务：

1.遵守律师协会章程，执行律师协会决议；

2.遵守律师职业道德和执业纪律，遵守律师行业规范和准则；

3.接受律师协会的指导、监督和管理；

4.承担律师协会委托的工作，履行律师协会规定的法律援助义务；

5.自觉维护律师职业声誉，维护会员间的团结；

6.按规定交纳会费。

（二）团体会员的权利和义务

此外，还需要注意，根据《律师协会章程》的规定，个人会员应当到所在地的律师协会办理会员登记手续。会员转所异地执业的，必须到新执业地律师协会办理转移会员关系手续，提交原所在地律师协会出具的会员关系转移证明并填写会员登记卡。

六、奖励与处分

律师协会可以对模范履行会员义务并在律师事业发展中有突出贡献的会员予以奖励，对违反法律和律师行业规范的会员给予处分。

（一）奖励

根据《律师协会章程》第29条的规定，会员有下列情形之一的，由律师协会分别给予通报表扬、嘉奖、授予荣誉称号等奖励，并酌情给予物质奖励：

1.对在民主与法制建设中作出突出贡献的；

2.在维护国家和人民利益方面作出重大贡献的；

3.成功办理在全国或本地区有重大影响的案件，成绩显著的；

4.对完善立法和司法工作起到推动作用，为律师事业的改革发展作出突出贡献的；

5.其他应予奖励的情形。

（二）处分

根据《律师协会章程》第30条的规定，会员有下列行为之一的，由律师协会视情节分别给予训诫、通报批评、取消会员资格等处分：

1.违反《律师法》和其他法律法规规定的；

2.违反本章程和律师行业规范的；

3.严重违反社会公共道德,影响律师职业形象和荣誉的；

4.违反律师职业道德和执业纪律的；

5.其他应受处分的违纪行为。

对于会员的违法违纪行为,律师协会有权向有处罚权的行政机关提出处罚建议。

此外,本章程第32条还规定:会员违法违纪受到司法行政部门停止执业处罚的,在停止执业期间,不享有律师协会的选举权、被选举权等会员权利。

七、律师协会经费的收缴和使用

律师协会的经费来源包括下面四项:①财政拨款;②会员缴纳的会费;③社会捐赠的款项;④其他合法收入。

(一)律师协会会费的收缴

根据《律师协会章程》的规定,会员必须履行缴纳会费的义务。各省、自治区、直辖市律师协会向本地区会员收缴会费,中华全国律师协会向各省、自治区、直辖市律师协会收缴会费。

各省、自治区、直辖市律师协会按定额收缴会费,具体收缴会费的标准和收缴方式,由各省、自治区、直辖市根据本地区实际情况确定,但全部收缴会费总额不得超过当地律师业务总收入的3%。地方律师协会确定的会费标准,应报中华全国律师协会备案。

各省、自治区、直辖市律师协会向中华全国律师协会缴纳会费的标准,由中华全国律师协会根据各地律师人数、业务发展状况、业务总收入等情况确定。

会费按年度缴纳,会员必须于每年登记注册前缴纳会费。各省、自治区、直辖市律师协会应于每年律师注册结束后一个月内,向中华全国律师协会缴纳会费。

各级律师协会应当加强对会费的收缴和管理,制定会费的预、决算计划,单独建立会费收支账目,每年就会费情况发布会费审计公告,接受会员的监督。

(二)律师协会会费的用途

根据《律师协会章程》第41条的规定,律师协会的会费应当主要用于下列用途：

1.工作和业务研讨会议支出；

2.律师协会执行机构的各项支出；

3.开展律师国内和国际交流活动；

4. 进行律师舆论宣传；

5. 律师专门委员会、专业委员会活动的开展；

6. 维护律师合法权益、奖惩会员；

7. 为会员提供学习资料和培训；

8. 对特殊困难会员给予补助；

9. 会员福利事业；

10. 经常务理事会通过的其他必要支出。

第六章　律师的权利与义务

法律规定律师从事业务活动享有的权利和应当履行的义务,是为了保障律师依法执业,规范律师的执业行为。我国《律师法》第四章专门规定了执业律师的权利和义务。另外,我国现行法律规范中,确定律师权利、义务的规定,还包括《刑事诉讼法》、《民事诉讼法》、《行政诉讼法》以及最高人民法院、最高人民检察院、公安部、司法部等单位发布的相关法律规范性文件。

■　第一节　律师的权利

律师的权利,是指法律赋予律师或者当事人授予律师享有的一定的权能。主要体现在以下几个方面的内容上,即律师在执行职务时依法实施一定行为的可能性和限度;律师可以依法请求他人为一定行为或不为一定行为的范围;以及律师权益受到侵犯时,请求有关机关保护的可能性。根据法律及相关文件的规定,律师在执业过程中主要享有以下的权利:

一、阅卷权

根据我国《律师法》第 30 条的规定,律师阅卷权,是指律师参加诉讼活动,依照诉讼法律的规定,享有收集、查阅与所承办案件有关的材料的权利。律师的阅卷权主要包括以下具体内容:

1.律师查阅卷宗材料的范围。律师行使阅卷权受法律规定的范围的限制。具体包括以下两个方面的内容:①律师只能查阅所承办案件的卷宗材料,即只有律师与案件当事人建立了委托代理关系,或者已受人民法院指定担任辩护人或代理人后,才能查阅本案案件材料。反之,如果律师未与本案当事人办理委托手续或者未接受法院指定,则无权查阅本案的卷宗材料。②律师查阅案件的卷宗材料是有限制的,即不包括审判委员会和合议庭的笔录,以及事关他案线索的材料。

2.律师阅卷的方式。根据法律规定,律师不仅可以查阅卷宗材料,而且还可以摘抄、复制卷宗材料。摘抄、复制的卷宗材料应当存入律师事务所档案。律师摘抄、复制案卷材料应当注意忠实全文,不能断章取义。司法实践中,有些法院只允许律师摘抄案卷材料,不允许律师复制案卷材料的做法是错误的。

3.律师阅卷权行使的保障。律师行使阅卷权,拥有案卷材料的司法机关,应当给律师阅卷提供方便。无论是法院还是检察院,都应当为律师阅卷提供必要的场所。从律师方面讲,也应当遵守法律规定,保守在阅卷中接触到的国家机密、商业秘密和个人隐私。案卷材料阅读完毕后,应当及时交还司法机关保管,不得擅自将案卷材料带出。

律师行使阅卷权应当注意以下两个问题:①我国《刑事诉讼法》修改后,刑事诉讼中律师介入案件的时间提前了,其中,涉及律师阅卷范围的问题应当引起重视。我国《刑事诉讼法》第36条规定,辩护律师自人民检察院对案件审查起诉之日起,可以查阅、摘抄、复制本案的诉讼文书、技术性鉴定材料。由上述规定可见,律师在审查起诉阶段所能查阅到的案卷材料仅限于诉讼文书、技术性鉴定材料。而有关犯罪嫌疑人的讯问笔录和其他相关的证据材料都不在查阅之列,这无疑会使辩护律师了解案件情况受到很大的限制。综观国外的法律规定,以德国为例,德国《刑事诉讼法》第147条规定:"在程序的任何一个阶段,都不允许拒绝辩护人查阅对被告人的讯问笔录,查阅准许他或者假如提出要求时必须准许他在场的法院调查活动笔录,查阅鉴定人的鉴定。"由此可见,在这一阶段,律师阅卷权的行使范围应当放宽。②在刑事诉讼中,律师在审判阶段阅卷范围比较狭窄。我国《刑事诉讼法》第36条规定,辩护律师自人民法院受理案件之日起,可以查阅、摘抄、复制本案所指控的犯罪事实的材料。《刑事诉讼法》第150条规定.人民法院对提起公诉的案件进行审查后,对于起诉书中有明确指控犯罪事实并且附有证据目录、证人名单和主要证据复印件或者照片的,应当决定开庭审判。以上法律规定说明,律师在审判阶段所能查阅到的案卷材料也是有限的,即仅限于人民检察院向人民法院提供的内容,律师阅卷范围比较狭窄。

从目前情况看,我国法律对律师阅卷权的规定是有限制的,还相当的不完善,不利于律师依法履行职责,维护委托人的合法权益,迫切需要立法予以修改完善。

二、调查取证权

根据我国《律师法》第31条的规定,律师调查取证权,是指律师承办法律事务,经有关单位或者个人同意,可以向他们调查、收集证据的权利。调查取证权是律师依法享有的重要权利之一,也是律师执业的保障。

从律师工作实践看,律师不论办理刑事、民事、行政案件,还是参加非诉讼法律事务活动,作为代理人或者辩护人,为了了解案情,经常需要向政府机关、社会团体或向个人调查取证。我国1980年颁布的《律师暂行条例》第7条曾规定:"律师参加诉讼活动,有权依照有关规定,向有关单位、个人调查。"1981年最高人民法院、最高人民检察院、公安部、司法部发出的《关于律师参加诉讼的二项具体规定的联合通知》进一步明确规定:"律师参加诉讼(包括调解、仲裁活动),可以持法律顾问处介绍信向有关单位、个人进行访问,查阅本案案情,有关单位、个人应当给予支持。"这两项规定,是律师在诉讼调解、仲裁活动中行使调查取证权的法律依据。我国《律师法》第31条规定:"律师承办法律事务,经有关单位或者个人同意,可以向他们调查情况。"应该看到,《律师法》对律师调查取证权范围的规定有了较大的突破,即律师承办的法律事务,无论是否涉及诉讼,都可以行使调查取证权。但是,我国《律师法》并未就如何保障律师行使调查取证权作出具体规定,反而在法律强制力上有所减弱。立法中"经有关单位或者个人同意,可以向他们调查情况"的规定,不但没有解决司法实践中律师调查取证难的问题,即许多单位和个人不配合律师调查取证的现状,反而加剧了律师调查取证的困难程度。因为我国《律师法》为"有关单位和个人"不接受调查,不出证提供了合法的法律依据,即只要不同意就可以了。这条规定可以说是立法的遗憾。

应该看到,一方面,随着审判方式改革的不断深入,庭审方式已经由职权主义的纠问式诉讼模式转变为抗辩式诉讼模式。在抗辩式诉讼中,控、辩双方的积极性、主动性得到充分发挥,律师也担负着证明自己诉讼主张的责任,在庭审中由配角变成了主角。这种庭审方式的改变,意味着律师对诉讼进程的推动将发挥更重要的作用。同时,也对律师提出了更高的要求,即律师不能再像过去那样,仅靠查阅案卷材料,会见当事人就可以参加庭审,必须进行大量的调查取证工作,才能较好地履行答辩或辩护职责。另一方面,律师在开展非诉讼法律事务活动中,向有关单位和个人调查取证的要求也是比较迫切的。因为在非诉讼法律事务活动中,往往无"卷"可阅,更需要律师的多方查证。如到房地产管理部门查阅房产过户手续、买卖契约、房地产的确权过程;到工商管理部门查阅企业的经营范围、资信状况;到银行查阅企业的资金状况及流向等等。因此,律师调查取证权规定的不完善,将直接影响律师依法开展业务活动。希望立法机关在修改《律师法》时能进一步明确法律规定,扩大律师调查取证权行使的范围,落实权利行使保障机制,使权利的行使真正能落到实处。

三、同被限制人身自由的人会见和通信的权利

我国《律师法》第30条规定:"律师参加诉讼活动,依照诉讼法律的规定,可以同被限制人身自由的人会见和通信。"根据我国法律规定,被限制人身自由的人包括两类:①在人民检察院提起公诉前,即在侦查和审查起诉阶段,被限制人身自由的人,这类人被称作犯罪嫌疑人;②在人民检察院提起公诉后,即在审判阶段,被限制人身自由的人,这类人被称为被告人。根据《刑事诉讼法》第96条的规定,犯罪嫌疑人在被侦查机关第一次讯问或者采取强制措施后,可以聘请律师为其提供法律咨询、代理申诉、控告,犯罪嫌疑人被逮捕的,聘请的律师可以为其申请取保候审。律师可以会见在押的犯罪嫌疑人,向犯罪嫌疑人了解有关案件情况。律师会见在押的犯罪嫌疑人,

侦查机关根据案件情况和需要可以派员在场。涉及国家秘密的案件,律师会见在押的犯罪嫌疑人,应当经侦查机关批准。从上述法律规定可以看出,在接受委托的情况下,律师在犯罪嫌疑人被侦查机关采取强制措施,限制人身自由后即可与其会见,了解情况,提供法律咨询,代理申诉、控告,代为申请取保候审。但这时律师还不是以辩护人的身份出现的,而仅仅是提供法律帮助。

根据我国《刑事诉讼法》第33条规定,公诉案件自案件移送审查起诉之日起,犯罪嫌疑人有权委托辩护人。此时,作为辩护人的律师即享有《刑事诉讼法》第36条规定的权利,即辩护律师自人民检察院对案件审查起诉之日起,可以同在押的犯罪嫌疑人会见和通信。根据我国法律及相关规范性文件的规定,律师同被限制人身自由的人会见和通信的权利的行使主要包括以下内容:①担任刑事案件辩护人的律师,可以凭律师事务所的工作证以及有固定格式的专用介绍信,在看守所或其他监管场所(以下合称看管场所)会见被告人。②每次律师会见,是一人还是二人,由律师事务所决定。③律师会见在押被告人,看管场所应当给予方便,指定适当的会见房间。对于必须实行戒护的,看管人员要注意方式,尽量避免增加被告人谈话的顾虑;会见后也不要追问被告人与律师谈话的内容。④律师会见在押被告人时,要提高警惕,严防被告人逃跑、行凶、自杀等事件的发生。会见结束,应当按照看管场所规定的手续,将被告人交看管人员收监。

从世界各国的法律规定看,律师在刑事诉讼中,同被限制人身自由的人会见和通信的权利,是各国立法都赋予律师行使的一项重要权利。例如日本刑事诉讼法规定,律师担任辩护人时,有权在没有见证人参加的情况下,同身体受到拘禁的被告人或犯罪嫌疑人会见,或接受文件和物件。德国刑事诉讼法亦规定,被指控人,即使是不能自由行动的,允许与辩护人进行书面、口头往来。我国目前还存在律师会见难的问题,律师权利的行使并没有得到根本的保障,迫切需要立法完善。

四、出席法庭、参与诉讼的权利

我国《律师法》第30条规定,律师参加诉讼活动,依照诉讼法律的规定,可以出席法庭,参与诉讼,以及享有诉讼法律规定的其他权利。根据我国诉讼法律规定,在诉讼中,当事人有权利委托律师进行代理和辩护。为适应律师在不同诉讼阶段执行职务的需要,法律赋予律师在不同诉讼阶段享有相应的诉讼权利。在法庭审理阶段,律师主要享有下列权利:

1. 发问权。在法庭审理过程中,律师经审判长许可,有权直接向证人、鉴定人、勘验人或者被告人发问。根据我国民事诉讼法规定,只要律师发问的内容正当,程序合法,法庭应当准许,不应任意限制或制止。被问的人有义务对律师提出的询问据实回答。但是,审判长认为律师发问的内容与案件无关的,应当制止。法庭对于律师发问的情况应当记录在卷。

2.对当庭宣读或出示的物证、书证等发表自己意见的权利。根据《刑事诉讼法》第157条的规定,辩护律师对法庭出示的物证、宣读的未到庭证人的证言笔录、鉴定人的鉴定结论、勘验笔录和其他作为证据的文书有发表意见、提出异议的权利。作为审判人员,应在程序上给予保证。

3.提出新证据的权利。根据《刑事诉讼法》第159条规定,法庭审理过程中,辩护律师有权申请通知新的证人到庭,调取新的物证,申请重新鉴定或者勘验,是否准许,由法庭作出决定。《民事诉讼法》第125条也有同样的规定。

4.辩论权和辩护权。我国《律师法》第30条第2款规定:律师担任诉讼代理人或者辩护人,其辩论或者辩护的权利应当依法保障。我国诉讼法对于辩论原则和辩护原则也都分别作了专门的规定。

此外,辩护律师对法庭的不正当询问有拒绝回答的权利。律师发现在侦查、起诉或审判期间,被告人合法权益受到侵害时,有权在法庭上或向有关机关陈述事实、出具证据材料。

五、律师拒绝辩护、代理权

律师作为辩护人参加诉讼,是基于当事人的委托,因此,法律就委托关系规定了委托人享有的权利和被委托律师履行的义务。我国《律师法》第29条规定:"委托人可以拒绝律师为其继续辩护或者代理,也可以另行委托律师担任辩护人或者代理人。律师接受委托后,无正当理由的,不得拒绝辩护或者代理。"以上法律规定说明,律师在有"正当理由"的情况下,是可以拒绝辩护或代理的,即律师享有拒绝辩护、代理权。《律师法》第29条第2款明文规定了拒绝理由,具体内容如下:①委托事项违法。委托事项违法是指委托人委托律师进行的非诉讼或诉讼活动的内容违反法律规定,例如,刑事案件被告人委托律师代理向司法人员行贿,以求得定罪量刑对自己有利。在这种情况下,辩护律师不但可以拒绝被告人违法的委托,也可以此为由拒绝为被告人继续辩护。②委托人利用律师提供的服务从事违法活动。这种情形主要发生在非诉讼法律事务的代理中,例如,委托人向律师详细了解我国税法知识是为了偷税漏税,在这种情况下,律师当然可以拒绝代理,拒绝继续提供法律服务。③委托人隐瞒事实。委托人隐瞒事实,会使代理或辩护律师在诉讼中处于不利的境地,甚至在法庭上出现尴尬局面。律师为当事人提供法律服务的原则是以事实为根据,以法律为准绳。委托人隐瞒事实,律师的代理或辩护活动再进行下去,于法无据,在这种情况下,法律规定律师有权拒绝代理或辩护,是非常正确的。

当然,律师是向社会提供法律服务的专业人员,当事人找到律师寻求帮助,一般都是陷于法律的困境,作为律师应当及时有效地提供优质服务,而不能轻易拒绝.所以无论是在接受委托时或在接受委托后,律师都应该进行充分地调查研究,并努力劝服委托人放弃违法行为,只有在无法制止和劝服的情况下,才能够行使拒绝辩护、代理权。

六、律师在执业活动中的人身权利

我国《律师法》第 32 条规定:"律师在执业活动中的人身权利不受侵犯。"人身权利是宪法平等赋予每个公民的基本权利,作为中华人民共和国公民的律师,当然享有人身自由、人格尊严、生命权和健康权不受非法侵犯的权利。从这个角度讲,《律师法》作为国家的部门法,行业法,没有必要单独对保护律师的人身权利作出特别规定。法律之所以作出这样的规定,是符合我国国情,具有特殊的历史原因的。因为在我国律师的人身权还不能得到保障。

例如,1995 年,全国发生了数起严重侵犯律师人身权利的案件。河北省鸡泽县律师事务所律师任上飞在赴湖南醴陵执行职务过程中,被醴陵市王坊乡联盟村农民江孝明绑架并扣为人质,任律师被非法拘禁后,遭到非人的折磨,后经多方营救,直到 7 月 30 日在被非法拘禁 122 天后,获得解救。1995 年 5 月 8 日,湖南省衡阳市衡东县法院,以玩忽职守罪判处衡阳市南方律师事务所律师彭杰有期徒刑 3 年,而原因却是彭杰律师担任杀人犯杨水光辩护人期间,被告人杨水光与看守所一位监管人员内外勾结,在彭杰律师会见他时,趁另一看守人员擅离职守之机脱逃。彭杰律师本不构成犯罪,但仍被羁押 259 天,判处有期徒刑 3 年。

从上述案件可以看出,来自执法人员、当事人和社会的不法侵害,已严重地侵犯了律师作为公民的基本权利,使律师依法执业失去安全保障。分析这些案件发生的原因,主要是因为对方当事人和其他人员法制观念淡薄;个别执法人员素质不高,以及社会上还存在着对律师工作的偏见。同时还应看到,对侵害律师合法权益的违法、犯罪分子打击、处理不够得力,是造成侵犯律师权益的重要原因。为此,我国《律师法》在制定时着重考虑了关于律师权益的保护,尤其是律师人身权利的保护。《律师法》专门规定:"律师在执业活动中的人身权利不受侵犯。"但是,这种规定显然太笼统,缺乏操作性,希望有关部门尽快制定相应的详细措施,以保障律师执业的安全。

■ 第二节 律师的义务

律师的义务是指律师依法应为或不为一定行为的范围和限度。律师依法执业享有一定的权利,也必须履行一定的义务。明确律师应当履行的法定义务,对保证律师依法执业,维护委托人的合法权益,宣传社会主义法制,树立律师的良好形象,具有十分重要的作用。根据我国《律师法》和其他诉讼法律及相关的规范性法律文件的规定,律师在执业活动中主要应当履行以下义务:

一、依法维护当事人的合法权益

依法维护当事人的合法权益,是指律师一经接受当事人的委托和法院的指定,就有责任依法执行职务.根据事实和法律,为当事人提供法律服务,维护当事人的合法权益。依法维护当事人的合法权益,是律师进行业务活动的法定职责。依照法律规定和律师职业道德与执业纪律的规定,律师在开展业务活动过程中必须热情勤勉,诚实信用,尽职尽责地为当事人提供法律帮助,积极履行为有经济困难的当事人提供法律援助的义务,努力满足当事人的正当要求,维护当事人的合法权益。法定的律师职责和义务的规定,能够保障律师切实、合法、有效地维护当事人的合法权益。

二、保守职务秘密的义务

我国《律师法》第 33 条规定:"律师应当保守在执业活动中知悉的国家秘密和当事人的商业秘密,不得泄露当事人的隐私。"律师保守职业秘密的强制性义务规定,是由律师的职业特点决定的。律师和当事人的关系是一种合同关系,这种合同关系建立的基础是双方之间相互信赖。如果律师将委托人的秘密告诉别人,必然使委托人处于困境,而且委托人也会对律师产生不信任感,律师和当事人之间委托合同存在的基础就会丧失。世界各国法律都对律师的保密义务作出了明确的规定。例如,《日本律师道德》第 26 条规定:"律师应严守因接受案件委托而得知的委托人的秘密。"《日本律师法》第 23 条规定:"律师或曾任律师的人,有权利和义务保守由其职务上所得知的秘密。"违反者将被追究法律责任。《日本刑法》134 条规定:"律师或担任过这些职务的人,无故泄露由于处理业务而知悉的他人的秘密的,处 6 个月以下拘役或两万日元以下罚金。"《意大利律师和检察官法》第 13 条规定:"律师和检察官不得被要求在任何类型的审判中交代他们因职务原因而被告知或了解到的情况。"

我国在《律师法》颁布前,相关的法律法规也曾有类似规定,如根据《民事诉讼法》有关规定,代理诉讼的律师,可以依照规定查阅与本案有关的材料,可以向有关组织和公民调查、收集证据。对于涉及国家机密和个人隐私的材料,应当依照法律规定保密。最高人民法院、最高人民检察院、公安部和司法部 1981 年联合发出的《关于律师参加诉讼的几个具体规定的联合通知》中规定:"律师对于阅卷中接触到的国家机密和个人隐私,应当保守秘密。"司法部 1993 年发布的《律师职业道德和执业纪律》中规定了严格保守职务秘密,不得泄露在执行职务中得知的委托人的隐私、秘密和委托人不愿公开的其他事实和材料等内容。遗憾的是,我国法律在规定律师保密义务的同时,没有赋予律师免予作证、免受追究的权利,从而使律师可能处于被动之中。

三、律师不得在同一案件中担任双方当事人的代理人

我国《律师法》第27条明文规定,律师担任诉讼法律事务代理人或者非诉讼法律事务代理人的,应当在受委托的权限内,维护委托人的合法权益。律师代理公民、法人或其他组织参加诉讼或非诉讼活动,对正确及时有效地解决案件有重要的作用。但是,应当注意到,一方当事人之所以向人民法院提起诉讼,委托律师作为其诉讼代理人,是因为同对方当事人之间存在着某种权利、义务冲突。委托律师的目的,是为了通过律师的帮助,取得有利于委托人的证据,帮助人民法院查明案件事实,使案件得到正确、及时、彻底的解决,使自身的合法权益得到维护。如果律师接受同一案件原被告双方当事人,或利益冲突双方当事人的委托,参加诉讼或非诉讼活动,由于双方当事人之间在利益上存在着矛盾冲突,代理律师在履行职责的时候,为了维护一方的利益,就有可能会损害另一方的利益,反之亦然。在法庭辩论中就会出现代理律师自己同自己辩论的情况,使律师处于自相矛盾的地位。因此《律师法》第34条规定:"律师不得在同一案件中,为双方当事人担任代理人。"《律师职业道德和执业纪律》对此作出了进一步的规定,即律师不得在与委托人依法解除委托关系后,在同一案件中担任对方当事人的代理人;不得在未征得委托人同意的情况下接受对方当事人办理其他事务的委托;不得接受与已代理案件有相反利害关系的案件的当事人的委托。以上法律规定,对于律师取信于委托人,依法开展业务活动,维护委托人的合法权益提供了保障。

四、律师不得私自接受委托、收取钱物的义务

我国《律师法》第23条规定:"律师承办业务,由律师事务所统一接受委托,与委托人签订书面委托合同,按照国家规定向当事人统一收取费用并如实入账。"根据上述法律规定,律师事务所受理案件应当指派专人负责,接待当事人,问明案件的基本情况后,符合收案条件的,应当向律师事务所主任汇报,经审查批准,由律师事务所统一收案。凡是经过律师事务所主任审批决定受理的案件,由律师事务所主任指派律师承办。案件一经受理,即应与委托人签订书面委托合同,办理委托手续,立案登记,填写收案卡片,并且统一收取费用。对于指名委托律师的,律师事务所应当根据实际条件,尽量满足委托人的要求。法律作出这样的规定,主要是为了加强行业管理,避免乱收案和乱收费所导致不正当竞争行为的出现。

此外,律师亦不得在律师事务所正常业务收费之外索要、收受报酬或实物礼品。由于我们国家现行的律师收费标准是几年前制订的,采取的低收费原则,虽然目前许多律师事务所在实际操作中已经突破了现行的标准,但

也有的案件收费仍是偏低,作为承办案件的律师,有的认为自己付出的劳动很多,而与得到的报酬不成比例,所以在实际工作中,极少数律师在律师事务所正常业务收费外,利用当事人急于成功的心理巧立名目,向当事人索要钱财物,这是绝对不允许的。也有的当事人在案件办完后,为感谢律师付出的努力和辛劳,而向律师赠送财物的,在这种情况下,律师应树立廉洁观念,婉言谢绝当事人的赠送,否则就违背了法律和律师的执业纪律。

五、不得利用提供法律服务的便利牟取当事人争议的权益,或者接受对方当事人财物的义务

公民、法人或者其他组织在遇到法律问题时,委托律师为自己代理或者辩护,这种行为本身就包含着对律师的信任和依赖,他们向律师事务所支付律师费,与律师事务所签订委托代理合同。作为律师方,接受委托、收取当事人付给的劳动报酬,理所应当全心全意为当事人服务。应该积极努力收取证据、准备资料,充分利用自己的法律知识使当事人尽量减少损失,或获取最大的利益,任何损害或可能威胁当事人利益的行为都应该被禁止。因此,我国《律师法》第35条第2款规定:律师在执业活动中不得"利用提供法律服务的便利牟取当事人争议的权益,或者接受对方当事人的财物"。以上法律规定包含两个方面的内容:①不得利用提供法律服务的便利牟取当事人争议的权益。要求律师对当事人之间争议的权益应当"超然物外",不为所动,不能利用提供法律服务、了解内幕和双方弱点之机,为自己牟取利益。②不得接受对方当事人的财物。在法律纠纷中,双方当事人之间存在利益冲突,律师在执行职务中,虽然不能非法阻止和干预对方当事人及其代理人为维护自身合法权益而进行的正常活动,但也不能与对方当事人联系太多,甚至收受对方当事人的财物。因为对方当事人向与有利益冲突的对方当事人的律师赠送财物,势必是想让对方律师在办理法律事务的过程中高抬贵手,不对己方严加审查和要求,从而使之获得利益,更有甚者可能是想与对方律师串通起来,共同坑害对方当事人,谋取非法利益。这种行为是绝对不允许的。

六、律师在处理与法官、检察官、仲裁员等人员关系上所负的义务

律师依法执业,参加诉讼活动,必然要接触司法机关工作人员,为了禁止律师利用不正当方式和手段影响司法机关的执法人员。我国《律师法》规定:律师在执业活动中不得"违反规定会见法官、检察官、仲裁员";不得"向法官、检察官、仲裁员以及其他有关工作人员请客送礼或者行贿,或者指使、诱导当事人行贿"。

律师在开展业务活动过程中,无论是接受当事人的委托,还是受人民法院的指派,为当事人提供法律帮助,都应当凭借自身具有的法律知识和技能,以及维护国家法律正确实施的责任感,为当事人提供法律帮助,维护当事人的合法权益。而不能把"打官司"变成"打关系",采取不正当手段,接触法官、检察官、仲裁员和其他相关工作人员;或者指使诱导当事人采取请客送礼、行贿等不正当手段,对法官、检察官、仲裁员和其他相关工作人员等进行拉拢腐蚀,从而损害律师的形象,毒害我国执法队伍。作为参与国家法律施行的一方主体,律师应当自爱自律,杜绝与司法、行政人员的不正当接触,从而维护律师高尚廉洁的形象,维护整个国家司法、行政部门的职业风范。

七、关于证据方面所负的义务

我国《律师法》第35条第5项规定,律师在执业活动中不得"提供虚假证据,隐瞒事实或者威胁、利诱他人提供虚假证据,隐瞒事实以及妨碍对方当事人合法取得证据。"

证据是指能够证明案件真实情况的一切事实。我国刑事诉讼法规定,对一切案件的判处都要求证据确实充分,要重证据,重调查研究,不轻信口供。只有被告人供述,没有其他证据的,不能认定被告人有罪和处以刑罚;没有被告人供述,证据充分确实的,也可以认定被告人有罪和处以刑罚。民事诉讼法也规定,当事人对自己提出的主张,有责任提供证据。以上法律规定说明,证据在案件审理中占有重要的地位,人民法院审理案件,主要是依据证据确定案件事实,以保证法律正确实施。在司法实践中,律师依法开展业务活动也离不开证据。因此,律师应当对证据予以足够的重视。

由于证据是决定案件胜诉与败诉的关键。因此,司法实践中,有的律师为了达到胜诉的目的,不惜向有关机关和部门提供虚假证据,隐瞒事实,例如,帮助当事人伪造对己方有利的补充合同,向注册登记机关隐瞒当事人的资金状况等。有的律师威胁、利诱他人提供虚假证明,隐瞒事实,例如,暗示当事人制造假遗嘱;威胁贪污嫌疑人单位下属财务人员出具合理支取钱款的证据,否则便打击报复等。还有的律师千方百计妨碍对方当事人合法取得证据,如采取威胁利诱的方式,让某些知情人拒绝作证,或提前到有关单位部门调取毁灭证据,致使对方处于不利境地,上述执业律师的行为是错误的、违法的和有害的,因为出具伪证,或者隐瞒重要事实,可能导致错误裁判,因此,我国《律师法》和《律师职业道德和执业纪律》都明确规定,禁止施行上述行为,并且进一步规定律师从事违法行为,构成犯罪的,应依法追究刑事责任。

八、不得扰乱法庭、仲裁庭秩序,不得干扰诉讼、仲裁活动的正常进行

在我国,人民法院代表国家行使审判权,主持和指挥诉讼进行。具体到一个案件,就是由承办该案的合议庭主持、指挥诉讼的进行和继续,整个诉讼过程,都必须依据法律的规定,有序地进行,尤其在开庭阶段,审判人员要宣布法庭纪律,要求每一个参与诉讼的人和旁听群众遵守。例如,不许喧

闹、起哄、扰乱法庭,未经审判长同意不许发问,未经允许不得拍照、录像等等。作为重要的诉讼参与人,律师本身就应是精通法律,明辨是非的法律工作者,就更应该带头维护法庭纪律,维护合议庭的尊严,不能对法官采用污辱性语言,或因为自己的意见与合议庭意见不同,就哄闹法庭,或挑动当事人扰乱庭审秩序。

作为解决经济、劳动纠纷的仲裁庭也是如此,仲裁庭的组成与法院合议庭有所不同,它更多地体现了当事人的意志,但如果选择了仲裁这种方式,就应相信它的公平、维护它的权威。如果发现仲裁员存在某些情况,可能不公正断案的时候,可以依法采取申请回避和申诉等措施,而律师自己不能或挑动当事人在仲裁庭上对仲裁员污辱、谩骂、扰乱秩序。

我国诉讼形式采用的是职权主义,法官在审判中处于主导地位,他主持整个庭审活动,代理人或辩护律师向对方当事人发问、质证证据、申请重新鉴定、调取新的证据等,都要经过法官的同意。这样就容易产生冲突,发生矛盾,在这种情况下,作为律师应当冷静考虑,迂回进取达到目的,而不能采取扰乱法庭、干扰诉讼活动进行的方法,否则就会损害国家司法机关的庄严形象,也影响了自身声誉,带来不利后果。所以,《律师法》第 35 条第 6 项规定,律师在执业活动中不得"扰乱法庭、仲裁庭秩序,干扰诉讼、仲裁活动的正常进行"。

九、曾担任法官、检察官的律师,从人民法院、人民检察院离任后两年内,不得担任诉讼代理人或者辩护人

曾经担任过法官、检察官,在离任后从事律师职业的人员,如果很快担任诉讼代理人或者辩护人,很容易接触到自己工作过的部门及其人员,容易先入为主,不利于保证执法的公正性,也难以消除对方当事人的思想疑虑。因为律师曾在法院、检察院工作过,和法院、检察院的人员比较熟悉,有的案件甚至可能就是从前的同事介绍的。如果允许这种情形存在,将不利于律师制度的发展,因为找律师办案的人,可能考虑的主要是这种特殊关系,才委托律师进行代理或辩护,在具体代理案件过程中,委托人就会对律师有不正当的要求和期望,既贬低了律师的学识水平,又可能导致律师违法违纪,是非常有害的。从另一个角度看,如果允许曾任检察官、法官的律师马上担任诉讼代理人或辩护人,也难以保证他不为了胜诉或争取有利条件而利用旧日的关系,拉拢腐蚀现任的法官、检察官,这同样是对国家执法队伍的一种危害。所以,我国《律师法》第 36 条规定:"曾担任法官、检察官的律师,从人民法院、人民检察院离任后两年内,不得担任诉讼代理人或者辩护人。"

■ 第三节　律师权利的保障

我国《律师法》第30条第2款规定:律师担任诉讼代理人或辩护人的,其辩论或者辩护的权利应当依法保障。从目前的实际情况看,我国律师制度虽然有了较大的发展,但是,存在的问题也比较多,法律虽然规定律师依法执业的辩论权和辩护权应当依法得到保障,但是,并没有规定相应的保障措施。相反,《刑法》第306条的规定,一直是悬在律师头上的一把利剑,使律师在执业活动中,稍不留神即面临被刺中的危险。[1]　律师享有的法定权利,是律师依法执业的法律保障。我国目前的法律规定中,设定律师应当承担的义务比较多,赋予律师的权利比较少,不利于律师依法为当事人提供法律帮助,需要立法予以改革完善。结合国外立法和司法实践经验,本文认为,在刑事诉讼中,我国法律应当规定赋予律师有限制的司法豁免权,以保障律师依法执业。

一、赋予律师有限制司法豁免权的必要性

在刑事诉讼中,赋予律师有限制的司法豁免权是由律师的法定职责决定的。法国学者雅克·阿墨兰认为,发言的豁免权不是律师的特权,而是辩护职责的自然补偿。律师职业是高尚的职业,这一职业不仅要求具有丰富的法律知识和司法实践经验,而且要求律师具有高度的责任感。同时,这一职业也是具有高度责任风险的职业。我国律师法以及其他规范性文件中,对律师享有的权利和应当履行的义务作出了明确的规定,对保障律师依法执业起到了一定的保障作用,但是,没有赋予律师有限制的司法豁免权,应当认为是立法的缺失,不利于律师依法履行职责,维护委托人的合法权益。从我国目前的实际情况看,赋予律师有限制司法豁免权,无论从立法角度出发,还是从司法实践需要看,都是十分必要的。

1.从立法角度分析。随着社会经济的发展,律师在人们的生活中占有越来越重要的地位,发挥了越来越重要的作用。律师在执业过程中发挥重要作用的前提,是律师依法执行职务时的合法权益受法律保护。对此,我国《律师法》第3条第4款作出了明确的规定,即律师依法执业受法律保护。这项法律规定包含了以下两方面的内容:①律师执业必须依法;②律师依法执业受法律保护。法律的规定,使律师依法执业具有了一定的独立性,即律

---

〔1〕　我国《刑法》第306条规定:在刑事诉讼中,辩护人、诉讼代理人毁灭、伪造证据,帮助当事人毁灭、伪造证据,威胁、引诱证人违背事实改变证言或者作伪证的,处3年以下有期徒刑或者拘役;情节严重的,处3年以上7年以下有期徒刑。

师开展业务只对事实和法律负责。但是,法律的这一规定过于原则,缺乏可操作性,导致司法实践中执行难。律师在执业过程中合法权益受到侵害的情形不断发生,《刑法》第306条的规定,更使律师开展刑事辩护业务举步维艰,造成全国在一段时期内,刑事辩护业务锐减。《刑法》306条的规定,阻碍了刑事辩护业务的发展,从立法上应当予以取消。

2. 从司法实践情况分析。我国律师的地位并未得到真正确立,律师的作用并未得到真正的发挥。在司法实践中,律师依法执业的合法权益难以得到保障。主要有以下两方面的原因:①受传统习惯、势力的影响,部分群众、甚至一些领导干部和司法人员,对律师工作的性质不甚了解,对律师执业抱有成见,认为律师是欺上瞒下、包揽诉讼的"讼客",对律师工作不但不支持,反而出难题。②个别司法人员素质较低,在诉讼过程中,无视法律赋予律师的权利,无理斥责律师,责令依法辩护的律师停止辩护,甚至责令律师退出法庭,对律师依法开展的业务活动横加干涉。

3. 从国外的立法情况看,世界上许多国家的法律中,对律师辩护的豁免权都作出了明确的规定。美国相关法律规定,律师依法执行职务时,除了严重危及国家安全的行为之外,享有拒绝作证的权利,即豁免作证义务。日本法律规定,律师在刑事辩护中享有司法豁免权,律师在法庭上的辩护不受法律追究,即使律师在证据不足的情况下,为一位有罪的人做无罪辩护,也不能追究律师的刑事责任。律师或曾任律师的人,对由于受业务委托而得知的有关他人的业务的事实,可以拒绝作证。英格兰和威尔士《律师出庭行为规则》也规定,在通常情况下,律师对在他出庭时的言论享有豁免权。[1] 以上各国法律规定说明,律师在刑事诉讼中的豁免权得到了各个国家的承认。

二、律师刑事辩护豁免权的内容

在法律中规定律师的司法豁免权,主要是为了保障刑事诉讼的顺利进行,依法维护被告人的合法权益。律师刑事辩护豁免权主要应当包含以下内容:

1. 法庭言论豁免权,即律师在刑事辩护中发表的言论不受法律追究。在刑事辩护中,赋予律师言论不受追究的豁免权,可以使律师在发表辩护意见时,免除后顾之忧,提出有利于被告人的辩护意见,更好地维护被告人的合法权益。

2. 拒绝作证权,即律师因执行职务而获知的委托人的秘密,有权拒绝作证,负有保密义务。律师在依法履行职责过程中,委托人出于对律师的信任,会将案情如实向律师陈述,其中,可能会涉及当事人的个人隐私或者商业秘密,律师如果泄露这些职务秘密,就会失去获得委托人信任的基础,会

---

[1] 王丽:《律师应有刑事责任豁免权》,载《中国律师》2001年第3期。

使委托人处于困境,委托人的合法权益将会无法被有效保护,从长远的角度讲,不利于律师作用的发挥。[1]

3. 人身保护权,即律师的人身自由、人身权利不受侵犯。目前,在司法实践中,律师的人身权经常会受到侵害,使律师在依法履行职务时心有余悸。法律规定律师在依法履行职务时,人身权利不受侵犯,即不受拘传、拘留、逮捕等,有利于律师依法履行职责,为委托人提供优质的法律服务。

需要注意的是,法律赋予律师司法豁免权的同时,应当取消我国《刑法》第306条的规定。因为我国《刑法》第307条已经对一般主体的伪证罪和妨碍作证罪作出了规定,在《刑法》第306条中,又对辩护律师作出类似的规定,既不符合立法经济的原则,也属于立法对律师的歧视和不信任。

法律规定律师的司法豁免权,目的是为了保障律师依法执业,但是,也应当防止片面强调律师的司法豁免权,而导致律师的权利滥用。因此,对律师的司法豁免权也应当予以一定的限制。具体主要体现在以下两个方面:

1. 律师只有在依法履行职务时才享有司法豁免权。律师职业比较特殊,律师在开展业务活动中,可能会接触到国家机密、商业秘密和个人隐私,以及委托人涉及违法犯罪的事实。对于由于职务行为获悉的上述情况,律师享有拒绝作证的权利。反之,如果不是因为律师的职务行为,而是在履行法定职责之外,律师作为一名普通的公民,获知上述事实,尤其是被告人的犯罪事实,则不享有司法豁免权,负有作证的义务。

2. 在某些情况下,律师不享有司法豁免权。刑事案件复杂多样,有些刑事案件,不仅侵害了某些特定的权利人的合法权益,而且还可能危害国家安全,影响社会稳定。如果无限制的强调律师的司法豁免权,就可能会给国家、社会和广大人民群众造成无可挽回的损失。因此,赋予律师司法豁免权应当有所限制,以下几种情况下,不应当赋予律师司法豁免权:①律师获悉的被告人的犯罪事实危及国家安全的,例如,预谋叛逃、预谋袭击来访的其他国家的领导人等;②律师获悉的被告人的犯罪事实可能会影响社会安定的,例如,预谋在机场、铁路等地放火、爆炸等;③被告人将要实施的犯罪行为会危害人民群众生命安全的,例如,预谋图谋杀人、投毒等。

国外一些国家的法律虽然规定了律师的司法豁免权,但是,法律也有一些限制性的规定。例如,英格兰和威尔士的《律师出庭行为规则》第133条规定,出庭律师出庭时,在任何时候都必须对法院保持应有的礼貌。比利时《司法法典》第445条规定,如果律师在其口头发言或向法院提交的诉讼文书中,恶意地攻击君主政体,攻击比利时宪法和法律,审理案件的法院或法

---

[1] 解江凌:《刑事诉讼中律师的证言拒绝权》,载陈卫东主编:《司法公正与律师辩护》,中国检察出版社2002年版,第391页。

庭可以命令他的书记员就此提出报告,并将此事提交有关律师隶属的律师协会理事会处理。在荷兰,对于以口头发言或以其他任何方式蔑视法庭、轻慢或辱骂诉讼当事人或证人的律师,首席法官可以给予警告和批评。[1]《美国律师职业行为规则》第 16 条规定,在律师有理由地认为有必要的情况下,可以公开案情,主要包括以下两种情况:①为了防止委托人实施犯罪行为,律师认为这一行为可能导致人身伤亡;②在律师与委托人发生争议时,律师为了自身的利益准备起诉、应诉或者因代表当事人而受到刑事指控、民事起诉时,律师为了替自己辩解。

三、赋予律师有限制的司法豁免权的价值利益

从我国目前的法律规定和司法实践来看,在刑事诉讼中,律师的执业风险比较大,因此应尽快完善立法,赋予律师有限制的司法豁免权。立法中确定此项法律制度,主要可以带来以下几方面的价值利益:

1. 有利于消除法律之间的矛盾,切实保障律师依法执行职务。我国《律师法》虽然规定了律师依法执行职务受法律保护,但是,同时《刑法》中又规定了以律师作为特殊主体的伪证罪。并且,在伪证罪中使用了"引诱"一词。中华民族的语言文化含义很丰富,引诱一词包含两层含义:①诱导,多指引诱别人做坏事;②诱惑,指经不起金钱的诱惑。[2] 根据以上解释,引诱含义很模糊,但是结果很明确。在司法实践中,只要律师介入刑事诉讼,犯罪嫌疑人或被告人作了坏事,司法机关就可以抓住律师说的某一句话,认为律师对委托人进行了"引诱"而追究律师的刑事责任。从法律规定看,一方面律师法规定保护律师依法执业,另一方面,刑法又为律师依法执业设置了障碍,使律师依法执业失去法律保障,处于随时被追究的地位,导致司法实践中,许多律师担心自己在辩护过程中遭遇不幸,而远离刑事辩护业务。赋予律师有限制的司法豁免权,可以使律师依法执业获得法律保障,减轻律师的思想压力和精神负担,更好地为委托人提供法律帮助。

2. 有利于理顺律师与司法人员之间的关系,保证法律的正确实施。根据我国法律规定,律师在刑事诉讼中是独立的法律主体,其不是被告人的代言人或传声筒。虽然律师的职能与司法人员的职能不同,但是,实施法律的根本目的是一样的,都是为了保证法律的正确实施,维护委托人的合法权益。在司法实践中,个别司法人员对律师的性质缺乏必要的认识,对律师职业抱有偏见,在案件审理中,无视律师的权利,在法庭上无理斥责律师,随意

---

〔1〕 [法]色阿勒－皮埃尔·拉格特、[英]帕特里克·拉登著,陈庚生译:《西欧国家的律师制度》,吉林人民出版社 1991 年版,第 174 页。

〔2〕 中国社会科学院语言研究所词典编辑室编:《现代汉语词典》,商务印书馆 1998 年版,第 1504 页。

责令律师退出法庭,有些律师甚至被以"伪造证据罪"、"妨碍作证罪"等罪名拘留、逮捕,以至于被判刑。这种情况屡屡发生,导致律师与司法人员关系紧张,司法人员认为律师是鸡蛋里挑骨头扰乱诉讼的进行;律师则认为司法人员借机报复律师。其根本原因在于法律制度不健全。赋予律师有限制的司法豁免权,加强法律对律师执业的保护力度,理顺律师与司法人员的关系,确立律师独立的诉讼地位,将有利于律师依法执业。

3. 赋予律师在法庭辩护中的言论豁免权,有利于审判工作顺利进行。有些学者认为,赋予律师有限制的司法豁免权,会导致律师权利过大,以至于导致权利滥用。实际上,这种担心没有必要。因为赋予律师言论豁免权,只是表明律师在法庭上,为了维护委托人的合法权益,发表的言论不受追究,目的是为了使律师打消顾虑,尽职尽责地畅所欲言,维护委托人的合法权益。但是,如果律师弄虚作假,与委托人串通作伪证等,实施不法行为,扰乱诉讼的正常进行,则应当受到法律追究。

4. 在特殊情况下赋予律师拒绝作证权,从长远利益来看,利大于弊。在司法实践中,赋予律师在履行职务时获悉的商业秘密和个人隐私的免证权,比较容易得到普遍的认同。但是,对于律师在履行职务过程中,从被告人处知悉的尚未被司法机关发现的犯罪事实,享有拒证权,有些学者持有异议。实际上,从长远角度讲,应当是利大于弊。律师在法庭上对履行职务过程中获悉的被告人的犯罪事实出庭作证,会导致辩护律师的身份混乱、职责矛盾。辩护律师的职责是维护被告人的合法权益,如果律师出庭作证,则与其应履行的职责相矛盾。如果律师在法庭上作证,律师既是辩护人,又是证人,会导致身份混乱。如果律师出庭作证,虽然就某一个具体的案件,被告人受到了应有的惩罚,但是,委托人也将失去对律师信任,在以后的辩护活动中,委托人将不愿意或者不敢再将案件事实如实向律师陈述,以至于不委托律师,这将不利于被告人合法权益的维护,也不利于律师制度的发展。

第七章 律师职业行为规范

律师是国家法制队伍的重要组成部分。律师通过为社会提供法律服务，维护法律的正确实施，维护弱势群体的合法权益，维护私权，制约公权力，维护社会的公平与正义。律师职业行为规范是法律职业道德的有机组成部分。由于律师在国家政治、经济和社会生活中发挥着重要作用，其执业行为本身对各种社会主体的权利义务关系的变更有着重要影响，律师职业行为规范水平和状况直接影响着律师业的健康发展。

■ 第一节 律师职业行为规范概述

由于我们国家对律师的管理以司法行政机关管理为主导，以律师协会行业管理为辅，司法行政机关管理和律师协会行业管理相结合的管理体制，对律师违反职业行为规范的行为也是由司法行政机关来处罚。因此，一直以来，律师职业的行为规范主要由司法行政机关来制定。司法部1994年就单独发布过《律师职业行为规范与职业纪律规范》。但是近年来由于律师协会职能的加强，因此律师协会在制定和发布很多有关的律师职业行为规范，比如《律师职业行为规范》、《律师办理刑事案件规范》等等。这是中央一级的情况，地方省一级的司法行政机关和律师协会也有权制定地方的律师职业行为规范，比如北京市的司法行政机关发布的《关于加强法院廉政建设与律师从业清廉的规定》，北京市律师协会2004年制定的《北京市律师执业规范》等。总的趋势是，中华全国律师协会是制定律师职业行为规范的最重要的部门。我们正在进行修改律师法的工作，新的律师法出台后，律师协会在制定律师职业行为规范方面的权利就更大。从规范的效力上看，我国律师职业道德行为规范涵盖了四个层次：

1. 国家法律规范中的律师行为规范。有些职业行为规范上升为国家法律规范层面，成为法律。在我国的三大诉讼法律规范中，都有涉及律师在诉讼中的代理行为的规则。1996年5月全国人大常委会通过的《律师法》中有关律师的义务性规范和禁止性规范集中体现了律师的最基本的行为规范。这些规范构成了律师职业行为规范的底线。

2. 司法行政机关制定和发布的有关律师管理规章中的行为规范。1990年11月司法部下发了《律师十要十不要》，对律师执业道德规范作了原则性的规定。1993 年 11 月司法部又正式颁布实施了我国第一部较为完整、具体的律师执业道德规范——《律师职业行为规范和执业纪律规范》。该规范开始实现了律师职业行为规范建设的制度化、规范化,在我国律师事业的发展史上具有重要意义。此外司法部还发布《关于反对律师行业不正当竞争行为的若干规定》、《律师和律师事务所违法行为处罚办法》,司法部与最高人民法院发布的《关于规范法官和律师相互关系维护司法公正的若干规定》,以及最近司法部和国家发展和改革委员委联合制定的《律师服务收费管理办法》。这些规章实际上都涉及律师的具体的执业行为。

3. 中华全国律师协会制定的有关行业规范。1996 年 11 月中华全国律师协会制定了《律师职业行为规范与执业纪律规范》。这不仅标志着我国律师行业组织职能的加强,也标志着我国律师职业行为规范逐步走上了正规化、系统化的发展道路。除此以外,近年来中华全国律师协会制定的律师职业行为规范还有《律师办理刑事案件规范》、《律师协会会员处分规则》、《关于律师办理群体性案件指导意见》、《律师协会会员奖励办法》、《律师协会会员违规行为处分规则(试行)》、《律师事务所内部管理规则(试行)》,其中最典型的就是 2004 年制定实施的《律师职业行为规范(试行)》,该规范无论从条文数量还是从其所涉及的问题的广度上,都达到了一个新的高度。该规范内容比较丰富,改变了过去规范过于抽象和原则的问题,大大提高了律师职业行为规范的可操作性,对于律师的执业活动具有重要的指引和约束作用。

4. 地方司法行政机关和律师协会制定的相关的律师职业行为规范。从实践来看,许多地方已经认识到了加强律师职业行为规范建设的重要意义,制定了大量关于律师职业行为规范的规范性文件。如北京市司法局发布的《关于加强法院廉政建设与律师从业清廉的规定》,北京市律师协会制定的《北京市律师职业规范》,上海市律师协会制定的《上海市律师协会制止律师执业不正当竞争规则》、《上海市律师协会执业纠纷调解规则》、《上海市律师协会律师执业利益冲突认定和处理规则》和《上海市律师协会计时收费指引》。安徽省司法厅制定的《关于律师和律师事务所违法行为投诉查处程序的规定》、安徽省司法厅与物价局制定的《安徽省律师服务收费标准》等等。近年来,各地按照《律师职业行为规范》、《律师违法行为处罚办法》,进一步细化完善了利益冲突审查、风险告知、执业公示、投诉接待查处、防止不公平竞争等制度,一些虚假宣传、不正当竞争等不规范行为得到了纠正,律师在收案、收费、会见、辩护、代理等各个业务环节中的活动进一步得到了规范。

经过 20 多年的建设,我国关于律师职业行为的规范形成了多层次的规范体系。这些规范性文件既包括法律、司法解释、规章类,也包括律师协会的行业规范,如《中华全国律师协会章程》、《律师职业行为规范和执业纪律规范》、《律师办理刑事案件规范》、《律师协会会员处分规则》等,此类规范属于行业自律性规范,虽然不属于法律规范,但是对于本协会的会员仍然具有很强的拘束力。在这些规范中,集中体现律师职业行为规范要求的是中华全国律师协会制定的《律师职业行为规范和执业纪律规范》。我国律师执业行为规范的制定具有以下几个特点:

(1)律师职业行为规范的立法层次较多,且具有浓厚的行政色彩。在《律师法》颁布之前,有关律师执业行为规范都是由司法行政机关制定并监督实施的。这是由我国律师业以行政管理为主的特征决定的。《律师法》颁布之后,中华全国律师协会根据《律师法》,在司法部制定的《律师职业行为规范和执业纪律规范》基础之上,制定了新的《律师职业行为规范和执业纪律规范》,这在一定程度上反映了我国律师行业管理职能的加强,反映了律师管理工作的进步。但由于长期以来律师工作行政管理的惯性,在制定包括监督律师执业行为规范实施方面依然具有浓厚的行政化色彩,存在多头立法、多头管理的问题,也给有关规范的实施带来了很大的麻烦。比如,关于律师同业竞争问题的规范,本应由律师协会制定,但司法行政机关却制定了《关于反对律师行业不正当竞争行为的若干规定》,再比如中华全国律师协会虽然制定了《律师职业行为规范和执业纪律规范》,但却没有对违反该法的处罚权,而有关违反律师执业行为规范的处罚权却由司法行政机关行使等等。这些都反映了我国律师业在由行政管理向行业管理过渡阶段的特征。

(2)律师职业行为规范总体比较原则,很多内容过于抽象,有的仅是宣言式的罗列,在现实中很难操作。无论是《律师暂行条例》、《律师十要十不准》还是《律师法》,《律师职业行为规范和执业纪律规范》,以至于一些地方规范性文件中关于律师执业行为规范的规定都比较原则。比如,《十要十不准》实际上完全是宣言式、口号式的要求。《律师法》中关于执业行为规范的规定比《律师暂行条例》和《律师十要十不准》要具体些,但条文仍显笼统,内在逻辑层次也不清楚。2001年全国律协修订了《律师执业道德和执业纪律规范》,对律师执业行为规范既有原则性规定,如关于律师职业行为规范的规定,又有具体的规范性要求,如律师执业的纪律规范。关于律师职业行为规范,该《规范》规定以下内容:律师应服务社会主义的人民利益,忠于法律和事实,坚持真理,维护正义,道德高尚,廉洁自律,诚实信用,尽责,保守执业秘密,同业互助,公平竞争,勤于学习,提高素养。就具体的纪律而言,虽然其规定较详尽,但相对复杂的律师执业过程来说,仍然显得相对笼统和原则。如利益冲突问题,在律师执业中经常要遇到,对这类问题该怎么界定,律师应如何操作,在现行的律师执业行为规范中就很难找到具体的操作性规范。我国律师执业行为规范相对原则性的特点反映了我国在制定规范性文件方面的传统思维定势,另一方面也反映了我国律师管理部门及理论研究部门对执业行为规范规律性问题缺乏深入的研究与揭示有关。值得注意的是2004年3月,中华全国律师协会发布了《律师执业行为规范》(试行),这部规范共13章,190个条文。应该说这部规范的出台,反映了律师行业规范制定方面的进步。

(3)律师职业行为规范没有形成体系,缺乏整体规划。由于在律师管理上采取两结合的管理,在有关律师管理的分工上难免有交叉重叠部分,容易各行其道、各行其是。由于律师职业行为规范没有同律师职业行为的惩戒规范统一于一体以及律师执业行为规范的制定权和监督实施权分立,严重影响了律师职业行为规范的实施。在我国,不仅地方律师协会没有对律师的处罚权,就是中华全国律师协会也没有对律师的处罚权,根据《律师法》,对律师违反执业行为规范惩戒的权力全部由司法行政部门行使。因此,律师协会制定的行为规范充其量也只能是示范性规范。1999年12月18日中华全国律师协会通过的《律师协会会员处分规则》作出了试图解决这一问题的努力。根据该规则,律师协会的会员,违反《律师法》、《律师协会章程》、《律师职业行为规范和执业纪律规范》的有关规定,应受律师协会处分的,适用本规则。

■ 第二节　律师职业行为规范的基本原则

根据律师的职责和现阶段我国律师的职业使命,我国律师职业行为规范的基本原则可以概括为以下几个方面:

1.维护当事人的合法权益。律师是当事人的代理人,律师的工作需要当事人的授权,律师应当在当事人授权的范围内提供法律服务。作为当事人的代理人,律师事实上是担负着多种职能,律师要使委托人明确其法律上的权利与义务,律师要运用自己的专业技能通过具体的法律行为来最大限度的维护委托人的合法权益。这是律师的最基本的职责。律师的直接的使命就是维护委托人的合法权益,这是律师的第一使命。国家设立律师制度就是为社会提供法律的专业帮助的渠道和机制。律师通过专业的法律服务为当事人提供咨询、代理等活动,全面的维护委托人的合法权益。律师和委托人之间实质上是一种平等的民事主体关系。律师向客户提供法律咨询和相关的法律方面的服务。律师的直接责任就是为委托人提供尽善尽美的法律服务,律师的法律服务有效地维护了委托人的权益,律师的法律服务的价值就得到了实现。

2.维护法律的正确实施。《美国律师职业行为示范准则》序言中开宗明义就指出,律师是客户的代理人,是法律制度的职员,是对司法的质量具有特殊责任的公民。日本的《律师法》中规定,"律师要维护司法人权"。我国《律师法》强调律师要把"维护法律的正确实施与维护当事人的合法权益相统一"。我国《律师职业行为规范》(试行)规定的律师执业的宣誓誓词中明确规定律师要"为维护法律的正确实施,捍卫法律的尊严而努力奋斗"。律师制度是国家司法制度的组成部分,律师不仅要为当事人提供法律服务,同时也应当维护国家法律的尊严。律师制度是国家法律制度的有机组成部分。德国《律师法》规定律师是独立的司法人员。日本、我国台湾等国家和地区的法学界通常称律师为在野法曹,在野即非政府机关,所谓法曹即国家司法机关,在野法曹即非政府的司法人员。这些都反映了律师在国家法治体系中的地位。在我们国家,有人形象比喻律师同法院、检察机关、公安机关为法制的四个轮子,缺一不可。

律师制度为国家法律所确立,体现的是现代司法制度和法治社会的基本要求。国家司法机构的设置是保障国家法律的正确和全面实施,藉此通过司法的公正来达到有效治理国家的目的。律师制度的建立与国家司法制度的建立的宗旨完全一致,就是要维护法律的尊严,促进法律的正确实施的,实现司法公正。律师在执业过程中一方面作为当事人的代理人,帮助当事人实现其合法的利益,同时律师作为法律专业人员,在执业的过程中他要对法律负责,对国家负责,律师如果不能有效地把维护国家的法律的正确实施与维护当事人的合法权益有机地结合起来,律师的执业就会偏离正确的方向。在诉讼领域,律师具有法律所赋予的执业权,如调查取证权、辩护权等,这些权利的行使过程不仅是维护当事人的合法权益的过程,也同时是帮助国家司法机关查明事实,正确适用法律,促进国家司法公正的过程。在非诉讼领域,律师利用自己的法律专业知识,为当事人完成各类法律实务,这一过程同样表现为维护当事人的合法利益与促进国家法律在现实生活中的有效实施的有机统一。

3.推动社会的和谐与进步。国家的进步离不开稳定而和谐的社会环境。我国目前处于社会转型时期,各社会阶层的利益的调整严重的不平衡,从而衍生的社会矛盾和纠纷比较多。化解社会矛盾,调处社会纠纷,使得整个社会处于相对平稳的发展态势,是当前司法工作面临的主要任务。而律师作为矛盾和纠纷处理的专家,利用法律职业技能和专业知识对社会生活中出现的各种突出的矛盾提出法律上的解决办法,对于平抑社会冲突、稳定社会秩序等方面具有非常重要的作用。律师实践证明,律师参与诉讼、仲裁对于推动纠纷解决程序的顺畅,配合法院依法查明案件的事实和正确适用法律,公正的解决纠纷有重要作用。随着诉讼仲裁的专业化和技术性的加强,律师在诉讼和仲裁中的作用将越来越突出。此外,律师还可以在其他替代性法律纠纷的处理中,比如在上访、调解、和解等活动中发挥中间人和调解人的作用。

我国律师业的发展还处于成长期,但律师行业的商业化的倾向已经比较严重。律师在参与社会公益活动方面,特别是律师参与为贫困阶层提供法律服务方面缺乏积极性。这个问题已经影响到律师业的健康发展。因此,律师行业管理部门应当通过政策调整等宏观管理手段来对整个法律服务行业进行约束,积极引导律师参与社会公益事业,发挥律师在解决社会纠纷,调处社会矛盾方面的作用。

4.维护社会的公平与正义。现代社会的进步与发展离不开公平与正义的理念和相关的制度建设。律师在维护社会公平与正义方面负有职业上的责任。律师是法律专业人士,而法律的核心是公平和正义,律师对于社会生活中出现的非公平和非正义事件有着职业上的敏感性。我国律师在参与维护社会正义方面的作用并不是很充分。律师对于弱势群体的保护、对于社会生活中出现的不公平的事件的反映程度都比较低。西方学者曾指出,律师的事业是公众事业。美国律师基金会研究顾问雷蒙德指出,"准许法律实务的专属经营权是基于下属三种假设:①律师执行一种对社会有用的功能;②律师是执行这一功能的专职人员;③律师作为专职人员履行职责的行为由其自身调整,更正式的是由整个职业界来调整。"[1]另外,还有的指出"对于从事律师、医生以及牧师等职业的人来说,最根本的价值是为公众服务的精神,其职业义务的内容尤其强调利他主义和伦理性"[2] 这些说法反映了律师所从事的业务具有社会公益性的一面,即律师的社会功能在于发挥律师在维护公众权益方面的价值,而不是片面地追求自身的职业利益的最大化。这种说法反映了人们对律师职业的一种期盼心理。事实上,无论是资本主义国家的律师还是社会主义国家的律师,在现实中都承担带有一定的公益性的法律援助工作。

■ 第三节　律师职业行为基本规范的内容

律师职业行为规范主要体现在《律师法》和《律师执业行为规范》(试行)中,在其他法律规范,比如诉讼法律规范中也有一些关于律师的职业行为规范内容。概括起来包括以下规则:

---

〔1〕 [美]雷蒙德等著:《律师、公众和职业责任》,中国政法大学出版社 1989 年版,第 253 页。
〔2〕 季卫东:《法律秩序的建构》,中国政法大学出版社 1999 年版,第 240 页。

一、律师与委托人的关系规范

1. 代理关系建立规则。在我国,律师的执业机构是律师事务所,律师事务所是对外提供法律服务的合法主体,律师不能撇开律师事务所单独与委托人签署委托代理合同,建立代理关系。律师应当与委托人就委托事项的代理范围、代理内容、代理权限、代理费用、代理期限等进行讨论,经协商达成一致后,由律师事务所与委托人签署委托代理协议或者取得委托人的确认。律师应当在授权范围内从事代理或辩护活动。如需特别授权,应事先取得委托人的书面确认。

2. 独立规则。独立提供法律服务是法律职业的共同的特点,虽然律师是接受当事人的委托代理法律服务,但是并不意味着律师就完全服从或听命于委托人的意志从事法律服务。比如律师接受刑事案件中被告人的委托担任辩护人,经过调查,发现被告人确实有罪,自己只能进行有罪辩护,可是被告人却执意不顾法律与事实,要求律师作无罪辩护,这时候律师是坚持自己的观点,还是迁就作为委托人的被告人的意见。很显然,律师作为法律职业人员首先应当对法律负责,律师的辩护也就是必须严格根据有关法律的规定进行,而不能超越法律规定的范围去行使。美国律师协会制定的《美国律师协会职业行为标准规则》中就有这样的规定:"律师代理客户,包括被指定代理,并不意味着建立起一种对客户政治、经济、社会道德观点和活动的认可。"我国的《律师执业行为规范》(试行)中规定:"律师有权根据法律的要求和道德的标准,选择实现委托人目的的方法。"这也是律师职业独立性的要求。

3. 诚信规则。律师应当谨慎、诚实、客观地告知委托人拟委托事项可能出现的法律风险。律师应当充分运用自己的专业知识,根据法律的规定完成委托事项,维护委托人的利益。接受委托后,律师只能在委托权限内开展执业活动,不得擅自超越委托权限。律师在进行受托的法律事务时,如发现委托人所授权限不能适应需要时,应及时告知委托人,在未经委托人同意或办理有关的授权委托手续之前,律师只能在授权范围内办理法律事务。律师接受委托时必须与委托人明确规定包括程序法和实体法两方面的委托权限。委托权限不明确的,律师应主动提示。律师在委托权限内完成了受托的法律事务,应及时告知委托人。律师与委托人明确解除委托关系后,律师不得再以被委托人的名义进行活动。律师接受委托后,无正当理由不得拒绝履行协议约定的职责,不得无故拒绝辩护或代理。律师不得为建立委托代理关系而对委托人进行误导。律师不得为谋取代理或辩护业务而向委托人作虚假承诺,接受委托后也不得违背事实和法律规定作出承诺。律师在接受刑事辩护委托后,应当依据事实和法律提出无罪、罪轻或减轻、免除其刑事责任的辩护意见;刑事辩护证据不足以否认有罪指控,不得承诺经过辩护必然获得无罪的结果。律师根据委托人提供的事实和证据,依据法律规定对案件进行分析后,应向委托人提出预见性、分析性的结论意见,但应当注意避免虚假承诺。律师依法辩护、代理案件提出的正确意见未被采纳或因枉法裁判,使律师的预先分析意见没有实现,不能认为律师的意见是虚假承诺。委托人拟委托事项或者要求属于法律或者律师执业规范所禁止时,律师应当告知委托人,并提出修改建议或者予以拒绝。

4.效率规则。律师在代理案件过程中应勤奋和敏捷,提高办事的效率。如果律师代理的是诉讼案件,律师应努力并合理加速诉讼,当然这种加速应当与其委托人的利益保持一致。律师应当严格按照法律规定的期间、时效以及与委托人约定的时间,办理委托事项。律师对委托人了解委托事项情况的要求,应当及时给予答复。

5.保密规则。律师应严格遵守国家保密法律和相关规定,无论在执业过程中,还是在执业之外获悉的国家秘密,律师都有义务严格保守。律师在执业中对于需要向境外当事人提供文件资料和咨询意见时,要严格甄别其中是否有涉及国家秘密的内容,以杜绝因工作疏忽而发生泄露国家秘密的行为。律师对在执业过程中获得的委托人以及相关当事人的商业秘密以及未公开的商业信息,负有保密义务。律师对在执业中获悉的当事人隐私,应当保密。个人隐私的范围包括当事人住宅、通信、情感、健康、个人癖好、家庭成员和家庭财产等相关信息。律师应当建立律师业务档案,保存完整的业务工作记录。律师应当谨慎保管委托人提供的证据和其他法律文件,保证其不遭灭失。律师事务所、律师及其辅助人员不得泄露委托人的商业秘密、隐私,以及通过办理委托人的法律事务所了解的委托人的其他信息。但是律师认为保密可能会导致无法及时阻止发生人身伤亡等严重犯罪及可能导致国家利益受到严重损害的除外。律师可以公开委托人授权同意披露的信息。律师在代理过程中可能无辜地被牵涉到委托人的犯罪行为时,律师可以为保护自己的合法权益而公开委托人的相关信息。律师代理工作结束后,仍有保密义务。

6.利益冲突规则。利益冲突是指同一律师事务所代理的委托事项与该所其他委托事项的委托人之间有利益上的冲突,继续代理会直接影响到相关委托人的利益的情形。根据《律师执业行为规范》(试行),利益冲突的一般规则包括:在接受委托之前,律师及其所属律师事务所应当进行利益冲突查证。只有在委托人之间没有利益冲突的情况下才可以建立委托代理关系。拟接受委托人委托的律师已经明知诉讼相对方或利益冲突方已委聘的律师是自己的近亲属或其他利害关系人的,应当予以回避,但双方委托人签发豁免函的除外。律师在接受委托后知道诉讼相对方或利益冲突方委聘的律师是自己的近亲属或其他利害关系人,应及时将这种关系明确告诉委托人。委托人提出异议的,律师应当予以回避。律师在接受委托后知道诉讼相对方或利益冲突方已委聘同一律师事务所其他律师的,应由双方律师协商解除一方的委托关系,协商不成的,应与后签订委托合同的一方或尚未支付律师费的一方解除委托关系。曾经在前一法律事务中代理一方法律事务的律师,即使在解除或终止代理关系后,亦不能再接受与前任委托人具有利益冲突的相对方委托,办理相同法律事务,除非前任委托人作出书面同意。曾经在前一法律事务中代理一方法律事务的律师,不得在以后相同或相似法律事务中运用来自该前一法律事务中不利前任委托人的相关信息,除非经该前任委托人许可,或有足够证据证明这些信息已为人所共知。委托人拟聘请律师处理的法律事务,是该律师从事律师职业之前曾以政府官员或司法人员、仲裁人员身份经办过的事务,律师和其律师事务所应当回避。

7. 转委托规则。未经委托人同意,律师不得将委托人委托的法律事务转委托他人办理。律师在接受委托后出现突患疾病、工作调动等情况,需要更换律师的,应当及时告知委托人。委托人同意更换律师的,律师之间要及时移交材料,并通过律师事务所办理相关手续。非经委托人的同意,律师不能因为转委托而增加委托人的经济负担。

8. 收费规则。《律师执业行为规范》(试行)吸收了美国律师协会制定的《美国律师协会职业行为标准规则》中关于律师费用的收取应当合理并应当考虑的因素。律师收费应当考虑的合理因素包括:从事法律服务所需工作时间、难度、包含的新意和需要的技巧等;接受这一聘请会明显妨碍律师开展其他工作的风险;同一区域相似法律服务通常的收费数额;委托事项涉及的金额和预期的合理结果;由委托人提出的或由客观环境所施加的法律服务时间限制;律师的经验、声誉、专业水平和能力;费用标准及支付方式是否固定,是否附有条件;合理的成本。律师收费方式依照国家规定或由律师事务所与委托人协商确定,可以采用计时收费、固定收费、按标的比例收费。在一个委托事项中可以同时使用前列几种方式,也可使用法律不禁止的其他方式。采用计时收费的,律师应当根据委托人的要求提供工作记录清单。律师事务所应当在委托代理合同中约定收费方式、标准、支付方法等收费事项。以诉讼结果或其他法律服务结果作为律师收费依据的,该项收费的支付数额及支付方式应当以协议形式确定,应当明确计付收费的法律服务内容、计付费用的标准、方式、包括和解、调解或审判不同结果对计付费用的影响,以及诉讼中的必要开支是否已经包含于风险代理酬金中等。律师和律师事务所不能以任何理由和方式向赡养费、扶养费以及刑事案件中的委托人提出采用根据诉讼结果协议收取费用,但当事人提出的除外。

律师不得私自收案、收费。委托人所支付的费用应当直接交付律师所在的律师事务所,律师不得直接向委托人收取费用。委托人委托律师代交费用的,律师应将代收的费用及时交付律师事务所。

律师不得索要或获取除依照规定收取的法律服务费用之外的额外报酬或利益。律师事务所收取的法律服务费用,应当在计入会计账簿后才可以按规定项目和开支范围使用。律师事务所不得向委托人开具非正式的律师收费凭证。律师对需要由委托人承担的律师费以外的费用,应本着节俭的原则合理使用。律师事务所因合理原因终止委托代理协议的,有权收取已完成部分的费用。委托人因合理原因终止委托代理协议的,律师事务所有权收取已完成部分的费用。委托人单方终止委托代理协议的,应按约定支付律师费。

9. 禁止牟取不当利益规则。禁止牟取不当利益,是因为律师与当事人之间在法律知识和专业技能方面明显处于不对称状态,律师不能利用自身的优势牟取正常的法律服务费用以外的利益。根据《律师执业行为规范》(试行)的规定,律师和律师事务所不得利用提供法律服务的便利,非法牟取委托人的利益。除依照相关规定收取法律服务费用之外,律师不得与委托人争议的权益产生经济上的联系,不得与委托人约定胜诉后将争议标的物出售给自己,不得委托他人为自己或为自己的亲属收购、租赁委托人与他人发生争议的诉讼标的物。律师不得向委托人索取财物,不得获得其他不利于委托人的经济利益。非经委托人同意,律师不得运用来自于向委托人提供法律服务时所得到的信息牟取对委托人有损害的利益。

律师在保管委托人的财产时不能借保管的便利条件损害委托人的财产利益。律师应当妥善保管与委托事项有关的财物,不得挪用或者侵占。律师事务所受委托保管委托人财物时,应将委托人财产与律师事务所的财产严格分离。委托人的资金应保存在律师事务所所在地信用良好的金融机构的独立账号内,或保存在委托人指定的独立开设的银行账号内。委托人其他财物的保管方法应当经其书面认可。委托人要求交还律师事务所受委托保管的委托人财物,律师事务所应向委托人索取书面的接收财物的证明,并将委托保管协议及委托人提交的接收财物证明一同存档。律师事务所受委托保管委托人或第三人不断交付的资金或者其他财物时,律师应当及时书面告知委托人,即使委托人出具书面声明免除律师的及时告知义务,律师仍然应当定期向委托人发出保管财物清单。

10. 代理关系终止规则。律师在办理委托事项过程中出现下列情况,律师事务所应终止其代理工作:与委托人协商终止;被取消或者中止执业资格;发现不可克服的利益冲突;律师的健康状况不适合继续代理;继续代理将违反法律或者律师执业规范。

终止代理,律师事务所应当尽量不使委托人的合法利益受到影响。终止代理,律师应当尽可能提前向委托人发出通知。律师事务所在征得委托人同意后,可另行指定律师继续承办委托事项,否则应终止委托代理协议。出现下列情况时,律师可以拒绝辩护、代理:委托人利用律师提供的法律服务从事犯罪活动的;委托人坚持追求律师认为无法实现的或不合理的目标的;委托人在相当程度上没有履行委托合同义务,并且已经合理催告的;在事先无法预见的前提下,律师向委托人提供法律服务将会给律师带来不合理的费用负担,或给律师造成难以承受的、不合理的困难的;委托人提供的证据材料不具有客观真实性、关联性与合法性,或经司法机关审查认为存在伪证嫌疑的其他合法的缘由。律师在接受委托后发生可以拒绝辩护或代理的情况,应当向委托人说明理由,促使委托人接受律师的劝告,纠正导致律师拒绝辩护或代理的事由。在解除委托关系前,律师必须采取合理可行的措施保护委托人利益,如及时通知委托人,使其有充分时间再委聘其他律师、收回文件的原件以及返还提前支付的费用等。

二、律师在诉讼与仲裁中的行为规范

1. 调查取证规则。律师不得伪造证据,不能为了诉讼意图或目的,非法改变证据的内容、形式或属性。律师在收集证据过程中,应当以客观求实的态度对待证据材料,不得以自己对案件相关人员的好恶选择证据,不得以自己的主观想像去改变证据原有的形态及内容。律师不得威胁、利诱他人提供虚假证据;不得利用他人的隐私及违法行为,胁迫他人提供与实际情况不符的证据材料;不得利用物质或各种非物质利益引诱他人提供虚假证据。律师不得向司法机关和仲裁机构提交已明知是由他人提供的虚假证据。律师在已了解事实真相的情况下,不得为获得支持委托人诉讼主张或否定对方诉讼主张的司法裁判和仲裁而暗示委托人或有关人员出具无事实依据的证据。律师作为必要证人出庭作证的,不得再接受委托担任该案的辩护人或代理人出庭。

2. 庭审仪表规则。律师担任辩护人、代理人参加法庭审理,必须按照规定穿着律师出庭服装,注重律师职业形象。律师出庭服装应当保持洁净、平整、不破损。在出庭时,男律师不留披肩长发,女律师不施浓妆,面容清洁,头发齐整,不佩戴过分醒目的饰物。

3. 体态语言规则。律师的庭审发言用词应当文明、得体,表达意见应当选用规范语言,尽可能使用普通话。不得使用脏话等不规范语言。律师庭审发言时应当举止庄重大方,可以辅以必要的手式,避免过于强烈的形体动作。

4. 言论规则。律师不得在公共场合向传媒散布、提供与司法人员及仲裁人员的任职资格和品行有关的轻率言论。在诉讼或仲裁案件终审前,承办律师不得通过传媒或在公开场合发布任何可能被合理地认为损害司法公正的言论。

5.庭审以及与司法人员、仲裁员关系规则。2004年3月19日,最高人民法院、司法部颁布了《最高人民法院、司法部关于规范法官和律师相互关系维护司法公正的若干规定》。该《规定》对律师与法官的关系作出了一系列的具体规定。具体包括法官不得私自单方面会见律师,不得为当事人介绍律师等;律师不得与法官建立各种不正当的利益关系影响案件的处理等等。《律师执业规范》(试行)规定:律师应当遵守法庭、仲裁庭纪律,遵守出庭时间、举证时限、提交法律文书期限及其他程序性规定。在开庭审理过程中,律师应当尊重法庭、仲裁庭,服从审判长、首席仲裁员主持,不能当庭评论(包括批评和颂扬)审判人员、仲裁人员言论。对于庭审中存在的问题,可以在休庭后向法官、仲裁员个人或其主管部门口头或书面提出。律师在执业过程中,因对事实真假、证据真伪及法律适用是否正确而与诉讼相对方意见不一的,或为了向案件承办人提交新证据的,可以与案件承办人在司法机关内指定场所接触和交换意见。律师不得以不正当动机与司法、仲裁人员接触。律师不得向司法机关和仲裁机构人员馈赠财物,更不得以许诺回报或提供其他便利(包括物质利益和非物质形态的利益)等方式,与承办案件的司法或仲裁人员进行交易。

三、律师执业推广规则

《律师职业行为规范和执业纪律规范》在第六章"律师与同行之间的纪律"规定了律师在公平竞争方面的规则。《律师执业行为规范》(试行)对律师执业推广方面作出了一系列更加具体的规定。包括:

1.尊重与合作规则。律师和律师事务所不得阻挠或者拒绝委托人再委托其他律师和律师事务所参与同一事由的法律服务。就同一事由提供法律服务的律师之间应明确分工,相互协作,意见不一致时应当及时通报委托人决定。律师和律师事务所不得在公众场合及传媒上发表贬低、诋毁、损害同行声誉的言论。在庭审或谈判过程中各方律师应互相尊重,不得使用挖苦、讽刺或者侮辱性的语言。

2.禁止不正当竞争规则。律师执业不正当竞争行为是指律师和律师事务所为了推广律师业务,违反自愿、平等、诚信原则,采用不正当手段与同行进行业务竞争,损害其他律师及律师事务所合法权益的行为。

律师和律师事务所在与委托人及其他人员接触中,不得采用下列不正当手段与同行进行业务竞争:故意诋毁、诽谤其他律师或律师事务所信誉、声誉;无正当理由,以在同行业收费水平以下收费为条件吸引客户,或采用承诺给予客户、中介人、推荐人回扣,馈赠金钱、财物方式争揽业务;故意在委托人与其代理律师之间制造纠纷;向委托人明示或暗示律师或律师事务所与司法机关、政府机关、社会团体及其工作人员具有特殊关系,排斥其他律师或律师事务所;就法律服务结果或司法诉讼的结果作出任何没有事实及法律根据的承诺;明示或暗示可以帮助委托人达到不正当目的,或以不正当的方式、手段达到委托人的目的。

律师或律师事务所在与行政机关或行业管理部门接触中,不得采用下列不正当手段与同行进行业务竞争:借助行政机关或行业管理部门的权力,或通过与某机关、某部门、某行业对某一类的法律服务事务进行垄断的方式争揽业务;没有法律依据地要求行政机关超越行政职权,限定委托人接受其指定的律师或律师事务所提供的法律服务,限制其他律师正当的业务竞争。律师和律师事务所在与司法机关及司法人员接触中,不得采用下列不正当手段与同行进行业务竞争:利用律师兼有的其他身份影响所承办业务正常处理和审理;在司法机关内及附近200米范围内设立律师广告牌和其他宣传媒介;向司法机关和司法人员散发附带律师广告内容的物品。依照有关规定取得从事特定范围法律服务的执业律师和律师事务所不得采取下列不正当竞争的行为:限制委托人接受经过法定机构认可的其他律师或律师事务所提供法律服务;强制委托人接受其提供的或者由其指定的其他律师提供的法律服务;对抵制上述行为的委托人拒绝、中断、拖延、削减必要的法律服务或者滥收费用。律师和律师事务所相互之间不得采用下列手段排挤竞争对手的公平竞争,损害委托人的利益或者社会公共利益:串通抬高或者压低收费;为低价收费,不正当获取其他律师和律师事务所收费报价或者其他提供法律服务的条件;非法泄露收费报价或者其他提供法律服务的条件等暂未公开的信息,损害所属律师事务所合法权益。

律师和律师事务所不得擅自或非法使用社会特有名称或知名度较高的名称以及代表其名称的标志、图形文字、代号以混淆、误导委托人。

所称的社会特有名称或知名度较高的名称是指:有关政党、国家行政机关、行业协会名称;具有较高社会知名度的高等法学院校名称;为社会公众共知、具有较高知名度的非律师公众人物名称;知名律师以及律师事务所名称。律师和律师事务所不得伪造或者冒用法律质量名优标志、荣誉称号。

四、律师与律师行业管理或行政管理机构关系中的行为规范

我国《律师法》规定,国务院司法行政部门依照本法对律师、律师事务所和律师协会进行监督、指导,原则规定了我国律师与司法行政机关的关系。《律师执业行为规范》(试行)作出了更加具体的规定:

律师和律师事务所应当遵守司法行政管理机构制定的有关律师管理的规定、律师协会制定的律师行业规范和规则。律师和律师事务所享有律师协会章程规定的权利,承担律师协会章程规定的义务。律师和律师事务所应当办理入会登记手续和年度登记手续。律师和律师事务所应当参加、完成律师协会组织的律师业务学习及考核。

律师和律师事务所参加国际性律师组织或者其他组织并成为会员的,

应当提前报律师协会批准。律师以中国律师身份参加境外国际性组织的,应当报律师协会备案,在上述会议作交流发言的,其发言内容也应当报律师协会备案。

律师和律师事务所因执业成为民事被告或被确定为犯罪嫌疑人或受到行政机关调查、处罚,应当向律师协会作出书面报告。

律师和律师事务所应当参加律师协会组织的律师业务研究活动,完成律师协会布置的业务研究任务,参加律师协会布置的公益活动。

律师和律师事务所应当妥善处理律师执业中发生的各类纠纷,自觉接受律师协会及其相关机构的调解处理。律师和律师事务所应当认真履行律师协会就律师执业纠纷作出的裁决。律师和律师事务所应当按时缴纳会费。

五、其他禁止性规则

1.禁止跨所执业。《律师法》明确规定律师不得在两个或两个以上律师事务所执业。《律师职业行为规范和执业纪律规范》进一步规定:"同时在一个律师事务所和一个其他法律服务机构执业的视同在两个律师事务所执业。"这里的法律服务机构主要指的是我国在乡镇和城市街道建立的法律服务所,法律服务所也可以在一定范围向社会提供法律服务。《律师执业行为规范》作出了例外的规定,即"因涉及专业领域问题而邀请另一律师事务所参与办理,且该律师所在的律师事务所与被邀请的律师事务所之间以书面形式约定法律后果由前者承担并告知委托人的",不违背跨所执业的规定。

2.禁止虚假承诺。律师的虚假承诺行为主要发生在接受案件前,为了获得当事人的信任,而不顾案件的客观情况对当事人作出的脱离法律和事实要求的承诺,客观上误导当事人。这种做法明显违背律师诚信的基本要求。为此,《律师执业行为规范》(试行)规定:"律师不得向委托人就某一案件的判决结果作出承诺。律师在依据事实和法律对某一案件作出某种判断时,应向委托人表明作出的判断仅是个人意见。"

3.禁止从事代理欺诈行为。律师的法律服务必须是合法的法律服务,律师不能利用律师的身份或所具有的法律专业知识的特殊优势帮助或主动从事欺骗或欺诈的行为。

4.禁止从事妨碍国家司法、行政机关依法行使权力的行为。律师是法律职业共同体中的一种职业,国家法律需要多种法律职业的协同,才能有效的实施。律师不能利用与其他法律职业人员的关系,比如同学、同事等影响或试图影响国家权力机关或准权力机关进行违法的行为。《律师执业行为规范》(试行)就规定:"律师不得明示或暗示具有某种能力,可能不恰当地影响国家司法、行政机关改变既定意见的行为;协助或怂恿司法、行政人员或仲裁人员进行违反法律的行为。"

5. 禁止私自接受委托。律师不得私自接受委托承办法律事务,不得私自向委托人收取费用、额外报酬、财物或可能产生的其他利益。《律师法》第23 条规定:"律师承办业务,由律师事务所统一接受委托,与委托人签订书面委托合同,按照国家规定向当事人统一收取费用并如实入账。"《律师职业行为规范和执业纪律规范》第14 条规定:"律师不得私自接受委托承办法律事务,不得私自向委托人收取费用、额外报酬或财物。"

6. 禁止变相提供法律服务。变相提供法律服务在实践中主要是基于利益关系而产生的。比如有的律师以公民身份从事代理或辩护业务。还有的是律师事务所指派非律师人员以律师身份或以其他变相方式提供法律服务。这种做法实际上破坏了律师职业的整体上的严肃性,也会损害律师职业的社会形象。

7. 律师因过去特殊身份的代理禁止。《律师法》和《法官法》以及《检察官法》对此都有明确的规定。《律师法》第36 条规定:"曾担任法官、检察官的律师,从人民法院、人民检察院离任后 2 年内,不得担任诉讼代理人或者辩护人。"

第八章　律师收费制度

近年来,律师收费问题一度成为社会热门话题,业内律师抱怨律师收费标准过低,业外人士则声言律师收费标准过高。由于律师业务本身的复杂性,即使是同一类型的法律业务,又因案件本身的情况千差万别,以及提供法律服务的律师水平和花费的时间不同,使得律师收费标准的确立十分困难。长期以来我国律师收费主要实行计件收费和按案件标的收费,实践表明现行的收费方式已经无法满足律师业发展的需要。如何借鉴国外律师收费方面先进的经验,建立起既适合我国国情又符合国际通行做法的律师收费制度是当前律师业需要解决的一个重要课题。

■ 第一节　我国律师收费制度

一、我国律师收费制度的发展

1956 年 5 月司法部颁布《律师收费暂行办法》,这是新中国第一个有关律师收费的规范性文件。律师制度恢复后,1981 年司法部、财政部公布了《律师收费试行办法》,该"办法"主要规定了以下内容:①由法律顾问处按本办法规定的收费标准向委托人收费,并出具收据,律师不得私自收费;②根据律师承办业务的繁简程度、需时长短、诉讼标的(实得数额)等实际情况,在收费标准表所列幅度内确定具体收费数额;③法律顾问的业务,办理特别复杂的刑事、民事案件,非诉讼事件以及代书业务,办理涉外业务,律师到外地办理案件,律师到国外或者港、澳办理律师业务的收费标准和办法;④减免收费的范围。

进入 20 世纪 90 年代,原来的律师收费规定显然不能适应社会和律师业发展的形势,1990 年司法部、财政部、国家物价局联合下发了《律师业务收费管理办法》以及《律师业务收费标准》。其存在的主要问题是:①收费标准过低。如法律咨询计件收费 1 ~ 30 元/件,计时收费 2 ~ 15 元/小时;制作法律事务文书 2 ~ 50 元/件;办理刑事案件 30 ~ 150 元/件。这些收费标准明显偏低。②收费方式单一。收费方式采取法定标准收费,限制协商收费。这种规定不能体现案件的难易复杂程度,也不能体现律师的工作能力,不利于调动律师的积极性。③收费的比例不合理。办理刑事案件的收费标准与办理其他案件的收费比例不尽科学、合理。因为法律事务标的额的大小与案件的难易程度并不成正比。有的案件标的不小,工作量却不多;有的案件标的不大,但要耗费较多的时间和精力,所需的法律知识也可能较复杂。

1997 年 3 月国家计划委员会、司法部又发布了《律师服务收费管理暂行办法》(下称《办法》)对律师收费制度进行了较大幅度调整。根据该《办法》,律师代理民事案件;代理行政案件;为刑事案件犯罪嫌疑人提供法律咨询、代理申诉和控告、申请取保候审,担任被告人的辩护人或自诉人、被害人的代理人;代理各类诉讼案件的申诉;代理仲裁的收费标准,由国务院司法行政部门提出方案报国务院价格部门审批。省、自治区、直辖市人民政府价格部门可根据本地区的实际情况,在国务院价格部门规定的价格幅度内确定本地区实施的收费标准,并报国务院价格部门备案。对于律师担任法律顾问;提供非诉讼法律服务;解答有关法律的询问、代写诉讼文书和有关法律事务的其他文书的,由律师事务所与委托人协商确定。律师服务收费还可分为计件收费、按标的比例和计时收费三种。其中,涉及财产关系的按标的比例收费;也可根据需要计时收费。在收费方式上规定,律师事务所向委托人收取律师服务费,可在确定委托关系后收取全部或部分费用,也可与委托人协商约定在提供法律服务期间分期收取。委托人事前交纳律师服务费确有困难的,律师事务所应与委托人协商约定,先由律师事务所垫付全部费用,事后向委托人收取。律师事务所收费后,如果发生下列情况,则应全部或部分退还已收取的费用:①委托人因律师过错而提出终止委托关系的,律师事务所应退还预收的律师服务费;非因律师过错而终止委托关系的,律师事务所已经收取的律师服务费不予退还。②律师事务所因委托人的过错或委托人的要求超出合理范围而终止委托关系的,应当根据承办该项法律事务的实际支出进行相应的扣除,余额部分退还委托人。③律师事务所无故终止委托关系的,应当退还已收取的全部律师费,给委托人造成损失的,根据有关规定,律师事务所应负责赔偿。律师事务所遇有下列情况之一的,应当按照法律援助的有关规定,减收或者免收律师服务费:①因公受伤请求赔偿的(责任事故除外);②赡养、抚养、扶养而生活确有困难的;③请求劳动保险金、抚恤金、救济金的;④其他特殊情况无力承担律师费用的。该《办法》同时还规定,制定律师服务费标准应考虑以下因素,包括法律事务所需律师人数、办理法律事务所需工作时间、办理法律事务的复杂程度、办理法律事务可能承担的风险和责任、委托人的承受能力。

2004 年全国律师协会制定的《律师执业行为规范(试行)》对律师收费规范也作了相应规定,专章确立了律师收费的基本规范。在该规范中,对于律师收费应当考虑的因素和律师收费的方式以及禁止性收费的方式进行了比较系统的规定,特别对以诉讼结果或其他法律服务结果的收费方式作出了限制性的规定。该规范中关于律师收费的规定比较客观的反映了律师收费制度的本质,比较符合中国律师收费的实际状况,对于规范律师的收费行为具有十分重要的意义。

2006年4月13日国家发展改革委员会和司法部联合发布了《律师服务收费管理办法》,该办法自2006年12月1日起执行。该办法的出台,完善了我国律师收费制度,确立了现阶段我国律师收费制度的基本原则和基本内容。该《办法》明确律师服务收费应当遵循公开公平、诚实信用和便民利民的原则。《办法》规定,律师事务所应当坚持便民利民,加强内部管理,降低服务成本,为委托人提供方便优质的法律服务;要求政府制定律师服务收费标准,必须考虑群众的承受能力,应当广泛听取社会各方面意见,必要时可以实行听证;律师事务所要严格履行法律援助义务,对经济确有困难、但不符合法律援助范围的公民,可以减收或免收律师服务费。这些规定,对于增强律师的社会责任感,坚持服务为民,提升律师服务质量和行业信誉,都将产生积极而重要的影响。同时,《办法》严格规范律师服务收费环节和收费程序,引导风险代理收费,严格禁止刑事案件、行政案件、国家赔偿案件、群体性案件以及涉及老百姓切身利益的婚姻、继承等民事案件实行风险代理收费;风险代理最高收费比例不得高于合同约定标的额的30%。《办法》规范收费行为和收费程序,规定律师事务所只能收取律师服务费、代委托人支付的费用和异地办案差旅费,不得以任何名义收取其他费用,并对律师事务所接受委托、签订合同、收费、结算等各个环节都做了明确规定。此外,该《办法》规定了对于律师收费争议处理的机制,因律师服务收费发生争议的,律师事务所应当与委托人协商解决。协商不成的,可以提请律师事务所所在地的律师协会、司法行政部门和价格主管部门调解处理,也可以申请仲裁或者向人民法院提起诉讼。

二、律师收费的基本原则

探索律师收费的科学依据,对于制定律师服务收费的标准具有重要价值。由于律师法律服务涉及的案件复杂程度各异,加上律师受教育的文化水平的高低、当事人的支付能力以及当时当地经济发展水平的高低,制定一个统一的律师收费标准就显得非常困难。在美国,律师收费是完全放开的,没有统一的具体标准或限度,主要是基于律师或律师事务所与当事人协商确定案件收费数额或收费方式。根据美国律师协会的《律师职业行为示范规则》,确定律师收费合理性主要考虑以下因素:①所需的时间和工作量;案件的难易程度;从事该项法律事务所需要的技能、技巧及涉及问题的新奇性。②律师接受某一个当事人紧迫的法律事务而因此妨碍了同时可以接受另外一个案件或其他法律事务,则收费相应增加。③支付的费用与当地同类法律服务的费用一致。④标的金额大小和诉讼的成效与结果。⑤律师的经验、名声、能力。⑥多个律师提供多种法律服务。⑦由当事人或情况所致的时间限制,如限时处理的法律事务。⑧收费是定价,还是按比例,按胜诉结果确定比例。美国律师协会的这些关于律师收费的参考因素基本上涵盖了律师提供法律服务的各个方面,对于律师与当事人之间通过协商达成合理的收费具有重要的参考价值。

《律师服务收费管理办法》明确了我国律师服务收费的基本原则,即遵循公开、公平、自愿有偿、诚实信用的原则。律师收费的基本原则包括以下几个方面:

1. 公开、公平原则。公开原则要求律师事务所的对外收费应当明确公开收费的标准。可以有效的防止律师事务所收费的随意性,有利于维护当事人的合法权益。公平原则要求律师的收费与律师事务所的实际法律服务水平和时间相当。律师收费要考虑本地法律服务收费的总体水平,以及同类案件的一般收费标准,不能脱离本地律师业收费实际和同类案件收费水平,要求当事人支付过高的律师费。公平原则要求律师不采取垄断或竞相压价的方式提高或降低律师收费,防止律师通过不正当的价格手段影响法律服务市场的公平竞争的环境,从而维护法律服务市场公平竞争的秩序。公平原则主要强调律师的知识水平、提供法律服务的质量与律师收费之间的正相关的关系,即律师的收费与律师的实际的法律服务水平相一致。

2. 自愿有偿、诚实信用原则。协商收费是目前世界上最通行的收费方式。它的突出优点在于可以发挥法律服务的市场机制作用,促进法律服务市场的公平竞争,使得律师收费价格和服务价值趋于一致。同时,协商收费可以充分反映当事人和律师之间的自愿与平等关系,可以充分考虑律师服务的各种因素,比如律师的名声、案件的复杂程度、所需的时间等,从而达成对双方来说都能接受和比较公平的收费数额和收费方式。诚实信用原则要求律师在和当事人协商收费过程中不能利用自己专业上的优势谋取非法的或者不当的利益。在实践中,有的律师为了能够代理案件收取费用,或过分夸大自己的能力、或故意制造紧张气氛、或虚假承诺,骗取当事人的信任等等,这些行为都严重地违反了诚实信用原则。

3. 风险效果原则。该原则反映的是律师的法律服务的实际效果与律师收费之间的内在联系。比如,按照风险收费一般做法,如果律师的法律服务达不到当事人预期的效果,最后律师就应当承担收费上的风险。近年来,国外律师业比较流行风险收费,最初主要局限于诉讼领域,现在已逐步扩展到非诉讼领域。该种收费方式就是将律师的服务结果与律师的收费联系起来,将当事人的利益与律师的利益联系起来,激发律师工作的积极性,促使律师提供高质量的法律服务。实践中风险收费一般要比同类法律服务非风险收费高,律师在承担高风险的同时也可能获得高收益,即高风险高收益。这种风险收费因此很受欢迎。目前我国律师业内也已开始广泛采用。但是在实践中也出现了一些问题,主要是风险收费鼓励了律师采取不正当的手段达到诉讼结果,同时由于风险收费的高回报,在一定程度上侵犯了当事人的合法利益。因此,新颁布的《律师服务收费管理办法》严格禁止刑事案件、行政案件、国家赔偿案件、群体性案件以及涉及老百姓切身利益的婚姻、继承等民事案件实行风险代理收费;风险代理最高收费比例不得高于合同约定标的额的30%。

三、我国律师收费的基本规则

根据《律师服务收费管理办法》,我国目前律师收费的规则主要包括:

1. 律师服务收费实行政府指导价和市场调节价。律师事务所依法提供下列法律服务实行政府指导价:代理民事诉讼案件;代理行政诉讼案件;代理国家赔偿案件;为刑事案件犯罪嫌疑人提供法律咨询、代理申诉和控告、申请取保候审,担任被告人的辩护人或自诉人、被害人的诉讼代理人;代理各类诉讼案件的申诉。政府指导价的基准价和浮动幅度由各省、自治区、直辖市人民政府价格主管部门会同同级司法行政部门制定。政府制定律师服务收费,应当广泛听取社会各方面意见,必要时可以实行听证。政府制定的律师服务收费应当充分考虑当地经济发展水平、社会承受能力和律师业的长远发展,收费标准按照补偿律师服务社会平均成本,加合理利润与法定税金确定。

律师事务所提供其他法律服务的收费实行市场调节价。实行市场调节的律师服务收费,由律师事务所与委托人协商确定。律师事务所与委托人协商律师服务收费应当考虑以下主要因素:耗费的工作时间;法律事务的难易程度;委托人的承受能力;律师可能承担的风险和责任;律师的社会信誉和工作水平等。

律师事务所应当严格执行价格主管部门会同同级司法行政部门制定的律师服务收费管理办法和收费标准,并公示律师服务收费管理办法和收费标准等信息,接受社会监督。

2. 律师服务收费方式多样化。律师服务收费方式,根据不同的服务内容,采取计件收费、按标的额比例收费和计时收费等方式。计件收费一般适用于不涉及财产关系的法律事务;计时收费可适用于全部法律事务。按标的额比例收费适用于涉及财产关系的法律事务。

办理涉及财产关系的民事案件时,委托人被告知政府指导价后仍要求实行风险代理的,律师事务所可以实行风险代理收费,但下列情形除外:婚姻、继承案件;请求给予社会保险待遇或者最低生活保障待遇的;请求给付赡养费、抚养费、扶养费、抚恤金、救济金、工伤赔偿的;请求支付劳动报酬的等。禁止刑事诉讼案件、行政诉讼案件、国家赔偿案件以及群体性诉讼案件实行风险代理收费。实行风险代理收费,律师事务所应当与委托人签订风险代理收费合同,约定双方应承担的风险责任、收费方式、收费数额或比例。实行风险代理收费,最高收费金额不得高于收费合同约定标的额的30%。

3. 律师费由律师事务所统一收取。律师事务所接受委托,应当与委托人签订律师服务收费合同或者在委托代理合同中载明收费条款和收费方式。收费合同或收费条款应当包括:收费项目、收费标准、收费方式、收费数额、付款和结算方式、争议解决方式等内容。律师事务所与委托人签订合同后,不得单方变更收费项目或者提高收费数额。确需变更的,律师事务所必须事先征得委托人的书面同意。律师事务所向委托人收取律师服务费,应当向委托人出具合法票据。

律师事务所在提供法律服务过程中代委托人支付的诉讼费、仲裁费、鉴定费、公证费和查档费,不属于律师服务费,由委托人另行支付。律师事务所需要预收异地办案差旅费的,应当向委托人提供费用概算,经协商一致,由双方签字确认。确需变更费用概算的,律师事务所必须事先征得委托人的书面同意。律师服务费、代委托人支付的费用和异地办案差旅费由律师事务所统一收取。律师不得私自向委托人收取任何费用。

4. 律师收费的惩罚性规则。律师事务所、律师有下列价格违法行为之一的,由政府价格主管部门依照《价格法》和《价格违法行为行政处罚规定》实施行政处罚。具体包括:不按规定公示律师服务收费管理办法和收费标准的;提前或者推迟执行政府指导价的;超出政府指导价范围或幅度收费的;采取分解收费项目、重复收费、扩大范围等方式变相提高收费标准的;以明显低于成本的收费进行不正当竞争的。

律师事务所、律师有下列违法行为之一的,由司法行政部门依照《律师法》以及《律师和律师事务所违法行为处罚办法》实施行政处罚,具体包括:违反律师事务所统一接受委托、签订书面委托合同或者收费合同规定的;违反律师事务所统一收取律师服务费、代委托人支付的费用和异地办案差旅费规定的;不向委托人提供预收异地办案差旅费用概算,不开具律师服务收费合法票据,不向委托人提交代交费用、异地办案差旅费的有效凭证的;违反律师事务所统一保管、使用律师服务专用文书、财务票据、业务档案规定的;违反律师执业纪律和职业道德的其他行为。

5. 律师收费争议解决机制。因律师服务收费发生争议的,律师事务所应当与委托人协商解决。协商不成的,可以提请律师事务所所在地的律师协会、司法行政部门和价格主管部门调解处理,也可以申请仲裁或者向人民法院提起诉讼。

■ 第二节 欧洲与日本律师收费制度的比较与借鉴

一、欧共体有关律师收费制度[1]

西欧一些国家确定律师收费之前首先必须区别律师的身份,因为根据律师的不同身份以及律师以一种身份还是几种身份为当事人提供服务,在确定酬金时则适用不同的原则。

1. 与刑事诉讼有关的酬金和开支。除了确定法律援助费用适用的特殊规定(如苏格兰)以外,欧洲共同体的各个成员国一般都规定,律师可以完全自由地确定他们的酬金数额,但是丹麦、希腊、意大利除外。在意大利,对于律师在刑事诉讼中收费问题有一个专门的价目表,该价目表规定收费的最低限额和最高限额。但在特殊情况下也可以撇开这个价目表确定收费。在丹麦,一般是由专门的辩护律师为刑事案件中被告人担任辩护人,并由国家付给辩护费,具体数额主要根据律师所花费的时间,由有关法院确定。具体作法是,先由上诉法院和最高法院在丹麦律师协会协商后确定一个价目,有关法院再根据这个价目确定辩护费的数额。在苏格兰,法律援助费用的数额由国务大臣确定,这对于民事案件和刑事案件都是一样的。除此之外,如果律师和当事人对收费数额发生争议,则无论是在刑事诉讼还是在民事诉讼中,都应当按照专门的规定进行调查和处理。这个问题将在下文介绍有关民事诉讼的收费规定时讨论。

2. 与民事诉讼有关的酬金和开支。

(1)法庭辩护。在法国、英国、卢森堡、荷兰、比利时,收费数额一般由律师自行确定。丹麦,由于律师的薪金与酬金之间的区别不是那么明确,律师自由决定收费数额的权力看来也就要比其他成员国的律师小一些。而在苏格兰,初级律师办理诉讼事项的收费数额通常是在诉讼结束时由法院确定。在意大利对于民商事案件和各种非诉讼事项的收费数额通常是在诉讼结束时由法院确定。

在英格兰和威尔士,出庭律师在收费时通过初级律师与当事人进行联系。初级律师把案卷材料送给出庭律师,请他办理有关的诉讼事项,并与出庭律师的助手商定应付的酬金数额,在诉讼结束后再负责向出庭律师支付酬金。酬金的数额以诉讼只占用出庭律师一天时间为根据确定的,如果诉讼时间超过 5 小时,则对于所超过的诉讼时间必须以 5 小时为单位付给出庭律师额外酬金(即追加酬金)。

---

〔1〕 本节有关内容参见陈庚生等译:《西欧国家的律师制度》,吉林人民出版社 1991 年版。

（2）诉讼代理。各个成员国有关"诉讼代理"的收费规定是多种多样的,这种收费一般都是按照规定的标准进行,当事人在向律师支付酬金后,如果在诉讼中胜诉,通常可以向败诉方当事人收回他所支付的全部酬金,即律师费。各个成员国的有关情况大致如下:

在比利时,法院总是命令败诉方当事人付律师代理费（即诉讼代理费）。但败诉方当事人只将有关的费用付给胜诉方当事人,而并不直接付给他的律师。由于各个案件的性质和大小都不同,所以诉讼代理费的数额也有所不同。具体数额要根据法律规定的标准确定。

丹麦的规定是比较严格的,但也很合理。律师代理民事诉讼的收费标准由他们的行业协会,即丹麦律师协会负责制定,但是必须取得主管机关,即物价管理部的批准。这个标准只能作为参考,只具有指导性的作用。律师在确定实际收费数额时可以高收取（丹麦律师可以同时办理诉讼代理和法庭辩护两种业务）。这就是说,有关法庭辩护的收费数额由律师自由确定。

在某些案件中,收费数额是按争议金额的百分比计算的,在追讨债务的诉讼中尤其如此。在这种情况下,确定酬金数额时也要考虑当事人从诉讼中所获得的经济利益。对于追讨债务的案件还有一个法庭外和解的收费标准,这个标准也可以适用于公证人从事的有关业务。

在法律援助案件中,律师的酬金由法院确定并由它命令败诉方当事人支付一定的数额作为诉讼费。但在这种情况下,法院确定的酬金数额一般都偏低。

对于诉讼事项都是按照法律规定的标准进行收费。因此,对于签发传票、出庭辩护、调查案情、商谈和解诉讼等都有规定的收费标准。而关于律师承办非诉讼事项的收费标准就比较灵活,并在标准规定的最低收费和最高收费之间允许有一定程度的自由。律师在确定这种收费数额时要考虑有关事项的难度、花费的时间,以及其当事人的经济状况。

在法国,1972 年 8 月 25 日的法令第 1 条对律师从事诉讼代理工作的酬金问题作了规定,这一规定也适用于过去的诉讼代理人。这一规定是强制性的,律师在收取酬金时不得超过规定的限额。

希腊《法律职业法典》规定了一个同时适用于民事事项和刑事事项的价目表,它规定律师在办理所有诉讼事务和非诉讼事务时的最低收费限额。在有些案件中,最低限额是按争议数额的百分比确定的（如按请求额的 2%,对于有关物权证书和出卖不动产的业务,最低限额则为所出卖的不动产价值的 1.5%）。除这个价目表以外,希腊律师有权按高于最低限额的数额与其当事人自由商定并收取酬金。《法律职业法典》明确规定律师不得低于价目表规定的最低限额确定和收取酬金。如果律师和当事人不能对收费问题达成协议,酬金就由法院确定。法院使用的标准与其他成员国的标准基本相同:案件的大小和难度、完成的工作量、花费的时间以及其他特殊情况(1954年第3026号法令第98条)。

希腊法律并不禁止当事人可以按月向律师支付酬金(1954年第3026号法令第13条)。这种作法尤其适用于为政府机关、企业和单位、银行或大公司提供法律服务,特别是担任法律顾问的律师。律师还经常在这些当事人的营业或办公地点设有固定的办公室,但是他并没有义务专门为这些当事人服务。在这种情况下,律师与当事人之间的关系不能作为雇佣关系看待,而只是一般的代理关系,它与律师和其他当事人之间的关系在本质上是相同的。有关律师仍然是独立的,同样必须接受他所隶属的律师协会的管理。这种代理合同只能是不定期的,不能预先确定期限(1954年第3026号法令第13条)。因为只有这样,才能维护有关律师的独立和自由。而尽管如此,也不允许律师同时与两个或两个以上的公共机构订立这种按月收取酬金的合同。这个限制是由最近的一个立法(1983年第1092号法律第1条)规定的,其目的是为了防止这种协议过分集中于某些律师。因为在此之前,有些律师同时与几个公共机构订立这种合同,这就难免影响年轻律师的业务。1983年第1092号法律还把这个限制扩大适用于私营部门。从根本上讲,这种合同的基础是律师与当事人之间相互信任的关系。

律师在向当事人按月收取酬金时必须与当事人订立明确的协议。这种酬金的最低限额由司法部长确定,并在政府公报上公布。根据这个限额确定的酬金数额既要反映当事人以及律师执业的法院的重要性,同时也要反映律师的资历(1954年第3026号法令第92条)。《法律职业法典》(1954年第3026号法令第92条),以及规定律师可以担任政府法律顾问的1980年第1093号法律,对于如何确定这种酬金的最低限额作了基本的规定。许多行政法规和规章又对这些规定的适用问题作了规定。此外,法律还对由于当事人破产、法人团体解散或因当事人解约而终止合同的情况作了规定,规定律师遇到这种情况可就失去的酬金取得补偿(1954年第3026号法令第94条)。

在爱尔兰,出庭律师直接和委托他办理案件的初级律师议定他应当收取的酬金,而且有权自由确定酬金的数额。初级律师在请出庭律师办理诉讼事务之前,常常要先了解他准备收取多少酬金。如果诉讼结束后当事人不支付酬金,出庭律师无权就此对初级律师起诉。有关由法院评定的律师费大体与英格兰、威尔士相同。

在意大利,严格意义上的律师酬金与诉讼代理人在诉讼代理过程中收取的费用是有区别的。有关的行政命令(对这些行政命令经常进行修改)对诉讼代理人办理诉讼代理业务的收费问题规定了一个标准。这个标准同时也对律师的酬金作了规定,它主要是根据法院级别、案件的大小以及在法庭内和法庭外完成工作量的多少等因素来确定酬金数额的。标准规定了酬金的最低限额和最高限额,两种限额都考虑了案件的难度。

这个标准还可以用来计算败诉方当事人应当支付的诉讼费用。在这些费用中可以包括律师酬金,但是在当事人和律师之间,标准中的数额是不确定的,因为具体数额要由双方在标准规定的限额内确定。

卢森堡的情况非常特殊,它既没有一个法定的价目表,也没有一个灵活的标准,而只是要求律师收费要公道。

在荷兰,1843 年的法律第 29 条对律师代理民事诉讼的收费规定了一个简单的标准,不过看来似乎没有多少人去注意它,而一般都是使用该法第 30 条规定的标准:"对于所有本法第 29 条没有规定的事项,律师应当根据案件大小、有关事项的难度以及花费的时间来确定酬金。"在一般情况下,这就是荷兰律师使用的惟一的收费标准;而且如上所述,由于荷兰律师除了为当事人代理诉讼外,还为当事人出庭辩护,所以有关法庭辩护的酬金其实是任意确定的,全国律师协会总理事会为此公布了一个确定律师酬金的准则,对于这个准则律师一般还是遵守的。如果律师与当事人之间对酬金数额发生争议,就由当地律师协会理事会在未来确定酬金的数额。如果律师和当事人之间没有什么特别的协议,也没有什么特殊情况,当地律师协会理事会在为他们确定酬金时应当适用全国律师协会公布的准则。另外,约有 80% 的律师具有办理法律援助业务的资格,在这种情况下不存在确定酬金数额的问题。

在英格兰和威尔士,执业出庭律师的基本业务是提供咨询和出庭辩护。他在办理这些业务时可以自由确定他的酬金数额。

至于英格兰和威尔士的许多初级律师所从事的业务,其实与法国在最近实行法律职业改革之前曾经由公证人和诉讼代理人所从事的业务是基本相同的。有些初级律师认为,他们的工作时间约有 20% 是用于从事诉讼代理业务的。对于某些方面的初级律师业务,是根据议会法例制定的规定作为计算酬金的根据的。一般是先由初级律师就他的酬金和办案开支列出一份账目,如果当事人不同意按帐目上编列的数额支付,他也可以请求一个称为"讼费评定官"(法国称为诉讼费用评定法官)的法院官员对帐目进行审查。在请讼费评定官审查之前,当事人还可以要求初级律师从初级律师协会取得一份确认帐单上的数额是正确合理的书面证明。

办案开支包括初级律师为当事人支付的一切费用,比如在诉讼过程中支付的法庭费用。

另一方面,关于英格兰和威尔士的初级律师所办理的非讼事务,它与比利时、法国、卢森堡、丹麦、荷兰、德意志联邦共和国或意大利的律师所办理的非讼事务是基本相同的,诸如设立一个公司所需的法律手续、起草一份认购一个公司的股本或者得到其承认和财产的协议、起草一份包括转让专利和许可证在内的专有技术协议、起草一份筹措资金的协议或者书立遗嘱等。初级律师在办理非讼事务时,有权自行确定合理的收费数额。在计算收费数额时,他将考虑有关事项的难度、完成的工作量、花费的时间、有关的经济利益以及事项对于当事人的重要意义等。

在苏格兰,高级律师有权自行确定他的收费数额。但是如果高级律师与当事人对酬金数额存在争议,酬金数额也可以由审计法院评定。至于苏格兰的初级律师,他们在代理民事诉讼时只能根据最高民事法院制定的收费标准进行收费;而在办理法律援助案件时只能按照政府的有关规定进行收费;对于刑事方面的法律援助案件则规定了收费的最高限额和最低限额。非诉法律事务一般按照苏格兰初级律师协会提出的标准进行收费,但是关于财产转让事务的收费标准以及关于某些行政性的事务按比例收费的规定即将取消。上述收费数额也可以由法院审计官评定,并且如果评定是根据双方的请求进行的话,经过评定的数额一般就认为是最后确定的数额。

苏格兰初级律师协会与英格兰和威尔士的初级律师协会不同,它不具有后者那样广泛的职权,因为如上述,英格兰和威尔士的初级律师协会其实就是一个初级律师的行业主管机构。

"开支"在苏格兰称为"支出",除了有时必须纳税以外,并不存在什么特别的问题。

北爱尔兰的出庭律师和初级律师的业务和收费情况,分别与英格兰和威尔士的出庭律师和初级律师相同。

3. 关于律师收费和开支的基本规定。在一般情况下,当事人必须提前支付律师费。如果是请律师办理诉讼事务,与程序性的事务(在有些成员国称为"诉讼代理",即指除法庭辩护以外的诉讼代理活动)有关的费用可能部分或者全部地向败诉的当事人收回,但是与法庭辩护有关的酬金和支出一般必须由当事人本人承担。

在英格兰和威尔士,法院可以完全自由地作出关于诉讼费用(包括律师费用在内)的裁定。在苏格兰,法院也有判定费用分担的绝对裁决权。法国最近颁布的民事诉讼法也极大地增加了法院在这个方面的权力。

尽管欧洲许多国家都规定律师有权确定他进行法庭辩护的酬金数额,但又要求他在确定酬金时要力求公道。在确定酬金数额时,通常应当考虑下列因素:完成的工作量、事项的难度、牵涉的经济利益、对当事人提供的服务及他的经济状况。

所有欧共体成员国都严格禁止律师和当事人订立分配得到的损害赔偿费的协议,同样,也不允许律师与第三人分配向当事人收取的酬金。酬金是律师就其为当事人提供的服务所收取的报酬,所以,如果当事人不支付酬金,律师可以为此向法院起诉。在谈到酬金问题时,应当特别强调各个成员国的律师职业组织,限于律师协会所起的重要作用。许多成员国的律师协会都负责审查有关的帐目,并调解律师与当事人之间发生的有关争议,有的还帮助律师追讨欠款。但在苏格兰,初级律师协会无权调解初级律师与当事人之间因酬金问题发生的争议,也无权帮助初级律师追讨欠款,而一般都是由法院作出追索未付酬金的命令。

在比利时、卢森堡、法国,律师进行法庭辩护的酬金与办理程序性的事务的酬金是有严格区别的。但在其他成员国一般都没有这种区别。律师的行业组织,即律师协会理事会对两种业务都可以发挥作用。最终结果是,律师的收费分为酬金(这是他作为律师提供服务而收取的报酬),费用(如电话费、旅差费和邮费等)以及开支(数额较大的花费,如法庭费、注册登记费等)。

在比利时,律师在任何时候都可以诉请法院为他追索酬金,这种诉讼并没有什么特别的程序。律师和当事人也可以首先将他们之间的争议提交仲裁。

4. 律师服务费的争议与解决。在丹麦,当事人可以将他与律师之间因酬金问题发生的争议提交有关的"地区委员会"(即地区律师协会)解决。地区律师协会在收到当事人的请求后,可以邀请律师和原告向它说明他们的案件。律师和当事人都可以对地区律师协会的裁决向丹麦律师协会纪律惩戒委员会提出上诉,由它作出最后裁决。事情过后还可以告到法院,但是法院一般都维持丹麦律师协会纪律委员会的裁决。该纪律惩戒委员会现在有人数相等的律师和非律师成员,后者有一半是法官。地区律师协会和丹麦律师协会纪律惩戒委员会的裁决都定期在《律师》(丹麦律师界的正式公报)杂志上公布,但不公开有关律师的名字。每个律师都可以收到一份副本。《律师》杂志还登载指导执业律师计算酬金和办案费用的重要准则。

当事人在任何情况下都可以直接诉请法院解决他与律师之间因酬金问题发生的争议,而且争议双方都可以对纪律惩戒委员会的裁决向法院提出上诉。如果他们同时请法院和丹麦律师协会纪律委员会解决纠纷,法院必须在纪律惩戒委员会作出裁决之后才能作出判决。

在德意志联邦共和国,律师在诉讼结束时要写出一份费用清单,连同一份评定酬金和开支的申请一起交给法院书记官,此外还要送给对方诉讼当事人一份副本。评定工作由书记官办公室一位称为"讼费评定官"的高级官员进行,并由书记官将评定结果通知对方诉讼当事人,有关律师如果对评定不服,可以向作出评定的法院提出上诉;如果有关当事人对评定结果不服,则可以在两个星期内向上一级法院提出上诉。

为了保证让律师收到他的酬金,希腊《法律职业法典》规定了一种强制当事人支付酬金的最低限额的制度。在任何诉讼中,当事人必须事先向律师协会交付这个最低限额,然后律师才能接受他的委托为他出庭辩护或代理诉讼。律师协会收到当事人交付的款项后,将其中10%扣留,并将余下的90%交给接受委托的律师。这样律师就保证能在诉讼结束之前收到最低限额的酬金(1954年第3026号法令第96条)。

在法国,原来一直不允许律师为追索酬金向法院起诉。这主要是由于各个律师协会的内部规定的限制。后来态度逐渐有了变化,巴黎律师协会理事会已在1956年12月11日通过决议,允许律师就此向法院起诉。1957年12月31日,法国法律也正式承认了这种作法。随后,1971年12月31日的法令第10条,以及现在规定这些问题的1972年6月9日的法令第97条以及其他有关法律的规定,也都延及了1957年法律规定的原则,但是具体规定已有很大的改变。

当事人和律师都可以将他们之间因酬金发生的争议提请有关律师隶属的律师协会的主席解决。律师协会主席必须在3个月内作出裁决,如果他认为必要,也可以召集争议双方向他陈述有关的事实和理由。裁决作出后,即以邮寄方式通知争议双方。争议双方都可以在收到裁决后一个月以内向了事法庭的首席法官提出上诉。上诉通过邮寄方式提出。首席法官收到上诉后,即传唤双方到庭进行公开陈述和辩护;然后上诉法院院长也必须现时作出判决(1972年6月9日的法令第101条)。如果争议双方都没有对律师协会主席的裁决向民事法庭首席法官提出上诉,那么无论是律师还是当事人,都可以请求民事法庭的首席法官发布命令,以便立即强制执行律师协会主席的裁决(第102条)。

此外,法国新《民事诉讼法典》第700条规定法院"如果让一个诉讼当事人负担他所支付的、但不包括在诉讼费用里的费用显失公平,可以决定由其他诉讼当事人为他承担这种费用"。所以,按照这一规定,法院可以由败诉方当事人承担胜诉方当事人的律师酬金和开支。在刑事诉讼中也可以作出这种决定(参看《刑事诉讼法典》第475条第1款)。

至于程序性的事务(诉讼代理),1975年12月5日的第1123号法律规定了一项新制度,这项制度已从1977年12月31日起实行(参看1976年12月28日的第1236号法令第26条)。如果有关诉讼当事人对法院让他承担有关费用的决定不服,或对有关费用的数额和开支存在疑问,直接支出有关费用的诉讼当事人可以向作出此项决定的法院的书记官提出请求,让他对有关费用的数额和开支情况进行核实和确认。此外该诉讼当事人也可以请求法院的其他司法官员,或者请求所有在诉讼过程中执行公务,并收取有关费用的人员进行这种核实和确认工作。

法院书记官首先对有关费用的数额和开支情况进行必要的核实,然后再正式作出确认,并给申请人,即发给要求进行核实的诉讼当事人一份核实证明书。申请人取得核实证明书后,即通知对方诉讼当事人有关费用的数额已经经过核实,并交给他一份经过核实的帐目副本。对方诉讼当事人收到通知后,可在一个月内对核实结果提出异议。如果他在一个月以内没有表示异议,申请人有权请示法院书记官在证明书上记下这一事实。在这种情况下,核实证明书具有了执行令状的法律效力,即据此可以要求对方当事人支付经过核实的数额,并可将它用作证明有关当事人负有支付义务的直接证据。

有关的诉讼当事人如果要对核实结果表示异议,可以请求法院对有关的费用进行评定,而且这种请求一般都可以得到法院批准。这种批准决定由法院首席法官作出,但他在作出决定之前必须先对核实过的帐目和其他有关材料进行审查。在某些情况下,法院首席法官也可以将有关诉讼当事人的请求提交法庭审理,并负责确定审理的日期。

任何有关当事人如果对法院首席法官批准评定有关费用的决定不服,都可以向上诉法院院长提出上诉。但是这种上诉必须在一个月以内提起。

在希腊,律师可以诉请法院为他追索酬金。《法律职业法典》(1954 年第 3026 号法令第 108～109 条)和《民事诉讼法典》(第 677 条起)为此专门规定了一个简易程序。

在爱尔兰,出庭律师无权强迫初级律师向他支付酬金,但是初级律师有责任替出庭律师收取酬金。目前还没有一个正式的程序来规定或解决出庭律师与初级律师之间对酬金数额发生的争议。如果初级律师不向出庭律师支付酬金,或不按时向他支付酬金,出庭律师可以向爱尔兰初级律师联合会提出控告;对于这种控告,出庭律师可由爱尔兰初级律师联合会和皇家律师协会理事会共同规定的有关程序进行处理。

在意大利,如果律师和当事人不能对酬金数额达成协议,律师可以将他的开支帐目、代理诉讼和出庭辩护的收费清单一起交给他所在的律师协会理事会,由理事会作出决定。律师和当事人也可以事先商定,在诉讼结束后由律师协会理事会来确定酬金,并相互保证遵守理事会就此作出的决定。在这种情况下必须事先告诉理事会:它的决定对双方都具有约束力。

此外,当事人也可以单独请求律师协会理事会确定其律师的酬金。在这种情况下,理事会应请律师在一个月内提交他的收费帐目。如果有关律师拒绝提交帐目,理事会就发给当事人一份书面证明,证明律师拒绝提交帐目的情况。要是那样的话,有关律师就必须承担因调查他的收费情况和确定酬金而支出的费用。

律师可以诉讼形式要求当事人向他支付酬金和开支。法院(下级法院或上级法院)收到起诉后,即由首席法官传唤双方到庭,并试图对双方进行调解。如果调解成功,就将这一情况在调解程序的正式记录上作出记录,这种记录即可作为当事人同意向律师支付酬金和开支的证据。如果调解不成,法院就对纠纷作出判决,但在判决之前必须重复律师协会理事会的意见(《民事诉讼法典》第636条)。在卢森堡,律师有权通过诉讼形式要求当事人向他支付酬金。但是按照惯例,律师在起诉之前应当事先取得律师协会主席的许可。有关的法院在对此作出判决时,也可以征求律师协会主席的意见。

在荷兰,律师如想强制收取民事案件的酬金和开支,必须由当地的律师协会理事会根据全国律师协会总理事会规定的准则进行评定。对于这种形式经过评定的酬金和开支,可以根据法院首席法官的命令予以强制执行。但当事人可以对强制执行的决定提出上诉。对于办理刑事案件的酬金,律师通过诉讼取得支付的权利不受限制。

在英格兰和威尔士,当事人如果不同意初级律师提出的收费数额,可以请一个称为"讼费评定官"的法院官员对有关的帐目情况进行审查。英格兰和威尔士的讼费评定官相当于法国的诉讼费用评定法官。当事人在请讼费评定官进行审查之前,还可要求初级律师向初级律师协会取得一份证明他所提出的数额是公平合理的书面证明。

出庭律师不能通过诉讼追索酬金,他的酬金由请他办理案件的初级律师来代为支付。对于有关的初级律师来说,代向出庭律师支付酬金是他的责任。无论他自己有没有收到酬金,他都有责任让出庭律师收到酬金。如果出庭律师和初级律师因为酬金问题发生争议,二者都可以将争议提交联合名誉法庭解决。联合名誉法庭一般由两名成员组成,其中一名是由出庭律师总理事会主席指定的理事,另一名是由初级律师协会会长指定的会员。

在苏格兰,高级律师不能通过诉讼形式追索酬金,但是除了某些例外,一般可以要求请他办理案件的初级律师积极采取措施向当事人收取酬金,或者明知当事人没有支付能力却仍然让出庭律师办理案件,他有义务向出庭律师支付酬金。

在北爱尔兰,出庭律师也不能为追索酬金而向法院起诉,如果出庭律师与初级律师因为酬金问题发生争议,北爱尔兰也没有像英格兰和威尔士一样,当事人也可以请讼费评定官对初级律师的帐目进行审查;如果是请初级律师办理非诉讼事务,还可以要求他从初级律师协会取得一份书面证明,以证明他所提出的收费数额确实公平合理。

二、日本律师收费制度〔1〕

1975 年 4 月 1 日起施行的日本律师联合会章程第 20 号《报酬等标准规程》（以下简称《报酬规程》）对律师收费问题作了比较详尽的规定。其主要内容简介如下：

1. 报酬种类。律师报酬种类分为手续费、酬金、法律商谈费、鉴定费、顾问费等。

手续费分为代写文书的手续费、设立公司等手续费和关于诉讼案件等最初支付的具有争讼性的手续费。

酬金，是在诉讼案件等具有争讼性的案件中，达到了委托目的时，委托人支付的报酬。这种报酬，称为成功报酬。

法律商谈费，是以口头方式对法律问题进行商谈的商谈费。

所谓鉴定费，是指将关于法律问题的意见书写成书面材料的费用。

顾问费，是就日常的法律事务，继续不断地保持委托关系，即使没有对案件进行商谈，每月或每年也要支付一定数额的契约金。

日薪，指对需要到外地出差的案件按照出差的天数，每日支付的报酬。它与交通费、住宿费等实报实销的费用不同，实质上，它就是报酬的一种形态。

2. 审判案件计算报酬的方法。手续费与成功报酬（酬金）是根据每一个案件的情况而规定的（《报酬规程》第 3 条）。如果在地方裁判所、高等裁判所、最高裁判所每次变换律师，都必须按每次的变换分别支付律师的手续费与成功报酬。但是这种变换的情况很少，多数都是由同一律师继续担任的。在这种场合，可以按最终审终结（如果在第二审判决为第二审终结；如果在第三审判决为第三审终结）为标准支付成功报酬（《报酬规程》第 3 条第 2 款）。特别是委托人，在每一审级，如果因律师辛苦以中间金形式支付酬金，在双方同意的情况下，律师可以领取这种报酬。

如上述，关于成功报酬，在同一个律师继续接受委托时，可以在案件终结后一次支付。关于手续费，并不是终审后一次支付，而是在各审级都必须支付手续费。

对于同一律师继续接受委托的二审、三审的手续费，应该视为特殊情况，或者大幅度降低或者免除（《报酬规程》第 4 条）。

以上是关于审判案件计算报酬的方法问题。

此外，关于审判金钱案件计算报酬的方法问题。因它不像审判案件那样有审级而易划分，所以在委托人与律师之间，需要明确地规定委托范围。

---

〔1〕 ［日］河合弘之：《律师职业》，转引自青锋：《中国律师制度论纲》，中国法制出版社 1997 年版。

3. 经济利益价额是计算报酬的基础。关于民事案件,作为其主题的经济利益则成为计算报酬的基础。例如,一件请求返还 50 万日元贷款的案件,其手续费以 15% 计算,为 75 000 日元。

关于金钱债权的案件,如上述,无论原告也好,被告也好,如果以其债权总额作为经济利益,是很好的,因为简单。但是,许多案件并不都是如此简单。例如,租种土地对土地所有者提起请求确认租种土地的诉讼,就比较复杂。

《报酬规程》第 17 条及第 18 条,关于典型的情况,列举了经济利益价额。其主要的是:出租费增加、减少额外负担的请求,为增加、减少额之 5 年份额;所有权客体的时价,例如土地的场合,根据固定资产税上的评价额计算或根据继承税上的评价额计算,如果根据《地价公告法》没有任何公告价格时,则以该权利客体的时价进行计算;租赁权客体的时价,为对象物时价的 1/2;土地所有者为了恢复该土地上自己所有建筑物的使用权时,其建筑物的时价,应为加算土地时价的 1/2 的价额;担保权的时价,要衡量被担保债权额与担保物价究竟哪一个小的问题;不能计算的场合,则将经济利益大体以 300 万日元计算(但不切合实际场合,应考虑案件难易、工作需要的时间和人力增加、减少等因素)。

4. 一般民事案件的报酬。民事诉讼案件(票据、支票诉讼除外)、非诉讼案件(租地权转让许可事件等)、家事审判案件(遗产纠纷等)、行政审判案件(税金纠纷等)、仲裁案件(不是裁判所,而是在仲裁机关——商业会议所等)的手续费,按案件对象的经济利益进行计算(有专门的计算表);成功报酬(酬金),按所得经济利益进行计算(有专门的计算表)(《报酬规程》第 18 条第 1 款)。民事案件报酬,结合经济利益增加额的比率递增减。

关于调停案件与审判外的和解交涉,其报酬按表一的 1/3 至 1 之间计算(《报酬规程》第 20 条第 1 款),如果继续诉讼时,其手续费为表一的 1/2(《报酬规程》第 20 条第 2 款)。

假扣押、假处分时,即使进行诉讼,对假扣押、假处分与诉讼,也可以分别支付报酬(《报酬规程》第 23 条第 4 款)。但是,如果从委托人角度来看,由于假扣押、假处分与诉讼都是为了达到同一目的而采取的关联手段,所以只要没有特别约定,应该考虑不承认另外的请求。

关于破产申诉等所谓处理集团债务事件,由于对象企业的资金、资产、负债、债权者数等情况存在着极大不同,所以规定最低额的手续费如下(《报酬规程》第 28 条第 1 款):破产申诉事件最低 30 万日元;和议申诉事件最低 50 万日元;整顿申诉事件最低 50 万日元;清算事件最低 50 万日元;公司更生申诉事件最低 100 万日元。

上述最低额,是就手续费而言,关于成功报酬,要根据分配资产、免除债权额、分期偿还债务的利益和根据企业更生利益等做出规定。显然这种规定并不是抽象的规定(《报酬规程》第28条第3款)。

另外,在处理破产事件时,对于大多数使用的任意整顿(也叫私人整顿,就是说,不借用裁判所力量)未做规定。因此,关于解体型私人整顿的手续费;关于重建型私人整顿的手续费,适用议事事件规程是适宜的。

5.法律商谈费。关于1小时以内的法律商谈,一次为5 000日元以上,超过1小时,每小时以5 000日元以上的比率计算(《报酬规程》第10条第1款)。

6.鉴定费。每件按5万日元以上计算(《报酬规程》第10条第2项)。

7.代写文书手续费。代写契约等法律文书的手续费,按2万日元计算。

8.设立公司等手续费。设立公司、增减资金等,按照资本额或增减资金额,以一定比率进行计算(《报酬规程》第2条)。

9.登记与注册手续费。不动产登记等的手续费,一件为2万日元以上(《报酬规程》第13条)。

10.顾问费。顾问费每月为2万日元以上(《报酬规程》第14条)。

11.刑事案件的报酬。刑事案件没有像民事案件那样的经济利益作为计算报酬的基础。刑事案件的收费分两部分,一部分是手续费,一部分是酬金。根据不同的审判机关和不同的判决结果而不同。

起诉前承担的刑事案件标准,但是起诉后该律师继续承担时,允许领取手续费。因为起诉前的律师与起诉后的律师都是同一律师,只要没有特别约定,应该考虑不请求另外的手续费。

12.控告等的手续费。刑事控告(被害人进行)、揭发(不是被害人进行)的手续费,一件为5万日元以上(《报酬规程》第35条)。

13.时间制。不是根据以上的方法,在与委托人协商的基础上,可以采取时间制。

在这种场合,以1小时5 000日元以上的金额,案件需要的时间,则为报酬金额(《报酬规程》第36条)。

这种计时收费制的律师报酬,对于律师劳动来说,应该说是一种等价交换做法,因为它是建立在与取得成果(特别是胜诉或败诉)无关系的思想基础之上的。从委托人的观点来说,如果能克服那种认为律师工作就是"一锤子买卖",不会为有利于解决自己问题而坚持努力等等不安思想,从而建立信赖关系,那么对于这种等价交换的做法,是会愿意接受的。另外,这种计时收费制度,在企业法与预防法学领域,更是易于适用。因为在这些领域争议的问题,不少都是易于合理地进行处理的事务。

同时,由于它不是依据胜、负等易变性因素来左右律师收入的多少,所以它对稳定法律事务合理的经营,起着很好作用。因此,在以国际案件、公司法务关系、预防法务为主要业务的法律事务所,都正在逐步采取这种计时收费制度。

14.报酬额的增减。在30%左右的范围内,可以根据案件的难易,增减律师报酬。《报酬规程》第4条第1款规定,遇有委托人贫困或有特别情况时,可以减免律师报酬。其减免的幅度,因为没有规定,所以,存在极其广泛地自由裁量幅度。特别是对于"特别情况"的规定,是不容易认定的。另外,《报酬规程》第4条第2款规定,在案件特别重大、复杂超期时,可以在公正和适当的范围内,增加律师报酬。

第九章 法律援助

■ 第一节 法律援助制度概述

一、法律援助的概念与特征

"法律援助"这一概念是舶来品,中国过去的字典、词典中都没有这一概念。"法律援助"在英文中为"Legal Aid",字面意思为法律帮助。因此,以往对于"法律援助"这一概念的中文翻译各不相同,主要有"法律援助"、"法律救助"、"法律救济"、"法律扶助"、"法律救援"等。在日本和我国台湾地区,均称"法律扶助"。近年来,中国的司法界、法学理论界和立法中都约定俗成地采用了"法律援助"的概念。在美国、英国和加拿大、澳大利亚等英美法系国家,往往以"Legal Service",即"法律服务"来表述"民事法律援助"。

一般来说,法律援助是指国家对确需法律帮助的经济困难和特殊案件的当事人,给予减免费用提供法律帮助,以维护其合法权益的一项法律保障制度。法律援助有广义与狭义之分。狭义的法律援助,是指对需要法律帮助而无力支付律师费用的公民予以减免费用,律师必须依法为其提供法律服务的一项制度。狭义的法律援助是律师对公民应尽的法律义务。广义的法律援助,是指国家对某些经济困难或者特殊案件的当事人给予法律帮助的一项制度。广义的法律援助除律师提供援助外,还包括司法机关和其他执法机关。此外,在受援助对象方面,广义的法律援助除了公民外,还包括法人和其他社会组织。[1] 本章所谈的法律援助是指狭义上的法律援助。

法律援助作为一种法律救济制度,它的内涵有其特殊性,法律援助具有以下三个基本特征:

1. 受援对象的特殊性。法律援助的对象为经济困难者和特殊案件的当事人,并非一般的当事人,经济困难者一般处于社会最低生活保障线以下,由于经济困难,当他们需要法律帮助时无力支付法律服务费,而经济宽裕或比较宽裕的人需法律帮助时他们是有能力支付服务费的,为保证经济困难者能够平等地获得法律帮助,许多国家规定了法律援助。法律援助从设立之日起,它的对象就具有特殊性,它所援助的非一般对象,而是经济上的困

---

[1] 徐国忠:《中国律师制度与实务》,同济大学出版社 2006 年版。

难者或特殊案件的当事人。

2.提供法律援助的无偿性。经济困难者和特殊案件的当事人能够得到律师、公证员、基层法律工作人员提供的法律服务,对受援者来说他们所受到的服务是无偿的,他们不需要支付法律服务费用或付出其劳动等,这些费用,原则上由政府支付。对于不符合法律援助对象条件者,当他们需要法律服务时,是必须支付法律服务费的,是有偿的。

3.提供法律援助行为内容的特定性。律师、公证员、基层法律服务人员等是法律援助的主体,他们是具备一定条件的法律专业人员,一般都熟悉或精通法律,具备一定的法律服务经验和技能,他们为法律援助对象代理诉讼,担任辩护人,解答法律咨询,代写法律文书,提供公证帮助等,他们行为的内容具有较强的法律专业性,这是法律援助与医务行为、作家行为,工程技术人员行为等等的重要区别。

二、西方国家法律援助制度的产生

(一)西方国家法律援助制度的发展阶段

法律援助在西方有悠久的发展历史,目前已形成较完善的并具有较强操作性的法律制度。它的发源地在英国,距今已有近500年的历史。[1]早在14世纪,英国废除了农奴制,农民在法律上获得了人身自由,资本主义生产方式开始萌芽和发展,当时有关的法令中就有:必须给予贫困的人以帮助,以便使他们能够享受法律上所赋予的权利。英国的法律援助制度,经过逐步发展,已经成为世界上最为完善的法律援助制度,为世界上许多国家所借鉴。从西方的法律援助制度的发展看,法律援助制度的产生可分为三个阶段:

1.在法律援助的产生初期,它最初是由民间组织,如宗教团体、慈善机构等,基于良心或者道义所从事的针对穷人的慈善行为。后来,政府机关和一些公共单位也有参与,但并不起主要作用,最初的法律援助主要是民间行为或私人行为,可以称之为"作为恩惠的法律援助"。

2.十七八世纪以后,由于资产阶级人权思想影响,获得法律援助被人们认为是一种公民权利和政治权利,相应的国家有责任从保障每个公民诉诸法律、寻求司法救济,以及得到公平审判的权利出发,向经济条件差或者处境不利的公民提供必要的法律帮助。而这一阶段的法律援助主要是政府行为,并逐渐开始向社会化发展,这时期的法律援助主要是针对刑事案件而言,可称为"作为权利的法律援助"。

3.二战以后,特别是在20世纪60年代民权运动的推动下,发达国家进入了社会福利化时期,民权运动对社会经济机会平等权利,包括寻求法律保

---

〔1〕 谭兵:《律师法学》,法律出版社2005年版,第84页。

障机会平等权利的强调,使得法律援助活动进一步向社会化发展,加上经济长足地发展所创造的物质可能性,法律援助逐渐被纳入社会保障体系之中,这就导致当代较为发展的法律援助应当是一种社会化的行为,可称为"作为福利的法律援助"。现代意义上的法律援助制度是指 20 世纪 50 年代以后的法律援助制度,到 20 世纪 60 年代以后,许多走向法制化的发展中国家也纷纷建立了法律援助制度。

(二)外国法律援助制度简介

1. 英国。英国在 1903 年的《保护贫困囚犯法案》中就有关于刑事法律援助的规定,1949 年《法律援助和咨询法案》又确立了民法援助。1974 年英国又制定了《法律援助法案》。英国的法律援助包括三个方面的内容:①法律指导与协助,为穷人免费或减费提供咨询服务;②法律扶助工作,包括诉讼中的工作,既有出庭律师的工作,也有事务律师的工作;③刑事法律援助,刑事案件的被告人可以申请免费提供这项援助。1974 年 11 月《法律援助法案》规定:在适当的法院,为了审判的利益,刑事法律援助必须实施;并且,除非法院以为被告的财力不能负担这种费用而要援助,法律援助不能被采用。英国对民事法律援助的规定比刑事法律援助更严格。申请民事法律援助者必须经过两方面的调查:即财力调查和案情调查,财力调查是由利益补偿委员会对申请者的资财支付能力进行查实,调查的内容为申请者扣除所得税后的"收入"和"可自由动用的"资本是否在一定的极限之内,对财力调查的结果不能上诉。案情调查是由地方法律援助委员会对申请者的案件事实进行的查实,调查的内容为申请者是否"基于合理的理由参与诉讼",对案情调查结果可以向上一级援助委员会上诉。如果法律援助的申请者赢了官司,那么在他得到他的利益之前,必须支付法律援助基金。如果输了官司,有可能被对方要求支付费用。在英国,法律援助可以适用于许多类型的案件,但在司法实践中主要适用于婚姻、人身伤害、土地裁判和就业上诉案件。

2. 美国。美国最早的法律援助工作和许多国家一样,是由律师自愿减免费用提供的。到 20 世纪 60 年代中期,法律援助仍主要依靠律师的自愿行为。一些律师在业余时间从事免费的公共利益工作,其中最有名的是"纽约市法律援助社团"(Legal Aid Society in New York)。到 19 世纪末 20 世纪初,美国 6 个城市设立了法律援助社团。并在 1890 年成立了第一个由律协创立的法律援助社团。从 1910～1923 年,法律援助社团的数目从 15 个上升到 61 个。此后,经 Reginald Heber Smithd 的努力,1919 年成立了"全国法律援助机构"(National Organization of Legal Aid Organizations),美国律师协会(ABA)也成立了法律援助委员会。美国法律援助制度的转折点始于 20 世纪 60 年代,随着 60 年代美国民权运动、妇女运动的高涨,政府开始将更多的注意力投放在贫困者权利的保护以及司法救济。截至 1973 年,约有 5 000

名律师在全国900多个法律服务办公室工作。1974年,国会通过《1974年法律服务公司法》创设了法律服务公司(Legal Services Corporation)代替经济机会办公室向贫困者提供法律援助。案件范围主要集中在5个方面:家庭、消费者、住房、房屋租赁关系和社会福利。在美国法律服务公司活动的鼎盛时期,6 000多名律师每年要处理150万件法律援助案件。

3. 日本法律援助制度。在社会生活中,遇到法律方面的纠纷时,向法院要求救济是所有日本国民的权利。《日本宪法》第32条规定"任何人都有在法院接受裁判的权利",便清楚地表明了这一点。但向法院请求帮助需要花费费用。如必须向法院交纳诉讼费和向律师交纳律师费。由于经济原因,无法筹集到诉讼费和律师费的人,就可能因无法通过裁判,不能保护自己的权利。宪法所承认的接受裁判的权利实际上就等于空谈。为解决这一不合理现象,使所有的人不论财力如何,其受法律保护的权利均能得以实现,日本设立了利用公共资金进行援助的制度,即法律援助制度。援助不仅包括裁判,也包括律师运作。在日本,法律援助主要是指以律师援助为中心,帮助诉讼和解决法律纠纷(民事纠纷),但刑事案件中嫌疑者在被嫌疑阶段有要求援助的需要,也有权成为法律援助的对象。

1952年1月,由日本律师联合会设立法律援助协会(财团法人)开始对经济困难者进行民事诉讼援助(法律援助业务)。1958年后,国家对此事业开始给予逐步的国库补助。其间,法律援助协会于1973年开始应最高裁判所家庭局要求,开展了在少年保护案件中的监护援助业务。1974年开始,接受日本船舶振兴会的资助,开始开展免费法律咨询业务。1983年开始接受联合国难民高等专员办公室(UNHCR)的委托开始了难民法律援助业务。另外,1991年开始,应日本律师联合会要求,开始开展刑事被嫌疑者辩护援助业务。

三、我国法律援助制度的发展与完善

(一)我国法律援助制度的发展

我国法律援助制度是随着我国社会主义法律制度的发展而产生、发展的,大体经历了三个不同的历史时期。

1. 建国初期的社会主义法律援助制度的孕育阶段(1950~1978年)。新中国成立以后,在中国共产党领导之下,社会主义法律制度逐步建立起来。1950年在胜利完成恢复经济任务之后,进一步加强社会主义民主与法制建设,包括建立新的律师制度等等,均被提到议事日程上来。1954年我国颁布的第一部宪法和人民法院组织法规定:人民法院审理案件除法律规定的特别情况外,一律公开进行。这标志着我国社会主义律师制度的正式产生。1956年1月国务院批准司法部《关于建立律师工作的请示报告》中,对律师的性质、组织任务和条件等问题作了一系列的规定。同年10月20日发布的

《律师收费暂行办法》从立法上肯定了我国律师法律援助制度,这里规定的是免费服务。紧接着 1956 年 10 月 27 以司法部《关于律师代理一审民事案件收费问题的函》又补充了减费服务内容,这是我国建国初期法律援助制度的孕育阶段。

2. 我国法律援助制度初步形成阶段(1979 ~ 1994 年)。党的十一届三中全会以来,我国社会主义法制建设加快了步伐,逐步恢复、建立和发展我国社会主义律师制度,包括法律援助制度。1979 年 7 月全国人大五届一次会议通过《刑法》、《刑事诉讼法》等 7 个法律,重新恢复了律师制度。1982 年 12 月通过了现行《宪法》,以及 1988 年、1993 年、1999 年、2004 年先后通过了四个宪法修正案,又重申了“公民在法律面前一律平等”、“被告人有权获得辩护”等原则。1990 年 2 月 15 日发布了《律师业务收费管理办法》,第 12 条详细规定了律师法律援助制度。1993 年 12 月,司法部发布的《律师职业道德和执业纪律规范》明确规定,提供法律援助是律师必须履行的一项义务、国务院批准司法部《关于深化律师工作改革的方案》以来,我国律师队伍发展很快,1994 年底全国已达到 8.2 万人,以专业培训为主的律师培训制度也正在形成,律师素质也有较大提高。所有这些都为我国全面建立法律援助制度创造了良好的条件。

3. 法律援助制度全面建立阶段(1994 年至今)。随着我国改革开放的深入发展和民主法制建设的不断完善,原有散见于各有关法律法规中法律援助内容的规定已经不能适应保障公民民主权利、人身权利和其他合法权益的需要。对法律援助的组织形式、援助内容、方式、条件、申请程序和经费来源、保障等等都有待做出详细、具体的规定,使之成为一整套完备的法律制度。司法部在 1994 年就率先对如何建立有中国特色的社会主义法律援助制度,组织力量进行了研究论证。当时的司法部长肖扬同志在全国司法厅(局)长会议上作的工作报告中进一步明确提出,要尽力加快建立我国的法律援助制度。司法部与有关部委于 1996 年以后联合下发了《关于迅速建立法律援助机构开展法律援助工作的通知》、《司法部、民政部关于保障老年人合法权益,做好老年人法律援助工作的联合通知》、《司法部、中国残疾人联合会关于做好残疾人法律援助工作的通知》、《司法部、全国妇联关于保障妇女合法权益、做好妇女法律援助工作的通知》,所有这些都为我国法律援助工作的开展起到了重要的推动作用。1996 年底,国务院正式批准了司法部法律援助中心的编制机构,这一机构担负着对全国法律援助工作的指导、管理和监督的工作。1997 年 5 月,中国法律援助基金会经民政部批准成立,为法律援助制度的全国性立法奠定了良好的基础。截止到 2003 年 6 月底,全国已建立法律援助机构 2642 个,县区级地方已成立 2139 个,占应建立机构总数的 83%。全国有法律援助专职人员 8899 名,近 50% 有律师资格。除法律援助机构的专职人员提供一定的法律援助服务外,律师、公证员、基层法律服务工作者以及一些社会团体、法学院校的法律援助志愿者,在各级法律援助机构的组织和指导下,参与了具体的法律援助工作。据不完全统计,自 1997 年到 2003 年 6 月,全国各级法律援助机构共接待解答法律咨询 641万人次,办理各类法律援助案件约 80 余万件,有近 97 万余人次通过法律援助维护了自己的合法权益。法律援助范围涉及刑事、民事、行政诉讼及非诉讼的各项事务。

2003 年 7 月 16 日,国务院第 15 次常务会议通过并公布了《法律援助条例》,该条例自 2003 年 9 月 1 日起施行。它标志着我国法律援助工作已从制度创立到加快发展的新的历史阶段,标志着我国法律文明已加入到世界一些先进国家的行列中来。

(二)完善我国的法律援助制度

法律援助制度在我国起步较晚,作为一种新制度,特别是在我国这样的发展中国家,不可避免地会出现一些弊端,我国的经济、法治发展程度并不很高,所以建立法律援助制度的道路还很长远,这就要求我们立足国情,不断完善它,建立有中国特色的法律援助制度。

1. 我国法律援助所面临的问题。由于我国法律援助制度发展时间短,不可避免存在着一些发展中的问题或不足,这些问题与不足突出体现在以下几个方面:①立法工作零乱无序。随着法律援助制度在中国迅速发展,我国法律援助制度的立法工作取得了长足的进展,但从总体上看,我国的法律援助制度尚处在萌芽阶段,立法工作还处于零乱无序状态,对法律援助制度仍缺乏明文规定。②援助机构建设有待加强。我国现行法律援助机构未形成统一模式,缺乏规范性。各省、市法律援助活动各具特色,法律援助各种模式并存。县区法律援助人力资源不足,法律援助机构基础建设薄弱;法律援助工作与相关部门的协作配合机制尚未建立,影响法律援助案件的办理;法律援助机构职能不明确。③面临援助资源上的困境。首先,存在人力资源困境。一是数量不足。提供法律援助的人员必须熟知法律,有丰富的办案经验,而我国符合这样标准的人员即法律援助的主体主要是律师,从数量上看,我国职业律师还不到全国总人口的万分之一。二是分布不均。由于经济、政治、文化发展的差异,有的地方法律服务资源相对过剩,而有的地方却严重不足,正常的法律服务都满足不了。其次,还面临着资金资源困境。一是资金来源没有明确规定。虽然相关法规将国家财政拨款作为法律援助资金的主要来源,但没有规定列入年度财政预算,因而不能建立起国家对法律援助的最低经费保障机制。二是资金不足。我国目前正处于社会主义初级阶段,经济不很发达,国家和许多地方财政拿不出充足的经费投入到法律援助事业中去。财力的不足,影响了法律援助制度的发展。

（三）完善我国的法律援助制度的具体措施

1. 完善相关法律援助的立法。在立法上，我国有必要建立起从宪法到法律，直到地方性法规、规章的整套法律援助机制，这其中最主要还应是法律援助的单独立法。必须认真总结法律援助工作的经验，借鉴外国的有益经验，尽快制定一部统一的法律援助法来具体规范、指导整个法律援助活动。只有在立法上确立了相应的法律关系，法律援助作为一项制度才有可能落到实处，才有可能脱离慈善性质的初级阶段而发展到以权利为本的法律援助。

2. 加强法律援助机构和队伍建设。主要在以下三方面入手：①要建立一个能协调政府、法院、律协等法律援助实施机构的法律援助主管机构，对全国法律援助工作实行统一、高效、科学的管理。②要明确法律援助机构的职能和权限。③加强工作人员的队伍建设。

3. 广泛开辟法律援助资源。在人力资源扩充上要做到：①不断壮大法律援助队伍，动员组织优秀的律师、公证员、基层法律工作者以及其他法律服务人员开展法律援助志愿者活动，同时也要动员高等政法院系的师生，为法律援助工作贡献力量。②采取一些有效措施来促进法律援助队伍整体素质的提高，如定期对参与法律援助的人员进行培训。在资金资源的扩充上要做到：①明确规定法律援助经费来源以政府拨款为主，而且列入年度财政预算，建立起政府对法律援助的最低经费保障体制。②通过其他途径募集资金。③加强同国际组织及国外法律援助机构的合作，接受有关组织或个人为中国的法律援助提供的资金和物资帮助。

4. 探索新机制，创新性地做好法律援助工作。面临新的形势，法律援助制度应做到不断地与时俱进，不断探索新的机制，创新性地开展工作，让法律援助的功能得到更好的发挥。比如在争取政府提供所需要的编制的同时，不过分依赖律师的作用，将法律援助制度纳入整个司法体制改革，注重与相关制度的协调整合；建立法律援助激励监督和投诉查处机制；充分发挥工青妇和其他社会组织的作用；争取更多的法律援助从诉讼走向非诉。

四、健全我国法律援助制度的意义

健全法律援助制度，是加强社会主义民主、健全社会主义法制的客观要求，是加强社会主义政治文明与精神文明建设的重要内容和实际步骤。其意义主要体现在以下几个方面：

1. 体现国家对法律赋予公民的基本权利的切实保障，有利于实现"法律面前人人平等"的宪法原则。"法律面前人人平等"原则是我国宪法确定的社会主义法制的最基本、最重要的原则。如果国家不健全法律援助制度，我国法律赋予公民在法律上的平等权利就会由于公民经济收入上的差别而造成不能实现。健全法律援助制度，不仅将填补我国司法制度中的一个空白，也开辟了我国法制建设的一个新领域,体现了国家在立法方面对于建立和健全公正司法制度的重视,是对我国司法人权保障体制的重大完善,这也是实现"法律面前人人平等"的宪法原则所必需的重要法制机制。

2. 有利于促进社会主义精神文明建设。精神文明的"大厦"需要依靠各项体现社会文明进步要求的法律制度来切实构建,健全法律援助制度,是目前司法机关推动社会文明进步,以制度文明促进和保障精神文明的重要举措之一。法律援助制度客观上具有救济社会贫弱残疾、扶正祛邪、扬善惩恶,完善社会保障体系,促进司法公正,保障司法人权的社会功能,它必将有效地推动我国社会主义精神文明建设的步伐。

3. 有利于促进我国切实履行国际公约义务和实现人权保障。人权的实质内容就是公民的权利,公民法定权利的有效实现,必须依赖于公正的司法保障,公正、有效的司法保障是公民权利得以实现的最基本、最重要的手段和途径。法律援助制度对公民权利的司法保障是从程序法律保障入手的,最终是为了实现对公民的实体法律保障的人权司法保障制度。根据1966年12月联合国通过的《公民权利和政治权利国际公约》第14条第3款:"出庭受审并亲自替自己辩护或者经由他自己选择的法律援助进行辩护;如果他没有法律援助,要通知他享有这种权利;在司法利益有需要的案件中,为他指定法律援助,而他在没有足够的偿付能力的法律援助的案件中,不要他自己付费。"而刑事法律援助作为最低限度的也是最重要的法律援助,在现代法律援助制度中作为在刑事司法方面的一项最低限度人权保障标准。作为联合国五个常任理事国之一的大国,中国政府已于1998年10月在联合国总部签署了《公民权利和政治权利国际公约》,这意味着我国作为该《公约》的缔约国,将要承担履行公约的国际责任,因此,保障公民享有《公约》所规定的法律援助权利,已成为我国政府所承担的一项国际义务。

4. 有利于健全我国社会保障法律体系。能否建立、完善社会保障的法律体系,能否切实实现社会保障的特殊的合法利益,直接关系到能否提高市场机制的运行效率和较好地解决市场经济运行中出现的矛盾和问题,关系到能否维持社会稳定,不断地深化当前的经济体制改革,真正在我国建立社会主义市场经济体制。市场机制在客观上要求社会提供公平竞争的法律秩序保障,法律援助作为社会保障法律体系中不可或缺的程序制度,是维护社会保障特殊群体的实体利益,解决社会保障对象的权益纷争的必要的法律程序机制。随着我国法律援助制度的健全,我国社会保障的广泛性、公平性和真实性将得到更良好的体现。

5. 有利于为诉讼当事人提供平等的司法保障,实现司法公正。健全我国法律援助制度既是一种司法改革,又是一种制度创新,而创设司法制度的宗旨在于矫正社会的不公正,因此,司法制度首先必须是公正的,因为"司法公正是社会不公正的最后防线"。以公正的司法程序,保证适用公正的法律规定从而做出公正的司法判决是司法的本质要求。法律援助制度的健全是作为争取司法公正机制建立健全的努力之一,它追求的不仅是消灭不公正的司法现象,而且旨在铲除产生这些司法不公正现象的体制根源。

■ 第二节　我国的法律援助制度

一、法律援助的对象和范围

（一）法律援助的对象

法律援助的对象,是指具备法定条件可以获得法律援助的人。[1] 在确定法律援助对象的问题上,多数国家仅仅确定自然人作为法律援助的对象。对于外国人,多数国家确定在刑事诉讼中外国人可以作为法律援助的对象,在民事诉讼中外国人不可以作为法律援助的对象;有极少数国家(如加拿大)规定了法人可以作为法律援助的对象。

根据 1997 年 5 月 21 日司法部下发的《关于开展法律援助工作的通知》、1997 年 4 月 28 日最高人民法院与司法部发出的《关于刑事法律援助工作的联合通知》和 1999 年 4 月 12 日下发的《关于民事法律援助工作若干问题的联合通知》,我国法律援助的对象可分为一般对象和特殊对象:一般对象是指需要审查其是否具备援助条件的中国公民;特殊对象是指符合刑事诉讼法和司法部、最高人民法院关于开展刑事法律援助的联合通知规定的刑事被告人(包括中国公民和非中国公民),特殊对象经人民法院指定,由法律援助机构指定有法律援助义务的律师提供辩护援助。

根据我国法律的有关规定,申请法律援助必须具备两个条件:①申请人必须是中华人民共和国的公民;②确实因经济困难,无力支付律师费用的。按照《律师法》规定,对因赡养、工伤、刑事诉讼、请求国家赔偿和请求依法发给抚恤金等需要律师帮助的,国家有义务给予法律援助。根据《刑事诉讼法》的规定,公诉人出庭支持公诉的案件,被告人因经济困难或者其他原因没有委托辩护人的,人民法院可以通过法律援助的途径,为被告人指定辩护律师。被告人是聋哑人、盲人或者未成年人而没有委托辩护人的,人民法院应当通过法律援助途径为其指定辩护律师。被告人可能被判处死刑而没有委托律师的,人民法院也应当通过法律援助途径为其指定辩护律师。

关于法人可否作为法律援助对象的问题,现还没有列为法定对象,但可以根据地方党政领导的要求和法人的具体情况,提供法律援助。如《江苏省

---

[1]　谭兵:《律师法学》,法律出版社 2005 年版,第 88 页。

司法行政法律援助试行办法》第 17 条规定:"有关公益福利组织或者政府公益项目需要法律援助的,可以申请法律援助。"我们应该看到,我国在改革开放不断深化的过程中,的确存在少数国有企业因陷入经济困难,亟须法律服务又无力支付服务费用的情况。那么对这样一些经济困难的企业法人能否提供法律援助呢? 我们认为应从实际考虑,可以为这些困难企业提供法律援助,既可以帮助企业摆脱困难,化解经济矛盾,稳定经济秩序,同时也促进社会的稳定,同样也将"法律面前人人平等"的精神真正贯彻落实。

（二）法律援助的范围

法律援助的范围,是指法律援助的事项,亦即对于哪些案件、哪些情况可以提供法律援助。根据《法律援助条例》的规定,我国法律援助的范围如下:

1.民事、行政案件。《法律援助条例》第 10 条规定:公民对下列需要代理的事项,因经济困难没有委托代理人的,可以向法律援助机构申请法律援助:①依法请求国家赔偿的;②请求给予社会保险待遇或者最低生活保障待遇的;③请求发给抚恤金、救济金的;④请求给付赡养费、抚养费、扶养费的;⑤请求支付劳动报酬的;⑥主张因见义勇为行为产生的民事权益的。省、自治区、直辖市人民政府可以对前款规定以外的法律援助事项作出补充规定。公民可以就本条第 1 款、第 2 款规定的事项向法律援助机构申请法律咨询。

2.刑事案件。《法律援助条例》第 11 条规定:刑事诉讼中有下列情形之一的,公民可以向法律援助机构申请法律援助:①犯罪嫌疑人在被侦查机关第一次讯问后或者采取强制措施之日起,因经济困难没有聘请律师的;②公诉案件中的被害人及其法定代理人或者近亲属,自案件移送审查起诉之日起,因经济困难没有委托诉讼代理人的;③自诉案件的自诉人及其法定代理人,自案件被人民法院受理之日起,因经济困难没有委托诉讼代理人的。第 12 条规定:公诉人出庭公诉的案件,被告人因经济困难或者其他原因没有委托辩护人,人民法院为被告人指定辩护时,法律援助机构应当提供法律援助。被告人是盲、聋、哑人或者未成年人而没有委托辩护人的,或者被告人可能被判处死刑而没有委托辩护人的,人民法院为被告人指定辩护时,法律援助机构应当提供法律援助,无须对被告人进行经济状况的审查。

二、法律援助的条件

根据我国《刑事诉讼法》第 34 条和《律师法》第六章的规定精神,中国在法律援助条件的掌握上,既借鉴了各国法律援助条件中反映一般规律的做法,又充分考虑了各地经济的不同发展程度和公民收入水平的差异。我们所规定的法律援助条件有一般性条件和特殊性条件两种情况。

（一）一般性条件

1.有充分理由证明为保障自己的合法权益需要法律帮助。这里所谓

"合法权益",是指所申请援助的事项符合法律的规定,是法律所应予保护的权利或法律允许行使的权利。如公民的请求赡养、工伤索赔、因被侵权请求国家赔偿,都是法律明文规定予以保护的权利;公民的刑事辩护权,是法律允许行使的权利,都具有法律援助条件所要求的合法性。所谓"有充分理由",是指申请人能够提供证明自己所主张利益请求的事实依据。所谓"需要法律帮助"是指,当事人自己不懂得法律,没有参与庭审的诉讼技巧,不借助法律援助人员的法律帮助就不能有效地保障自身合法权益。如果民事诉讼的当事人本身就是法律工作者,则无需向其提供法律援助。此条件亦称为"合法性"条件。

2. 因经济困难无能力或无完全能力支付法律服务费用。衡量申请人是否符合此标准,主要是根据各地经济发展和群众生活的水平,参照当地政府所确定的"最低生活保障线"标准和劳动部门制定的"失业救济标准"来确定。对于家庭人均收入低于最低生活保障线标准和失业救济标准的,应予以全部免收法律服务费用;对于家庭人均收入虽然高于以上两个标准,但全部支付法律服务费用确有困难的,则应酌情减收法律服务费用。

(二)特殊条件

特殊条件是指,符合法律(包括司法解释)明文规定的当事人,无需审查其是否具备以上一般条件,即可经过法院指定获得法律援助。例如,《刑事诉讼法》第34条规定的盲聋哑、未成年人、可能被判处死刑的被告人,在刑事审判中如果没有委托辩护人,人民法院应当为其指定法律援助。对于法院的这类指定,我们应该优先保证。此外,对于《刑事诉讼法》第34条规定的经济困难或特殊案件,司法部与最高人民法院的联合发文中作了具体规定,把经济困难和特殊案件具体化为六种情况。其中,经济困难的情况具体化为两条,即:①本人确无经济来源,其家庭经济状况无法查明的;②本人确无经济来源,其家属经多次劝说仍不愿为其承担辩护律师费用的;特殊案件具体化为四条,即:①共同犯罪案件中,其他被告已委托辩护人,而该被告没有委托辩护人的;②外国籍被告人没有委托辩护人的;③案件有重大社会影响的;④人民法院认为起诉意见和移送的案件证据材料有问题,有可能影响法院正确定罪量刑的。

三、法律援助的机构

(一)法律援助机构的组织形式

法律援助机构是负责组织、指导、协调、监督及实施本地区法律援助工作的机构,统称"法律援助中心"。司法部设立法律援助中心,指导和协调全国的法律援助工作。各级司法行政机关要积极向党委、政府报告,争取有关部门的支持,尽快设立法律援助中心,指导、协调、组织本地区的法律援助工作。未设立法律援助中心的地方,由司法局指派人员代行法律援助中心职责。律师事务所、公证处、基层法律服务机构在本地区法律援助中心的统一协调下，实施法律援助。在我国，法律援助机构主要有国家（政府）法律援助机构与社会法律援助机构，国家（政府）法律援助机构主要是各级法律援助中心。

1.国家（政府）法律援助机构。借鉴国外的成功经验，结合我国实际情况，我国国家（政府）法律援助机构的设置呈现出梯次配制。

（1）在国家一级，建立了司法部法律援助中心。司法部法律援助中心，即国家法律援助的高层管理机构，属于领导和决策层，负责参与国家法律援助立法，负责全国法律援助全面规划和领导，实施和保障法律援助基金的全国性统筹规划调整，有效地指导、指挥各级法律援助工作实施及法令的贯彻。

（2）在省级地方，建立各省（自治区、直辖市）法律援助中心。各省（自治区、直辖市）法律援助中心是法律援助的中层管理机构，是法律援助的地方政府主管部门，属于重要的辅助和传递层。负责具体贯彻国家法律援助的立法和决策，制定地方性实施和补充规定，反馈国家法律援助法律、法规在实施过程中发现的问题和有益经验，负责本地区的有重大影响的法律援助案件办理等等。

（3）在地、市、有条件的县（区），设立各市（县）法律援助中心。各市（县）法律援助中心是法律援助的基层管理机构，是实施日常法律援助工作的执行机关，其工作的具体方法，实施的技术和行动，都是按照国家有关法律援助工作的法律、法规及政策组织实施法律援助工作。法律援助是国家的行为和义务，也是社会主义优越性的体现，因而国家应当设立法律援助机构，统一实施法律援助工作，组织和指导承担法律援助义务的律师切实履行法律援助职责。

2.社会法律援助机构。社会法律援助机构是指司法行政系统以外的，具有行业特点和社会群体特点的政府有关职能部门和社会团体所成立的法律援助工作机构。

由于法律援助以其良好的社会效益受到人民群众的欢迎，并引起全社会的广泛关注，有关机关、团体对开展本系统的法律援助工作有很高的热情与积极性，具备提供法律援助的条件和手段。在现阶段，可以探索在同级法律援助机构的统一指导下，经同级司法行政机关批准，依托本单位、本系统的维权或法制部门设立社会法律援助工作机构。例如江苏省妇联成立的江苏省妇女权益法律援助中心、南京大学组建的南京大学法学院法律援助中心暨南京大学学生法律援助中心，等等。

依据行业特点和充分发挥自身职能的需要，社会法律援助工作机构的主要职能是：①了解和掌握本系统对法律援助的需求情况，协助本地区法律援助中心制定本地区法律援助工作计划和提出工作指导意见;②研究和协调法律援助工作中的问题;③开展法律援助制度的理论研究,做好本系统法律援助制度的宣传工作,动员和组织本系统的力量并开展法律援助工作;④接待所管理或服务对象的法律援助申请,解答法律咨询;⑤申请法律援助事项的当事人符合法律援助条件,且本机构又有提供法律援助的合法途径和手段的,可以直接向受援人提供法律援助;⑥对重大疑难或本机构直接提供法律援助有困难的法律援助事项,提请同级法律援助中心协调处理,或移送同级法律援助中心指派相应的法律服务机构办理;⑦跟踪由本机构移送的、同级法律援助中心指派法律服务机构办理的法律援助事项;⑧承担与所在机关(团体)职能有关的法律援助的其他工作。

(二)法律援助的人员

法律援助人员,是指在法律援助机构中具体履行法律援助职能,直接承办法律援助事项和案件并且享有法律援助权利和承担法律援助义务的服务人员。《法律援助条例》第21条规定:法律援助机构可以指派律师事务所安排律师或者安排本机构的工作人员办理法律援助案件;也可以根据其他社会组织的要求,安排其所属人员办理法律援助案件。对人民法院指定辩护的案件,法律援助机构应当在开庭3日前将确定的承办人员名单回复作出指定的人民法院。可以看出,在我国,律师事务所的律师、法律援助机构的工作人员以及其他社会组织的所属人员都可以成为法律援助人员。

1.法律援助人员的权利。法律援助人员的权利是法律援助人员依法实施法律援助,切实履行法律援助制度应有之责任和义务的重要保障。法律援助人员权利的产生,是与法律援助机构、受援人及法律援助人员所承担的义务相对应的,它以法律援助作为法律服务工作者一项法定义务为大前提。根据法律援助制度的宗旨和要求而确定,概括起来,主要应有以下权利:

(1)获得法律援助机构支持和帮助的权利。在法律援助的实施过程中,由于实施主体与责任主体相分离,法律援助人员代表政府和法律援助机构具体承担对受援人的法律援助义务。因此,法律援助人员就有权为这一义务的全面履行要求法律援助机构给予支持帮助。

(2)获得办案补贴的权利。《法律援助条例》第24条第2款规定,受指派办理法律援助案件的律师或者接受安排办理法律援助案件的社会组织人员,在法律援助案件办结后,有获得由政府法律援助机构支付的办案补贴的权利。由法律援助机构向受理指派办理法律援助案件的律师或接受安排办理法律援助案件的社会组织人员支付办案补贴,体现了我国法律援助中政府责任与律师义务的关系,有利于调动律师等法律援助人员办理法律援助案件的积极性,更好地维护受援人的合法权益和更广泛地满足困难群众的法律援助要求。

（3）终止提供法律援助的权利。这是法律援助人员享有的在一定条件下可以终止提供法律援助的权利。法律援助人员在接受指派后，为受援人提供合格的法律服务便成为其法定的义务，获得合格的无偿的法律服务便是受援人的法定权利，但是，如果在办案过程中受援人经济状况好转或案情发生了某些变化，出现了不需要提供法律援助的情形，律师可以行使终止提供法律援助的权利。以避免法律援助资源的浪费，由于目前我国法律援助资源非常有限，供需矛盾突出，国家只能把有限的法律援助资源用于最需要法律帮助的受援人。但是为了防止法律援助人员滥用这一权利，只有在出现法定事由的情况下，拒绝或终止提供法律援助的行为才被认可。我国法律援助制度在法律援助人员行使终止法律援助权利的条件上规定得较为严格，主要限制在与此权利相对应的因受援人经济状况发生变化不再符合法律援助条件或因案情变化不需要提供法律援助的方面，其目的主要是为了节约国家有限的法律援助资源。而且将律师行使终止提供法律援助的权利应向法律援助机构报告规定为律师的义务。即法律援助人员出于正当的理由终止提供法律援助，必须报法律援助机构批准，把这种权利置于法律援助机构的有效监督之下，防止权利被滥用。

2.法律援助人员的义务。法律援助人员的义务是指法律援助人员在实施法律援助的过程中，应当履行的职责和应当遵守法定行为规范的责任。根据《法律援助条例》的规定，主要应有以下义务：

（1）尽职尽责地维护受援人的合法权益。尽职尽责地维护受援人合法权益的义务，是法律援助人员所承担的全部义务的核心。其他一切义务都是由此派生出来的。维护受援人合法权益是法律援助制度的最高使命，也是法律援助人员的根本职责和实施法律援助的基本准则。法律援助案件中的受援人，由于贫困和孱弱，其合法权益往往容易受到更多的侵害，加之为其提供的法律服务是无偿的，如果不加以严格的要求，将有可能使法律援助变成一种随意的、不合格的服务，受援人的合法权益就得不到切实保障。

（2）无正当理由不得拒绝、终止办理法律援助事项的义务。法律援助案件一经法律援助机构指派后，承办法律援助案件的律师的执业行为就与受援人的合法权益紧密联系在一起，为受援人提供合格的法律服务便成为律师的法定义务，获得合格的、无偿的法律服务便是受援人的法定权利。这是法律援助制度的宗旨所要求的，也是法律服务工作者的职业道德和执业纪律所要求的。如果律师无故或随意拒绝、终止办理法律援助事项，必然使得受援人无法通过法律援助实现自己的合法权益。而维护受援人的合法权益是法律援助制度的最高使命，也是法律援助人员的根本职责和实施法律援助的基本准则。因此，法律援助人员必须尽职尽责地维护受援人的合法权益，无正当理由，不得拒绝、拖延或终止办理法律援助事项。

（3）及时报告情况的义务。法律援助人员及时向受援人通报法律援助事项的进展情况,是法律援助人员一项重要义务。法律援助人员代理受援人进行诉讼或其他法律事项,目的是维护受援人的合法权益,为使受援人能够对案件充分地发表意见,提出正当、合理的要求,援助人员就应当及时将法律援助事项的进展情况及时通报给当事人。作为受援人,法律援助事项直接关乎自身的合法权益,也有权及时了解和掌握法律援助事项的进展情况。

（三）法律援助机构和人员的法律责任

1. 法律援助机构及其工作人员的法律责任。根据《法律援助条例》第26条的规定,法律援助机构及其工作人员有下列情形之一的,对直接负责的主管人员以及其他直接责任人员依法给予纪律处分:①为不符合法律援助条件的人员提供法律援助,或者拒绝为符合法律援助条件的人员提供法律援助的;②办理法律援助案件收取财物的;③从事有偿法律服务的;④侵占、私分、挪用法律援助经费的。办理法律援助案件收取的财物,由司法行政部门责令退还;从事有偿法律服务的违法所得,由司法行政部门予以没收;侵占、私分、挪用法律援助经费的,由司法行政部门责令追回,情节严重,构成犯罪的,依法追究刑事责任。

2. 律师事务所在承担法律援助义务中的责任。根据《法律援助条例》第27条的规定,律师事务所拒绝法律援助机构的指派,不安排本所律师办理法律援助案件的,由司法行政部门给予警告、责令改正;情节严重的,给予1个月以上3个月以下停业整顿的处罚。

3. 律师在承担法律援助义务中的责任。根据《法律援助条例》第28条规定,律师有下列情形之一的,由司法行政部门给予警告、责令改正;情节严重的,给予1个月以上3个月以下停止执业的处罚:①无正当理由拒绝接受、擅自终止法律援助案件的;②办理法律援助案件收取财物的。有前款第②项违法行为的,由司法行政部门责令退还违法所得的财物,可以并处所收财物价值1倍以上3倍以下的罚款。

四、法律援助的实施

（一）法律援助的实施形式

法律援助形式是指通过什么样的方式实施法律援助。具体有六种:①法律咨询、代写文书;②刑事辩护和代理;③民事、行政诉讼代理;④非诉讼法律事务代理;⑤公证证明;⑥其他形式的法律援助。

（二）法律援助的实施程序

1. 法律援助的申请程序。

（1）法律援助的管辖。法律援助的管辖因为申请事项的不同而不同:①在民事诉讼方面,请求法律援助的当事人,或本人,或代表他人（包括患精神疾病者），或以委托人身份，须向居住地或工作所在地的法律援助机构提出书面申请。②在刑事诉讼方面，刑事诉讼方面的法律援助，由有管辖权的法院向所在地的法律援助机构提出申请，即区县法院受理的刑事案件应向所属的区县法律援助机构提出申请，中院、高院受理的刑事案件应向市法律援助机构提出书面申请。人民法院对需要指定辩护的刑事案件，应在开庭日期15日前，将指定辩护律师通知书和起诉书副本送交人民法院所在地的法律援助机构。③在其他方面，法律咨询、代书和其他非诉讼代理事项，由申请人向居住地或工作所在地的法律援助机构提出申请。

同一法律援助事项，请求法律援助的当事人应向同一法律援助机构提出申请。具有两个以上法律援助机构都有管辖权的法律援助事项，请求法律援助的当事人可以向其中一个法律援助机构提出申请。

（2）申请文书。法律援助申请为规定表格式样，有三种：①请求法律援助申请书；②代表未成年人请求法律援助申请书；③请求紧急法律援助申请书。法律援助申请书的内容一般应包括以下几方面：①申请人姓名、身份证号码、单位、住址等；②法律援助事项的内容，申请法律援助的目的；③规定格式的声明书，以声明申请书所述事项均属正确无讹；④本人与配偶（如有配偶）的经济状况；⑤拥有的家庭财产情况；⑥赡养、抚养方面的详细情况。

（3）有关证明。申请人应提交如下证明：①由民政部门出具的申请人经济情况证明；②由申请人及其配偶单位出具的申请人及其配偶的收入证明或者下岗证明；③由居委会或村委会出具的有关生活情况的证明；④由残疾人联合会颁发的有关残疾证书复印件；⑤身份证复印件；⑥有关代理权资格的证明；⑦有关案件书面材料或法院立案的书面材料。

如申请人由于客观原因无法填写申请表格、提供案件书面材料的，工作人员应配合他们完成填写表格，书面记录有关案情及其他必须询问的情况。

2. 法律援助的审核程序。法律援助机构自收到请求法律援助当事人的书面申请和有关材料之日起，视情况在规定期限内进行审查并作出是否予以法律援助的决定。对一般的法律援助申请，应自收到申请之日起10日内进行审查并作出决定；对紧急法律援助申请，应自收到申请之日起3日内进行审查并作出决定，紧急法律援助申请主要指的是：①申请当事人的合法权益正在受到侵害并随着时间的推延损害加剧情况紧急刻不容缓的；②案件已被法院受理即将开庭的；③人民法院指定辩护的刑事案件。

法律援助机构对法律援助申请的审查主要包括以下几个方面：①是否符合法律援助管辖范围之规定；②是否符合法律援助对象之条件；③是否符合法律援助案件之规定。

审查过程中，法律援助机构认为申请人提供的材料不完备或有疑义的，应及时通知申请人作必要的补充，如情况必须，可进行适当调查。

在审核过程中,发现以下情况的,法律援助机构的工作人员应当回避:①法律援助机构的工作人员是法律援助申请人的近亲属;②法律援助机构的工作人员与法律援助申请事项有直接利害关系,可能影响公正办理法律援助申请事项的。

在审核中,如发现请求法律援助的当事人同时向两个以上都有管辖权的法律援助机构提出申请,由最先收到申请书的法律援助机构办理。

3.法律援助的批准程序。法律援助机构工作人员对法律援助申请审查后,应将审查意见书面报法律援助机构的负责人审批,法律援助机构应自收到申请之日起在规定的期限内进行审查,作出是否予以法律援助的书面决定,书面决定和通知书有:①同意提供法律援助决定书;②不批准法律援助决定书;③法律援助通知书;④紧急法律援助通知书。

对人民法院发出的指定辩护的法律援助案件,一般不作审查,即发出紧急法律援助通知书,指派律师实施,并回复发出通知的人民法院。对其他的法律援助申请经审查符合规定条件者,法律援助机构应作出同意提供法律援助的书面决定,通知受援人,并指派有关法律服务人员按法定程序提供援助,对不符合条件者,法律援助机构作出不予援助的决定,并将该决定及简要理由书面通知申请人。

4.法律援助的办理程序。作出同意提供法律援助决定的次日,法律援助机构应指定法律援助案件的承办人员。承办人员、法律援助机构和受援人三方应及时签订法律援助协议,该协议应明确规定法律援助的具体实施、所需费用的支付办法及其他事项。

对于人民法院作出指定辩护的案件,法律援助机构应及时指派承办人员。承办人员接受指派后应及时同被告人签署接受法律援助的辩护委托书,依法认真履行职责。

在承办过程中,如发现申请人申报的案情和其他事实失实的,承办人员应及时向法律援助机构反映,法律援助机构视情况可作出停止执行或撤销法律援助的决定,并将停止执行或撤销法律援助书面通知书送达受援人和承办人。

承办法律援助事项的人员,在法律援助事项办结、终止或被当事人拒绝承办后,应按规定向法律援助机构提交结案报告及有关法律文书。法律援助机构根据法律援助协议、结案报告和有关法律文书,核定用于受援人的费用,决定应该支付的费用,并通知受援人和法律援助的承办人。

第十章　律师职业责任制度

■　第一节　律师职业责任制度概述

　　律师的职业责任是指律师在执业过程中违反国家法律和律师职业纪律规范所应承担的法律责任。律师职业责任制度的建立对于督促律师在执业过程中勤勉尽责、恪尽职守,最大限度地维护当事人的合法权益,增强律师执业的自律意识、风险意识,树立律师良好的社会形象都具有十分重要的意义。我国目前已经初步建立起比较完善的律师职业责任制度。本章探讨的律师职业责任制度主要包括律师刑事责任、行政责任和民事责任三个方面的内容。

一、建立律师职业责任制度的理论根据和现实意义

　　1. 建立和完善律师职业责任制度是体现社会公平、完善国家法制的需要。律师执业的权利来源于国家,律师执业必须遵守国家法律,律师权利的运用必须有利于整个国家和社会,任何滥用律师的执业权利,给国家、社会、当事人造成损害的都必须承担法律上的责任。建立律师职业责任制度体现了《宪法》确立的法律面前人人平等、权利和义务相一致的原则,体现了社会公平。目前,我国关于律师职业责任制度的规定在《刑法》、《刑事诉讼法》、《民事诉讼法》、《民法》、《行政法》、《行政诉讼法》、《律师法》、《律师违法行为处罚办法》等法律和部门规章中都有体现,初步建立起较为完备的律师职业责任制度。这些制度构成了我国社会主义律师法制体系不可分割的组成部分,对完善社会主义法制具有十分重要的意义。

　　2. 建立和完善律师职业责任制度是规范律师职业行为,促进律师勤勉敬业,维护律师业的正常职业秩序的需要。律师职业责任制度的法律规范属于强制性制裁规范,因此对于促进律师认真履行法定职责,敦促律师提高敬业意识、自律意识,提高法律服务的质量和水平具有强制性作用,由于律师职业具有营利的一面,律师很容易沾染上唯利是图的习气,如果没有律师职业责任制度作保障,就很有可能使律师职业偏离律师服务国家和社会公共利益的本质属性,破坏律师业的正常的职业秩序,从而影响律师业的健康发展。

　　3. 建立和完善律师职业责任制度是更好地维护当事人的合法权益的需

要。律师与当事人关系问题是律师制度中的核心问题。维护当事人的正当权益是律师工作的出发点、落脚点。律师与其当事人是平等的民事法律关系,律师根据当事人授权履行代理职责,律师在其授权范围内提供的法律服务是律师完成委托代理协议的义务规定的具体体现。如果律师不依照协议充分履行其职责而疏于懈怠,或因自身过错而给当事人的权益造成不应有的损害,而法律上又没有规定对律师责任的追究,缺乏对当事人受损权益的补救措施,那么就没有体现出权利和义务相一致的原则,当事人的合法权益就会得不到切实有效的保障。而有了律师职业责任制度就可以促使律师更好地履行职责,更好地维护当事人的合法权益。

二、国外律师职业责任制度的规定

国外的律师职业责任制度主要包括四个方面的内容:律师职业责任的范围;律师职业责任认定的机构;律师职业责任认定的程序;律师职业责任的承担方式。

1.关于律师职业责任范围。以美国为例,美国对律师违法行为进行处罚主要有以下几种情况:①违反国家法律规定的义务的行为。律师作为专业法律人员,不得违反国家规定的义务,如律师不得制造或使用伪证,或对有关事实作虚假陈述等。执业律师如违反这些义务,就会被指控为严重犯罪或严重危害社会,法院可以立即宣布对其停职处理。这里被认定的严重犯罪行为是指,作虚假宣誓、与当事人串通欺骗法院、威胁利诱证人作假证,威胁陪审员作出有利于自己当事人的决定,和陪审员私下就案件作交易等情况。②违反职业义务的行为。美国职业律师必须遵守当地律师协会制定的律师职业行为规范和职业纪律,行为规范包括律师与当事人关系规范,律师对法官的义务,律师对外宣传的规范、律师收费规范等。律师违反这些义务规范的,比如,泄露当事人的隐私、为有利益冲突的当事人代理、不当收费等,律师协会有权对违规的行为进行调查,视情节给予纪律处分。③律师对当事人没有尽勤勉之责,使当事人应当得到法律保护的权益,因律师的原因而受到不应有的损害。如律师超越委托权限进行代理活动,律师因工作疏忽而延误了当事人行使权利的法定有效时间等,律师就应该对其当事人负赔偿责任。

2.关于律师职业责任认定的机构。由于各国的司法制度、历史传统、道德观念及其他社会背景的不同,律师违反执业道德和执业纪律规范的,有的国家由律师行业协会给予处罚,有的由法院给予处罚、有的则由司法行政部门给予处罚。对于律师因违反律师职业规范而触犯刑律的,各国无一例外都由法院作为律师承担刑事责任的认定机构。至于律师违反职业规范,比如违反律师广告宣传规则,从各国的规定看,处罚权主要在律师协会。英国、日本、意大利、加拿大、比利时等国家由律师协会内设机构对律师行使惩戒权。在德国,对律师进行惩戒是由专门设立的三级名誉法庭,其中最高审级是联邦法院,它负责受理有关对除名等事关重大问题的律师所提出的投诉。另外,德国的司法部长对律师也有一定的惩戒权,但受到严格限制。在美国,对律师的惩戒权掌握在法院,但律师协会并不是无所作为,一般对律师的惩戒先由地方律师协会有关律师纪律专门委员会对违纪律师的行为进行调查、举行听证会,然后根据调查的结果对律师的行为后果作出建议性决定,最后提交法院,由法院决定是否对律师进行惩戒以及对律师适用的惩戒形式。还有的国家比如丹麦,是由几个机构对律师行使惩戒权的,律师协会可以对违纪律师处以 5000 丹麦克郎以下的罚金,司法部长对违纪律师可以给予停业一年的处罚权,而更重的处分,如剥夺律师资格,则需由法院裁决。

3. 关于律师责任方式。限于篇幅,此处简单介绍律师行业惩戒形式。由于我国对律师的管理是行政管理为主导,因此,律师的惩戒责任在我国体现为行政责任。国外的情况和我们有比较大的差别。美国对律师的惩戒是由法院和律师协会作出的,惩戒方式包括,罚款、拘禁、谴责、暂停营业或取消律师资格。法国律师协会具体处理惩戒事件的权限属于理事会,惩戒处分的种类为:警告、谴责、三年以内暂停业务及除名等。日本律师违反法律或者律师会会则,或有丧失品格的不当行为,无论是在职务内或职务外,都将受到惩戒。律师的惩戒处分的种类为:警告、二年以上停止业务、命令退会、取消律师资格四种。韩国律师违反职业道德或法律的,可取消律师资格、停止执业、罚款。

4. 关于律师职业责任认定的程序。根据日本《律师法》的规定,惩戒的程序是,先提出惩戒请求,由律师会纲纪委员会调查,报送惩戒委员会审查,最后由日本律师联合会根据惩戒委员会的决议作出裁决。请求惩戒者如果对所属律师会的处置不服,可以向联合会提出异议。受到惩戒的律师也可向联合会提出审查请求,或进一步对联合会的处罚向东京高等法院起诉。韩国对违纪律师的处理由律师惩戒委员会负责,委员会主席由司法部长担任,六名委员和六名候补委员会分别由法院在法官中推举委员两名、候补委员两名,由律师协会会长在检察官和律师中各推荐委员两名,候补委员两名。

■ 第二节 律师的刑事责任

律师刑事责任泛指律师的行为触犯刑事法律而应当承担的刑事责任。律师的刑事责任是律师法律责任中处罚最重的责任形式。根据《律师法》的规定,律师因故意犯罪受到刑事处罚的要被吊销执业证书,而且以后也不能再申领律师执照从事律师业务。从犯罪构成的角度分析,律师刑事责任基本特征为,刑事责任的主体为律师;刑事责任的主观方面可以是故意,也可以是过失;刑事责任的客观方面表现为律师的行为侵犯了刑法所保护的对象和法律关系。律师的刑事责任有执业内和执业外之分。本节探讨的律师刑事责任仅限于执业内行为,即律师在执业活动中的行为触犯了《刑法》有关规定,应当承担的刑事处罚责任。

一、执业中常见的几种罪名

根据《律师法》的相关规定,并结合我国近年来律师受到刑事责任追究的情况分析,以下几种罪名属于律师执业中常见的罪:

1. 行贿罪。律师在执业中特别在诉讼案件的代理中,由于司法活动的复杂性和律师的自身素质不高,一些律师基于当事人的请托对司法人员进行贿赂的行为时有发生,严重影响了律师的职业形象。我国《刑法》明确规定了行贿罪和介绍行贿罪的情形和处罚。我国《刑法》第390条规定:"对犯行贿罪的,处5年以下有期徒刑或者拘役;因行贿谋取不正当利益,情节严重的,或者使国家利益遭受重大损失的,处5年以上10年以下有期徒刑;情节特别严重的,处10年以上有期徒刑或者无期徒刑,可以并处没收财产。行贿人在被追诉后主动交代行贿行为的,可以减轻处罚或者免除处罚。"我国《律师法》规定,律师在执业中不得向法官、检察官、仲裁员以及其他有关工作人员请客送礼或者行贿、或者指使诱导当事人行贿。根据《律师法》,律师因行贿受到刑事法律追究的应当吊销执业证书。

2. 伪证罪。律师代理诉讼经常要和证据打交道,证据是进行诉讼的关键。有的律师为片面维护当事人的利益,为追求胜诉,指使或诱导当事人作伪证。这种现象时有发生。我国《刑法》第306条规定:"在刑事诉讼中,辩护人、诉讼代理人毁灭、伪造证据,帮助当事人毁灭、伪造证据,威胁、引诱证人违背事实改变证言或者作伪证的,处3年以下有期徒刑或者拘役;情节严重的,处3年以上7年以下有期徒刑。"《律师法》规定,律师不得提供虚假证据,隐瞒事实或者威胁、利诱他人提供虚假证据,隐瞒事实以及妨碍对方当事人合法取得证据。根据《律师法》,律师因伪证罪受到刑事法律追究的,应当吊销执业证书。

3. 泄露国家秘密罪。律师虽然不是国家工作人员,但是在执业活动中有时候也会接触到国家机密文件和资料等信息。律师对于涉及国家利益的机密文件信息有保密的义务。在实践中,也有律师因为泄露国家机密而受到刑事法律追究的案例。我国《刑法》第398条规定:"国家机关工作人员违反保守国家保密法的规定,故意或过失泄露国家秘密,情节严重的,处3年以下有期徒刑或者拘役;情节特别严重的,处3年以上7年以下有期徒刑。非国家机关工作人员犯前款罪的,依照前款的规定酌情处罚。"我国《律师法》第33条规定："律师应当保守在执业活动中知悉的国家秘密和当事人的商业秘密，不得泄露当事人的隐私。"本罪在主观方面，既可以是故意，也可以是过失。根据《律师法》，律师因泄漏国家机密罪受到刑事追究的，应当吊销执业证书。

二、《刑法》第306条关于辩护人、诉讼代理人刑事责任问题法律分析

我国《刑法》第306条规定了辩护人和诉讼代理人在刑事诉讼中刑事法律责任问题，立法本意是好的，但在实践中却产生了不良后果。据全国律协统计，1995年全国律协接到各地律师协会或律师上报的维权案件仅十余起，而到1997年、1998年达到70余起，其中80%是伪造证据、妨害作证案，并在一定程度上导致全国各地刑事辩护数量锐减，个别地方甚至出现律师拒绝刑事辩护的问题。由于我国刑事司法制度中，控辩双方的权利严重失衡，《刑法》第306条无疑成为束缚律师进行有效的刑事辩护的枷锁。近年来，虽然经过部分专家学者和律师的强烈呼吁，要求废除《刑法》第306条，但至今该条目并没有废除或修正。

从立法的本意上看，《刑法》第306条是对违反诉讼规则，进行伪造证据的行为的处罚，其目的是制止刑事诉讼活动中的非法行为，保障诉讼活动的正常进行，保障司法的公正。其立法本意是好的。但是，由于什么是伪证，什么是引诱证人作证，在实践中很难界定，加上控方具有强大的侦控权力，因此就出现该条款被滥用的问题。在《刑法》中，将辩护人、诉讼代理人作为特殊主体规定一个独立的犯罪，实际上就是针对律师而设，因为在刑事诉讼中担任辩护人、诉讼代理人角色的，绝大多数是律师，本法表述出来和传递的意思对于律师显然是不利的，容易产生对于律师就应当予以更为严厉的刑事责任评价与制裁的主观判断。

律师介入刑事诉讼后进行必要的调查取证，重新核实有关证据，这是律师的正常履行职务行为。律师通过重新调查证人，全面掌握案件的事实和有关证据，配合和帮助法院在审理案件时能够作到兼听则明、公正司法。但是在这一过程中，不可避免的是律师通过调查获得的证据和国家侦查机关掌握的证据会产生不一致的地方。这是非常正常的现象。但是有的公诉机关却将此简单地推论为律师从中做的手脚，于是将矛头转向律师，而有关证人在国家司法机关的威慑下又否定了原先给律师提供的证据，甚至将责任完全推向律师。因此，这对于律师来说无疑是一个陷阱。虽然《刑法》第306条的例外条款规定："辩护人、诉讼代理人提供、出示、引用的证人证言或者其他证据失实，不是有意伪造的，不属于伪造证据。"但也无法解决实际中的问题，因为，是否"有意"很难给出准确判断。据此，理论界和律师界不少人士呼吁通过修改《刑法》取消《刑法》第306条之规定。从现有的资料看，世界绝大多数国家的法律没有直接规定律师和辩护人、诉讼代理人的罪名，相反很多国家都规定了律师刑事辩护豁免权,保障律师执业不受不正常的刑事责任的追究,从而保障律师享有充分的辩护权。

■ 第三节 律师行政法律责任

一、律师行政责任的承担方式

律师的行政责任,是指律师和律师事务所违反《律师法》及《律师和律师事务所违法行为处罚办法》等法律法规规定的义务,实施有关行政违法行为所应承担的法律责任。根据《律师法》和司法部2004年发布的《律师和律师事务所违法行为处罚办法》,律师和律师事务所的行政责任具有以下特征:律师和律师事务所行政责任的主体是律师和律师事务所。

律师和律师事务所行政责任的承担方式,是指律师和律师事务所承担行政责任的具体方法和形式。根据律师法和《律师和律师事务所违法行为处罚办法》的规定,律师和律师事务所承担行政责任的方式有以下几种:

1. 警告。主要适用于情节轻微的行政违法行为。这种处罚方式通过对违法律师予以警示和告诫,使律师认识其行为的违法性。

2. 没收违法所得。其是一种经济性的行政处罚。根据《律师法》和《律师和律师事务所违法行为处罚办法》的规定,这种行政处罚附加适用。

3. 停止执业。停止执业是禁止律师在特定时间内从事执业活动的行政处罚。这种行政处罚是暂时性的,有特定的时间区间限制。根据《律师法》和《律师和律师事务所违法行为处罚办法》的规定,停止执业的时间为3个月以上1年以下。这种处罚适用于律师情节严重的违法行为。律师受停止执业处罚的,司法行政机关应收回其律师执业证,于处罚期满后发还。

4. 吊销执业证书。吊销执业证书是对律师最严厉的行政处罚。根据《律师法》的规定,吊销律师执业证书意味着被处罚者不能再取得律师执业证书,即永远不能再从事律师工作。鉴于吊销律师执业证书的严厉性,律师法对应处以吊销执业证书的违法情形进行了严格、明确的规定。律师被吊销律师执业证的,司法行政机关应收缴其律师执业证予以注销。

根据《律师法》和《律师和律师事务所违法行为处罚办法》的规定,律师事务所有违法执业行为的,给予下列处罚:

1. 责令改正。责令改正是命令律师事务所对违法行为予以纠正的行政处罚方式。适用于律师事务所的轻微违法行为。

2. 没收违法所得,可以并处罚款。这是对律师事务所予以经济制裁的行政处罚方式。没收违法所得是一种独立适用的处罚方式,同时可以并处违法所得1倍以上5倍以下罚款。

3.停业整顿。停业整顿是责令律师事务所停止执业活动予以内部整顿的处罚方式。适用于律师事务所情节严重的违法行为。

4.吊销执业证书。吊销执业证书是通过吊销律师事务所的执业证书的手段取消律师事务所执业资格的行政处罚方式。这种处罚方式是对律师事务所最严厉的处罚,适用于律师事务所情节严重的违法行为。

二、适用行政处罚的情形

根据《律师法》和2004年5月1日起施行的司法部《律师和律师事务所违法行为处罚办法》,对《律师法》规定的"应当给予处罚的其他行为"作了进一步明确,对律师的下述21种违法情形将给予相应的行政处罚:①同时在律师事务所和其他法律服务机构执业的;②在同一案件中,同时为委托人及与委托人有利益冲突的第三人代理、辩护的;③在两个或者两个以上有利害关系的案件中,分别为有利益冲突的委托人代理、辩护的;④担任法律顾问期间,为法律顾问单位的对方委托人或者有其他利益冲突的委托人代理、辩护的;⑤为争揽业务,向委托人作虚假承诺的;⑥利用媒体、广告或者其他方式进行不真实或者不适当宣传的;⑦捏造、散布虚假事实,损害、诋毁其他律师、律师事务所声誉的;⑧利用与司法机关、行政机关或者其他具有社会管理职能组织的关系,进行不正当竞争的;⑨接受委托后,不认真履行职责,给委托人造成损失的;⑩接受委托后,无正当理由不向委托人提供约定的法律服务的;⑪超越委托权限,从事与委托代理的法律事务无关的活动的;⑫接受委托后,故意损害委托人的利益,或者与对方委托人、第三人恶意串通侵害委托人利益的;⑬为阻挠委托人解除委托关系,威胁、恐吓委托人,或者无正当理由扣留委托人提供的材料的;⑭违反律师服务收费管理规定或者收费合同约定,向委托人索要规定或者约定之外的费用或者财物的;⑮执业期间以非律师身份从事法律服务的;⑯承办案件期间,在非工作时间、非工作场所,会见承办案件的法官、检察官、仲裁员或者其他有关工作人员,或者违反规定单方面会见法官、检察官、仲裁员或者其他有关工作人员的;⑰曾担任法官、检察官的律师,在离任后两年内担任诉讼代理人或者辩护人,或者担任其任职期间承办案件的代理人或者辩护人的;⑱违反规定携带非律师人员会见在押犯罪嫌疑人、被告人或者在押罪犯,或者在会见中违反有关管理规定的;⑲向司法行政机关或者律师协会提供虚假材料、隐瞒重要事实或者有其他弄虚作假行为的;⑳在受到停止执业处罚期间继续执业,或者在律师事务所被停业整顿期间、注销后继续以原所名义执业的;㉑有其他违法或者有悖律师职业道德、公民道德规范的行为,严重损害律师职业形象的。

另外,该办法还对律师事务所的行政违法行为作出了具体的规定,律师事务所有下列行为之一的,由省、自治区、直辖市司法行政机关给予警告、没收违法所得、停业整顿3个月以上1年以下的处罚:①使用未经核定的律师事务所名称从事活动,或者擅自改变、出借律师事务所名称的;②变更名称、章程、负责人、合伙人、住所、合伙协议等事项,未在规定的时间内办理变更登记的;③采取不正当手段,阻挠合伙人、合作人、律师退所的;④将不符合规定条件的人员发展为合伙人、合作人或者推选为律师事务所负责人的;⑤不按规定统一接受委托、签订书面委托合同和收费合同,统一收取委托人支付的各项费用,或者不按规定统一保管、使用律师服务专用文书、财务票据、业务档案的;⑥不向委托人开具律师服务收费合法票据,或者不向委托人提交办案费用开支有效凭证的;⑦违反律师服务收费管理规定或者收费合同约定,擅自扩大收费范围,提高收费标准,或者索取规定、约定之外的其他费用的;⑧未经批准,擅自在住所以外的地方设立办公点、接待室,或者擅自设立分支机构的;⑨聘用律师或者其他工作人员,不按规定与应聘者签订聘用合同,不为其办理社会统筹保险的;⑩恶意逃避律师事务所及其分支机构债务的;⑪利用媒体、广告或者其他方式进行不真实或者不适当的宣传的;⑫采用支付介绍费、给回扣、许诺利益等不正当方式争揽业务的;⑬利用与司法机关、行政机关或者其他具有社会管理职能组织的关系,进行不正当竞争的;⑭捏造、散布虚假事实,损害、诋毁其他律师事务所和律师声誉的;⑮在同一案件中委派本所律师为双方当事人或者有利益冲突的当事人代理、辩护,但本县(市)内只有一家律师事务所,并经双方当事人同意的除外;⑯泄露当事人的商业秘密或者个人隐私的;⑰向司法行政机关、律师协会提供虚假证明材料、隐瞒重要事实或者有其他弄虚作假行为的;⑱允许或者默许受到停止执业处罚的本所律师继续执业的;⑲采用出具或者提供律师事务所介绍信、律师服务专用文书、收费票据等方式,为尚未取得律师执业证的人员或者其他律师事务所的律师违法执业提供便利的;⑳为未取得律师执业证的人员印制律师名片、标志或者出具其他有关律师身份证明,或者已知本所人员有上述行为而不予制止的;㉑允许或者默许本所律师为承办案件的法官、检察官、仲裁员购买商品、出资旅游、报销费用、装修住宅,或者提供交通、通讯工具的;㉒不依法纳税的;㉓应当给予处罚的其他行为。

三、处罚机关和适用的程序

根据《律师和律师事务所违法行为处罚办法》的规定,律师、律师事务所有《律师法》和本办法规定的违法行为的,司法行政机关一经发现或者收到有关投诉,应当立案调查,全面、客观、公正地查明事实,收集证据。被调查的律师、律师事务所应当向调查机关如实陈述事实,提供有关材料。司法行政机关可以委托律师协会对律师、律师事务所的违法行为进行调查。接受委托的律师协会应当全面、客观、公正地查明事实,收集证据,并对司法行政机关实施行政处罚提出建议。

司法行政机关在对律师、律师事务所拟作出行政处罚决定之前,应当告知其查明的违法行为事实、处罚的理由及依据,并告知当事人依法享有的权利。口头告知的,应当制作笔录。律师、律师事务所有权进行陈述和申辩,有权依法申请听证。律师、律师事务所对行政处罚不服的,有权依法申请行政复议或者提起行政诉讼。

律师协会在查处律师、律师事务所违反职业道德和执业纪律行为过程中,发现有依照《律师法》和本办法规定应当给予行政处罚的情形,应当提交有管辖权的司法行政机关处理。

司法行政机关、律师协会在查处律师、律师事务所违法行为过程中,认为其行为构成犯罪的,应当移送有关机关,依法追究其刑事责任。

■ 第四节　律师民事责任

一、律师民事责任的法律性质

律师民事责任是一种主体特殊的责任类型,对律师民事责任性质的探讨不仅仅是出于理论上的考虑,其现实意义亦是显而易见的,它有利于准确界定责任的成立条件,选择最有利的诉讼方式和适当的责任形式,有效维护受害人的合法权益。如笔者在第一部分中所述,律师的民事责任存在三种情形:①律师对其委托人应承担的责任;②律师对其委托人之外的第三人所应承担的责任;③律师承办法律援助案件中,对受援助者所承担的民事责任。此三者的责任基础不尽相同,责任性质也难以一致,所以有必要将它们加以区别分析。

（一）律师对其委托人民事责任的法律性质

律师与委托人之间的基础法律关系是委托合同关系。当律师的执业行为给委托人造成损害时,对其追究合同责任还是侵权责任,大陆法系和英美法系存在一定差别。前者倾向追究违约责任,后者倾向追究侵权责任。但是大陆法系并不排除追究律师的侵权责任,英美法也不排除以契约请求权为基础对律师提起诉讼。

实际上,律师与当事人订立、履行合同是一个发展的过程,在这一过程中,"当事人为缔结契约而接触,在履行给付义务过程中,甚至于契约关系终了后,得发生各种义务,组成了义务体系,以给付义务为核心,由近而远,渐次发展产生从给付义务以及保全给付利益为目的及维护相对人人身及财产为目的之附随义务。"相应地,律师的民事责任应该包括违反先合同义务的缔约过失责任、违反合同义务的违约责任、违反后合同义务以及某些违约行为同时符合侵权责任构成要件而产生的侵权责任。

1.关于缔约过失责任问题。在委托人和律师为订立委托合同而接触、磋商的过程中,逐渐产生了不同于合同给付义务的先合同义务,包括互相协助、互相照顾、互相保护、互相通知、诚实信用等义务。律师因过错违反先合同义务给对方造成损失,应承担缔约过失责任。现有的关于律师民事责任的论述往往以委托合同的有效成立为前提,仅仅探讨律师执业过程中的责任,忽略了缔约过程中的损害与赔偿。缔约过失责任虽然不是律师民事责任的主要形式,但是一方面,缔约过失责任发生在缔结委托合同必经的过程中,每个正在签订合同的委托人都可能遭受律师不诚信行为的侵害;另一方面,缔约双方在法律知识上的悬殊容易诱使律师利用自身的优势地位损害委托人的利益,为了维护受害人的合法权益,有必要将其列为律师民事责任的一种类型。

2. 关于违约责任问题。律师一经当事人聘请,为其提供法律服务,双方之间即产生了委托代理关系,委托合同是律师处理受托事务的法律基础。在委托合同成立生效后,律师对其委托人承担责任的依据主要就是违反了合同约定的义务而应承担的责任,这种责任性质即是违约责任,构成了律师民事责任最重要、最常见的基本责任类型。按照我国《合同法》第107条的规定,"当事人一方不履行合同义务或者履行合同义务不符合约定的就应当承担违约责任"。《合同法》第406条就明确规定:"有偿的委托合同,因受托人的过错给委托人造成损失的,委托人可以要求赔偿损失。无偿的委托合同,因受托人的故意或者重大过失给委托人造成损失的,委托人可以要求赔偿损失。受托人超越权限给委托人造成损失的,应当赔偿损失。"对于律师因违法执业给当事人造成损失应当予以赔偿已无争议,如果律师违反了委托合同的约定但未给委托人造成损失时是否应当承担相应责任呢?笔者认为,根据《合同法》第107条规定,如果律师在订立委托合同时与委托人作了特殊的约定时,律师未能按照约定履行合同义务的,就算是没有给委托人造成损失,也应承担相应的违约责任,只不过可能会是支付违约金等责任而可能不会产生违约损失赔偿责任而已。

3. 关于侵权责任问题。主要包括两种情形:①违反后合同义务的侵权责任,②律师的某些侵权行为同时符合侵权行为的要件,构成违约责任和侵权责任的竞合。

(1)后合同责任。后合同义务,是指合同关系消灭后,为维护给付效果,或协助对方处理合同终了善后事务,当事人依诚实信用原则所应负的某种作为或不作为的义务。[1] 律师违反合同义务的表现主要是泄漏或不正当使用办理委托事务过程中知悉的商业秘密,泄漏委托人的个人隐私等等。律师违反后合同义务造成损害的,应当对此承担侵权的民事责任。

---

〔1〕 余延满:《合同法原论》,武汉大学出版社1999年版,第73页。

（2）责任竞合问题。随着合同法与侵权法调整社会关系的交叉程度的日益加深，责任竞合在律师等专家民事责任中得到越来越多的关注，并没有任何第二个债法领域中的违约责任与侵权责任之界限像这里这样模糊。[1]

律师对委托人违约责任和侵权责任竞合的原因主要有二：①主要在于律师所承担义务的复合性。契约债务不履行或侵权行为，均涉及共通因素，亦即义务之违反。契约债务不履行，是特定人之间所建立特定法律关系所生义务之违反；侵权行为，则是一般义务之违反；易言之，法律对一般人课有不侵害他人权利之义务，而此义务被违反也。[2] 律师对当事人的义务不仅包括委托合同约定的内容，还包括某些法定义务。律师的同一行为可能既违反合同的约定，又违反法律的强行性、禁止性规定，包括注意、忠实、说明、通知等附随义务或其他法律规定的不作为义务，从而同时构成违约责任和侵权责任。《合同法》第 122 条规定："因当事人一方的违约行为，侵害对方人身、财产权益的，受损害方有权选择依照本法要求其承担违约责任或者依照其他法律要求其承担侵权责任。"这一规定为当事人在责任竞合时的请求权提供了法律依据。②因律师的过错导致委托人损害时，在双方之间事先存在合同关系，这种合同关系的存在，使得律师的致害行为不仅可以作为侵权行为，也可以作为违反事先约定义务的违约行为对待。

律师对委托人的违约责任和侵权责任存在竞合情形时，应当尊重当事人的意愿，由当事人选择两者之中有利于自己的一种请求权作为诉因，要求律师事务所或律师承担民事责任。

需要指出的是，责任竞合原则的适用也不是毫无限制，它不能成为当事人逃避法律责任的手段。"如果责任竞合或侵权责任的可选择性将使原告规避或逃脱合同上的责任排除或责任限制，那么，这种竞合或可选择性将不能被认可。除了这一限制条件，当存在责任竞合时，原告有权选择对他最为有利的诉讼形式。"[3]

（二）律师对第三人民事责任的法律性质

律师在执业过程中向委托人提供仅对其适用的法律服务，也可能会对社会中特定群体的第三人产生相应的作用。如律师为股票发行人所出具的有关法律意见书，对于信赖该法律意见书而投资该股票的人来说就具有一定的影响。因此，律师的过错执业行为不仅会给其委托当事人造成损失，而且有时会致第三人的合法权益受到损害。随着市场经济的发展和律师业务

---

〔1〕 克雷斯蒂安·冯·巴尔著，焦美华译：《欧洲比较侵权行为法》（下卷），法律出版社 2001 年版，第 372 页。

〔2〕 曾世雄：《损害赔偿法原理》，中国政法大学出版社 2001 年版，第 10 页。

〔3〕 K. M. Stanton. Professional Negligence in Tort：the search for a theory, Wrongs and Remedies in the Twenty-first Century, edited by Peter Birks, Clarendon Press Oxford, 1996, p. 72 ~ 73.

的拓宽,这将表现得尤为明显和突出。律师对第三人的责任缘于律师执业行为的社会性、复杂性和业务的多样性、广泛性。

当然,这里所指的第三人不是诉讼法上的严格意义的第三人,而是指律师自身的委托当事人以外的所有与律师无委托合同关系但信赖律师提供的服务而受到损害的人。作为专家的律师对第三人负民事责任的情形,绝大多数属于律师提供错误信息致第三人遭受损害的事例。而律师"所提供的信息不仅为委托人所用,很多也被第三人作为权威的信息来传递和利用。责任的范围也将扩张,于是发生了以前的契约责任和侵权行为责任所不能处理的问题。"[1]我国原《证券法》第161条、第202条,修改后(2006年1月1日施行)的第173条,以及最高人民法院《关于审理证券市场因虚假陈述引发的民事赔偿案件的若干规定》第24条都做出了相应的规定。

但是,由于律师与第三人之间并无直接的关系,而且依据合同的相对性原则,也无法从律师与委托人之间的委托合同中找到相应的承担赔偿责任的依据。因此,对于律师错误出具法律意见书而给信赖该律师意见的第三人造成损失的,让该律师承担侵权赔偿责任是顺理成章的合理选择。这一责任一般基于法律的直接规定而产生,理应属于一种侵权民事责任。我国新修改的《证券法》第173条,以及最高人民法院《关于审理证券市场因虚假陈述引发的民事赔偿案件的若干规定》第24条,都做了相应的规定。

(三)律师承办法律援助案件中,对受援人承担的民事责任问题

我国建立和实施法律援助制度10多年来,律师是具体实施者。各省都对专业律师作了硬性规定,要求必须办理相应的援助案件,有些省市甚至将此规定为无偿工作。律师无偿履行法律援助义务,成为法律援助制度初期的重要支柱。随着这一制度的进一步发展,有的律师放弃了本职工作,成为专职法律援助工作者和法律援助制度创建的主力军。

《律师法》第六章对法律援助制度的有关内容作了专章规定,这些规定明确了公民获得法律援助的范围和律师必须依法承担的法律援助义务。第41条规定:"公民在赡养、工伤、刑事诉讼、请求国家赔偿和请求依法发给抚恤金等方面需要获得律师帮助,但是无力支付律师费的,可以按照国家规定获得法律援助。"第42条规定:"律师必须按照国家规定承担法律援助义务,尽职尽责,为受援人提供法律服务。"

《中华人民共和国法律援助条例》第4条第2款规定:"中华全国律师协会和地方律师协会应当按照律师协会章程对依据本条例实施的法律援助工作予以协助。"第6条规定:"律师应当依照律师法和本条例的规定履行法律

---

[1] [日]能见善久:《论专家民事责任》,载梁慧星主编:《民商法论丛》第5卷,法律出版社1996年版,第453~548页。

援助义务,为受援人提供符合标准的法律服务,依法维护受援人的合法权益,接受律师协会和司法行政部门的监督。"

律师在承接法律援助案件后,如果因为其过错,不尽职尽责,不提供法律服务,或者提供的法律服务不符合标准和要求,损害受援人合法权益的,理应承担相应的行政责任、行业责任与民事责任。那么,此时律师所承担的民事责任的性质如何呢? 由于在这种情形下,律师事务所及律师与接受法律援助的当事人之间没有直接的委托合同关系,因此,不存在违约责任的基础,而只能是侵权责任。

二、律师民事责任的构成要件

在律师的业务活动中,有些律师事务所或律师可能会对其委托人承诺更加严格的要求或者愿意承担更大的责任,以招揽业务或取得当事人的充分信赖。当律师在提供法律服务的过程中违反了合同所约定的义务时,即使是没有给委托人造成损失,委托人也可依据委托合同的具体约定要求律师事务所承担相应的违约责任,比如支付违约金的责任或支付定金的责任(并不是违约损失赔偿责任)。笔者认为,只要没有违反法律、法规的强制性规定,应当予以支持,在这种情形下律师承担违约责任的要件就只有一个,即违约行为。律师在执业的过程中产生的责任,存在两种情形:①对其委托人应承担的责任;②对委托人之外的第三人所应承担的责任。作为专家的律师的民事责任是以承担损害赔偿责任为主要形式。因此,在探讨律师民事责任的构成要件时,也是从损害赔偿责任的角度展开的。

(一)不法行为

构成律师执业损害赔偿责任的首要条件,必须是出现了致人遭受损害的行为,才可能发生损害赔偿责任,否则,就谈不上律师民事赔偿的责任问题。这种致其委托人或第三人以损害的行为,从性质上看,既可能是侵权行为,也可能是违约行为;从行为方式上看,既可能是积极的作为,也可能是消极的不作为。

1. 违约行为。律师的违约行为,是指律师在执业活动中,对其委托人不履行合同义务或履行合同义务不符合合同约定或者法律规定的行为。这类违约行为包括:

(1)未全面履行合同义务。这类行为既包括全部未履行,例如无正当理由拒绝出庭;又包括未能完成合同规定的全部法律服务项目,例如刑事辩护委托合同中包含刑事侦查、审查起诉、一审、二审等几个阶段,而仅提供部分阶段的法律服务等。

(2)不适当履行合同义务。"不适当"主要包括:时间的不适当。实践中主要是指迟延履行的情形,如未按照规定的时间完成法律意见书;律师在时效期内接受委托,由于没有及时采取法律措施,导致时效过期,当事人丧失胜诉权;主体的不适当,如合同指定由高级律师完成的法律服务,律师事务所指定刚执业的新律师完成;未对责任主体进行调查,起诉错误主体,导致败诉;形式的不适当。如要求以书面进行的法律论证,最后仅以口头回答进行;要求追究故意伤害者刑事责任和民事赔偿责任的,律师没有提起附带民事诉讼;能够以合法方式取得的证据,律师为图方便以非法形式取得,导致有关证据的有效性受到质疑等。[1]

2. 侵权行为。律师在执业过程中,违反律师法及有关法律规定、违反律师职业道德和执业纪律规范、律师法律服务行为规范的具体要求,因故意或过失导致委托人或第三人合法权益受到损失的行为。

(1)律师对委托人侵权行为的主要表现形态。主要包括:①遗失、损坏重要证据。在许多诉讼、仲裁案件中,关键证据的遗失或损坏,委托方将承担举证不能的不利后果,这是律师对其委托人权益的严重侵害。②泄露委托人的秘密或隐私。委托人基于对律师的信任,在委托业务过程中可能披露一定商业秘密或者隐私。律师依据职业道德应当予以保密,不得擅自泄露,否则,将侵犯当事人的商业秘密或者隐私权。③越权代理。最常见形式是仅具有一般代理权的律师,在处理案件时未经委托人特别授权,超越权限实施只有特别授权才能从事的行为。如律师未经委托人同意,擅自自认或变更诉讼请求、接受调解等;利用职务之便牟取当事人争议的利益;应当申请保全措施(包括证据和财产保全)而没有申请,导致有关证据和财产被毁损或转移,从而遭致不利法律后果;律师提供非诉讼服务时,为当事人的决策出具严重错误的法律意见,致使当事人采纳后造成重大损失。

(2)律师对第三人的侵权行为主要表现形式。主要包括:①故意泄露第三人的隐私。因律师在诉讼过程中,尤其是不公开审理的案件中,极易不同程度地了解到对方当事人或其他人的与案件有关的个人隐私或商业秘密,对此双方律师均负有保守秘密的义务,如有违反,则构成侵权,应承担相应民事责任。②律师以诋毁其他律师等不正当方式争揽业务,其诋毁等不正当行为致其他律师或律师事务所名誉受损亦应承担侵权责任。③妨碍对方当事人合法取得证据或威胁、利诱他人提供虚假证据、隐瞒重要事实的行为,当该类行为致使有关当事人因败诉所致损失,即使后来获得救济,当事人通过执行回转、司法赔偿等途径挽回损失,但当事人为此而支出的诉讼费、律师费、交通费等损失则应由侵权律师承担。④作为社会中介机构,律师事务所及律师在办理律师见证、出具法律意见书等义务中负有如实陈述的义务,如有违反,应承担相应的侵权责任。这主要体现在律师从事证券业务过程中,由律师出具的法律意见书具有虚假陈述的内容,导致信赖该法律

---

[1] 陈舒、詹礼愿:《律师的专家责任》,载《中国律师》2004 年第 1 期。

意见书的不特定的投资人的利益遭受损失。

另外,我国《证券法》第161条(新法第173条)规定了专业中介机构(包括律师事务所)在证券市场信息披露中应承担的义务,其中就包括对其所出具报告内容的真实性、准确性、完整性进行核查与验证的义务。关于证券业务律师在证券信息披露中的违规行为,笔者以为主要包括以下几种:一是参与上市公司的造假活动。具体包括:①律师亲自参与制作并经其同意签章的由发行人公开的文件中存在重大虚假、误导性陈述或遗漏;②律师亲自制作并以自己名义公开的文件中存在重大虚假、误导性陈述或遗漏;③律师策划、参与、诱导发行人或上市公司在信息披露过程中的虚假陈述行为;④因律师疏忽导致经其审查验证的发行人信息披露中存在重大虚假,误导性陈述或遗漏;⑤律师明知或应当知道发行人或上市公司在信息披露中有虚假陈述行为而不履行向有关部门报告的职责。二是未能勤勉尽职,违反高度注意义务,没有全面审查上市公司的材料而使信息披露不真实或不全面。三是从事证券业务的律师根本不具备这方面的专业能力,提供的法律服务明显存在瑕疵,出具的法律意见书等法律文件不符合法律的规定。

(二)损害事实

无损害则无赔偿,损害事实是侵权责任的必备要件。损害事实,是指由一定行为或事件造成的人身或财产上的不利益状态,其既可表现为现有财产的减损,也可表现为将要取得财产或利益的丧失。《律师法》第49条第2款规定:"律师和律师事务所不得免除或限制因违法执业或者因过错给当事人造成损失所应当承担的民事责任。"此举是为保护受害人利益而做出的限定,但对"损失"一词却有不同的理解。

法学理论意义上的"损失",按不同标准可以分为不同种类:①按损失给被侵害主体造成损害的种类不同,可以将损失分为经济损失和精神损失;②按损失与被侵害主体紧密程度为标准,可将损失分为直接损失和间接损失;③按损失在时空上出现的先后为标准,可以将损失分为现实损失和潜在损失;④按损失存在的形态为标准,可以将损失分为有形损失和无形损失;等等。

对《律师法》第49条规定中的"损失"的具体含义,归纳起来主要有三种观点:[1]①该构成要件中的"损失"应当是"直接损失",不应当包括"间接损失"。理由是,"直接损失"不仅同侵害行为的关系密切,而且其计算比较容易把握。同时,我国其他法律、法规在处理损害赔偿案件时,如交通肇事的伤害事故等,都是采取以"直接损失"的方式计算的,而对"间接损失"从

---

[1] 严军兴、罗力彦:《律师责任与赔偿》,法律出版社1999年版,第23页;唐先锋、赵春兰、王洪宇:《我国专家民事责任制度研究》,法律出版社2005年版,第205页。

不计算在内。②该构成要件的"损失"应当是"经济损失",不应当包括"精神损失"。理由是,"经济损失"是有形的,看得见、摸得着,容易衡量,实际操作中比较容易计算。"精神损失"相对经济损失来讲,存在形式比较隐含和复杂,不容易测定,实际操作中比较不容易把握与计算,特别是委托当事人与被委托律师在认定"精神损失"是否发生及其程度方面,往往分歧很大,所以,持此种观点的学者认为,在把握律师赔偿责任的构成要件中,应当只计算"经济损失",不应当计算"精神损失"。③该构成要件中的"损失"应当是指"有形的损失",不包括"包括精神损害在内的无形损失"。这里的"有形损失"与上面一种"经济损失"所不同的是,他们认为"有形损失"包括经济损失,其外延比"经济损失"要宽泛。

综合分析上述观点,笔者认为,对作为专家的律师的民事责任中的损害事实的认定,应以"实际损失"为限。这里的"实际损失"涵盖以下内容:

1. 因致害行为而产生的财产损失。包括直接损失和间接损失。从理论上看,"损害赔偿,旨在于保护个人之身体、财产等权利法益之不受损害,万一损害不幸发生,行为人不问其行为为故意、过失,负有填补该损害之责任。"[1]这是损害赔偿制度的基本原则之一,大部分国家对财产损害采取完全赔偿原则,我国有关立法也采取了该原则。《民法通则》第 112 条规定:"当事人一方违反合同的赔偿责任,应当相当于另一方因此所受到的损失。"《合同法》第 113 条规定:"当事人一方不履行合同义务或者履行合同义务不符合约定,给对方造成损失的,损失赔偿应当相当于因违约所造成的损失,包括合同履行后可以获得的利益。"

因此,根据完全赔偿原则,只要损害是由于律师的过错造成的,无论是直接财产损害,还是间接财产损害,都应予以赔偿。直接损失,主要是指律师的过错行为所造成的委托人或委托人的近亲属及其他利害关系人财产利益上的损失。间接损失,主要是指在非诉讼业务中,律师的过错行为造成委托人或相关第三人的既得利益的减少或者可得利益的丧失。

实践中如何确定间接财产损害的范围?过于严格,不利于保护受害方利益,过于宽松,则可能使赔偿范围漫无边际。一般情况下应遵循可预见性规则,判断过错方能否预见,应采取主客观相结合的标准,以一般水平律师的预见能力为参照系。

2. 因致害行为而产生的精神损失。把损失限定在"物质上的损失",其外延太窄,且不适应当前民事法律制度发展的现状和趋势。就各国民事法律制度发展的历史来看,随着人类的进步,社会物质生活的丰富与发展,人们在得到物质生活条件的满足以后,对精神上的追求和向往越来越高,法律

---

[1] 曾世雄:《损害赔偿法原理》,中国政法大学出版社 2001 年版,第 15 页。

对人身权利的保护范围之广、程度之严，已经远远超过了对物质权利的保护。精神损害赔偿具有以下三项功能：①填补功能；②抚慰功能；③惩罚功能。因此，对于律师因"违法行为"或者"过错行为"给当事人造成的"损失"，不应当仅仅局限于"物质损害"的范围，而应当扩展到"精神损害"的范围。

精神损害赔偿的范围应该包括精神利益的损害赔偿和精神痛苦（生理上和心理上的损害）的损害赔偿。[1] 律师执业过程中给当事人造成的精神损害，主要是指侵犯了委托人的名誉权、隐私权等而导致的受害人精神利益的毁损。对遭受损害的精神利益的恢复和救济也主要是通过经济赔偿的方式来实现。最高人民法院《关于审理人身损害赔偿案件适用法律若干问题的解释》和《关于确定民事侵权精神损害赔偿责任若干问题的解释》对这一问题的解决提供了依据。认为关于精神损害的赔偿方式，应采取抚慰为主、补偿为辅的原则，对其赔偿数额加以适当限制，具体应斟酌下列情况进行裁量：①侵权人的过错程度；②侵权人的侵权情节；③侵权人的认错态度；④侵权人的承担能力和获利情况；⑤受害人的身份、职业、知名度和社会地位；⑥受害人的性别和年龄；⑦受害人的家庭状况和经济实力；⑧侵权行为所造成的后果等。[2]

（三）不法行为与损害结果之间具有因果关系

因果关系是民事责任理论中的重要问题，本质上决定如何客观、公正地确定责任的归属。民法上的因果关系是行为人的行为及其物件与损害事实之间的联系。具体到律师执业的民事责任中，因果关系是指律师的过错行为与委托人或第三人所受到的损失之间存在一定的联系。是否具有因果关系将会影响到律师承担赔偿责任的范围及数额，因此具有相当重要的地位与作用。如果没有因果关系，那么律师的服务尽管具有过错或者是委托人受到了损失，也无须承担违约损害赔偿责任（但可能会承担其他违约责任）。

因果关系为民法中高度抽象复杂的领域，学者早已作过深入研究，并建立了判断因果关系有无的各种理论框架，连王泽鉴先生也称其《侵权行为法》。"关于因果关系部分的论述虽有 50 余页，但多在重复前人已说过的见解，并说了许多不值得说的话。"[3] 本文仅仅对前人的理论加以介绍分析，试图为判断律师民事责任中的因果关系寻找一种原则性的方法。

关于因果关系的学说主要有条件说和原因说两种。[4] 条件说认为，凡

〔1〕 魏振瀛主编：《民法》，北京大学出版社、高等教育出版社2000年版，第728～729页。
〔2〕 马俊驹、余延满：《民法原论》，法律出版社1998年版，第1068页。
〔3〕 王泽鉴：《侵权行为法》（1），中国政法大学出版社2001年版，第187页。
〔4〕 魏振瀛主编：《民法》，北京大学出版社、高等教育出版社2000年版，第689～691页；马俊驹、余延满：《民法原论》，法律出版社1998年版，第1037～1039页。

是引起损害结果发生的条件都是损害结果的原因,凡是原因对结果的发生都有同等的原因力。该说过于机械和宽泛,学术界已不采。原因说则主张应严格区别原因和条件,仅承认原因和结果间具有因果关系,否认条件与结果间具有因果关系。原因说又分为必然因果关系说、相当因果关系说。必然因果关系说对责任的成立限制最为严格,主要为前苏联和我国学者所主张,认为只有当行为人的行为与损害事实之间有内在的、本质的、必然的联系时,行为与结果之间才具有因果关系,否则无因果关系。相当因果关系说主要为德法等国家所主张,认为某一原因仅于现实情形发生某结果者,还不能断定有因果关系,需依一般观念,在有同一条件存在就能发生同一结果时,才能认定条件与该结果间有因果关系。相当因果关系是由"条件关系"即"相当性"所构成的,是确认因果关系的两个阶段。[1] 相当因果关系说是目前各国的通说。[2]

就"条件关系"而言,是采取"若无,则不"(But-for)的认定检验方式,又叫必要条件规则,即"无此行为,必不生此种损害"。"相当性"旨在合理限制条件的范围,它可以表述为"有此行为,通常即足生此种损害"。他又分为三种:主观说,以行为人行为当时能认识之事实为基础;客观说,以行为当时能存在之一切事实及行为后一般人预见可能之事实为基础;折衷说,以行为当时一般人有认识之事实及行为人特别认识之事实为基础。[3]

笔者认为,判断律师执业民事责任中的因果关系,可以考虑以相当因果关系说为主导,同时针对个案的特殊性,进行综合分析。

根据上述思路,认定律师民事责任中的因果关系,可以采取如下具体方式或步骤:①如果没有律师的某一行为,则不会发生这种损害后果;②如果存在律师的某一行为,则在通常情况下足以产生这种损害后果。满足这两个阶段的,就可以认定该行为与损害后果之间存在因果关系。所谓"通常情况",可以根据一般水准的律师在行为时对所发生的结果能否预见为标准,同时还要根据具体的情况,区分原因的主次、作用的大小,以及原因与结果之间的其他外在条件等,准确把握因果关系的有无,来加强对损害范围的控制与把握,从而对受害人的损害予以合情、合理、合法的赔偿。

(四)过错

1.过错的内涵。不同国家对过错的含义存在不同的立法体例和学说。主要有:①主观说,认为过错是行为人的某种主观心理状态,把"过错"与"不

---

〔1〕 王泽鉴:《侵权行为法》(1),中国政法大学出版社2001年版,第191页。

〔2〕 魏振瀛主编:《民法》,北京大学出版社、高等教育出版社2000年版,第690页。

〔3〕 史尚宽:《债法总论》,转引自王泽鉴:《侵权行为法》(1),中国政法大学出版社2001年版,第205页。

法行为"区分开来。主观过错说以个人自由主义为基点,把过错建立在预见和预防自己行为结果的可能性之上,强调过错在道德上的可非难性。②客观说,认为过错并非行为人的主观心理状态具有应受非难性,而在于行为具有非难性,如果行为人的行为不符合某种标准即为过错[1]把"不法行为"包含在"过错"概念之中。③综合说,认为民法上的过错应该是主观与客观的统一。一方面,过错是由行为人的主观心理状态决定的,行为人的心理状态不同,过错的形式就不同,过错体现了行为人主观上的应受非难性;另一方面,行为人的心理状态要通过客观外在的行为表现出来,否则就没有法律意义,也就无所谓过错[2]因此,"过错概念在法律实施过程中的应用,不是体现为对行为人实施行为时心理活动的再现性描述,而是对那些足以表明行为意志状态的客观事实的综合性判断。"[3]本文采纳这一观点。

2. 过错的形态。过错的形态分为两大类,即故意和过失。所谓故意,是指行为人明知自己的行为会造成某种损害的后果,并且希望或者放任这种结果的发生的心理状态。故意的心理状态又可以分为两种:①行为人明知自己的行为会造成某种损害的后果,并且希望这种结果发生的心理状态;②行为人明知自己的行为会造成某种损害的后果,并且放任这种结果发生的心理状态。所谓过失,是指行为人应当预见到自己的行为可能造成某种损害结果的发生,而因为自身的疏忽大意而没有预见,或者已经预见而轻信能够避免以致发生了某种损害结果的心理状态。过失的心理状态也分为两种类型:①行为人应当预见自己的行为可能发生损害结果,因为疏忽大意而没有预见,即疏忽大意的过失;②行为人已经预见到自己的行为可能发生损害结果,但是轻信自己能够避免,即过于自信的过失。

无论故意上的过错,还是过失上的过错,均属于"过错"的范畴。律师的过错是构成律师职业责任赔偿的要件之一。除法律特别规定的无过错责任外,律师在执业过程中,一般只有对自己行为造成的损失在主观上存在着过错时,才承担民事责任。同时,不仅承担赔偿责任的大小与给当事人造成的实际损失的大小有关,而且承担责任的轻重与过错的大小也相关。实践中律师因"违法行为"或"过错"给当事人造成的损失情况比较复杂,因而在确定律师的主观过错即是否存在故意或过失的心理状态时应当慎之又慎,切不可随心所欲。

3. 律师过错的判断标准。从法律的角度看,过错表现为客观行为是对义务的违反。作为专家的律师在执业活动中须尽高度注意义务、忠实义务

---

〔1〕 魏振瀛主编:《民法》,北京大学出版社、高等教育出版社2000年版,第691页。

〔2〕 马俊驹、余延满:《民法原论》,法律出版社1998年版,第1044页。

〔3〕 王卫国:《过错责任原则:第三次勃兴》,中国法制出版社2000年版,第253页。

和保密义务,维护委托人的合法权益。违反高度注意义务、忠实义务或保密义务的,即认定为有过错。[1]

作为专家的律师的高度注意义务,是指律师因具有高度的法律专业知识或专门技能所产生的义务,是比一般人要求更高的义务。律师的忠实义务是指律师应在法律的范围内,为委托人的最大利益而实施行为,不得同时追求第三人或自己的利益。律师的保密义务是指律师应保守在执业活动中知悉的委托人的商业秘密和个人隐私。在这三项义务中,律师的高度注意义务居于核心地位。因此本文主要对律师的注意义务进行探讨。

律师的注意义务与一般人的注意义务有所不同,律师民事责任针对的是特定范围的职业群体——律师,可以说是一种职业责任,而一般民事责任针对的是不特定的普通个体。律师民事责任作为一种专家责任,对于拥有特殊知识和技能的专业人员,立法和判例采取了专业行为标准,即该行业普通专业人员通常能够达到的水平。英国法官 McNair 在一起医疗过失案件中阐明了关于专业人员注意标准的著名的 Bolam 原则:一个专业人员负有以合理的谨慎和技巧从业的义务,他的注意和技巧应该达到同一领域的普通专业人员所能达到的标准。[2] 在德国,"民法上判例学说则采客观意义之过失判断,认为行为人如欠缺同职业、同社会交易团体分子一般所应具有之智识、能力时,即应受到非难。"[3]律师作为通晓法律的专家,以律师行业团体中一般成员通常的注意程度为宜。如果律师未能达到该种注意程度,则认定其有过错,即"中等标准"。以中等标准认定律师过错也应该考虑到案件的特殊情况、律师的个人特点及律师行业特点和发展变化。

在以中等水平判断律师过错的过程中,还将面临下列问题:

(1)如果某一律师具有高于中等水平的知识和能力,是否应该承担更高的注意义务?这一问题应该区别对待。如果委托人因知道该律师拥有超群的水平,信赖他的专业能力,并为此支付了更高的费用,若该律师仅仅发挥了一般水平并造成了在更高水平下能够避免的损害,则应肯定其责任。如果委托人并不知道该律师有更高的能力,也没有更高的期待,只要律师在执业过程中达到了中等注意程度,就不宜认定存在过错。

(2)对于刚刚从事执业活动的律师而言,没有经验是否可以作为免责理由?没有经验不构成免责的事由。中等水平的注意义务同样适用于刚刚执业的律师,主要是基于如下考虑:①如果法律对新手都降低标准,委托人将

〔1〕 中国民法典立法研究课题组:《中国民法典草案建议稿附理由》(侵权行为编·继承编),法律出版社 2004 年版,第 60 页。

〔2〕 John L. Powell & Q. C., Professional and Client:The Duty of Care, Wrongs and Remedies in the Twenty-first Century, edited by Peter Birks, Clarendon Press, Oxford. 1996, p.47.

〔3〕 王泽鉴:《民法学说与判例研究》(5),中国政法大学出版社 1998 年版,第 276 页。

不会选择刚执业的律师,新手由于缺乏锻炼机会而难以增加执业经验、提高业务水平,这不利于整个律师行业的发展;②为了保护服务对象的利益,避免因律师身份的差异导致赔偿范围的不同。

(3)对某些专业化领域内的律师应适用何种标准?在发达国家,由于律师的业务的范围日趋广泛,加之法律的分类越来越细,任何一个律师都很难包揽各方面的法律业务,这就迫使律师走专业化的道路,由不同的律师分别深入掌握某项专门的法律知识,专门从事这类法律事务。这些更加精深的法律领域需要设置更高的准入条件,他们的行为标准要高于专业领域外的其他同行,注意义务标准也比一般律师更高。对他们过错的认定,也应该以该特别专业领域内执业律师的中等水平为依据进行判断。在我国,即使没有法定的执业资格的限制,[1]律师执业的专业化分工仍然是未来的发展趋势,因此,在专业化程度极高的证券、专利、税务等领域,评价律师过错的标准也应为该领域内执业律师的中等注意程度。

三、律师民事责任的相关主体

(一)律师民事责任的行为主体

律师民事责任主体包括律师民事责任的行为主体和律师民事责任的承担主体。所谓律师民事责任的行为主体,是指律师在执业过程中,由于过错而致他人合法权益遭受损害的行为实施者;所谓律师民事责任的承担主体,是指律师在执业过程中,由于过错而致他人合法权益遭受损害的,对这种损害结果应当承担民事责任的责任承担者。

根据我国《律师法》的规定,律师民事责任的行为主体与责任承担主体绝非一般民事责任中的同一主体,而是有区别的。律师民事责任的行为主体只能是执业律师,不能是只取得了律师资格而没有办理律师执业证书的非执业律师。当然,需要指出的是,执业律师在取得执业证书之前还有实习律师阶段。实习律师是指没有取得律师执业证书,给执业律师作助手的人或者从事律师事务所内勤工作的人。这些人虽不是执业律师,但在一定条件下也可以成为律师执业民事责任的行为主体,例如受律师的指派与当事人谈话或收集证据,在律师事务所接待当事人收案等。[2]但应当强调的是,对于实习律师因过错对当事人造成损害的,指派实习律师实施该行为的执业律师应同实习律师一起,构成律师民事责任的共同行为主体。

---

[1] 在我国,司法部和证监会于1993年联合发布了《关于从事证券法律业务律师及律师事务所资格认定的暂行规定》,创设了证券律师资格制度:律师从事证券业务,其所在的律师事务所及律师本人均需具备司法部和证监会联合授予的证券从业资格。2002年12月,两部门再次发布通知,取消已实行10年之久的证券律师资格制度。这一过程,在某种程度上反映我国证券市场更加规范,律师行业更加成熟。

[2] 严军兴主编:《律师执业损害赔偿》,人民法院出版社2001年版,第144页。

（二）律师民事责任的责任承担主体

律师民事责任的责任承担主体的确定，同律师事务所的设置紧密相关。因此，由于世界各国律师事务所设置的不同，承担民事责任的主体也有所不同。

在国外，律师执业不一定都依附于一个律师事务所。许多国家允许律师单独开业。例如，美国各州都没有关于律师事务所组成和管理的规则，只要通过考试取得资格并通过一项关于个人情况的调查，取得律师工作执照，就允许律师自己开业。在英国的英格兰，出庭辩护的律师，亦称出庭律师或"大律师"只能独立开业，就是说，"大律师"在英国合伙开办律师事务所是被列入禁止之列的。单独开业的律师并不成立律师事务所，而是以个人的名义执业，并独立对委托当事人承担法律责任。因此，在这种情形下，律师既是律师民事责任的行为主体，同时也是律师民事责任的承担主体，即行为主体与责任主体同系一体。〔1〕 当然，还存在另外一种形式，就是律师必须依托于一个律师事务所执业。没有律师事务所，律师个人不能单独执业。在承担律师民事责任问题上，都是由律师事务所承担。

因此，凡是以律师本人的名义执业的，该律师即为律师民事责任的承担主体；凡是以律师事务所的名义执业的，该律师事务所即为律师的民事责任的责任承担主体。

我国《律师法》第49条第1款规定："律师违法执业或者因过错给当事人造成损失的，由其所在的律师事务所承担赔偿责任。律师事务所赔偿后，可以向有故意或者重大过失行为的律师追偿。"对这一规定，我国学术界对律师民事责任的主体有三种意见：一种意见认为，律师是责任主体，律师事务所不过是代位先行赔偿；〔2〕第二种意见认为，律师事务所而非律师本人是责任主体；〔3〕第三种意见认为，律师和律师事务所都是责任主体。〔4〕

本文赞同第二种意见，即律师事务所是律师民事责任的主体。理由在于：

1. 在我国，律师只能依托于律师事务所执行业务，律师在执业过程中因过错给当事人造成损害的，首先由其所在的律师事务所承担责任，之后，再由事务所向有过错的律师追偿，学者称其为非终局式的"连键式结构形态"。

---

〔1〕 严军兴主编：《律师执业损害赔偿》，人民法院出版社2001年版，第144页。

〔2〕 刘海：《对建立我国律师职业责任赔偿制度的几点思考》，载《理论与改革》2001年第4期。

〔3〕 李桂英：《律师执业赔偿制度的几个问题》，载《中国法学》2000年第2期；严军兴主编：《律师执业损害赔偿》，人民法院出版社2001年版，第145页；周信庭：《关于律师赔偿的几个问题》，载《律师世界》1996年第4期。

〔4〕 青锋：《中国律师制度论纲》，中国法制出版1997年版，第558页。

前段单键的损害赔偿关系的终结,正使另一新赔偿权利人与新赔偿义务人的损害赔偿关系因此形成。[1]

目前,我国律师事务所的组织形式有三种:国资律师事务所、合作律师事务所和合伙律师事务所。前两种形式具有法人资格,律师事务所与律师个人的财产和责任相分离。后一种为合伙组织,合伙律师应该对律师事务所的债务承担无限连带责任,但在责任的承担顺序上,实践中一般由合伙组织的共有财产承担,不足部分才由各合伙人分担,因此,合伙律师事务所的责任不能等同于律师个人的责任。可见,不论律师事务所的组织形式如何,直接向受害人承担责任的是律师事务所而非律师个人。至于对过错律师的追偿则转化为律师与律师事务所之间的内部关系,是否追偿,如何追偿,追偿多少等问题都不由受害人决定。

2. 从现实法律关系来看,与当事人建立委托合同关系的是律师事务所而非律师个人。根据《律师法》的规定,律师承办业务由律师事务所统一接受委托,与委托人签订书面委托合同,按照国家规定向当事人统一收取费用并如实入账;律师不得私自接受委托,私自向委托人收取费用。这表明律师个人不是合同当事人,而且委托合同规定的主要是律师事务所与委托人之间的权利义务关系,如果发生损害,理所当然应该由律师事务所向委托人承担责任。而且,律师是律师事务所的职员,[2]律师的执业行为属于职务行为,律师为当事人提供法律服务是代表律师事务所进行的,实际上是律师事务所的行为。而且律师承办业务除应以法律为依据外,还要遵守所在律师事务所的规章制度,简单业务一般由律师事务所授权律师个人承办,复杂、重大业务则一般要由律师事务所集体研究或由承办律师汇报主任后决定具体意见。在这种情况下,律师因执业过错给委托人或第三人造成损失的,自然应当由其所在的律师事务所首先负责赔偿。

3. 律师事务所作为责任主体体现了权利、义务、责任相一致的原则。按照《律师法》的规定,律师收费要通过律师事务所,而律师事务所的收费中有相当一部分要用于公共开支、管理及转移支付各种税费。律师与律师事务所之间由此建立了这样一种权利义务关系:律师有向律师事务所交纳部分经济收益的义务,同时有获得培训、服务和一定风险保障的权利;律师事务所有得到部分经济收益的权利,同时也有提供各种管理、服务和承担部分风险的义务。[3]一旦律师的执业活动造成委托人或第三人损害,律师事务所在管理、训练、指派律师等方面存在不可推卸的责任。因此,由律师事务所

---

〔1〕 曾世雄:《损害赔偿法原理》,中国政法大学出版社 2001 年版,第 36～38 页。

〔2〕 李本森:《中国律师业发展问题研究》,吉林人民出版社 2001 年版,第 203 页。

〔3〕 章武生:《中国律师制度研究》,中国法制出版社 1999 年版,第 230 页。

承担责任体现了权利义务的一致性。

4. 以律师事务所为责任主体不仅有利于维护委托人的利益,而且有利于律师开展工作。一般而言,律师事务所的偿付能力远远高于律师个人,由律师事务所承担责任可以使受害人及时足额获得赔偿,保护受害人权益。另一方面,律师事务所在承担责任后可以酌情决定向有过错的律师追偿,对于轻微的过错行为可以不予追究,这样律师个人的风险降低了,就会更加积极大胆地开展业务。

(三)律师事务所对律师的追偿权

律师事务所是赔偿义务的承担者,但这并不是说律师就不承担任何责任了,根据《律师法》的规定,律师事务所在向受损害的当事人支付了赔偿费用以后,即享有向致害律师的追偿权。律师事务所行使追偿权,必须满足一定的条件。根据我国《律师法》第49条第1款的规定,律师事务所行使追偿权的基本条件有两个:①律师事务所向受害人实际上已经支付损害赔偿费;②执业律师须有故意或者重大过失。

律师事务所对于故意或者重大过失的律师行使追偿权时,还须受到以下一些限制:①遵守律师事务所的决定而为的行为造成损害的,律师事务所不得对该律师追偿。②律师事务所未能及时行使抗辩权(如应予减免的赔偿责任未能减免)而向受害人已进行赔偿的,律师可以此为由主张免责,不承担被追偿的责任。③律师事务所不当支付过多的损害赔偿金时,致害律师仅在正当的损害赔偿限度内承担被追偿责任。④律师事务所行使追偿权应当考虑到致害律师的经济情况。在致害律师无力负担被追偿的费用时,律师事务所应当放弃或暂缓行使追偿权。

四、建立和完善我国律师民事责任制度

(一)完善《律师法》的相关规定

《律师法》的修改应当进一步完善律师民事责任的构成要件、责任主体、请求权人、责任范围等相关制度。①责任要件:应明确规定"过错"是律师承担民事责任最基本的条件,其他要件则根据责任的类型加以确定。②责任主体:应明确律师事务所才是律师民事责任的主体,律师事务所向当事人承担责任后,可以根据情况向有故意或重大过失的律师追偿。③请求权人:应明确请求权人是委托合同当事人,第三人在因信赖律师出具的对社会公众产生实质影响的法律意见书而遭受利益损失时,也可以作为请求权人。④责任范围和形式:律师事务所应该对律师过错导致的一切实际损害承担责任,责任形式不限于经济赔偿,还包括其他非财产形式。⑤赔偿责任的限制:对律师承担民事损害赔偿责任的数额进行限制,可以不受委托合同酬金的限制,当然应当控制在以律师酬金为基础的一定范围内。

（二）建立我国律师执业责任风险分担、分散机制

1.建立执业责任风险准备金。各个律师事务所可以从本律师事务所的财产中提取一定比例的金额，作为律师民事责任的风险准备金，以应对将来可能出现的本所律师由于过错而对外承担的经济赔偿等民事责任风险，以维护律师事务所的正常运作。当然，这只是各个律师事务所在"单兵作战"情况下实施的"个体计划"，因此，律师事务所应根据自身的实际情况，采取最适合自身的方案，建立执业风险准备金。

2.建立执业责任赔偿基金。由律师协会从律师每年的会费中提取一定比例或数额作为基金，并且同时应将提取缴付律师执业责任赔偿基金作为律师事务所年检、注册的必备条件，实行"统一提取、分级管理、集中使用、专款专用"；或者借鉴香港律师责任基金保障制度，可以设立一个专门的律师赔偿基金有限公司，基金来源主要由律师及律师事务所提供。由该公司对基金进行管理、维护和经营。当律师因过错导致当事人或第三人损失时，由公司审查是否属于律师的责任。若属于，则由公司向当事人或第三人支付一定金额进行赔偿。公司赔偿后，可以以被保障律师名义进行申诉、抗辩或和解。但未经该公司同意前，被保障律师不得就申诉而承认法律责任或做出和解，也不得进行任何招致与申诉有关的诉讼费用或开支增加的行为。否则，公司将对被保障律师因这些行为导致增加的额外费用不予赔偿。

3.建立律师执业责任保险制度。

（1）选择的具体模式，有两种做法：①从律师执业收费中拿出一定比例或数额投保，即律师事务所向保险公司投保，一旦律师在执业活动中由于过错造成当事人损害的，经当事人提出索赔要求，由律师事务所申请保险公司代为赔偿。②统一由全国律协与保险公司签订律师执业责任保险合同，由全国律协与保险公司签订以律师事务所为被保险人的全行业律师执业责任保险协议，也可由省、自治区、直辖市律师协会与保险公司签订保险协议。鉴于我国律师业发展不平衡的状况，应当允许两种方式并存。由各律所购买保险适用于律师业不发达、各律所业务量极度不平衡的地区。各律所可以根据自己的案源、年收入情况分别与保险公司就保险费、最高保险限额进行协商，而不宜做出统一规定。后一种方法适用于律师业比较繁荣、各律所之间收入相差不太悬殊的地区。由律协统一购买保险可以简化手续、提高效率。当然，从发展趋势看，应当大力推介由律师协会统一投保的做法，由各地方的地、市级律师协会作为投保人，以其会员即本市或本地的全体执业律师为被保险人，投保"律师执业责任险"险种，经费来自律师协会上缴的会费，并且将是否投保律师执业责任保险作为律师执业注册必备的先决条件。

（2）律师责任保险的具体框架。

第一，律师责任保险的被保险人及其权利义务。律师责任保险的被保

险人是在中华人民共和国境内依法设立、执业的律师事务所,是律师责任保险的直接受益人。其主要权利和义务是:①在发生律师保险责任范围内的保险事故时,被保险人可以直接向保险人索赔,并依法获得保险赔偿;②按照规定提取缴纳律师赔偿基金,依法办理机构的登记、年检、注册手续;③如实申报执业律师、律师业务数量、律师业务收入等保险合同约定的事项。如因隐瞒律师收入导致保险人根据《中华人民共和国保险法》第16条拒绝赔付,该律师事务所要自行承担由此而引起的法律责任;④及时通知义务,在发生律师当事人或利害关系人向律师事务所索赔,提起诉讼、调解等事项时,投保人应按保险公司约定的时间通知保险人。

第二,律师责任保险的保险责任。律师责任保险的保险责任应采取一切险的方式,即被保险人因律师执业行为,依法应对律师当事人或利害关系人承担民事赔偿责任,只要不属于保险合同列明的除外责任,保险人均应承担保险赔偿责任。被保险人所作的律师业务,只要律师当事人或利害关系人向律师事务所提出索赔在保险期间内,保险人均应按保险合同的约定,承担赔偿责任。律师事务所或律师由于下列原因造成的损失、费用和责任,保险人不负责赔偿:①被保险人的故意行为;②被保险人无有效律师执业证书或未取得法律、法规规定的应持有的其他资格证书,办理律师业务的;③被保险人从事律师执业以外的任何行为;④被保险人的注册执业律师以个人名义私自接受委托或在其他律师事务所执业;⑤被保险人向保险人隐瞒或不如实告知,情节严重的;⑥保险人与投保人约定的其他免责的情况。

第三,律师责任保险的保险费。律师责任保险的保险费应实行比例费率制,即按照律师业务总收入的一定比例提取保险费;实行按年计费制,即按律师事务所上一年度的律师业务收入为基准计算本年度的保险费;实行浮动费率制,即由基本保费加上浮动保费构成。基本保费按投保人上一年度的律师业务总收入的1%~3%计提。律师责任保险的前10年,只缴纳基本保费。浮动保费的测算可以10年为一个测算周期,保险公司赔款支出总额与保险人所交基本保费总额达到约定比值时,保费费率可以在基本保险费率的基础上实行上浮或下调。上浮的费率称为风险费率,下调的费率称为优惠费率,两者相互结合构成浮动保费。

第四,律师责任保险的保险赔偿范围。律师责任保险赔偿的范围指在保险事故中,保险人对哪些损失承担赔偿责任。主要包括以下费用:①人民法院裁决或经保险人同意由律师事务所与律师责任索赔当事人协商确定的因律师责任而引起的赔偿金额;②人民法院收取的诉讼费;③其他费用。如为进行诉讼支出的差旅费、调查取证的费用等;④法律规定或保险合同约定应由保险人承担的费用。如律师保险责任事故发生后,被保险人为缩小或减少保险人的赔偿责任所支付的必要的、合理的费用。

第五,限制保险公司的代位求偿权。现在大多数保险公司的律师责任险条款赋予了保险人享有与普通财产保险合同相同的代位求偿权,并在对责任律师的代位追偿权受到妨碍时,可以拒绝赔偿及解除合同。笔者认为,这些条款违背了律师责任险的本来目的。因为责任承保的就是执业律师的执业责任,而不是一般财产险中的事故或自然灾害。这种条款对执业律师就意味着:保险公司赔偿仅仅是暂时代为支付,并且在保险公司代位求偿过程中,律师对委托人的抗辩权实际上已经丧失,在某种情况下所支付的赔偿可能会更高。国外强制责任保险合同大多规定,只有在超额赔偿、保险单失去效力、除外责任、被保险人故意等特殊情况下,保险人才能行使代位求偿权。因此对于此种条款应当予以限制。

4. 与当事人事先约定风险承担、责任归属与赔偿限额。依据合同自由原则,根据执业律师与委托当事人之间的具体代理事项,由律师事务所以律师收费为基数,事先与委托人事先约定双方可以接受的赔偿数额,把损害赔偿限制在可以预见的范围内。

（三）建立律师民事责任纠纷的非诉讼解决程序

律师与当事人之间发生的民事责任纠纷属于民事责任的一种,当然可以适用民事诉讼程序加以解决。但是,律师的执业过程是一项专业性极强的活动,是否有过错难以核实,加之律师与代理人之间法律纠纷的数量与日俱增,为了减轻法院的压力,不少学者呼吁建立律师民事纠纷的诉讼外解决机制。[1] 事实上,这一做法在其他国家的法规中也有规定,如日本《律师道德》第30条规定,"律师与委托人之纠纷,应尽可能争取在所属律师会的争议调停委员会解决。"[2]我国《律师法》第40条也赋予律师协会调解纠纷的权利,但因缺乏具体制度,该条文的操作性不强。本文对建立律师民事责任纠纷的非诉讼解决程序提出如下设想:

1. 在司法行政部门或者律师协会下设立律师民事责任裁决委员会,委员会成员由律师协会人员、司法行政部门人员和专家学者按一定的比例组成,委员会的人数应为单数,下设办公室作为常设机构负责接待当事人的投诉和咨询。

2. 律师与委托人之间的民事纠纷,双方可以先行协商和解,协商未果的,可以申请委员会裁决。未经该委员会先行处理的,不得直接向人民法院起诉。

3. 委员会接到申请以后,对符合受理条件的案件先行调解,调解不成

〔1〕 李桂英:《律师执业赔偿制度的几个问题》,载《中国法学》2000年第2期;周信庭:《关于律师赔偿的几个问题》,载《律师世界》1996年第4期。
〔2〕 茅彭年、李必达主编:《中国律师制度研究资料汇编》,法律出版社1992年版,第531页。

时,再根据事实和法律做出裁决。裁决程序要坚持比诉讼程序更加便捷、经济的原则。

4.法律确保裁决书的执行效力。律师民事责任裁决委员会的先行处理是必经的前置程序,当事人不服的,可以在法定期间(比如1个月)内向法院提起诉讼。在法定期间内当事人不提起诉讼的,律师民事责任裁决委员会的裁决即发生法律效力,可以申请强制执行。

(四)建立和完善我国律师民事责任风险防范的长效机制

对律师民事责任的风险要防患于未然,将风险控制在最小限度内是可能的,也是十分必要的。产生律师不当执业的主要因素有律师业务能力不够、职业道德水准不高、执业风险意识不强。事实上,从国内外律师赔偿案例的分析看出,因业务能力不够引发的是少数,而绝大多数是职业道德水准不高,风险意识不强导致的,[1]因此,加强律师队伍建设是防范赔偿风险的前提,本文认为应当做好以下几项工作:

1.强化律师职业道德和执业纪律教育,严格执行律师惩戒规则。

2.加强律师事务所管理。加强立案审批制度;强化主任指派律师责任制度;加强大要案、疑难案件集体讨论制度;认真执行每年律师审查注册呈报管理制度;规范归案审查制度。

3.坚持对律师进行继续教育,进行有针对性的培训,不接受培训的律师不予注册。

4.经常性地通报、评析律师执业赔偿事件,提高律师执业风险意识。

---

〔1〕 李本森:《〈律师法〉修改的困境与出路》,载《中国律师》2004年第11期,第85页。

中 编　律师诉讼业务

第十一章　刑事诉讼中的律师辩护

■　第一节　刑事辩护制度

一、刑事辩护制度的历史沿革

（一）外国刑事辩护制度的历史沿革

刑事辩护制度作为司法制度的一项重要内容，是刑事诉讼制度的重要组成部分，其历史要追溯到古罗马时期。在公元前4～6世纪的罗马奴隶共和制时期，由于交通便利和民主共和等自然因素与政治因素的影响，简单商品经济十分繁荣，贸易往来频繁，贸易程式繁杂，加之罗马法律纷杂琐碎为一般人所不熟悉，因此"代理人"[1]、"代言人"在古罗马共和国开始出现并逐渐发展。《十二铜表法》中出现了法庭上辩护人进行辩护的条文。在罗马帝国末期又允许刑事案件的原、被告双方当事人均可自己聘请懂法律的人为辩护人在法庭上开展辩论。由于古罗马法学的发达，辩护人多为熟谙法律者甚至法学家，这就大大促进了古罗马刑事辩护制度的发展，使古罗马成为当时世界上刑事辩护最发达的国家。

到了中世纪，在欧洲由于基督教权威的恶性膨胀，使得在世俗统治之外存在着一个平行于甚至高于世俗统治的神权统治。他们利用宗教裁判所惩治异端、实行"神罚"，在裁判所的审判中虽然也容许辩护，但其辩护已沦为形式、徒有虚名。[2] 而且在中世纪欧洲世俗政权方面，刑事诉讼奉行的是纠问式的诉讼模式，这种模式在本质上是蔑视人权的，因此几乎剥夺了被告人的所有权利，将其置于诉讼客体和司法处置对象的地位。因此，刑事被告人在中世纪的欧洲没有真正的辩护权，即使在某些情况下有，也因为法官的臆断而难以发挥作用。

在资产阶级革命前夕，一批著名的启蒙思想家如英国的李尔本、洛克，

---

〔1〕　田文昌主编：《刑事辩护学》，群众出版社2001年版，第24页。
〔2〕　田文昌主编：《刑事辩护学》，群众出版社2001年版，第28页。

法国的狄德罗、伏尔泰、孟德斯鸠等人,提出"天赋人权","主权在民","法律面前人人平等"等革命思想,在诉讼中他们主张用辩论式诉讼模式取代纠问式模式,赋予被告人辩护权,在审判中实现辩护原则。在资产阶级革命成功后,英法等主要资本主义国家均在立法中肯定了刑事诉讼的辩护原则,赋予了刑事被告人自己辩护和聘请他人辩护的权利。英国1679 的《人身保护法》首先肯定了被告人的辩护权。该法明确规定了诉讼中的辩论原则,承认被告人有权获得辩护,从而确定了刑事被告人在刑事诉讼中的主体地位。刑事被告人由被追诉客体到诉讼主体的转变,是刑事诉讼制度的一次飞跃,为真正的刑事辩护制度奠定了基础。1808 年拿破仑时期的《刑事诉讼法典》对辩论作了更为详尽、周密的规定,使刑事辩护系统化、规范化起来。随着各国经济的发展和政治民主进程的推进,西方的辩护制度亦得到不断发展。[1]

(二)我国刑事辩护制度的历史沿革

我国在封建社会基本上没有刑事辩护制度,现代意义上的辩护制度是清末从西方引进、移植的。1906 年清朝制定的《大清刑事民事诉讼法》,规定了律师参与诉讼的内容,赋予当事人聘请律师辩护的权利。有关律师制度的单行规定,是从民国政府制定的《律师暂行章程》和《律师登录暂行章程》开始的。两个单行的有关律师立法的出现,是我国律师制度的开端。而后国民党1928 年和1941 年分别制定和颁行了《律师章程》和《律师法》。总的来看,旧中国的辩护制度是有积极意义的,但由于种种原因,并没能在刑事诉讼中贯彻落实,且受当时中国社会性质的影响,带上了浓厚的半殖民地半封建色彩。[2]

新中国的辩护制度是在对旧中国辩护制度进行扬弃的过程中,经过一波三折的艰难历程逐步建立、逐步发展起来的:

1950 年12 月,中央人民政府司法部发布《关于取缔黑律师及讼棍事件的通报》,明令取缔国民政府时期的律师组织和律师活动,因此在1949 ~1954 年间,律师制度基本上是被否定的。1954 年新中国第一部宪法规定"被告人有权获得辩护",同年颁布的人民法院组织法具体规定"被告人除自己行使辩护权外,可以委托律师为他辩护",从立法上对辩护制度予以肯定。但从1957 年下半年开始,由于极左思潮的影响导致原本就十分幼嫩的辩护制度奄奄一息。十年文革时期,公检法被砸烂,辩护制度便在群众运动的闹声中彻底销声匿迹。[3]

---

〔1〕 田文昌主编:《刑事辩护学》,群众出版社2001 年版,第31 ~33 页。

〔2〕 田文昌主编:《刑事辩护学》,群众出版社2001 年版,第38 ~41 页。

〔3〕 田文昌主编:《刑事辩护学》,群众出版社2001 年版,第43 ~44 页。

党的十一届三中全会后,随着经济体制改革和民主建设的推进,我国辩护制度开始恢复并在实践中不断发展完善。1978 年宪法重新确立了我国法制中的刑事辩护制度。1979 年的刑事诉讼法明确规定了我国的辩护制度,确立了辩护制度的基本原则和地位,并对辩护做出了专章规定。其后又通过大量司法解释、批复、通知等文件进一步明确和具体化,增强了辩护的可操作性。我国的刑事辩护制度亦从此逐步发展。1996 年 3 月,全国人民代表大会总结刑事诉讼的实践经验对原刑事诉讼法进行了修改,其中对辩护制度做出了重大变革,进一步扩大了犯罪嫌疑人的辩护权,提前了辩护人和辩护律师介入诉讼的时间,明确了辩护人的诉讼资格,扩大了指定辩护的范围,扩大了律师和其他辩护人的诉讼权利。此外,立法机关还制定或修订了一系列有关辩护制度的法律法规,如《中华人民共和国律师法》、《人民法院组织法》等,我国的刑事辩护制度获得了自新中国以来前所未有的发展。[1]

二、刑事辩护制度的基本理念和原则

（一）人权保障理念

保护人权是现代法治的核心,而有效的辩护恰恰是人权保障在刑事司法领域的重要体现。刑事辩护制度的完善是一个国家民主与法治程度的反映,"刑事辩护归根到底是一个国家对刑事被告人人权的保护与尊重"。因此,无论是在奉行"当事人主义"模式的英美法系国家,还是奉行"职权主义"模式的大陆法系国家,都在刑事诉讼程序中对犯罪嫌疑人和被告人所享有的辩护权做了细致的规定。刑事诉讼以追究、惩罚犯罪为宗旨,个人权利受到严重限制、剥夺,在我国的刑事诉讼中可以说是普遍现象。但是,被刑事追究的人是否真的有罪? 即使有罪是否其还有合法权利遭到非法侵害? 比如,被刑讯逼供、被超期羁押、因得不到充分有效辩解的机会而被错判、重判等等。人权保障理念说到底是要保护被刑事追究的人的合法权利。所以,"刑事辩护律师是为坏人说话甚至是坏人的帮凶"的说法是错误的。

刑事领域内的人权享有和保障不同于其他领域,权利需以特别方式行使,对权利的保护也要更加细微别致、周到完善。在刑事诉讼中,处于被追诉地位的公民个人面对的是拥有强大权力和训练有素的国家司法机构,其实力对比之悬殊不可同日而语。因此公民个人的人身和财产权利有遭受极大侵害的可能,在这种情况之下,经过职业训练和拥有娴熟技能的辩护律师的介入,加强公民个人的防御力量,帮助其对抗国家的侦查、控诉和审判,以达到保障公民人权的目的。在我国人权意识还很淡薄的情况下,强调在刑事诉讼程序中对被告人的人权保护就具有特别重要的意义。

---

〔1〕 田文昌主编:《刑事辩护学》,群众出版社 2001 年版,第 44 页。

(二)程序正义理念

"程序正义的核心内容是对被指控人的个人权利加以保护,而对于国家权力加以制约。"刑事辩护制度正是被指控人诉讼地位主体化的结果,是诉讼民主化的体现。刑事辩护制度的核心内容就是赋予并且加强被指控人在诉讼中反击控诉,捍卫自身权利或利益的辩护权,同时为被指控人辩护权的实现辅以国家司法机关的协助或保障义务。因此我们可以说,刑事辩护制度本身就是程序正义在诉讼制度上的重要体现。美国权威的《布莱克法律辞典》写道:"程序性正当程序的中心含义是指:任何权益受判决结果影响的当事人都有权获得法庭审判机会,并且应被告知控诉的性质和理由,……合理的告知,获得法庭审判的机会以及提出主张和辩护等都体现在程序性正当程序之中。"在美国学者看来,正当法律程序体现了正义的基本要求,而程序性正当程序更是体现了程序正义的基本观念,其所表达的价值是程序正义。由此可知,刑事辩护制度的核心内容——辩护权亦是程序正义的不可分割的必要条件。正如美国学者德·肖维茨所言:"司法正义——不管是社会主义、资本主义或是其他任何种类的,都不仅仅是目的,而且还是一种程序;为了使这一程序公正地实行,所有被指控犯罪的人都必须有为自己辩护的权利。"

(三)平等对抗原则

现代刑事诉讼的一个重要特点就是强调控、辩双方在平等的基础上进行合理的对抗,因为只有在平等对抗的基础之上才具有查清事实、正确适用法律的可能。平等对抗原则不仅是人权保障的内在要求,也是程序正义的必要保证。平等对抗包括控、辩双方诉讼地位平等,诉讼机会和诉讼手段的对等以及诉讼规则的平等。形象地可将此构架比喻成等腰三角形。即不论控辩双方的距离如何,但控、辩双方与审判者的距离是相等的。在一定意义上说平等对抗是一种"均衡感",即在打击与保护,在国家利益与被告人个体利益之间的一种取决于社会理性的"均衡性感觉"。从这个意义上讲,一段时期内的"公、检、法联合办案,而将辩方排除在外"的做法是对这一原则的破坏,与"打击犯罪的同时保护人权"的基本法治原则也是背道而驰的。

法律地位的平等,是指从立法上规定控辩双方在诉讼中的法律地位是平等的,不存在一方优于另一方的关系,二者与法官的关系是等距离的,在法庭面前是平等的。机会和手段的对等,是指审前双方都有权会见犯罪嫌疑人,对证人、被害人以及有关单位进行调查,收集证据,都有权获知对方的诉讼信息;在法庭上双方都有机会和权利询问被告人、被害人、证人、鉴定人等,都有权发表自己的意见、反驳对方的意见;控诉方拥有进行控诉的手段,辩护方拥有相应的防御手段,如控诉方可以采取强制性措施进行侦查,被告人享有沉默权进行对抗等。诉讼规则包括诉讼进行的规则以及取胜的结果性规则。公平的规则不是双方拥有完全相同的权利、义务,而是根据双方的固有实力制定双方可以对抗的规则,使诉讼的整个过程保持一种均衡感,而不是一种一方以绝对优势压倒另一方的感觉。如要求控诉方承担证明被告人有罪的证明责任;确立沉默权、非法证据排除等都是诉讼规则平等的体现。

（四）有效辩护原则

有效辩护原则的确立,是人类社会文明进步在刑事诉讼中的体现。在国外刑事诉讼中又被称为"充分辩护原则"。"辩护应当是实质意义上的,而不应当是形式上的。"这就是有效辩护的要求。有效辩护原则至少应当包含以下几层意思:①犯罪嫌疑人、被告人作为刑事诉讼的当事人在整个诉讼过程中应当享有充分的辩护权;②应当允许犯罪嫌疑人、被告人聘请合格的能够有效履行辩护义务的辩护人为其辩护,包括审前阶段的辩护和审判阶段的辩护,甚至包括在执行阶段,即刑事诉讼的全过程;③国家应当保障犯罪嫌疑人、被告人自行辩护权的充分行使;④设立国家法律援助制度,确保犯罪嫌疑人、被告人迅速、及时地获得律师的帮助。

三、刑事辩护制度的基本内容

刑事辩护是指犯罪嫌疑人、被告人及其辩护人针对控诉一方的指控而进行的论证犯罪嫌疑人、被告人无罪、罪轻、减轻或免除罪责的反驳和辩解,以保护其合法权益的诉讼行为。其实质是给被刑事追诉者一个充分的为自己说话的机会,使之能够以刑事诉讼主体身份对刑事诉讼程序进行"富有意义的"、"有效的"参与。通过刑事辩护,行使辩护权对法官的最后裁判的形成发挥有利于自己的影响和作用。辩护权是犯罪嫌疑人、被告人及其辩护人依法享有的针对犯罪嫌疑人、被告人的侦查和控诉进行防御的诉讼权利。它是针对有攻击性的指控而进行的,是被追诉者最基本、最核心的诉讼权利。它是刑事辩护制度得以产生形成的基础,不承认犯罪嫌疑人、被告人的辩护权就不可能有刑事辩护制度。刑事辩护制度是法律确定的关于辩护权、辩护种类、辩护方式、辩护人的范围、辩护人的责任、辩护人的权利与义务等一系列规则的总称。刑事辩护制度一般应包括以下内容:

（一）辩护权

辩护权是指犯罪嫌疑人、被告人依法享有的依据事实和法律反驳对自己指控的权利。包括:①陈述权。无论是在侦查阶段,还是审查起诉阶段,尤其是在审判阶段给予其陈述和辩解的机会。②诘问权。刑事被告人享有的在庭审时对证人、鉴定人发问的权利,还有权请求与其他被告人进行对质。③调查证据申请权。刑事被告人可以申请法院调取其他证据、可以申请法院传唤没有到庭的证人、鉴定人接受询问。④辩论权。刑事被告人享有的就事实和法律进行辩论,就证据的证明力和程序问题进行辩论的权利。

⑤选任辩护人权。犯罪嫌疑人、被告人有权选任辩护人为自己提供法律帮助,进行辩护。⑥救济权。刑事被告人不服法院的判决或裁定,有权获得救济,可依法提出上诉、申诉等。⑦回避申请权。为了避免有回避原因的司法人员不回避而影响案件的公正处理,而赋予被告人回避申请权,以资补救。

被告人的辩护权是辩护制度的核心内容,是辩护律师进行辩护的基础。法律对被告人辩护权的认可程度是律师进行"富有意义的"、"有效的"辩护的基本前提。

(二)辩护的种类和方式

刑事辩护一般分为自行辩护、委托辩护和指定辩护。所谓自行辩护是犯罪嫌疑人、被告人自己为自己进行的辩护。这种辩护贯穿于刑事诉讼整个过程,是十分有效并被频繁使用的辩护方式。无论是在侦查阶段还是在审判阶段,被告人都可以为自己辩护。委托辩护是犯罪嫌疑人、被告人通过与法律允许的人签订委托合同,由他人为自己作辩护。这里的他人一般是律师,也可以是其他公民。委托辩护相对于自行辩护而言,由于接受委托的人更了解法律并且享有法律规定的阅卷权、调查取证权等,更有利于犯罪嫌疑人、被告人充分行使辩护权,因此成为现代刑事诉讼中最为主要的一种辩护方式。指定辩护是指遇有法律规定的特定情况,法院为没有委托辩护人的被告人指定辩护律师为其辩护。

(三)辩护人及辩护人的范围

辩护人是指在刑事诉讼中受犯罪嫌疑人、被告人委托或法院指定,帮助犯罪嫌疑人、被告人行使辩护权,依法维护犯罪嫌疑人、被告人合法权益的诉讼参与人。辩护人制度的设立弥补了犯罪嫌疑人、被告人辩护能力的缺陷;弥补了国家司法人员对犯罪嫌疑人、被告人诉讼权利保障的不足;促进了诉讼公正的实现,并在社会中发挥着示范功能,促进法制宣传教育。在我国辩护人的范围较广泛:律师、人民团体或者犯罪嫌疑人、被告人所在单位推荐的人、犯罪嫌疑人、被告人的监护人、亲友都可以被委托为辩护人,但是正在被执行刑罚依法被剥夺、限制人身自由的人除外。

(四)辩护人的责任

辩护人应该承担根据事实和法律提出证明犯罪嫌疑人、被告人无罪、罪轻或者减轻、免除其刑事责任的材料和意见,维护犯罪嫌疑人、被告人合法权益的责任。

(五)辩护人的诉讼权利和义务

为保证辩护人能充分执行辩护职能,履行辩护职责,法律赋予辩护人一系列诉讼权利。主要包括:独立辩护权、阅卷权、会见通信权、调查取证权、司法文书获取权、获得通知权、质询权、辩论权、控告权、拒绝权及其他权利。辩护人在享有上述诉讼权利的同时需要承担下列诉讼义务:恪守职责,维护当事人合法权益的义务;保密义务;正当执业的义务;遵守法庭规则的义务;律师的法律援助等义务。

四、我国刑事辩护制度存在的主要问题

刑事辩护制度的理想架构是在打击犯罪的同时保障人权的基本理念基础之上,控辩双方平等对抗、有效辩护的程序保障体系。但是,由于人们法治意识的滞后和立法经验的不足,使得我国刑事辩护制度本身尚存在一些问题,如控、辩双方的地位不对等、非法证据不能得到有效排除等;又由于人们对打击犯罪与保障人权关系的认识上,往往更重视打击犯罪,在两者出现冲突时被舍弃的多是犯罪嫌疑人或被告人的利益,使得已有的辩护制度不能得到落实。司法实践中存在的问题主要表现在:

(一)侦查阶段的问题

1996 年《刑事诉讼法》把律师介入诉讼的时间,提前到侦查阶段,是我国刑事诉讼制度改革的一项成果和实质性突破。但是在司法实践中,律师提前介入的困难和问题依然存在,具体表现为"三难",即:会见犯罪嫌疑人难,代为申诉控告难,为犯罪嫌疑人申请变更、解除强制措施难。[1]

1. 会见难。司法实践中,律师会见时普遍遇到的阻挠、限制、困难有以下几种:①侦查机关动辄以案件涉及国家秘密为由拒绝律师会见。②律师会见不涉及国家秘密案件的犯罪嫌疑人,事实上还得经过侦查机关批准或变相的批准。③会见的次数和每次会见的时间受限。大部分侦查机关只允许律师会见一次,而且每次会见的时间会受到限制,理由是本地有规定或侦查人员工作忙,不能长时间陪律师会见等等。④会见时不准谈案情。虽然法律规定律师会见时可以向犯罪嫌疑人了解案件情况,但是侦查机关却限制律师谈案情,如果律师执意要了解案情,侦查人员则会中止会见。

2. 代为申诉、控告难。从立法本意讲,法律赋予律师代犯罪嫌疑人申诉、控告的权利,是为了保障侦查机关依法侦查,监督和防止刑讯逼供等非法行为发生。但是,司法实践中这一权利的行使存在如下问题:①律师会见犯罪嫌疑人时,一般情况下侦查人员都会在场,已遭到刑讯逼供的犯罪嫌疑人早已胆战心惊,见到侦查人员仍心有余悸,从现实上讲,极少有人敢向律师说出实情,让律师代理申诉和控告。②律师在侦查阶段尚不能调查取证,尤其是受到客观条件的限制,无法获得犯罪嫌疑人遭到刑讯逼供的证据。③关于控告和申诉程序,法律和司法解释均没有具体规定,这也是律师代为申诉和控告的法律难题。

3. 申请变更、解除强制措施难。在侦查阶段中,犯罪嫌疑人、被告人一般会被采取相关的强制措施,但是当情势发生变化后,律师想要合理地申请

---

〔1〕 李贵方主编:《刑事辩护指南》,吉林人民出版社 2003 年版,第 58 ~ 60 页。

解除、变更强制措施却是难上加难,这具体体现为:①"超期羁押"的现象普遍存在。②一些专门机关对于律师变更强制措施的申请,置若罔闻,不予理睬,根本不予答复。③利益驱动,决定机关一般不接受保证人保证,而且设定过高的保证金,犯罪嫌疑人根本无力承担,取保候审成为一句空话。

（二）审查起诉阶段的问题

1.阅卷难。1996 年的《刑事诉讼法》,意图解决先判后审或先定后审的问题,而规定人民检察院在起诉时,不再向法院移送原卷和全卷了,这样一来,律师在开庭前的阅卷权就大大地削弱了,甚至律师界纷纷反映,立法关于律师的阅卷权大倒退,还不如原刑事诉讼法的规定,这种说法是不无道理的。根据《刑事诉讼法》第 150 条的规定,律师看不到原卷和全卷,在开庭前只能看到起诉书、证据目录、出庭的证人名单和主要证据的复印件,这和修订前相比显然是明显的倒退了。这一问题已经引起了学界和有关部门的注意,对刑事诉讼法修改在该问题上的主流意见是,将律师阅卷的时间提前到案件的审查起诉阶段并且有权查阅全部卷宗材料。

2.调查取证难。调查取证权是刑事诉讼法赋予辩护人的一项重要的权利。但是我国的《刑事诉讼法》并没有规定辩护律师在侦查阶段享有这一权利,这不能不说是一个巨大的遗憾。一些律师在侦查阶段的调查,要么被视为伪证行为,要么对其取来的材料公安司法机关视为无证据能力,而不予采纳。因此许多律师把侦查阶段的调查活动,称作"风险调查"。进入审查起诉阶段,立法虽规定辩护律师享有调查取证权,但是限制为"必须经有关单位和个人同意或者经人民检察院、人民法院许可"。另外,因个别公安、司法机关对刑法中关于辩护人毁灭证据、伪造证据、妨碍作证罪的规定缺乏正确的理解,对辩护律师在调查取证中正确履行职责和制造伪证的界限不能正确区分,大大提高了律师的取证风险。[1]

（三）审判阶段的问题

1.审判人员的刑事诉讼理念存在问题。仅举两例予以说明。如刑事诉讼中,很多法官"侦查中心主义"观念根深蒂固,法官普遍认为侦查机关取得的证据真实性强,相信侦查机关所作笔录的真实性,甚至胜于对庭审笔录的信任,即使有时认为侦查机关的证据有些问题,但也会因认为辩方没有足够证据对其予以反驳,仍然采纳该证据,远远没有树立正确的"审判中心主义"理念。再比如,法官普遍追求实体真实、客观真实,有罪推定观念普遍存在,审理案件时往往认为"证据不足不能否定犯罪",而不是认为"证据不足就不能认定犯罪",甚至经常出现依据推定的事实认定犯罪。这都是和"无罪推定原则"背道而驰的。诉讼理念认识上的偏差和错误,也导致了下述问题的

---

[1] 陈光中主编:《律师学》,中国法制出版社 2004 年版,第 351 页。

存在。

2. 控辩双方地位的不平等。法官超然中立,控辩双方在各自提出证据,反驳对方的基础上合理对抗,是 1996 年《刑事诉讼法》力图实现的诉讼构架模式。但是由于传统思维的惯性,以及刑事诉讼中法官"侦查中心主义"理念根深蒂固,没有树立正确的"审判中心主义"理念,也由于公检法"天然的亲密感",检察机构身兼公诉人和法律监督者的双重身份等原因,法官在刑事审判中自觉不自觉地向控诉方倾斜,法官对案件事实有着相当的先入为主之见;而且法官在对待控辩双方提出的证据时"厚此薄彼",更多地偏好控方,丧失了中立立场,导致控辩双方地位不平等。

3. 律师辩护意见采纳难。自辩护制度改革以来,我国律师介入的诉讼尚不足 30% ,70% 的刑事案件请不到律师,多数律师也不愿参与刑事诉讼,辩护律师不到位,更谈不上律师辩护意见被采纳了。由于上述控辩双方法律地位的不平等,法官倾斜于控方,习惯于检法两家团结一致对付被告一方,所以仅就律师介入诉讼的案件而言,多数仍然处于"你辩你的,我判我的"状态,法官对律师庭上的意见不重视,不采纳,致使律师到位以后的辩护意见起不到应有的作用,架空了刑事辩护制度。

4. 证人出庭作证难。由于书面证据的普遍运用(直接言词证据原则尚未确立),证人出庭率极低。如北京某基层法院,2004 年 5 月到 2005 年 5 月审理的 124 件刑事案件中,共有证人 640 人,平均每件案件有证人 5.16 人,最高为 20 个证人(1 件,介绍卖淫),其中有证人出庭作证的案件仅为 1 件,占 0.8% ,共出庭证人 2 人,出庭率为 0.3% 。[1] 河北省某中级法院,2000 年到 2005 年审理的刑事一审案件 63 件,共有证人 599 人,平均每个案件有证人 9.5 个,其中证人最多的案件有证人 31 人,但 63 件案件中,勉强算有 1 件案件的 3 位证人出庭,但他们同时是附带民事诉讼原告人,中级法院证人出庭率不足 0.5% 。这使得庭审时控辩双方对着"纸张"质证,质证流于形式,质证的立法本意无法实现,也使得以口头主义为载体的庭审无法推演。另外,由于庭前审查的范围仍然较为宽泛,或是由于"借卷看"和庭后阅卷等变通作法,也使得当庭辩护的意义极为有限。

---

[1] 吴丹红:《司法场景中的证人作证》,载《诉讼法学、司法制度》2006 年 11 期。

■ 第二节 我国律师辩护的工作程序和方法

一、委托关系的建立

我国《刑事诉讼法》第96条规定："犯罪嫌疑人在被侦查机关第一次讯问后或者采取强制措施之日起,可以聘请律师为其提供法律咨询、代理申诉、控告。犯罪嫌疑人被逮捕的,聘请的律师可以为其申请取保候审。涉及国家秘密的案件,犯罪嫌疑人聘请律师,应当经侦查机关批准。

受委托的律师有权向侦查机关了解犯罪嫌疑人涉嫌的罪名,可以会见在押的犯罪嫌疑人,向犯罪嫌疑人了解有关案件情况。律师会见在押的犯罪嫌疑人,侦查机关根据案件情况和需要可以派员在场。涉及国家秘密的案件,律师会见在押的犯罪嫌疑人,应当经侦查机关批准。"

《最高人民法院、最高人民检察院、公安部、国家安全部、司法部、全国人大常委会法制工作委员会关于〈中华人民共和国刑事诉讼法〉实施中若干问题的规定》第10条规定:"依照《刑事诉讼法》第96条规定,在侦查阶段犯罪嫌疑人聘请律师的,可以自己聘请,也可以由其亲属代为聘请。……"

依据上述规定,我国刑事业务律师的工作,可以始于"犯罪嫌疑人在被侦查机关第一次讯问后或者采取强制措施之日";可以同犯罪嫌疑人本人,也可以同其亲属建立委托关系。司法实践中,一名称职的刑事业务律师应该在下述方面加强学习、锻炼:

（一）与客户的洽谈

与律师事务所建立委托关系的一方我们称之为客户。依照法律规定,律师事务所的客户可以是犯罪嫌疑人或被告人本人,也可以是他们的亲属。由于目前我国刑事案件立案后绝大多数都要限制犯罪嫌疑人或被告人的人身自由,因此,同律师事务所建立委托关系的人通常是犯罪嫌疑人或被告人的亲属。这些人,由于政治、经济、文化教育等社会背景千差万别,来源也或是自己找来,或是亲友介绍,或是看到媒体宣传慕名而来,情况多种多样。但他们的心情和想法却大体是一致的,就是为受到刑事法律追究的亲人聘请到一位能为他(她)提供最好的法律帮助和辩护的律师。

面对竞争日益激烈的律师服务市场,客户对刑事辩护律师的选择范围越来越大,也越来越挑剔。所以对于刑事业务律师而言,如何面对客户以及如何通过沟通和洽谈取得客户的信任并最终达成协议,建立委托关系是一项不可或缺的基本功。其中包括对于不同类型的客户心理活动的正确分析判断和对案件本身法律问题的准确把握。

1.分析掌握客户的心理。一般情况下,客户在见到律师之前的心理活动比较复杂,他们关心或担心的事情很多,比如:这个律师到底怎么样、这个律师与前一个律师相比谁更能胜任(因在你之前他们可能已经同其他律师谈过)此案、面谈时间长短、面谈是否收费等等。这就需要你以一个成熟、良好的心态去面对,通过交谈了解你所面对的客户到底是一种什么样的心理状态;通过你的言谈举止打消客户的顾虑,建立客户对你的信任。

2. 作好开场白。在简短的自我介绍、交换名片后,律师随后的开场白是给客户的第一印象,是建立客户对你信任感的开始,因此一段言简意赅,温和又不失庄重的开场白就显得尤为重要。这里推荐一段叙述供参考:

"在我们开始之前,我想告诉你我与客户会谈的一般情况。在开始的10到15分钟,我希望你告诉我你今天来律师所的原因。可以从头说起,把你认为重要的一切事情都告诉我。这段时间我通常什么也不会问,因为在我提问之前,我希望充分了解你所遇到的问题和麻烦以及你希望如何处理、应付你的麻烦。我将会记一些笔记,但不要让我的举动分散你的注意力。

请不要担心,在我们这次会谈结束后,你完全可以去聘请别的律师,我们之间的相互信任对更好地解决问题是至关重要的。

我们这次谈话不收取任何费用(也可以介绍律师所的咨询收费标准)。我们有30分钟的时间,然后我必须去法庭。"

一段好的开场白对委托关系的建立十分重要,因此应当引起重视、精心组织。当然,一名优秀的律师会根据不同客户,安排不同的开场白。但无论如何要记住的一点是"要让你的客户从一开始就感觉到你是一个精明强干、尽职尽责、可以信赖的律师。你将为并且有能力为他们的合法权益斗争到底"。

3. 倾听客户的陈述,客观分析案情和解决办法。倾听客户陈述的目的是最大限度地获取客户所掌握的信息资料,同时建立客户对你的信任感。会说的律师要比会听的律师多,但是学会倾听更应该引起我们的重视,因为客户这时候遇到了前所未见的麻烦,同时由于专业的原因他们的叙述可能抓不到重点,甚至是非常混乱的。如果我们不会倾听就可能经常打断其叙述,不但不能更多地了解情况,还会因为经常打断而使其叙述更加混乱,同时他可能会感觉到和你不好沟通而对你减少信心。通过倾听,当然要施以适当引导和提问,这样我们可以更好地了解该案件的背景情况、案件的相关事实。这是我们分析判断的基本素材。

客观、条理清晰地分析判断,并提出框架性的解决办法是建立客户对你信任感,对该案件信心的重要环节。在通过倾听,最大限度地了解了该案的情况后,一名合格的辩护律师会迅速在头脑中形成该案的完整印象,判断出该案可能涉及的罪名,并迅速找到解决这些问题的相关重要环节。但是,当你向客户表述这些时,要注意以下三点:

（1）条理清晰。律师和非专业人士的表述应当有明显的区别。条理清晰、重点突出、归纳完整的表述正是你应当具备的基本素质。通过你的表述可以核实、确认你的分析判断所依据的事实是否是客户所讲述的，还可以让客户觉得你是一个接受能力、分析判断能力极强，法律功底深厚的值得信赖的律师。

（2）避免避重就轻。在充分了解了案件背景情况和相关事实后，律师应当向客户做出客观地分析判断，不应没有边际地扩大，也不应避重就轻。过于强调问题的严重性，会减少客户对该案的信心；过于避重就轻容易让客户对律师的能力和作用产生怀疑，更会给将来的工作带来麻烦。

（3）注意强调分析判断依据。律师在委托关系建立前的分析判断，由于尚未见到犯罪嫌疑人、被告人，尚未见到卷宗材料，对案件事实、公诉机关所掌握的相关证据也不够了解，因此，只能说是初步地分析判断。但你的基本观点、你的带有结论性的意见会对客户产生极大影响，如果案件将来的发展与你现在的分析差距太大，则会给你的工作带来很多麻烦。因此你应强调：你现在的分析判断是建立在客户自己提供的相关情况基础之上的；是排除非法律因素影响的分析判断。

（二）建立委托关系

委托关系建立的标志是客户同律师事务所签订的"委托协议"。但是，说到底"辩护权"是法律赋予犯罪嫌疑人和被告人的，因此我们建议，在同其亲属签订了委托协议、其亲属签署了授权委托书后，应当持律师事务所函和会见犯罪嫌疑人、被告人专用介绍信会见犯罪嫌疑人或被告人，并在征求其是否同意聘请的意见后让其对上述委托协议和授权委托书予以确认。我们认为这时候委托关系才是完整的。

二、庭前准备

（一）会见犯罪嫌疑人或被告人

依照我国现行刑事诉讼法的规定，对被追究刑事责任的人，从立案侦查到提起公诉前称为犯罪嫌疑人，之后便被称作被告人。因此会见犯罪嫌疑人的时间可以发生在"犯罪嫌疑人在被侦查机关第一次讯问后或者采取强制措施之日"之后，到公诉机关起诉之前。由于该会见涵盖了侦查和审查起诉两个阶段，也由于法律的不同规定，会见犯罪嫌疑人表现为两种情况：

1. 侦查阶段会见犯罪嫌疑人。根据我国《刑事诉讼法》第96条的规定，在侦查阶段，受委托的律师可以会见犯罪嫌疑人，向其了解有关案件的情况，为其提供法律咨询、代理申诉、控告。

律师会见没有被羁押的犯罪嫌疑人，可以在其住处、单位、律师事务所等处进行；对于犯罪嫌疑人没有被羁押的以及不涉及国家秘密的案件，律师会见犯罪嫌疑人，不需要经过批准。律师有权要求侦查机关按照中央六部委《关于刑事诉讼法实施中若干问题的规定》,在 48 小时内或 5 日内安排会见在押的犯罪嫌疑人。侦查机关根据案件情况和需要可以派员在场。对于侦查机关不依法安排会见的,律师有权向有关部门反映,要求纠正;涉及国家秘密的案件,律师会见在押犯罪嫌疑人,应向侦查机关提出书面申请并得到批准。侦查机关不批准会见的,律师可以要求其出具书面决定。如果不是案情或者案件性质本身涉及国家秘密,律师可以提出复议或向有关部门反映。

律师会见在押的犯罪嫌疑人,应携带以下证明文件:①律师事务所出具的会见犯罪嫌疑人的专用介绍信;②律师本人的律师执业证;③委托人签署的《授权委托书》。

在侦查阶段,由于律师会见在押的犯罪嫌疑人需要侦查机关来安排并且尚不了解案件事实,又由于法律规定侦查机关可以派员在场而给律师的会见带来很多不便。因此,律师在侦查阶段会见犯罪嫌疑人应做好以下工作:

(1)据理力争,尽可能多地了解案件事实。法律规定律师会见在押的犯罪嫌疑人的目的之一是"向其了解有关案件的情况"。但在司法实践中,因侦查人员多要在场并禁止律师同犯罪嫌疑人探讨案情,律师应依法据理力争,尽可能多地了解案情,提高会见的价值。

(2)认真准备,言简意赅地解释其所涉嫌罪名的法律规定。为犯罪嫌疑人提供法律咨询,是律师在侦查阶段会见犯罪嫌疑人的重要工作。由于犯罪嫌疑人对法律知之甚少甚至根本不知,因此律师应通俗易懂、言简意赅地解释法律对其涉嫌罪名的规定,解释清楚构成这些罪名应当具备的条件,使犯罪嫌疑人对自己的行为有一个正确的法律评价,知晓应如何回答侦查人员的讯问。

(3)了解其被逮捕、讯问的过程,确定有无需要代理申诉、控告的情况。

2. 审查起诉和审判阶段会见犯罪嫌疑人和被告人。从侦查终结到提起公诉前称为审查起诉阶段。在这一阶段,由于律师已经依法得到了《起诉意见书》以及与案件相关的技术性鉴定材料,对案件有了进一步的了解,会见的目的性更强了。律师应紧紧围绕这些材料,特别是《起诉意见书》向犯罪嫌疑人了解有关细节,从中寻找、发现证据线索。

公诉机关起诉后为审判阶段。律师应尽可能早地到法院办理相关手续,尽可能早地阅卷,这一阶段的时间对被告人和辩护律师来说尤为宝贵。律师在详细审阅了公诉机关提交给法院的全部卷宗材料并做好阅卷笔录、归纳出相关问题后,再次会见被告人(根据需要,可能要多次会见)。审判阶段会见被告人的目的或要解决的主要问题有两个方面:①讨论卷宗材料,解决律师所归纳出的问题。如:同案其他被告人是如何供述和辩解的、相关证人是如何作证的、鉴定结论是否与事实相符等。由于被告人对卷宗材料并不完全了解，有些即使知道但对其作用的认识也会有偏差，因此律师应与其进行详细地探讨并提出解决问题的办法。如，某一证人的证言与事实不符，被告人应否向法院提出要求该证人出庭接受质证；被告人应通过怎样的方式、方法与其质证，让该证人说出事实真相等。②要让被告人充分了解辩护律师的辩护思路，在法庭上协调一致，提高法庭辩护效果。

（二）调查取证

证据是律师最基本、最重要的武器。律师辩护的成功说到底是证据的收集整理与组织运用的成功。在我国刑事诉讼中，律师所使用的证据绝大部分来自卷宗材料。但是，按照现行的刑事诉讼法，公诉机关起诉的案件可以只向法院移交"证据目录、证人名单和主要证据复印件或者照片"，律师有时看不到完整的卷宗材料，不利于案件的公正审理。虽说这一信息不对等的状况已经引起学界和有关部门的注意，将来会有所调整。但是，即使律师可以看到完整的卷宗材料，调查取证工作对一名负责任的优秀律师也是必要的。一名优秀的辩护律师应当做到：

1.善于发现证据线索。发现证据线索是调查取证的前提条件。一个案件可能会千头万绪，但是一名刑事业务律师，随着案件的不断推进、案情的逐渐清晰，对自己所办理的案件的关键点应该有一个清晰的认识和判断，应该围绕这些案件的关键点去有意识地寻找证据线索，并且不放过任何一个偶然的证据线索。有这样一个指控某一领导干部贪污的案件：该案件控方证据组织得比较好，其中一份较为重要的、对一证人的"询问笔录"让辩护律师头痛。在开庭的前一天下午，辩护律师同被告人的亲友们一起聊起了这份证据，其中一个人谈到"该证人当时可能病得很重在某医院住院，没过多久就去世了"。由于事情过去了很长时间，在场的所有的人都不能确定这一事实。这一偶然发现的证据线索引起了辩护律师的高度重视，立即驱车赶往该医院查询档案。医院档案证明，在该证人的"询问笔录"记载的日期，医院对该人已经报了病危，处于弥留之际。就是说，这份"证据"具有极大的不真实的成分。由于这份证据的取得，使得辩护律师在法庭上的地位产生了根本性的变化，控方组织得比较好的证据体系受到了致命地重创，最终，该被告人被依法宣告无罪。上述例证说明，刑事业务律师对证据线索的敏感程度，会对案件的结果产生极大的影响。

2.千方百计调查收集证据。发现证据线索不等于取得该证据。由于受时间、空间等因素的影响，收集物证、书证有时会出现难以想象的困难；由于一些社会因素，有些了解案件事实的人也会不愿出证，甚至是不敢出证。这就要求一个尽职尽责的刑事业务律师要想办法去收集这些证据，有时还要付出极大的辛劳。例，某律师在会见自己的被告人时了解到，该被告人在预审中受到了严重地刑讯逼供，其供述都是被逼出来的。该被告人同时提供了证明该事实的证据线索——当时负责看押工作的武警战士可以证明。但是，这些武警战士都已经复员转业，很难找到。该律师想尽办法查找到这几个武警战士复员转业的去向，驱车几百公里，包括很多崎岖的山路，历尽艰辛找到他们。他们讲述了当时的情况，但不愿意出证，怕惹来麻烦。律师又要晓之以理、动之以情地做思想工作，最终，他们将自己的所见所闻实事求是地做了证。由于这些证据的取得，法庭审理中比较充分地证明了"刑讯逼供"的这一事实。这种千方百计、不辞辛劳地收集证据的精神，值得每一个想做刑事业务律师、想做一个称职的刑事业务律师的人学习。

3. 特殊情况采取特殊的处理方式。对无法收集的证据（证人不同意作证，物证、书证持有人不同意提供证据），可以请求人民检察院或人民法院调取，也可以请求人民法院通知证人出庭作证。

刑事辩护律师的调查取证工作很艰难，还存在一些风险，但是证据对于案件的处理结果有着不可替代的作用，无论如何都必须调查收集。"可以是收集到的证据意义不大甚至毫无意义，也不能放过任何一个证据线索"应当成为刑事辩护律师对待证据的一条原则。

（三）查阅相关的全部法律、法规及司法解释

针对某一罪名，有些案件可能涉及数个罪名，法律、法规是如何规定的？有无针对性的司法解释？法律规定有无变化？针对本案有无法律适用问题等等，作为辩护律师应当清晰、准确地了解掌握。如依照我国刑法的规定，贷款诈骗罪是指"以非法占有为目的，诈骗银行或者其他金融机构的贷款，数额较大的"行为。但是，何谓以非法占有为目的，司法实践中是个很难说清楚的问题，控、辩双方各执一词，从而辩护无力。对此罪名，2001 年 1 月 21 日，最高人民法院《全国法院审理金融犯罪案件工作座谈会纪要》（司法解释）做出了明确规定："……对于确有证据证明行为人不具有非法占有的目的，因不具备贷款的条件而采取了欺骗手段获取贷款，案发时有能力履行还贷义务，或者案发时不能归还贷款是因为意志以外的原因，如因经营不善、被骗、市场风险等，不应以贷款诈骗罪定罪处罚。"依照该司法解释，我们只要证明了"案发时有能力履行还贷义务"或不能履行还贷义务是因为"经营不善、被骗、市场风险等"这些较为容易证明的事实，就可以得出"不应以贷款诈骗罪定罪处罚"的有力的辩护观点。因此，辩护律师了解、掌握相关罪名的全部法律、法规十分重要。

由于律师的工作比较繁杂，加之记忆的原因，新的法律法规、司法解释不断出台等因素，一名律师未必对接受委托的案件所涉及的法律法规有一个清晰、完整地掌握。因此，我们建议律师在接受了一个案件后，应详细查阅该案所涉及罪名的全部法律、法规、司法解释，以确定我们的辩护方向，指导我们的辩护工作。

（四）详细阅卷并制作内容翔实、重点突出的"阅卷笔录"

阅卷是庭前准备中最重要的工作之一。通过阅卷我们可以了解控方的证明思路，并掌握其证明体系中存在的问题等。由于目前律师的调查取证工作受到很多限制，"以彼之矛，攻彼之盾"仍然还是律师辩护的重要手段。律师阅卷应做到：

1. 无有遗漏，内容翔实。阅卷是一项艰苦细致的工作。一个案件的卷宗材料可能会多达几十本，甚至几百本，可谓工作量大；这些卷宗材料大多是不同的人手写形成的，经过几次的复印有些也不够清楚，不易辨认，加之每一份材料所证明的问题以及此份材料和其他材料的相互关系等，可谓工作之难。但是，这些材料关乎于被告人的自由甚至生命。因此一个具有职业道德、称职的刑事辩护律师来不得半点儿马虎。我们反对个别律师到法院粗略地翻阅一下卷宗材料，复印几十页就走的做法。

无有遗漏，要求律师详细审阅该案的全部卷宗材料。律师应当说服被告人亲属，不要在复印卷宗材料上节省。有些问题并不是一次阅卷就能发现的。律师得到全部材料，经过多次审阅，才会发现问题并找到解决问题的办法。

内容翔实要求律师制作详细的阅卷笔录。包括：某一证据能够证明的问题（原文摘录）以及它和其他证据的关系；该证据取得的背景情况（取得的时间、地点、方法等）；该证据的出处（第 X 卷、第 X 页）等。这些内容翔实的阅卷笔录是我们客观地分析案情，找到解决问题的方法的基础。

2. 重点突出，便于查找。阅卷笔录在内容翔实的基础上还必须做到重点突出。如果阅卷笔录成了卷宗材料的翻版，该笔录就毫无疑义了；我们制作阅卷笔录的目的是为了在法庭上使用，因此便于查找也应该成为对该笔录的基本要求。

不同的律师有不同的记录、查找习惯。有的习惯于以证据种类作为记录、查找的基础，有的喜欢围绕所要证明的案件事实组织证据。但是，无论怎样，阅卷笔录都应做到重点突出、便于查找，这样才有可能做到在千变万化的法庭上处于主动地位，为刑事被告人进行"富有意义的"、"有效的"辩护。

（五）制作询问（讯问）提纲；质证、示证提纲；辩护提纲

法庭审理中辩护律师要对被告人、证人、鉴定人进行询问（讯问）。一份合格的询问（讯问）提纲应该：①十分清楚自己询问的目的，并客观判断讯问（询问）可能得到的答复。询问所得到的答复应当支持自己的辩护观点而不是相反；②应尽量避免诱导性发问；③对询问所得到的答复与其他证据的呼应关系给予充分注意。不同的询问会得到不同的答复，特别是多被告的案

件,其他被告人为了推卸自己的责任会避重就轻。律师在讯问同案其他被告人时,只要给了他推卸的机会,他就会乘虚而入,从而加重自己被告人的责任。因此,一份精心准备、考虑周全的询问提纲会对案件结果产生重要影响,应当引起辩护律师的高度重视。

质证提纲,是指对控方所要出示的证据进行辩驳的纲要记载。制作质证提纲首先要对控方所要出示的证据有一个全面、充分地了解,进行客观分析。就单个证据而言,主要应从客观性、关联性和合法性进行分析,提出辩驳要点,去伪存真;就控方证据体系而言,应重点分析各证据之间的相互关系、矛盾冲突等。

示证提纲,是律师对自己所要在法庭上出示的证据的纲要记载。主要应包括:①该证据来源的说明;②该证据的证明目的的说明;③该证据的内容要点。

示证提纲不仅应包括律师主动调查收集的证据,还应当将卷宗材料中有利于被告人,但控方没有宣读或有断章取义的情况列入其中。

三、开庭审理

开庭审理是对律师工作成果的全面展示,排除其他因素的影响,开庭效果会极大地影响合议庭的观点,影响案件的处理结果。因此辩护律师开庭时应做到:情绪饱满、态度认真、思维敏捷。开庭前辩护律师对自己所要辩护的案件应当已经是胸有成竹了。无论是做无罪辩护还是罪轻辩护,律师对相关证据及法律都已经有了全面地把握,因此应当充满信心。但庭审是一个艰苦、复杂的过程,被告人、证人的每一句话、每一个证据的出示、质证效果都会对案件产生影响,因此律师不应该放过任何一个细节,认真做好庭审记录并积极思考以应付法庭审理中随时可能出现的变化。

开庭审理大体可以分为法庭调查和法庭辩论两个阶段。

(一)法庭调查

法庭调查的目的是查清本案的事实真相。开庭后除由法庭核对诉讼参与人的身份、告知被告人相关权利、宣布法庭纪律等事项外,主要是通过讯问被告人,询问证人、鉴定人,控、辩双方向法庭出示证据并对所出示的证据进行质证来实现法庭调查目的的。

1.讯问(询问)被告人。律师讯问被告人的目的,是要通过讯问、以被告人当庭的回答,与其他有利于被告人的证据相互呼应,与律师的辩护观点相互呼应,起到补强辩护的作用。为实现此目的,辩护律师应根据庭前精心组织的讯问提纲,结合法庭上出现的新情况对被告人进行讯问。由于开庭审理前,辩护律师多次会见被告人探讨案件,因此被告人会十分清楚应如何回答律师的提问。律师的发问应当充分、具体,给被告人创造向法庭"说清楚案件事实的条件",特别要给被告人提供合理解释"预审阶段的以及当庭回答其他诉讼参与人的讯问的其中不利于自己的、又不符合事实真相的供述"的条件,如果一次发问被告人回答得不够清楚、不够明确,律师应变换角度对该问题再次发问。律师是在公诉人、被害人及其诉讼代理人发问后对被告人进行讯问的,除了对定罪、量刑具有重要意义的、需要进一步强调的问题以外,应尽量避免不必要的重复发问。

同案其他被告人与被告人可能存在一定的利害关系,因此律师在讯问时应十分慎重。律师在讯问前应非常清楚该被告人的历次供述和辩解的情况,做到心中有数,围绕着与自己所辩护的被告人有关的并且对自己的被告人有利的,该被告人曾经的供述或辩解进行。律师讯问同案其他被告人应避免开放式发问,应用发问的技巧把他们的回答限制在可控范围之内,只要其回答出了律师希望得到的答案就要立即停止该问题的讯问。

2. 询问证人、鉴定人。律师询问证人、鉴定人和律师询问被告人的目的是相同的。律师询问辩方证人可以参考讯问被告人的方法进行;询问控方证人时可以参考询问同案其他被告人的方法进行。需要强调的是,因为控方证人所要证明的多是对被告人不利的问题,因此如果其作证没有明显的漏洞,就不应过多地询问以弱化其证明效果;如果发现其证言的漏洞或前后矛盾等问题,就要抓住不放,打乱其思路,"逼迫"其说出辩护律师希望得到的事实真相。

询问鉴定人前,律师应对其鉴定有过深入、细致地研究,有关专业性问题应向专家进行请教。律师应在完全清楚了该鉴定是否有问题、有怎样的问题、哪些鉴定结论对被告人有利、哪些不利? 对不利于被告人的部分,应重点考虑对"鉴定人是否具有该项鉴定的资格和能力、鉴定所依据的材料是否真实、鉴定使用的设备和方法是否科学、鉴定人是否受到外界的干扰和影响"等问题对鉴定人进行询问。询问鉴定人应放大对被告人有利的部分,弱化对被告人不利的部分;如通过询问可以证明该鉴定与案件事实有出入,应向法庭明确指出,也可以申请法庭重新鉴定。

3. 示证、质证。这里的示证是指辩护律师依法向法庭出示证据。律师向法庭出示的证据包括律师调查收集的证据,还应包括卷宗材料中的,控方没有使用的但却是有利于被告人的证据。律师示证的思路可以从两个方面考虑:①自己所出示的证据,结合其他证据(如当庭被告人以及同案其他被告人的供述和辩解、当庭证人及鉴定人的陈述等),要尽可能地形成完整的证明体系;②要否定控方证明的案件事实或打断控方的证据锁链。有些案件的证据较多、较繁杂,辩护律师可以将其进行有序地编组,分组示证。律师的示证应做到:

(1)条理清晰、言简意赅。发言条理清晰、言简意赅是律师的基本功之一,辩护律师应加强这方面的锻炼。庭前精心准备的,开庭过程中适当调整、补充的示证提纲会对律师条理清晰地示证有所帮助。

（2）节奏适度、重点突出。律师应掌握好示证的节奏，要给法庭以了解该证据并接受该证据的时间，但又不能太慢，让人有供不上听的感觉。在出示的众多证据中，律师要重点突出关键性证据，适度地提请法庭予以注意、提请书记员记录在案。

（3）客观全面、出处明确。律师的示证过程实际就是对某一事实的证明过程，客观全面尤为重要。明显站不住脚的证据不应当向法庭出示，出示则会产生相反效果，客观是让人信服的基础；围绕某一事实，应将已经取得的证据全面向法庭出示，尽可能从不同角度、全面地予以证明。出处明确首先要求律师对自己调查所取得的证据予以说明，如调查的时间、地点、调查人、被调查人的情况等，以表明该证据的客观性和合法性。出处明确还要求律师对出示卷宗中的相关证据也要指明出处（如××卷，××页等），这样便于法庭查找、便于法庭对该证据有一个全面的认识。

（二）法庭辩论

法庭辩论是律师在法庭上工作的最后一个环节，是律师全部工作成果的集中体现。"客观、充分、平和"是辩护律师在法庭辩论阶段应当把握的原则。一名优秀律师的辩论发言，不但会对被告人的定罪量刑产生重要影响，而且会赢得公诉人乃至法官的信服与尊重。

律师的辩论发言是在控诉方发表完控诉意见，经审判长许可后开始的。因此，律师的辩论发言应针对控诉方的指控进行，做到针对性强、言之有物，这是客观原则的基本要求之一；客观原则还要求，不论是驳论还是立论，都必须以客观事实为依据。对控诉方的观点，可以考虑从事实是否清楚、证据是否确实充分、适用法律是否准确无误、诉讼程序是否合法等不同方面进行分析论证；对自己的立论观点也必须运用证据、特别是经过庭审质证的证据予以论证。所有这些分析论证都必须以客观事实为依据，才有可能做到让法庭接受、支持自己的辩护观点。

充分原则要求律师的辩论发言要自成体系，没有残缺；充分原则还要求律师对与定罪量刑有关的重要事实给予客观、细致地论述。辩护律师由于对该案件已经十分熟悉，因此经常会出现律师自己认为已经说清楚了，但旁听的人也可能包括法官，由于刚刚接触该案或对案件的熟悉程度不够而并没有清楚。上述情况应引起律师的注意，辩护律师对上述重要事实可以假设法庭也是刚刚接触该案，对该案也不十分了解，进行尽可能详细地分析、论证。

"平和"指的是律师辩论发言的态度、语音语调、用词方面的注意事项。辩护律师的发言应该是在观点明确，论据充分，论证有力，逻辑严谨，用词准确，重点突出的基础上，保持一个诚恳的态度。以理服人而不是以势压人；

尊重法庭,尊重对方而不应讽刺、挖苦、谩骂、嘲笑他人。总之,辩护律师客观、充分、平和的辩论发言,会更多地影响法庭的观点,影响案件的处理结果,同时也会树立律师的良好形象。

四、庭后工作

1. 就当庭出示、宣读的证据及时与法庭办理交接手续。律师当庭向法庭出示的证据,有时来不及在开庭前向法庭提交。因此休庭后,律师应即同法庭办理这些证据的移交手续,以方便法庭对这些证据进一步审查判断、决定采信。

2. 尽快整理辩护意见。律师的辩护意见是律师向法庭提交的重要法律文书。通过开庭审理,通过对当庭出示的证据的质证,律师庭前精心准备的辩护提纲一般会得到进一步的调整、补充,律师很难当庭向法庭提交辩护词。但是,由于律师的辩护意见会对法庭的判决产生重要影响,是判决书形成的重要依据,因此律师在休庭后应尽快整理自己的辩护意见并尽早向法庭提交。

五、刑事辩护律师工作的格式化设计(参考)

本节仅扼要地介绍刑事辩护律师的工作程序和方法,律师在办理案件时,需严格依照我国《律师法》、《刑事诉讼法》等法律的相关规定,在办案的具体操作上可以参考中华全国律师协会印发的《律师办理刑事案件规范》。

律师接案后,应立即建立该案件的文件库。根据律师的办案经验,该文件库中至少应包括:①律师工作记录;②与所接案件涉嫌罪名相关的法律、法规及相关司法解释;③与涉嫌罪名相关的比较有深度的理论文章;④律师阅卷笔录;⑤律师质证提纲;⑥律师发问提纲;⑦辩论发言提纲。

1. 律师工作记录。律师工作记录,是律师针对自己所承办的案件的全部工作的写实。该项工作是律师工作中不可或缺的一项。律师不但可以从该项工作中不断地总结自己工作的得失,从中发现自己工作的不足、找到前进的方向,而且可以对委托人有一个客观、真实地交代。在采取计时收费的时候,更是收费的基本依据。

律师工作记录应做到客观、真实、具体。包括时间、地点、相关人物、具体工作内容等。

2. 相关法律法规。相关法律、法规指的是与本案相关的法律法规。由于律师往往要同时承办很多案件,也由于我国的相关法律变动较快。在一个案件承办过程中,了解最新的、有效的法律法规对自己案件的承办会产生重要的积极影响,在法庭上也会处于非常有利的地位。把与本案相关的法律法规、司法解释全部放入本案的文件库中,有利于随时指导自己案件的承办工作。

3. 理论文章。相关理论文章对承办本案具有重要的指导作用。承办一个案件,有针对性地学习几篇好文章,不但会加深自己所承办案件的深度,久而久之会产生巨大的收益,自己慢慢也会写出有深度、有价值的好文章。

4.律师阅卷笔录。律师阅卷笔录是刑事辩护律师在反复、详细审阅卷宗材料基础上所做的重点摘录,是律师基本的、重要的工作之一。阅卷笔录的好坏,是律师对本案案情了解程度的反映,也是律师水平、能力的反映。律师阅卷笔录的基本要求是文字简练、内容翔实、重点无遗。阅卷笔录如果成为卷宗材料的翻版则失去其基本意义,应尽可能地简化;阅卷笔录所记载的内容应做到客观翔实,切忌断章取义;阅卷笔录是案件全貌的反映,重要事实、重要环节不能有遗漏。

5.律师质证提纲、发问提纲、辩论发言提纲。上述"三纲"是刑事辩护律师工作的重中之重。前面已有介绍,这里不再赘述。

第十二章　刑事诉讼中的律师代理

■ 第一节　刑事诉讼律师代理概述

一、刑事诉讼律师代理的概念

关于刑事诉讼律师代理的概念,我国台湾地区的"刑事诉讼法"是这样表述的:刑事诉讼上之代理者,乃受被告或自诉人之委任,于侦查或审判中,为被告或自诉人代为诉讼行为之人也,其所为诉讼行为之效力,与被告或自诉人所自为者,有同一之效力。代理人所为之诉讼行为,应以被告或自诉人之本人名义为之。法院本于代理人之诉讼行为,所为之起诉处分或判决,仍应对被告或自诉人为之。故代理人诉讼行为中所为之自白,其效力与被告自白者相同。

在我国,刑事诉讼代理是指在刑事诉讼中,代理人在被代理人授权的范围内,以诉讼代理人的身份参加刑事诉讼,实施一定的诉讼行为,所产生的法律后果由被代理人承担的一种诉讼活动。这里的代理人包括法定代理人和委托代理人两种。《刑事诉讼法》第40条第1款规定,公诉案件中被害人及其法定代理人或者近亲属、自诉案件中的自诉人及其法定代理人、刑事附带民事案件中的原告人和被告人及其法定代理人,有权委托代理人代为进行诉讼活动。根据《刑事诉讼法》第32条、第41条及最高人民法院《关于执行〈中华人民共和国刑事诉讼法〉若干问题的解释》(以下简称《解释》)第33条、第47条的规定,担任代理人的除律师外还可以是其他符合条件的人。但一般来说,律师具有专业的法律知识,有组织,有职业道德和执业纪律的约束,与案件的结果没有利害关系,由律师担任代理人往往能够为被代理人提供更具有专业水平,更为积极的法律服务,获得更好的诉讼效果。因此,一些国家和地区在诉讼法中做了由律师担任代理人的原则性规定。如我国澳门地区《刑事诉讼法典》第59条第1项规定:"辅助人必须由律师代理。"我国台湾地区的"刑事诉讼法典"则规定"代理人应委任律师充任,若与委任非律师充任者,则应得审判长之许可"。

本章所称刑事诉讼代理专指律师作为代理人之情形,为与刑事辩护相对应,我们把刑事诉讼律师代理简称为"刑事代理"。

二、刑事代理制度的产生与发展

在刑事诉讼法的产生和发展过程中,从保护人权的角度出发,人们更多的是着眼于对犯罪嫌疑人、被告人权利的保障,而对于被害人、自诉人等的诉讼权利的保障,则无论在立法上还是在理论研究方面都没有给予应有的重视。自20世纪中叶以来,随着"刑事被害人学"的产生和发展,以及被害人要求诉讼权利得到保护的呼声迭起,被害人在刑事诉讼中的地位和权利问题,越来越多地受到各国立法及刑事诉讼学界的重视。人们逐渐认识到,刑事诉讼制度的设立,在保护犯罪嫌疑人、被告人权益的同时,也应注重对被害人权益的保护。作为刑事诉讼的一项重要制度,刑事代理制度正是在这样的思潮中产生并发展的。

(一)外国刑事代理制度的产生与发展

在古代社会,由于社会生活中存在的法律关系十分简单,社会分工只是粗略的,可以适用的法律更是少之又少。在这种情况下,就诉讼而言,大多数都是告诉方与被诉方亲自为之,很少由他人代为进行。到了公元3世纪,随着法律的日渐发展与完善,在罗马出现了一种被称为"大教侣"的职业人群,罗马皇帝诏令大教侣们专门从事法律的学习研究,以供平民咨询及代为诉讼。这样就开始出现了委托代理及代为他人进行诉讼的职业代理人。但是这种代理人的资格和在诉讼中的地位都是不明确的,他们不是以被代理人的名义而是以自己的名义进行诉讼。同时这种代理也受到一定的限制。

在封建社会阶段,封建统治阶级为了加强对社会各阶层的统治,对各种政治制度都进行了相应的改革。诉讼方式从过去的论辩式变为纠问式,打击犯罪被作为国家的一项基本职能,追诉犯罪成为国家专门机关的法定职责。而犯罪行为则被看成是从根本上对国家利益和社会整体利益的侵犯。因此在法庭上,国家专门的控诉机关从代表国家利益的角度出发,作为原告方对犯罪进行指控。犯罪所侵害的对象——被害人在诉讼中则仅仅是处于证人的地位,被害人不能行使刑事诉讼当事人的权利,刑事代理逐渐走向消亡。

到了资本主义阶段,随着社会生产力的快速发展,各种社会关系日趋复杂,法律日臻完善,人们要在各种诉讼中切实保护自己的权益,就必须了解掌握各种各样的法律知识。尤其是在刑事诉讼中,被害人的诉讼地位得到了应有的认识,法律逐渐赋予了被害人越来越多的权利,被害人更加需要有法律知识的专业人员来代为行使各项诉讼权利。在这种情况下,刑事代理制度在各国的刑事诉讼法中应运而生。如《苏俄刑事诉讼法典》规定:"律师、近亲属和依照法律授权在审理刑事案件时代表该被害人、民事原告人和民事被告人的合法利益的其他人等,都可以作为被害人、民事原告人和民事被告人的代理人而参加诉讼。"《苏俄律师法》规定:"律师在提供法律帮助时可以在刑事案件中作为辩护人、被害人的代理人、民事原告的代理人、民事被告的代理人参加预审和出庭。"《德国刑事诉讼法典》在第五编"被害人的其他权利"一章中规定:"依申请,对被害人要通知涉及他的那部分法院程序结局情况;只要说明正当理由,律师可为被害人查阅案卷;被害人可委托律师作为辅助人或代理人,法院、检察院讯问被害人时,允许律师在场;在一定条件下,被害人可申请法院临时指定律师作辅佐人。"

(二)我国刑事代理制度的产生与发展

在周朝时期,我国就已经出现了诉讼代理制度。《周礼》中记载:"凡命夫、命妇不躬坐狱讼。"命夫,男子之为大夫者;命妇,命夫之妻。其意为:凡是大夫及妻子,均不得亲自坐到法庭上进行诉讼。不得亲自出庭诉讼,则只能由代理人代为诉讼。并且"大夫及妻子"必须由他人代理诉讼。这里的"大夫"泛指王公贵族。秦朝仍然沿用"大夫不亲自出庭"的制度,具有较高爵位的贵族可以不出庭而由他人代理诉讼。

唐宋时期的法律制度中没有诉讼代理的规定。元、明、清的法律中重新出现了诉讼代理的制度。《大元通制》规定:"诸致仕代官不得已与齐民讼,许其亲人家属代诉,所司毋侵扰之。""诸老废笃疾,事须争讼,止令同居亲属深知本末者代之;若谋反、大逆,子孙不孝,为同居所侵侮,必须自陈者听。"《明律》规定:"凡官吏有争论婚姻钱债田土等事,听令家人告官理对,不许公文行移,违者笞四十。""凡年老及笃废残疾之人,除告谋反、叛逆、子孙不孝,听自赴官陈告外,其余公事,许令同居亲属知所告事理之人代告。"这些规定表明,元明时期的诉讼代理限于官吏和老弱病残之人。但罪行重大案件及涉及原告自身利益的案件,则需本人亲自告诉。

我国1979年刑诉法中没有规定诉讼代理制度。1980年颁布的《律师暂行条例》第2条规定了律师的主要业务:……接受自诉案件自诉人、公诉案件被害人及其近亲属的委托,担任代理人,参加诉讼。2001年《律师法》第25条第3项保留了这一规定。1996年修改后的新的《刑事诉讼法》第40条规定:"公诉案件的被害人及其法定代理人或者近亲属,附带民事诉讼的当事人及其法定代理人,自案件移送审查起诉之日起,有权委托诉讼代理人。自诉案件的自诉人及其法定代理人,附带民事诉讼的当事人及其法定代理人,有权随时委托诉讼代理人。"1998年9月2日,最高人民法院《关于执行〈中华人民共和国刑事诉讼法〉若干问题的解释》第48条规定:诉讼代理人的责任是根据事实和法律,维护被害人、自诉人或者附带民事诉讼当事人的合法权益。至此,刑事代理制度在我国刑事诉讼中得以确立。虽然现行的刑事代理制度还存在着诸多的问题,但它仍标志着我国刑事诉讼立法的进步。

三、刑事代理的特征

作为代理的一种,刑事代理具有代理的普遍性特征,如必须是根据被代理人的授权进行代理活动;在代理权限范围内进行代理活动。律师的代理行为所产生的后果对被代理人具有法律约束力等等。同时,作为刑事诉讼活动的组成部分,刑事代理还具有以下的特征:[1]

1.刑事代理是诉讼代理。刑事代理是代理刑事诉讼当事人进行诉讼活动,是代为行使当事人的诉讼权利,履行被代理人的诉讼义务。

2.刑事代理是委托代理。它存在的前提是当事人(被代理人)有委托代理权。刑事代理就是基于当事人享有的委托代理权而存在的。

3.刑事代理一般是代为行使控诉职能。在刑事诉讼中可以委托代理人的,主要是自诉人、公诉案件的被害人及其近亲属,而自诉人、被害人参加诉讼都是行使控诉职能的,所以,刑事代理以代为行使控诉职能为一般情况。当然,在附带民事诉讼的代理中,由于附带民事诉讼本质上是民事诉讼,因此附带民事诉讼的代理,不属于履行控诉职能的代理。

关于代理律师是否以被代理人的名义实施代理行为的问题,学界有不同的认识。一种观点认为,代理人进行代理活动只能以被代理人的名义进行。代理人如果以自己的名义实施代理行为,则该代理行为所发生的法律后果只能由代理人自己承担,这种行为是代理人自己的行为而非代理行为。代理人只有以被代理人的名义进行代理活动,才能为被代理人取得权利、设定义务。[2] 另一种观点认为,代理人进行阅卷、调查取证、获得开庭通知书、提交代理词以及参加法庭调查和法庭辩论等一系列活动时,使用的都是代理人自己的名义,并非被害人的名义。[3] 我们认为,在民事代理中,代理人在实施代理行为时,更多的是代理委托人进行实体权利的处分,如代表委托人进行商务谈判、签署协议,在民事诉讼中代为承认、变更、放弃诉讼请求等等。在这种情况下,代理人应该是以被代理人的名义实施代理行为。而在刑事诉讼中,情况则各不相同。作为公诉案件中被害人的代理人,其实施代理行为时,更多的是代为行使诉讼权利(如阅卷、调查、辩论等),即程序上的权利,而不是实体上的处分权。代理律师的这些诉讼权利多为法律之规定,是其作为律师所固有的权利。代理律师一经接受被代理人的聘请,为其担任代理人,就自然的依法取得该项权利,而不需被代理人的授权。因此,代理律师在行使这部分权利实施具体的代理行为时,完全可以以自己的名义进行,实践中代理律师也都是以自己的名义进行的。与此不同,在自诉案

---

〔1〕 黄永盛、陈立:《刑事诉讼法》,厦门大学出版社 2003 年版,第 206 页。

〔2〕 陈光中、徐静村:《刑事诉讼法学》,中国政法大学出版社 1999 年版,第 155 页。

〔3〕 罗国良:《公诉案件中被害人的代理》,载《中国刑事杂志》第 45 期。

件和刑事附带民事案件中,被代理人的诉讼请求中大多包含损害赔偿等财产内容,程序上还存在和解、调解及选择诉讼对象、确定诉讼范围等等。为了顺利实现诉讼目的,被代理人往往对代理律师特别授权,由代理律师代为处分其实体权利。代理律师取得该项权利的依据不是法律的规定,而是被代理人的授权,即代理权。在这种情况下,代理律师就必须以被代理人的名义进行代理活动,实施代理行为。可见,代理律师实施代理行为时,并不是任何情况下都以被代理人的名义进行,而是因实施的具体行为的不同而不同。

四、刑事代理权的属性

刑事代理权,是指代理律师根据被代理人的授权,得以诉讼代理人的身份参加刑事诉讼,实施相应的诉讼行为,该行为所产生的法律后果作用于被代理人的资格。刑事代理权具有以下的属性:

1.利他性。犯罪嫌疑人、被告人为了维护自身的合法权益而行使的辩护权,是一种利己性的权利。与之不同,"代理人行使代理权,是为了维护被代理人的合法和正当利益的需要所进行的,代理人的代理活动所产生的法律后果归属被代理人,由此所产生的权益归属于被代理人所享有,所以代理权是一种利他性权利"[1]

2.权能性。任何一项权利的行使都必须以具有一定的权能为前提。一方面,权利应当具有不受侵犯的权威或强力保障;另一方面,权利主体还应具备享有和实现其利益、主张或资格的实际能力或可能性。[2] 只有在得到国家法律的认可并获得国家强制力的保障时,代理权才能得以顺利、有效地实现。

3.自由性。所谓的自由性是指权利主体在行使权利时,不受任何外在力量的影响和干扰,而按照自己的意志去处分权利,自行决定如何行使及放弃该项权利。虽然代理人须在授权范围内进行代理活动,但这并不意味着代理人必须完全遵照被代理人的意思,按照被代理人的指示去实施某种具体的代理行为。在授权范围内,为了被代理人的利益,代理人可以自由、独立地进行具体的代理行为。代理权一经法律的规定或者被代理人的授予而发生,就作为代理人享有的一项权利而相对独立地存在。代理人可以在符合法律规定的情况下自由地进行代理活动而不受他人的干涉,否则,代理人有权解除委托代理关系。[3]

---

〔1〕 刘根菊、王君:《刑事代理制度的理论基础》,载《政法论坛》第21卷第4期。
〔2〕 熊秋红:《刑事辩护论》,法律出版社,1998年版。
〔3〕 刘根菊、王君:《刑事代理制度的理论基础》,载《政法论坛》第21卷第4期。

五、设立刑事代理制度的必要性

"被害人与犯罪嫌疑人、被告人在刑事诉讼中的利害关系是对立的。双方的诉讼权利保障构成了刑事诉讼中人权保障的基本内容,忽视双方中的任何一方都是片面的,不适当的。新的刑事诉讼法在强化犯罪嫌疑人、被告人的辩护权保障的同时,对被害人的诉讼地位和权利也予以很大的重视。原刑事诉讼法把公诉案件中的被害人作为一般诉讼参与人看待,而修改后则把他定位为当事人。"[1] 这一修改强调了对被害人保护的整体性和被害人在诉讼过程中的全面参与,改变了被害人在传统的刑事司法制度中的被动地位,使被害人从一个被"遗忘"的角色变为积极的主动的参与主体,表明我国的刑事司法政策由以犯罪人为中心,转化为强调被害人与被告人权利的平衡,并开始强调被害人利益与国家利益的平衡。[2] 刑事诉讼法在提高被害人的诉讼地位,广泛赋予被害人诉讼权利的同时,规定了被害人有权委托诉讼代理人参加诉讼。刑事诉讼中的律师代理制度的设立是十分必要的。

(一)刑事代理制度的确立,是加强被害人人权保障的要求

1. 现代社会生活中的各种法律关系越来越复杂,法律法规越来越多,而大多数的被害人缺乏法律知识,在诉讼中不知道自己享有哪些权利及如何行使这些权利(自诉案件的自诉人,附带民事案件的当事人也是如此),他们很难准确地指控犯罪及有效地维护自身的权益。这就要求具有专业法律知识的律师为他们提供法律帮助,代理他们进行诉讼活动。

2. 刑事案件中的被害人(广义上包括自诉案件的自诉人)往往因人身权利、财产权利等受到犯罪行为的侵害而处于弱势地位,在保护自身权益和行使诉讼权利方面存在一定的障碍,他们需要律师代理他们进行诉讼。

3. 被害人亲自参加诉讼,可能在刑事诉讼过程中再度受害。由于警察、检察官、法官、被告人的辩护律师的诉讼活动,被害人为维护自身的权益必须被动地回忆,叙述所遭受的痛苦经历,其中有些经历属于被害人的隐私或有辱被害人的人格,从而使被害人再次经受心理上的伤害;由于国家的专门机关官员不当的态度和方式,被害人也可能会因此在司法活动中受到心理伤害。[3] 甚至可能由于专门机关的错误处理,使被害人对刑事司法制度产生不信任感,有时会做出过激的举动甚至会采取犯罪的方式来对付犯罪人。因此,委托有诉讼能力的人尤其是律师代理进行刑事诉讼活动就显得非常

〔1〕 陈光中:《加强司法人权保障的新篇章》,载《政法论坛》1996 年第 4 期。
〔2〕 罗国良:《公诉案件中被害人的代理》,载《中国刑事法杂志》第 45 期。
〔3〕 郭建安:《犯罪被害人学》,北京大学出版社 1997 年版,第 210 页。

必要。[1]

(二)刑事代理制度的确立,有助于实体正义之实现

发现案件事实真相和对实体法律的正确适用是刑事诉讼追求的目标,即通常所说的实体正义。在刑事诉讼中,发现事实的真相主要是通过收集证据和对证据的审查判断来实现的。就收集证据而言,代理律师的维护被代理人权益的立场及所拥有的专业技能,决定着他们能够更为全面地收集证据。代理律师的介入还可以有效的防止辩护人以威胁、恐吓、欺骗的手段向被害人收集证据,保障证据收集的真实、合法。在侦查机关询问被害人时,代理律师在场,可以防止侦查机关采取引诱、欺骗的方法非法获取被害人的陈述。[2] 代理律师具有专业的诉讼知识,可以准确判断和选择收集那些必要的证据,从而减少不必要的工作,及时、有效地收集证据,避免因收集得不及时导致证据材料的毁损和灭失。就审查判断证据而言,代理律师通过有力的质证和辩论,可以使案件的真相得到充分的揭露。确保法官同时接触对案件事实的两种不同甚至完全对立的描述和论证,从而避免偏见、主观臆断和片面性等主观方面的缺陷,使得被代理人的合法权益得以维护。在审判阶段,被告方为了胜诉,可能伪造证据并使用辩护技巧来阻碍事实真相的揭露,从而使真正的犯罪人逃脱法律的制裁。在某一具体案件中,很可能出现公诉不力或者正确代表被害人利益不力的局面。在上述情况下,如果没有被害人及其代理人的参与,被害人合法权益的维护就会无力或者落空。为了与被告人一方均衡对抗,也迫切需要加强被害人一方的力量。[3]

(三)刑事代理制度的确立有助于程序正义之实现

"判断程序是否公正的一项标准就是各方当事人都应得到公平的机会来对另一方提出的论据和证据作出反响。当事人的平等参与权是实现程序正义必不可少的基础之一。"[4]在被告人已经委托了辩护人的情况下,被害人、自诉人等委托代理人进行诉讼活动,对实现双方当事人平等参与诉讼,确保程序公正有着重要的作用。刑事裁判的结果将对被害人的利益产生直接的影响,因此,被害人充分有效地参与刑事诉讼不仅是必要的,也是刑事诉讼程序正义的最低标准。如前所述,被害人由于自身法律知识的欠缺,受犯罪的侵害而处于弱势地位等诸多不利因素的影响,致使其在行使诉讼权利方面存在一定的障碍,很难通过自身实现诉讼权利,成为真正的诉讼主体。而刑事代理制度的设立,通过代理律师的代理则可有效地解决这一问

---

[1] 刘根菊、王君:《刑事代理制度的理论基础》,载《政法论坛》第 21 卷第 4 期。

[2] 刘根菊、王君:《刑事代理制度的理论基础》,载《政法论坛》第 21 卷第 4 期。

[3] 刘根菊、王君:《刑事代理制度的理论基础》,载《政法论坛》第 21 卷第 4 期。

[4] [美]戈尔丁著,齐海滨译:《法律哲学》,三联书局 1987 年版。

题,切实保障被害人、自诉人等的诉讼权利。刑事代理制度的设立可以监督和制约国家权力,促使国家机关正确行使权力。在司法实践中,客观地存在着少数司法人员业务素质低下,缺乏正义、趋炎附势,甚至为金钱所收买,贪赃枉法,损害被害人、自诉人等合法权益的现象,在这种情况下,代理律师介入诉讼,能洞察案情,全面收集证据,正确地、积极地行使各项诉讼权利,客观上能够起到有效的监督和制约司法机关,促进司法程序的公正的作用。

(四)刑事代理制度的确立有助于诉讼效率的提高

刑事诉讼的效率,是指以投入一定的司法资源换取尽可能多的刑事案件的处理。从广义上讲,诉讼效率还包括以刑事诉讼推动社会经济发展方面的效益。诉讼效率的低下不仅浪费了司法资源,损害社会公共利益,而且可能导致诉讼程序产生不公正的裁判结果。由此可见,提高刑事诉讼效率十分重要。如前所述,刑事代理过程中,代理律师能够迅速、有效地收集证据,加快刑事诉讼的运作,监督和制约国家权力的滥用,防止和避免错案的发生,使被害人的权益得到充分的保护。其结果无疑会有利于社会的稳定,提高刑事诉讼的社会效益。

六、刑事代理与刑事辩护的区别

刑事代理与刑事辩护两者之间有很多相同之处。制度设立的目的都是为了维护被代理人的合法权益及保障、促进法律的正确实施;实施代理行为的人都是与案件的处理结果无利害关系的第三人;在诉讼中的权利和义务也大体相近。两者的不同之处是:

1.代理权取得的依据不同。刑事辩护中,辩护人除了依据犯罪嫌疑人、被告人或其法定代理人、近亲属的委托取得代理权之外,还可以依据人民法院的指定,获得代理权介入诉讼。在刑事代理中,现行的刑事诉讼法没有关于对被害人提供法律援助方面的规定,因此,代理人取得代理权只能是依据公诉案件被害人、自诉人、刑事附带民事案件原、被告人或其法定代理人、近亲属的授权委托。

2.服务的对象不同。刑事辩护服务的对象是公诉案件中的犯罪嫌疑人、被告人和自诉案件中的被告人;刑事代理则是为公诉案件的被害人、自诉案件的自诉人和刑事附带民事诉讼的当事人服务。

3.进行诉讼活动时的名义不同。刑事辩护中,辩护人是以自己的名义实施诉讼行为;刑事代理中,在有特别授权的情况下,代理人须以被代理人的名义进行诉讼活动。

4.诉讼的职能不同。刑事辩护中,辩护人是为被控方辩护,承担的是与控方相对立的辩护职能;而刑事代理中,除刑事附带民事诉讼被告人的代理人外,代理人的任务是协助控方进行控诉,其职能为控诉职能。

■ 第二节　刑事代理中代理律师的权利和义务

一、刑事代理中代理律师的权利

代理律师在刑事诉讼中所享有的权利由两部分组成：①法律和司法解释直接规定的律师所享有的权利，即律师固有的权利；②根据被代理人的授权所取得的权利，即代理权。

（一）律师固有的权利

1. 查阅、摘抄、复制案件材料权。赋予代理律师阅卷权，是保护被害人权益和保障被害人诉讼权利得以充分行使的重要体现。代理律师通过查阅案卷，才能够对案件情况全面了解，进而在事实认定和法律适用方面提出正确的意见。世界许多国家都在刑事诉讼法中规定了关于代理律师拥有阅卷权的内容。如《德国刑事诉讼法典》第406条规定："只要说明正当理由，律师可以为被害人查阅送交法院的或者在提起公诉的情况中应当送交法院的案卷，查看官方保管的证据。"

我国的刑事诉讼法中没有关于代理律师阅卷权的规定。只是在《解释》第49条规定了："律师担任诉讼代理人，可以查阅、摘抄、复制与本案有关的材料，了解案情"；虽然《律师法》第30条也规定："律师参加诉讼活动，依照诉讼法律的规定，可以收集、查阅与本案有关的材料……"，但这里的"依照诉讼法律的规定"使得律师法关于代理律师阅卷权的规定形同虚设。因此，我们认为应该在刑事诉讼法中明确赋予代理律师的阅卷权，使代理律师阅卷权的取得具有法律层面上的依据，而不是人民法院的司法解释。同时，与辩护律师的阅卷权相对应，还应该明确，在案件的审查起诉阶段代理律师即拥有相应的阅卷权。为了实现被害人一方与检察机关的沟通与配合，及真正对检察机关的起诉权形成制约，从制度上克服实践中存在的从轻起诉的做法，代理律师在审查起诉阶段的阅卷，不限于诉讼文书和技术鉴定材料，而应扩及定案的主要证据。[1]

2. 申请司法机关收集、调取证据材料权。《解释》第49条规定："律师担任诉讼代理人，……需要收集、调取与本案有关的材料的，可以参照本解释第44条、第45条的规定执行。"第44条规定："辩护律师向证人或者其他有关单位和个人收集、调取与本案有关的材料，因证人、有关单位和个人不同意，申请人民法院收集、调取，人民法院认为有必要的，应当同意。"第45条规定："辩护律师直接申请人民法院收集、调取证据，人民法院认为辩护律师

---

[1] 杨万正：《对被害人委托代理权的思考》，载《公安大学学报》2002年第4期。

不宜或者不能向证人或者其他有关单位和个人收集、调取,并确有必要的,应当同意。""人民法院根据辩护律师的申请收集、调取证据时,申请人可以在场。""人民法院根据辩护律师的申请收集、调取的证据,应当及时复制移送申请人。"

现行《律师法》第30条只规定了律师参加诉讼活动,可以收集、查阅与本案有关的材料。在该法的修改中,专家学者一致提出在此条的基础上增加律师有权"申请人民检察院、人民法院收集、调取证据或者申请人民法院通知证人出庭作证"。刑诉法的修改方案中,把此项权利的具体操作设计为:代理律师可以向办案机关提供证据线索,由办案机关全面收集证据;也可以向人民法院申请证据调查令,由代理律师持证据调查令进行调查取证,任何单位、个人不得拒绝。单位、个人拒绝接受调查的,人民法院应当强制调取证据。该建议如能最终获得通过,那么,代理律师拥有申请司法机关调查取证权将具有法律层面上的依据。

根据《刑事诉讼法》第37条的规定,辩护律师须经人民检察院或者人民法院许可,并且经被害人或者其近亲属、被害人提供的证人同意,才可以向他们收集与本案有关的材料。而在代理律师向被告人或者其近亲属、被告人提供的证人收集证据时,是否必须经过人民检察院或者人民法院的许可问题上,目前尚没有前述限制性的规定。

3. 会见犯罪嫌疑人、被告人的权利。无论是刑事诉讼法还是相关的司法解释,对代理律师可否会见犯罪嫌疑人、被告人的问题,都没有作出规定。但从代理律师全面收集证据,掌握案情,切实维护被代理人合法权益的需要出发,在某些案件中,代理律师会见犯罪嫌疑人、被告人却是必要的。鉴于《律师法》和《解释》都规定了代理律师的调查取证权,代理律师通过会见未在押的犯罪嫌疑人、被告人来了解案情、收集证据应该不会有什么障碍。关键的问题是代理律师可否会见在押的犯罪嫌疑人、被告人。《律师法》第30条规定:"律师参加诉讼活动,依照诉讼法律的规定,可以……同被限制人身自由的人会见和通信,……"这是现行法律中惟一的一项关于代理律师会见在押犯罪嫌疑人、被告人的规定。然而,在司法实践中,代理律师能够据此获准会见在押犯罪嫌疑人、被告人的情况是非常罕见的。在绝大多数司法机关办案人员的思想中,《律师法》只是用来规范律师执业行为的准则,对公检法的办案人员不具有约束力,《律师法》第30条不能作为代理律师得以会见在押犯罪嫌疑人、被告人的依据。我们认为,作为一项法律,《律师法》在规范律师执业行为的同时,也赋予了律师在执业中所应该享有的各项权利,而权利的行使相对于任何对方单位或个人来说,都是相应的义务。该法在总则第1条即开宗明义地表述了"为了完善律师制度,保障律师依法执行业务,规范律师的行为,维护当事人的合法权益,维护法律的正确实施,发挥律师在社会主义法制建设中的积极作用,制定本法"。在第 3 条第 4 款明确规定了"律师依法执业受法律保护"。既然律师法赋予了律师相应的权利(该等权利同时又是相对方的义务),且强调了律师的执业行为受法律的保护,那么,该法中关于对律师执业授权的规定,对于权利行使的相对方来说就具有普遍的约束力。否则,律师的权利将形同虚设。这显然违背了《律师法》的立法初衷。

《律师法》第 30 条对作为相对方的司法机关具有约束力,那么,该条既为代理律师得以会见在押犯罪嫌疑人、被告人的法律依据。在未来的刑诉法的修改中,这一点应该且必须加以明确。

基于刑事诉讼法关于辩护律师须经人民法院或者人民检察院许可,才能向被害人收集证据的规定,代理律师会见在押犯罪嫌疑人、被告人时,应该经过人民法院或者人民检察院的批准。

4. 在审查起诉阶段向公诉机关提出意见的权利。《刑事诉讼法》第 139 条规定:"人民检察院审查案件,应当讯问犯罪嫌疑人,听取被害人和犯罪嫌疑人、被害人委托的人的意见。"此处的"听取被害人和被害人委托的人的意见"的规定,对检察机关全面收集证据,防止主观片面地审查核实证据有着重要的作用。因为,"虽然在侦查中大多数案件已经收集了被害人陈述这一证据,被害人的意见已经记录在案,但是,随着时间的推移,诉讼活动的进展,被害人对有关案情可能有新的认识;对诉讼请求也可能有新的看法,特别是当其委托了诉讼代理人后,由于得到了法律帮助,很可能迫切需要向检察人员补充陈述意见,或者让被委托人代为陈述。因此,新刑诉法增加这一规定,既是对被害人权益的有力保护,又是使检察人员兼听则明,提高办案效率的可靠保障。"[1] 同时,代理律师通过在审查起诉阶段向公诉机关提出自己对案件的看法,往往能因此与检察官建立起很好的、正当的交流,为在未来法庭上的相互配合打下基础。

5. 在第二审程序中向人民法院提出意见的权利。《刑事诉讼法》第 187 条第 2 款规定:"合议庭经过阅卷,讯问被告人,听取其他当事人、辩护人、诉讼代理人的意见,对事实清楚的,可以不开庭审理。……"据此,人民法院审理有被害人的二审案件,无论是否决定开庭,都必须听取代理律师的意见。如果代理律师对一审认定的事实有异议,并有充分理由说明原判事实不清,证据不足的,则人民法院应该开庭审理。

6. 出席法庭审理的权利。《刑事诉讼法》第 151 条规定:"人民法院决定开庭审判后,应当进行下列工作:……④传唤当事人,通知辩护人、诉讼代理人、证人、鉴定人和翻译人员,传票和通知书至迟在开庭 3 日以前送达;

---

[1] 刘根菊:《关于公诉案件被害人权利保障问题》,载《法学研究》1997 年第 2 期。

……"《律师法》第 30 条规定:"律师参加诉讼活动,……可以出席法庭……"代理律师出席法庭审理活动,才能够切实有效的实现诉讼权利,维护被代理人的合法权益。因此,有学者说"出庭权是诉讼代理人行使其他诉讼权利的基础"。[1]

7.庭审中的发问和辩论权。庭审中的发问和辩论权主要体现在以下两个方面:①代理律师在法庭上有向被告人、证人、鉴定人发问的权利。《刑事诉讼法》第 155 条第 2 款规定:"被害人、附带民事诉讼的原告人和辩护人、诉讼代理人,经审判长许可,可以向被告人发问。"第 156 条规定:"……公诉人、当事人和辩护人、诉讼代理人经审判长许可,可以对证人、鉴定人发问。……"《解释》第 133 条规定:"在审判长主持下,公诉人可以就起诉书中指控的犯罪事实讯问被告人;被害人及其诉讼代理人经审判长准许,可以就公诉人讯问的情况进行补充性发问;附带民事诉讼的原告人及其法定代理人或者诉讼代理人经审判长准许,可以就附带民事诉讼部分的事实向被告人发问。"②代理律师在法庭上有辩论的权利。《刑事诉讼法》第 160 条规定:"经审判长许可,公诉人、当事人和辩护人、诉讼代理人可以对证据和案件情况发表意见并且可以互相辩论。"《解释》第 161 条规定:"法庭辩论应当在审判长的主持下,按照下列顺序进行:……②被害人及其诉讼代理人发言;"

8.在质证中发表意见和异议的权利。《刑事诉讼法》第 157 条规定:"公诉人、辩护人应当向法庭出示物证,让当事人辨认,对未到庭的证人的证言笔录、鉴定人的鉴定结论、勘验笔录和其他作为证据的文书,应当当庭宣读。审判人员应当听取公诉人、当事人和辩护人、诉讼代理人的意见。"第 159 条规定:"法庭审理过程中,当事人和辩护人、诉讼代理人有权申请通知新的证人到庭,调取新的物证,申请重新鉴定或者勘验。《解释》第 138 条规定:"……被害人及其诉讼代理人和附带民事诉讼的原告人及其诉讼代理人经审判长准许,也可以分别提请传唤尚未出庭作证的证人、鉴定人和勘验、检查笔录制作人出庭作证,或者出示公诉人未出示的证据,宣读未宣读的书面证人证言、鉴定结论及勘验、检查笔录。"

9.庭审辩论中的言论豁免权。赋予律师在辩论活动中享有言论豁免权是国际上通行的做法。我国签署的 1990 年联合国第八届预防犯罪和罪犯待遇大会通过的《关于律师作用的基本原则》,关于"保证律师履行职责的措施"中规定:律师对于其书面或口头辩护时所发表的有关言论或作为职责任务出现于某一法院、法庭或其他法律或行政当局之前所发表的有关言论,应享有民事和刑事豁免权。我国正在修改中的律师法也将规定:除危害国家安全或者严重扰乱法庭秩序的言论外,律师担任诉讼代理人或辩护人,在法

---

〔1〕 罗国良:《公诉案件中被害人的代理》,载《中国刑事杂志》第 45 期。

庭上发表的代理、辩护意见,不受法律追究。

10. 职业保密权。忠诚于委托人是律师执业道德的基本要求,委托人的信任是律师赖以生存的基石。如果要求律师对所知悉的委托人的秘密作证,势必会破坏这种信任,从而使律师这一行业丧失生存和发展。因此法律须明确规定律师在执业中对所知悉的委托人的秘密有保密的权利。《关于律师作用的基本原则》中规定:各国政府应确认和尊重律师及其委托人之间在其专业关系内的所有联络和磋商均属保密。我国律师法的修改方案中,拟将在继续明确律师应当保守在执业活动中知悉的国家秘密和当事人的商业秘密,不得泄露当事人的隐私的基础上,增加规定:律师对在执业活动中知悉的当事人涉嫌违法犯罪的事实,除准备或者正在实施的危害国家安全、公共安全以及其他严重危害他人人身、财产安全的信息外,无举报、作证的义务。

11. 获得裁判文书的权利。《解释》第182条规定:"当庭宣告判决的,应当宣布判决结果,并在5日内将判决书送达当事人、法定代理人、诉讼代理人、提起公诉的人民检察院、辩护人和被告人的近亲属。定期宣告判决的,……判决宣告后应当立即将判决书送达当事人、法定代理人、诉讼代理人、提起公诉的人民检察院、辩护人和被告人的近亲属。"

12. 依法拒绝代理的权利。《解释》第48条规定:"诉讼代理人的责任是根据事实和法律,维护被害人、自诉人或者附带民事诉讼当事人的合法权益。"《律师法》第3条规定:"律师执业必须遵守宪法和法律,恪守律师职业道德和执业纪律。""律师执业必须以事实为根据,以法律为准绳。"第29条第2款规定:"律师接受委托后,无正当理由的,不得拒绝辩护或者代理,但委托事项违法,委托人利用律师提供的服务从事违法活动或者委托人隐瞒事实的,律师有权拒绝辩护或者代理。"由此可见,虽然代理律师参加刑事诉讼的根本目的是为了维护被代理人的合法权益。但是,代理律师所进行的一切诉讼活动必须符合法律的要求,发表意见和提出观点必须依照事实和法律的规定。如果委托人所提出的要求违法或者向代理律师隐瞒事实真相,代理律师有权拒绝为其代理。

(二)依授权而取得的权利,即代理权

除前面的律师固有的权利外,代理律师还享有代理权利。代理权利是指代理律师由于身居诉讼代理人的地位,其可以行使被代理人本身所拥有而又授予其行使的权利,并受被代理人意志的约束。这些权利与委托人的权利是一致的。在公诉案件中,被害人诉讼权利中最典型的是申请回避权、请求抗诉权等。代理律师可以根据委托人的授权行使这些权利。在自诉案件中,因为自诉人有权决定起诉的范围,有权决定撤诉、和解、调解及上诉等,因而律师根据自诉人授权范围的大小,行使一定的诉讼权利。当然如果自诉案件的被告人提起反诉,代理律师与自诉人的关系要作相应的变化,律师的权利当然也就要有所变化。[1]

二、刑事代理中代理律师的义务

根据律师法和刑诉法等相关法律法规的规定,代理律师在诉讼中应当承担下列义务:

1. 坚持以事实为根据,以法律为准绳的代理原则。代理律师为维护被代理人的权益而进行的各项代理工作,必须在事实和法律的框架下进行,实事求是,发表意见有理有据。

2. 遵守法律、诉讼秩序和执业纪律。代理律师在工作中要严格遵守相关法律法规的要求,恪守职业道德和执业纪律,尊重司法机关,遵守诉讼秩序。

3. 依据事实和法律,协助被代理人正确行使诉讼职能。代理律师在案件的代理中,应充分运用自己的专业知识,积极、全面、细致、准确地为被代理人提供法律服务。

4. 为被代理人保守秘密。代理律师对在诉讼中获悉的国家机密、商业秘密、个人隐私,应当严格保密,不得以任何理由泄露。因泄露给被代理人造成损失的,应予赔偿;

5. 妥善保管案件材料。案卷材料是代理律师了解案情的重要渠道和来源,一些重要的证据一旦灭失即无法再次获取,在这种情况下,被代理人一方将因举证不能而承担不利的诉讼后果。代理律师应严格加强保管全部案件材料,因保管不当给被代理人造成损失的,应予赔偿。

6. 正当代理,避免利益冲突。根据《律师法》及《律师职业道德和执业纪律的规范》的规定:律师不得在同一案件中,为双方当事人担任代理人;接受委托后,不得擅自转委托他人代理;不得在与委托人依法解除委托关系后在同一案件中担任有利益冲突的他方当事人的诉讼代理人;在未征得委托人同意的情况下,不得接受对方当事人办理其他法律事务的委托,但办结委托事项后除外。

■ 第三节　公诉案件、自诉案件中律师代理的几个问题

一、公诉案件中代理律师的诉讼地位

关于公诉案件中代理律师的诉讼地位,理论界有三种学说:独立性地位

---

〔1〕　陈光中、石献智:《刑事诉讼律师代理之探讨》,载《福建政法管理干部学院学报》2001 年第 1 期。

说;依附性地位说;独立与依附双重性地位说。

1.独立性地位说。此学说中的第一种观点认为,律师担任公诉案件被害人的代理人参与诉讼,依据的是事实和法律的规定,律师进行代理活动不受被害人意志的约束,也不受检察院起诉书或公诉词的影响。因而,诉讼代理人具有独立的诉讼地位。[1] 第二种观点认为,作为协助被害人行使控诉职能的代理律师,从维护被代理人的合法权益出发,他是独立于作为中立仲裁者的法官的。代理律师也是独立于作为国家刑事追诉官员的检察官的。鉴于检察机关代表国家追诉犯罪人,着重维护的是国家利益和社会整体性利益,并不能完全代表和包容被害人的意志和利益。而代理律师是受委托维护被害人的利益的,因此,代理律师根据自己对案件的认识,独立与检察官发表意见。代理律师还独立于委托人,代理律师是否受委托参与诉讼与是否具有独立地位并无必然关系。律师一旦接受委托进行代理,就应当独立地开展工作。代理律师并不是被害人的"传声筒",他有自己独立的意志,他不能完全按照委托人或者其近亲属的要求实施代理活动,而只能根据国家的法律和案件事实发表意见,独立地提出见解而不受委托人意志的约束。[2]

2.依附性地位说。认为刑事诉讼中的诉讼代理人是依附于被害人的,是基于委托人的委托参与诉讼,且只能在委托人依法授予的诉讼权利范围内进行代理活动。[3]

3.独立与依附双重性地位说。认为公诉案件被害人代理人的诉讼地位具有双重性。诉讼代理人参与诉讼是受人之托,依法代人办事,维护被害人的合法权益,这表明了代理人的依附性;同时,只有代理人依法自主行事,才能有效地维护被害人的合法权益,这表明的则是代理活动的自主性。[4] 我们认为此观点更能反映出刑事代理的本质特征。

二、公诉案件侦查阶段的刑事代理

《刑事诉讼法》第40条规定:公诉案件的被害人及其法定代理人或者近亲属,附带民事诉讼的当事人及其法定代理人,自案件移送审查起诉之日起,有权委托诉讼代理人。据此,在公诉案件的侦查阶段,被害人没有委托代理律师的权利。司法实践表明,刑诉法的这一规定是不科学的。根据刑诉法的规定,在公诉案件的立案阶段,被害人有报案的权利;有在报案后获

---

[1] 刘敏:《论公诉案件刑事代理制度》,载《南京师范大学学报·社科版》1995年第2期。张震高等:《论公诉案件被害人的律师代理》,载《政法论坛》1996年第4期。

[2] 陈光中、石献智:《刑事诉讼律师代理之探讨》,载《福建政法管理干部学院学报》2001年第1期。

[3] 茅朋年、李必达:《中国律师制度研究》,法律出版社1992年版,第171页。

[4] 王振河:《公诉代理有关问题的思考》,载《中国刑法杂志》1992年第2期。

得人身保护的权利;有要求办案单位为其保密的权利;对公安机关不立案的,有提请检察机关对其进行监督的权利。在侦查阶段,有对鉴定结论申请补充鉴定或重新鉴定的权利。这些权利的赋予对正确追诉犯罪,维护被害人的合法权益来说无疑是十分必要的。但是,由于各种因素的存在,被害人自身很难正确、及时、全面地行使上述权利。有的被害人因缺乏相关的法律知识,不知道自己享有何种权利,更不知道如何行使这些权利;有的被害人因犯罪行为的侵害,已没有能力行使这些权利;在这种情况下,被害人迫切需要委托律师代为诉讼。但《刑事诉讼法》第40条的规定,使得被害人不能在案件的侦查阶段委托代理律师,从而得不到法律上的帮助。鉴于此,刑诉法应该增加在公诉案件的侦查阶段被害人有权委托代理律师的相关规定,使被害人的诉讼权益得到切实、有效的保护。

三、代理律师的独立调查取证权

《刑事诉讼法》中没有关于代理律师调查取证权的规定。虽然《律师法》第31条规定了"律师承办法律事务,经有关单位或者个人的同意,可以向他们调查情况"。但《解释》第49条和《人民检察院刑事诉讼规则》第325条却只是作了诉讼代理人向人民法院、人民检察院申请收集证据,以及向对方当事人及其提供的证人收集证据时须经批准的相关规定。因此,在现阶段,刑事代理中代理律师还没有独立的调查取证权。我们认为,代理律师享有独立的调查取证权,是被害人和代理律师的法律地位决定的。独立地进行调查取证是代理律师自由全面地了解案件真相,通过证据还原事实的本来面目,充分行使诉讼权利,切实维护被代理人合法权益的重要手段。因此,在刑事代理中代理律师独立进行调查取证是十分必要的。只有赋予代理律师与辩护律师同样独立的调查取证权,才能做到控辩双方的平等对抗,才能真正实现刑事代理的目的。

四、代理律师可否与公诉人当庭辩论

公诉案件中代理律师的诉讼职能是代理被代理人行使及协助公诉人行使控诉职能,从诉讼的立场上说,代理律师与公诉人同属控诉的一方,有着相同的立场。但是,由于公诉人是代表国家指控犯罪,其所维护的权益更侧重于国家利益和社会的整体利益,而代理律师则是完全着眼于被代理人的利益,因此,在法庭审理过程中,在对案件事实的认定和对被告人的定罪、量刑等问题上,代理律师和公诉人可能会产生分歧甚至是严重的分歧。在这种情况下,代理律师能否反驳公诉人的观点而直言己方的意见? 关于这一问题,司法实践中大都持否定的观点,在学界则有肯定和否定两种不同意见。持肯定意见的学者认为,《刑事诉讼法》第160条规定:经审判长许可,公诉人、当事人和辩护人、诉讼代理人可以对证据和案件发表意见并且可以相互辩论。"相互辩论"当然包括公诉人与被害人及其代理律师之间的辩

论。允许被害人及其代理律师与公诉人、被告人三方之间辩论,可对法官全面了解案情,发现事实真相,正确适用实体法律起到兼听则明的作用。而持否定观点的则认为,不应该允许被害人及其代理律师与公诉人在法庭上进行辩论。如果被害人及代理律师就案件的某些方面与公诉人存在分歧,则应该在庭前交换意见,以保持控诉方的相互配合,避免在法庭上出现"混战"的局面。被害人及其代理律师与公诉人同属控诉方,共同执行着控诉的职能,他们共同与辩护方对抗,因此,被害人及其代理律师和公诉人在法庭上进行辩论不符合诉讼职能的分工。[1] 我们认为,在公诉案件中,被害人与公诉人同属控诉的一方,从打击犯罪保护法益不受侵害的宏观角度上说,他们有着共同的利益。在抗辩制的诉讼模式下被害人一方和公诉人必然要结成控方联盟,协同作战,共同与他们的对手——被告方进行抗辩。正是这一特点决定着被害人及其代理律师的诉讼职能之一是协助公诉人指控犯罪。允许被害人一方在法庭上与公诉方进行辩论,显然有悖逻辑,势必形成混乱的局面,因此是行不通的。就辩论而言,历来辩论的双方都是相互对立的。非对立的、立场同一的主体之间不应存在辩论。对于《刑事诉讼法》第160条规定的"相互辩论",我们认为应该理解为是指"控辩双方的辩论",而不是"控方与控方"或"辩方与辩方"之间的辩论。鉴于此,应该在立法中明确:在庭审中,被害人及代理律师不得与公诉人进行辩论。关于被害人一方与公诉机关之间就案件存在的分歧如何解决?鉴于公诉案件中被害人处于当事人的地位,其代理律师亦处于独立的诉讼地位并拥有独立发表意见的诉讼权利,在不能与公诉人有效沟通一致的情况下,被害人及其代理律师完全可以就案件的具体问题独立发表观点,而不必强求与公诉方的意见统一。

五、自诉案件中代理律师的诉讼地位

大多数学者认为自诉案件中自诉人的代理律师依附于自诉人而不具有独立的地位。[2] 在自诉案件中,代理律师在自诉人授权范围内维护其合法权益,代理律师所实施的代理行为必须依据自诉人的授权。没有自诉人的授权,代理律师不能实施任何代理行为,即使是维护自诉人的行为。如:在没有自诉人明确授权的情况下,即便是为了维护自诉人的权益,代理律师也不得代为行使自诉人所拥有的上诉、和解及撤诉的权利。因此,自诉案件中的律师代理人的诉讼地位是不独立的。少数学者认为,虽然自诉案件的代理律师不具有独立的诉讼地位,但代理律师并不依附于自诉人。代理律师必须有自诉人的授权,才可以提出上诉、撤诉、和解等决定,但并不等于说代理律师完全以被代理人的意志为转移。代理律师有自己的思维,不能同意

---

[1] 樊学勇:《论公诉案件刑事代理》,载《中央检察官管理学院学报》1997 年第 3 期。
[2] 任继圣:《律师制度与律师事务》,法律出版社 1998 年版,第 153 页。

自诉人无根据的指控与主张,不能同意自诉人不合理、不合法的要求。这样做并不妨碍代理律师必须根据自诉人的授权行事的原则。实际上,不具有独立的诉讼地位并不等于说完全的依附于委托人。[1] 我们同意此种观点。

六、公诉案件、自诉案件中的法律援助

《刑事诉讼法》第34条只规定了"公诉人出庭公诉的案件,被告人因经济困难或者其他原因没有委托辩护人的,人民法院可以指定承担法律援助义务的律师为其提供辩护。""被告人是盲、聋、哑或者未成年人而没有委托辩护人的,人民法院应当指定承担法律援助义务的律师为其提供辩护。"对于公诉案件中的被害人,自诉案件中的自诉人,刑诉法却没有赋予他们获得法律援助的权利。但是,实践表明,公诉案件中的被害人往往因人身权利、财产权利受到犯罪行为的严重侵害而不能有效地行使诉讼权利;自诉案件中的自诉人承担着证明被告人有罪的举证责任,而由于法律知识的缺乏和现行法律的限制,自诉人很难完成这些必要的证据的收集工作。他们确实需要法律的援助。

《意大利刑事诉讼法典》第98条规定:"被告人、被害人、打算作为民事当事人的受损者以及民事负责人可以获得国家免费提供的救助,上述要求应当根据关于向穷人提供救助的法律所规定的规则提出。"1985年第七届联合国预防犯罪和罪犯待遇大会通过并在同年经联合国大会批准的《为罪行和滥用权力行为受害者取得公理的基本原则宣言》第6条(C)项规定:"在整个法律过程中向受害者提供适当的援助,以便利司法和行政程序来满足受害者的要求。"我国《律师法》第41条规定:"公民在赡养、工伤、刑事诉讼、请求国家赔偿和请求依法发给抚恤金等方面需要获得律师帮助,但是无力支付律师费用的,可以按照国家规定获得法律援助。"这里的"公民"当然包括了刑事诉讼中的被害人、自诉人。

对被害人、自诉人给与法律援助不仅是国际上的通行做法,也是加强刑事诉讼中的人权保障,实现法律面前人人平等的要求。赋予那些符合援助条件的被害人、自诉人获得法律援助的权利已势在必行。

---

〔1〕 陈光中、石献智:《刑事诉讼律师代理之探讨》,载《福建政法管理干部学院学报》2001年第1期。

第十三章 民事诉讼中的律师代理

■ 第一节 民事诉讼中的律师代理概述

一、民事诉讼代理概述

（一）诉讼代理的概念和内容

以当事人的名义，在法律规定或者当事人根据法律授权的范围内，代理当事人一方进行诉讼活动，称为诉讼代理。诉讼代理制度就其本质而言，是当事人为了维护自己的民事权益，而借助他人帮助获得司法保护的一种诉讼制度。诉讼代理制度作为一项完整的法律制度，由诉讼代理的种类，诉讼代理的效力，诉讼代理人的资格和法律地位，诉讼代理权的范围，诉讼代理的方法，诉讼代理关系的发生、变更和消灭等诸多内容构成。

（二）诉讼代理制度的沿革

诉讼代理作为一种法律制度经历了一个较长的发展和完善过程。据历史资料记载，公元前 5 世纪罗马共和国时期就有了诉讼代理制度的萌芽。公元前 3 世纪罗马帝政时期，皇帝以诏令承认了诉讼代理制度，由"大教侣"负责平民咨询法律事项，允许"客民常聘他人代理诉讼行为，以付相当之费用为报酬"，后来便逐渐形成了一批专门从事法庭辩护和诉讼代理的人。这种人能说会道，长于辞令，起初被称为辩护人，由于他们精通法律，后来又被称为律师。在中世纪欧洲封建社会，与其政治制度相适应，诉讼制度也发生了变化，以刑讯为主要特征的纠问式诉讼代替了辩论式诉讼，当事人是被审问的对象，毫无诉讼权利可言，律师充当辩护人和代理人的条件不复存在。不过在法国等个别国家仍保留了律师出庭辩护和代理的做法，但出庭的只能是僧侣。后来随着国王势力的上升和教会势力的下降，受过系统教育、经过宣誓、注册登记的世俗律师逐步取代了僧侣律师在法庭上的位置。17 世纪中期，英国发生资产阶级革命以后，欧美资产阶级相继掌握了国家政权，将律师制度写入宪法性文件之中，从而建立起近代意义上的律师制度，并逐渐有了诉讼代理与刑事辩护的严格划分。随着资本主义商品经济的发展，各种法律关系日益复杂，资产阶级需要一大批精通法律的人为他们处理大量的诉讼事务和各种非诉讼法律事务，由此便促进了诉讼代理制度的发展和完善。

在我国,据史书记载,西周时期就有了诉讼代理的萌芽。但那时只有贵族才能请诉讼代理人,贫民必须亲自出庭接受审理。在中国 2000 多年的封建社会里虽然没有代理诉讼的律师,但一直存在于私下帮助老百姓伸冤写诉状打官司的人,人们称之为"讼师"、"师爷"、"刀笔吏"、"刀笔先生"等等。其中有民间的,也有身为官吏而私下干的。直到清朝末年,随着帝国主义的入侵,中国闭关自守的大门被打开,西方资产阶级的法律思想传入中国后,才出现以"律师"名义进行诉讼活动的人。1906 年清王朝的修律大臣沈家本、伍廷芳草拟的《大清刑事民事诉讼律(草案)》中设立了"律师"一节,这是我国立法史上对律师制度的首次规定,其中也包括律师代理诉讼的内容。但该法未及施行清王朝即被推翻。孙中山领导的南京临时政府曾命令法制局复呈《律师法》草案,但亦未能施行。直至北洋政府在 1912 年制定公布了《律师暂行章程》和《律师登录暂行章程》,中国才有了正式的律师制度和诉讼代理制度。1927 年南京国民政府修订、公布了《律师章程》,1941 年正式公布了《律师法》,并制定了《律师法实施细则》、《律师登录规则》、《律师惩戒规则》等。新中国成立后,人民政府废除了国民党政府的"六法全书",取消了旧的律师制度,建立了新型的人民律师制度,并开展了刑事诉讼辩护、民事诉讼代理等法律服务活动。1980 年 8 月 26 日第五届全国人民代表大会常务委员会第十五次会议通过了中华人民共和国的第一部律师法律规范《中华人民共和国律师暂行条例》,对包括民事诉讼代理活动在内的律师业务作了规范。1996 年 5 月 15 日第八届全国人民代表大会常务委员会第十九次会议通过了《中华人民共和国律师法》(自 1997 年 1 月 1 日起施行),从而使律师的诉讼代理活动进一步得到规范和完善。随着国家法制的健全,诉讼代理制度将在实践中不断得到发展和完善。

(三)诉讼代理制度的立法概况

关于诉讼代理人应当包括哪些种类,各国的立法不尽相同,主要的做法有三种:①将诉讼代理人分为法定诉讼代理人、指定诉讼代理人和委托诉讼代理人三种,并将其作为一种完整的诉讼代理制度,独立地规定为一章。匈牙利就采取这种立法体例。②将诉讼代理人分为法定诉讼代理人和委托诉讼代理人两种,并将其作为诉讼参加人中与当事人并列的一节加以规定。我国现行民事诉讼法即采取此种立法体例。③认为诉讼代理人仅指委托诉讼代理人,以专章将其列于当事人一章之后。

关于诉讼代理人的诉讼地位,各国在立法上也有区别。前苏联的俄罗斯、乌兹别克、哈萨克等加盟共和国的民事诉讼法,都不把诉讼代理人列为案件参加人。德国、日本的民事诉讼法也不承认诉讼代理人是诉讼参加人。而乌克兰共和国则将诉讼代理人列为案件参加人。我国民事诉讼法也将诉讼代理人作为诉讼参加人,并设专节规定。

关于诉讼代理人应当具备何种资格,各国立法颇不一致。有的采律师诉讼主义(也称强制律师诉讼主义),规定实行合议制审判的案件,必须以律师为诉讼代理人。有的采任意诉讼主义,规定以当事人本人进行诉讼为原则,以律师代理诉讼为例外,同时还允许委任非律师之人代理诉讼。至于非律师代理人为内国人、外国人或者是无国籍人,则不加以限制。这种做法较好,因为是由当事人自行诉讼还是委托律师或其他人代理诉讼,给当事人留有选择余地,当事人可以根据案件情况和自己的经济承受能力自行决定。我国现行民事诉讼法即采取了此种做法。

(四)诉讼代理人的概念和种类

以当事人的名义,在一定权限范围内,为当事人的利益进行诉讼活动的人,称为诉讼代理人。被代理的一方当事人称为被代理人。诉讼代理人代理当事人进行诉讼活动的权限,称为诉讼代理权。诉讼代理的内容,包括代为诉讼行为和代受诉讼行为。前者如代为起诉,代为提供证据、陈述事实,代为变更或者放弃诉讼请求等;后者如代为应诉,代为答辩,代为接受对方当事人的给付等。

根据我国《民事诉讼法》规定,诉讼代理人分为法定诉讼代理人和委托诉讼代理人两种。这是以诉讼代理权发生的原因(即发生根据)为标准划分的。法定诉讼代理权基于法律规定的亲权和监护权而发生,委托诉讼代理权基于委托人的授权而发生。有必要说明的是,在我国1982年颁布的《民事诉讼法(试行)》中,曾将诉讼代理人分为法定诉讼代理人、指定诉讼代理人和委托诉讼代理人三种,并规定"没有法定代理人的,由人民法院指定代理人"。据此规定,指定诉讼代理人只适用于当事人没有法定代理人的情况。目前我国已不存在当事人无法定代理人而需要指定诉讼代理人的情况。因为民事诉讼法明确规定,法定诉讼代理人由监护人担任。而根据《民法通则》规定,在我国监护人的范围十分广泛,几乎不存在未成年人和精神病人没有监护人的情况。也就是说,未成年人和精神病人在民事诉讼中都有法定代理人代为诉讼。这说明原来"没有法定代理人的,由人民法院指定代理人"的规定已经失去了存在的基础和必要。因此,现行民事诉讼法中没有再规定指定诉讼代理人,而只规定了法定诉讼代理人和委托诉讼代理人两种。

二、民事诉讼中的律师代理的概念和特征

(一)民事诉讼中的律师代理的概念

民事诉讼中的律师代理是律师代理制度中的一种,是指在民事诉讼中律师为了维护代理人的利益,以被代理人的名义,在正当代理权限的范围

内,代理被代理人进行诉讼活动的行为。[1] 民事诉讼代理是律师的基本业务之一。

(二)民事诉讼中的律师代理的主要特征

1.律师的民事诉讼代理活动是具有法律意义的活动。在民事诉讼的律师代理活动中,代理人与被代理人都必须符合一定的法定条件,代理人必须是持有执业证的律师,被代理人只能是民事诉讼的当事人;律师的诉讼代理活动能够依法产生诉讼上的权利义务关系。法律对民事诉讼律师代理主体和后果的明确规定表明,律师的民事诉讼代理活动是具有明确法律意义的行为。

2.律师的民事诉讼代理活动必须以被代理人的名义进行。律师不能以自己名义代表被代理人进行民事诉讼,这是因为律师并不享有实体权利,也不承担实体义务,他有的仅是民事诉讼代理权,他只能以被代理人的名义进行民事诉讼代理活动。

3.律师的民事诉讼代理活动必须在被代理人的授权范围内进行。律师参加诉讼、行使代理权的权利源自于被代理人的授权,目的是维护被代理人的合法权益。因此,律师必须根据被代理人的授权进行活动,其权限不可能也不应该超越被代理人授权的范围。

4.律师合法代理的一切法律后果均由被代理人承担。在民事诉讼中,律师必须依照被代理人的意志和愿望,实现其诉讼权利、履行其诉讼义务。因此,律师在委托的权限范围内所为的一切法律行为,都应被视为被代理人的行为,律师在代理权限内进行的民事诉讼活动的法律后果,均应由被代理人承担,无论有利的法律后果或不利的法律后果。

(三)律师的民事诉讼代理与刑事诉讼辩护的原则区别

律师在民事诉讼中的代理与在刑事诉讼中的辩护虽然都是接受委托进行特定诉讼活动,但是二者具有原则性的区别。其主要区别有:

1.参加诉讼的依据不同。民事诉讼代理律师要参加诉讼活动,必须与民事诉讼当事人及其法定代理人、近亲属签订委托代理协议,在这个委托代理协议基础上产生的特定授权是律师代理当事人参加民事诉讼的惟一法定依据;而刑事诉讼辩护律师则既可以是基于犯罪嫌疑人、被告人的委托参加刑事诉讼,也可以是根据人民法院的指定而为刑事诉讼被告人辩护的。

2.参加诉讼的范围不同。民事诉讼律师代理则适用于所有民事诉讼的当事人,包括民事诉讼原告、被告、第三人以及上诉人、被上诉人等;而刑事诉讼的律师辩护仅仅适用于公诉案件的犯罪嫌疑人、被告人和自诉案件的被告人。

---

〔1〕 陈光中:《公证与律师制度》,北京大学出版社1992年版,第331页。

3. 在诉讼中活动的资格和地位不同。在代理民事诉讼当事人进行诉讼活动的时候,律师虽然具有一定的相对独立性,但并没有独立的诉讼地位,在诉讼中只能以被代理人的名义进行诉讼,并且要受被代理人意思表示的约束;而在刑事诉讼中,辩护律师具有独立的诉讼地位,在诉讼中以自己的名义进行诉讼,不受犯罪嫌疑人、被告人意思表示的约束。

4. 权限范围不同。民事诉讼代理律师的权限由被代理人授予,且不能超出被代理人的权限范围;而刑事辩护律师的职责则是由法律明确规定的,刑事辩护律师享有法律规定的会见权、通信权、阅卷权、调查取证权等广泛的诉讼权利,其中有些权利是犯罪嫌疑人、被告人所不具有的。

5. 诉讼任务不同。在民事诉讼中,代理律师的任务就是基于被代理人的授权,在法律规定的范围内,根据被代理人的意志来维护被代理人的权益;而刑事辩护与民事代理在这个问题上具有较大的差异,刑事诉讼律师辩护制度的根本价值在于赋予犯罪嫌疑人、被告人对抗庞大国家公诉机器的手段,在维护犯罪嫌疑人、被告人合法权益的同时,尽力寻求事实真相,以尽可能地在刑事诉讼中实现实体正义与程序正义的平衡,因此,辩护律师在刑事诉讼中的辩护活动可以不受犯罪嫌疑人、被告人意志的制约。

6. 应负的法律责任不同。在刑事诉讼中,作为辩护人、诉讼代理人的律师毁灭、伪造证据,帮助当事人毁灭、伪造证据,威胁、引诱证人违背事实改变证言或者作伪证的,有可能构成辩护人妨害刑事证据罪;在民事诉讼的代理中,代理律师如果也有类似的行为,则可能会构成妨害作证罪,该罪刑罚比辩护人妨害刑事证据罪要轻。

7. 介入的时间不同。在民事诉讼中,诉讼代理人一般在法院受理案件之后介入诉讼,开始诉讼代理活动;在刑事诉讼中,公诉案件自案件移送检察机关审查起诉之日起辩护人即可介入诉讼(犯罪嫌疑人需要聘请律师提供法律帮助的,可在其被侦查机关第一次讯问或者采取了强制措施时提出),自诉案件的被告人有权在法院受理案件后委托辩护人介入诉讼。

三、民事诉讼中的代理律师的地位及权限

(一)民事诉讼中律师代理的范围

1. 民事诉讼中律师可代理对象的范围。根据民事诉讼法的规定,民事诉讼的当事人(包括原告、被告、共同诉讼人、第三人)及其法定代理人、法定代表人都可以委托代理人进行诉讼。但是,无论是谁进行的委托,代理律师在民事诉讼中的地位和权限都源自于民事诉讼当事人的诉讼主体地位。

2. 民事诉讼中律师可代理案件的范围。凡是依照民事法律关系所产生的财产关系和人身关系方面的案件,依照婚姻法律关系所产生的案件,依照经济法律关系和劳动法律关系所产生的案件,都属于律师可以代理的民事诉讼案件的范畴。

（二）民事诉讼中代理律师的地位

代理律师在民事诉讼中，虽然可以相对独立地进行一系列的诉讼行为，但是他在民事诉讼中的地位与实际的诉讼当事人仍然存在着明显的差异。

1. 律师在民事诉讼中不是诉讼主体，而是诉讼法律关系的主体。代理律师在民事诉讼中，虽然享有法定的权利、承担法定的义务，具有重要的诉讼地位，但并非完全独立的诉讼主体，其在民事诉讼中的主体性仍然源自于委托人的授权。实际上，律师只是诉讼法律关系的主体而不是诉讼主体。[1] 诉讼主体之所以不同于诉讼法律关系主体，关键在于其具有两个主要特征：①没有诉讼主体的参加，诉讼将无法进行；②诉讼主体对诉讼的发生、变更、终结起着决定性或重要的作用。可以说，诉讼主体必定是诉讼法律关系主体，而反过来，诉讼法律关系主体却未必是诉讼主体。律师是基于与当事人之间形成的委托代理关系参加民事诉讼的，不能以自己的名义引起民事诉讼法律关系的发生、变更和终结；律师的权利义务是从被代理人的权利义务中派生出来的，是由被代理人的权利义务所决定的。因此，律师作为诉讼代理人仅具有诉讼法律关系的主体资格，而不具有诉讼主体资格。

2. 律师在民事诉讼中具有相对的独立性。律师作为民事诉讼代理人，虽然不是独立的诉讼主体，而且必须受被代理人意志的制约，但这并不意味着律师必须完全依附于被代理人的意志，没有任何的独立性。律师除了享有被代理人授予的权利外，还有担任代理工作中的特有权利，如律师有权查阅案卷材料，有权调查取证，有权参加庭审调查等，这些都是法律赋予代理律师的基本权利，也是代理律师在民事诉讼中的相对独立性的法律基础。

因此，律师在民事诉讼代理活动中要想发挥自己的作用、实现自己的价值，切实维护被代理人的利益，就不能也不应以被代理人"留声机"的面貌出现，而必须遵照"以事实为依据、法律为准绳"的基本原则，在忠于国家法律、忠于事实真相的基础上，充分体现律师固有的相对独立的立场。

（三）民事诉讼中代理律师的权限

1. 民事诉讼中代理律师权限的形成。民事诉讼中代理律师的权利源自于民事诉讼当事人所天然拥有的诉讼权利，如果没有民事诉讼当事人或其法定代理人、法定代表人的书面委托授权，律师在民事诉讼中就没有任何的立场或权限，民事诉讼中代理律师的权限的形成及权限的内容完全取决于这种授权委托的具体内容。

2. 民事诉讼中代理律师权限的分类。律师在民事诉讼中代理可分为两类，即一般代理和特别代理；还有一种较为特殊的情况是复代理。下面分别

---

〔1〕 关于诉讼主体与诉讼法律关系主体的含义与区别，参见常怡：《新中国民事诉讼法学研究综述》(1949～1989)，长春出版社1991年版，第29～30页。

对这三种情况进行具体的说明：

（1）一般代理。一般代理，又称为一般授权代理，是与特别授权代理相对而言的，是无需对案件的实体问题作出明确表态和决策的代理。这种代理有较大的伸缩性和可变性，而少有固定性和决定性，如申请回避、提出管辖权异议、提供证据、进行质证和辩论等。这种代理贯穿于全部诉讼活动中，有很大的连续性，但不具有决断性。因此，不必有委托人特别授权。在实际工作中，这种代理形式最为常见。

（2）特别代理。律师在民事诉讼中的特别代理，是指通过委托人的特别授权，赋予律师对案件实体问题的重大诉讼行为，直接作出决定性的明确表态的诉讼代理。我国《民事诉讼法》第59条规定："诉讼代理人代为承认、放弃、变更诉讼请求，进行和解，提起反诉或者上诉，必须有委托人的特别授权。"

特别代理与一般代理的区别是：特别代理涉及重大诉讼行为问题，一般代理只涉及普通诉讼行为问题；特别代理涉及实体权利义务问题，一般代理涉及诉讼程序问题；特别代理中，律师应对代理的主要问题作出决断性表态，在一般代理中无需作出这种性质的表态；律师在特别代理中是独立的代理行为，一般代理中只是协助被代理人进行诉讼活动。

（3）复代理。复代理也叫转委托代理，是代理人接受委托以后，在某种特殊的原因下，为了维护被代理人的合法权益，将一部分或大部分或全部的代理权委托其他律师代理的诉讼行为。我国《民法通则》第68条规定："委托代理人为被代理人的利益需要转托他人代理的，应当事先取得被代理人的同意。事先没有取得被代理人同意的，应当在事后及时告诉被代理人，如果被代理人不同意，由代理人对自己所转托的行为负民事责任，但在紧急情况下，为了保护被代理人的利益而转托他人代理的除外。"

复代理的特殊情况是指：代理人由于缺乏某种特殊专业知识，而无法代理诉讼中的某一部分权利的，可以转委托具有此种专业知识的律师代理；代理人接受委托后，因突然发生了天灾人祸的事故，无法亲自代理的，只好转委托其他律师代理；由于代理律师对异地代理的情况不熟悉，语言不通，为了维护被代理人的利益，需要转托当地律师代理；由于代理律师离代理事件的地点太远，如亲自前往费用过高，无形中增加了被代理人负担，转委托其他律师更为有利；由于某些特定案件的限制，必须转委托其他律师代理，如我国办理的涉外案件；外国代理律师在我国进行民事诉讼活动时，必须转委托中国律师办理；等等。

委托人如果在授权委托中授予了被委托人转委托的权利，当然可以转委托，但是转委托的权限必须限于原委托的范围，在原委托中未规定被代理人转委托权利的，代理律师由于在十分紧急的情况下进行诉讼活动，如不及时参加诉讼,必然给被代理人造成损失,因此,可以未经委托代理人的承认或认可。否则,应由代理律师对转委托律师的行为负民事责任,而不应由被代理人负责。

3. 委托诉讼代理权的取得、变更、解除和消灭。

(1)委托诉讼代理权的取得。委托诉讼代理权是基于委托人的授权而发生的。《民事诉讼法》第59条第1款规定:"委托他人代为诉讼,必须向人民法院提交由委托人签名或者盖章的授权委托书。"可见,向法院提交由委托人签名或者盖章的授权委托书,是受托人取得委托诉讼代理权的法定方式。授权委托书作为受托人取得委托诉讼代理权的凭证,人民法院应当认真进行审查。授权委托书经人民法院审查认可后,受托人即取得了诉讼代理权,成为诉讼代理人,可以开始诉讼代理活动。为了保证委托人出具的授权委托书的真实性与合法性,《民事诉讼法》第59条第3款还特别规定:"侨居在国外的中华人民共和国公民从国外寄交或者托交的授权委托书,必须经中华人民共和国驻该国的使领馆证明;没有使领馆的,由与中华人民共和国有外交关系的第三国驻该国的使领馆证明,再转由中华人民共和国驻该第三国使领馆证明,或者由当地的爱国华侨团体证明。"

授权委托书是委托诉讼代理人进行诉讼代理活动的证明文书,根据民事诉讼法规定,必须记明委托的事项和权限。如果一方当事人同时委托二人代理时,授权委托书应分别记明他们各自代理的事项和权限。

(2)变更和解除委托诉讼代理权的要求。委托诉讼代理关系成立后,诉讼代理人取得的诉讼代理权在诉讼过程中有可能发生变更或者解除。所谓委托诉讼代理权的变更,是指委托诉讼代理人取得诉讼代理权后,在诉讼过程中,委托人基于一定原因,扩大原来的诉讼代理权或者缩小原来的诉讼代理权。所谓委托诉讼代理权的解除,是指在委托诉讼代理关系成立后,因委托人收回诉讼代理权或者代理人放弃诉讼代理权而终止双方的诉讼代理关系。根据《民事诉讼法》第60条规定,诉讼代理人的权限如果变更或者解除,当事人应当书面告知人民法院,并由人民法院通知对方当事人。否则,诉讼代理权的变更或解除对人民法院和对方当事人不发生效力。在诉讼代理权未变更、解除前,委托诉讼代理人已经实施的诉讼代理行为仍然有效。

(3)委托诉讼代理权消灭的原因。委托诉讼代理权可以因各种原因而消灭。委托诉讼代理权的消灭不同于委托诉讼代理权的解除,委托诉讼代理权的解除完全是人为的原因,而委托诉讼代理权的消灭则既有人为的原因,也有非人为的原因。但是两者又有一定联系,即委托诉讼代理权的解除是导致委托诉讼代理权消灭的原因之一。导致委托诉讼代理权消灭的原因有:诉讼结束,代理人已经履行完毕诉讼代理职责;代理人死亡或者丧失诉讼行为能力;被代理人死亡;被代理人和代理人双方自动解除委托诉讼代理关系。

四、律师代理民事诉讼的意义

在现代社会中,大量存在的社会冲突或纠纷是无可避免的,而律师在现代社会中的作用正是与社会冲突或纠纷的解决有密切联系;而在律师参与解决社会冲突或纠纷的方式中,代理进行民事诉讼始终处于核心位置的。这是因为,作为终局性的纠纷解决方式,民事诉讼对于当事人的意义无疑是至关重要的,但是民事诉讼严格的程序要求又确为一般当事人难以把握,由此律师介入的必要性就凸显出来了;此外,民事诉讼是使抽象的民事实体法规范落实于具体案件,这将对其他纠纷解决方式,甚至一般的经济交往产生示范效应,这也是一个律师介入民事诉讼进程的重要理由所在。

（一）律师代理民事诉讼直接关系着当事人权利的实现

在民事诉讼中,纠纷的解决与权利的实现常常就是一个事物的两个方面,在纠纷以诉讼方式得以解决的同时,权利也就得到实现。虽然,权利的实现可借助多种方式,但通过诉讼实现权利是最具权威性的一种。因为,一旦当事人的权利得到生效裁判的确认,即意味着获得了国家强制力的保护,从而具备了极大的稳定性。

一般而言,当事人只有在无法通过诉讼外的方式实现其权利时才会提起民事诉讼,请求法院代表国家来确认和保护自己的权利。而在现代社会中,用以确定公民权利的法律体系日趋繁复,一般公民通常无法掌握。"在此状态下,想要享受权利的人,为了获知其权利即'法'的较明确内容为何,大多需要求助于律师即法律专家。"况且,"于现代社会,随着社会结构之复杂化及社会价值之多样化,所谓'权利'或'正义'等概念也已然越趋于抽象化;面对此种情势,有意利用诉讼制度主张权利者,为明了其应在何范围内如何有效实现权利,也越加殷切需求获得律师之助力"。所以可以说"接近律师常即意味接受权利亦即接近实现正义"。[1]

（二）律师代理民事诉讼集中体现了对法治进步的推动作用

虽然从理论上说律师所有的业务活动都会对现行法律制度的完善产生一定的推动作用,但律师对现行法律制度施加影响的最有力的方式就是代理诉讼。律师代理民事诉讼的这种作用主要体现在以下两个方面:①律师创造性的法律推理弥补了法律本身的不确定性以及可能的不完善性。现存的法律"并不是内容明确到毫无歧义,也不是完全无变化的静止规范,有时候还可能出现法规不完整不健全的情况,所以律师把具体案件与法律规范

─────────────

〔1〕 邱联恭:《司法之现代化与程序法》,三民书局1992年版,第179页。

联系起来的工作带有创造性、动态的性质"[1] 律师的创造性工作使法律实现了从一般到具体的转变,有利于法律体系日趋充实和完备;在法律的某些空间领域,律师缜密的分析使有关法律问题变得清楚明了;对于法律的不合理或不适应形势发展的地方,律师的工作则使其错误暴露在世人面前,从而为"恶法"的修改提供了契机。②在某些诉讼中,律师代理工作推动了判例的形成,为相关立法的出台作了前导性的论证。随着社会关系的日益复杂,一些法律没有规定或虽有规定但仍不足以妥善解决的新型纠纷不断涌现,比如环境保护案件、公害案件、消费者保护案件、互联网侵权案件等。这些案件的处理一般缺乏完备的法律规范、没有现成的前例可以借鉴,而且其结果将会对以后相关类型的纠纷处理产生较大影响。因此,在处理此类案件时,法院需要在现有法律规范的基础上,又不囿于传统的一般规定,综合考虑各种社会因素,作出审慎而有创建性的解决方案。在此类纠纷的民事诉讼程序中,律师作为不同利益集团的代表,各自寻找对己方有利的法规乃至法理并据以展开陈述和论辩,律师的这些工作对于案件的妥善处理具有不可替代的作用。

五、关于律师代理诉讼的几个问题

律师制度是我国司法制度的重要组成部分,随着我国社会主义民主与法制建设的发展,律师为社会提供法律服务的范围越来越广泛。代理民事诉讼是律师的一项重要业务,为了正确和充分地发挥律师在民事诉讼中的作用,有以下几个问题需要研究:

1. 同一个律师事务所的两名律师,可否各自接受同一案件中原、被告的委托同时代理诉讼?我国民事诉讼法和律师法均未对此作出规定,理论界有不同看法。一种意见认为,同一个律师事务所的两名律师不宜各自接受同一案件中原、被告的委托,同时担任诉讼代理人。另一种意见认为,同一个律师事务所的两名律师可以各自接受同一案中原、被告的委托,同时担任诉讼代理人。

2. 对于当事人的诉讼请求显然无理的,律师应否接受代理诉讼的委托?对此存在三种不同主张:①主张不管当事人的诉讼请求有理无理,只要当事人提出委托,律师就应接受。②主张对没有理由的原告可以不接受委托,而对被告的委托即使没有理由也应接受。③主张无论原告还是被告,只有诉讼请求有理的才能接受委托。

3. 律师能否代理执行案件?我国法律对律师能否代理执行案件虽未明确规定,但基于对律师代理诉讼应当包括审判和执行两个完整阶段的理解,

---

〔1〕 [日]谷口安平著,王亚新译:《程序的正义与诉讼》,中国政法大学出版社 1996 年版,第78 页。

一般认为,只要当事人提出委托,律师可以代理执行案件。特别是当前执行案件的难度一般都较大,涉及的情况也较复杂,如果有律师代理,可以协助法院更好地完成执行任务。但律师代理执行案件,应由当事人另行委托,而不属于当事人在审判阶段一般授权和特别授权的代理范围。

4.特别程序中的当事人可否委托律师代理?特别程序是民事诉讼程序的有机组成部分,律师代理民事诉讼也应当包括代理特别程序中的当事人。只要特别程序中的当事人有委托授权的,律师便可以接受委托进行代理。

5.律师可否代理当事人申请再审和参加再审程序?再审程序是民事审判程序的有机组成部分,律师代理民事诉讼应当包括各种审判程序中的代理。因此,律师可以接受当事人的委托,代理当事人申请再审和参加再审程序。但这种情况,也应由当事人另行委托。

■ 第二节　律师代理的工作程序和方法

律师代理民事诉讼案件,一般可以分为以下阶段:收案、庭前准备、参加法庭审理以及执行阶段的代理工作,而各个阶段又有不同的环节,如接待当事人、签署委托代理协议、调查取证、撰写法律文书等。虽然这些环节并非在每一个民事诉讼案件的代理中都要经历,但是对于有志于律师职业者而言,了解各个主要环节中的策略设计与操作技巧却是十分必要的。

一、民事诉讼案件的收案

收案,是指民事诉讼当事人到律师事务所办理委托代理手续,聘请律师担任其民事诉讼代理人,与律师事务所签订书面委托代理协议的过程。在收案阶段主要有以下几个环节的工作:接待当事人、评估案情、签订委托代理协议等。

(一)接待委托人

在案件代理过程中,始终存在着律师接待委托人的工作,在这里之所以把收案阶段的接待当事人作为一个独立的工作环节单列出来,主要基于以下这个理由:这个阶段的接待对于能否建立委托关系,以及律师在委托关系存续期间能否受到委托人的尊重与信任,以及在工作上全面的配合起着至关重要的作用。

收案阶段的委托人接待工作主要达到以下几点效果和目的:①树立代理律师良好的职业形象;②充分了解案情并作出初步的分析与评估;③和当事人协商办理委托代理手续问题。

在接待委托人时,要注意:①在询问委托人时,接待律师一定要注意认真倾听委托人的讲述、要多问问题,绝对不要急于发表对案件的意见、看法等。这不仅仅是因为倾听是对委托人最基本的礼仪与尊重,更是因为在这个时候,接待律师对相关案件情况基本上不了解,如果急于发表自己对案件的意见、看法往往反而是弄巧成拙,正确的做法应该是仔细倾听委托人对案件情况的讲述,并适时提出适当问题,逐步了解、掌握案件基本情况和目前所处的阶段。②在确定了解案件基本情况的前提下,根据相关法律规定,评估案情,向委托人提出该类型案件的基本法律分析。在为委托人进行案情分析时,要切记把握好分寸,要注意两点:一是律师在这个阶段只能做基本的法律分析,也就是说要理清案件基本的法律结构,找到基本的法律依据,并进行初步分析,不必过于具体、细致;二是在分析案件时,不要给予委托人错误的资讯,不要夸大其词,以至于使委托人产生不切实际的期望,为日后的工作埋下隐患。③如果委托人有意进行委托,必须充分解释委托代理协议条款的内容,与委托人进行彻底的沟通与协商。

在分析和评估案情时,要注意审查委托代理案件的合法性。对委托代理案件合法性的审查是分析、评估案件的首要步骤,具体包括对以下内容的审查:

1. 审查委托人委托代理的事项是否具备民事诉讼法规定的起诉条件。根据《民事诉讼法》的有关规定,起诉应当具备以下条件:原告是与本案有直接利害关系的公民、法人或其他组织;有明确的被告;有具体的诉讼请求和事实理由;属于《民事诉讼法》规定的受案范围并依法应适用民事诉讼程序;不属于当事人对人民法院正在审理的案件又以同一诉讼标的、诉讼理由对同一被告起诉的情况,即不属于重复起诉;不属于人民法院对当事人的争议已作出生效判决的情形;不属于依照法律规定,在一定期限内不得起诉的案件,仍处于不得起诉的期限内;委托人具有诉讼权利能力;等等。只有符合上述条件,委托人向法院提出的保护自己民事权益的请求才会被人民法院接受,否则也就不存在民事诉讼的可能,更不会有律师代理民事诉讼的问题了。

2. 案件是否归人民法院主管。对于不属于人民法院主管的,律师应向委托人说明并指出可能的解决途径,如果委托人仍然愿意委托律师代理解决纠纷,律师也可以接受,但不能以代理民事诉讼的形式进行。

3. 委托人的诉讼请求是否违反法律、政策或社会公德。如果委托人将要提起的诉讼请求违背法律、法规、行政规章、有关的国家政策或社会公德,应当向委托人说明这样的诉讼请求不可能受到司法保护,应该改变这样的诉讼请求。如果委托人固执己见,律师就不能接受委托。关于这一点,《律师职业道德和执业纪律规范》第40条有明确规定:"律师应当严格恪守独立履行职责的原则,不应迎合委托人或满足委托人的不当要求,丧失客观、公正的立场,不得协助委托人实施非法或具有欺诈性的行为。"

4.审查案件是否已经超过了诉讼时效。对于超过诉讼时效的案件,因委托人已丧失胜诉权,其诉讼请求不可能获得法院的支持,律师在这种情况下一定要明确告知委托人。

此外,应当注意的是,在分析案情、评估委托人的诉讼请求时,一定要充分研究现有的证据材料,尽量多向委托人了解情况,切忌过早地下过于乐观的结论,一定要细致、谨慎,切忌误导委托人。除了一般委托人外,律师事务所有时会有机会为某些较为大型的公司或项目提供系统的法律服务,在这种情况下,对案情的评估需要更加地细致、谨慎,通常会需要律师事务所为此提供完整的法律服务计划书。法律服务计划书通常应当包括的内容有律师事务所简介、法律服务的内容及方式、律师团队介绍、收费方法等。法律服务计划书对于律师事务所成功获得委托具有重要意义,一定要用心编纂,要充分体现出律师事务所律师团队的专业性,要充分显示出律师事务所的实力和信心。

(二)签订委托代理协议

委托代理协议是律师代理民事诉讼的依据,其主要内容应包括:委托人的姓名、性别、年龄、住址等基本情况及案由;律师事务所指派参加诉讼的律师;委托代理事项及权限;代理关系的有效期限;双方商定的委托代理费用;双方的权利、义务。

委托代理协议是确定律师与委托人委托代理关系及相互权利义务的基础性文件,在签署委托代理协议时,律师一定要把协议条款的内容及意义对委托人明确说明,这样既是对双方权利义务的明确,也是为了避免在代理诉讼的过程中产生不必要的误会或纠纷。

在说明委托代理协议的条款时,有一个问题必须要注意,即委托代理费用的确定问题。从现行的律师收费方法看,大致有以下四种方式:①按司法行政管理部门和物价行政管理部门确定的标准收取,由于这种方式较为死板,无法根据案件情况进行变通,事实上很少采用;②协商收费,即由律师和委托人根据案件的难易程度及律师代理案件可能付出的劳动量,再根据委托人自身的经济状况等来最终确定代理费数额,在实践中,这是最为普遍的一种代理费确定方式;③风险代理,即律师只有在其所代理的案件胜诉后、执行后或达到委托人要求的某种结果后,才能获得协商确定的代理费用,完全采用风险代理的民事诉讼案件数量不是很多;④协商收费加风险代理,即律师代理诉讼的费用由两部分组成:一是由律师和委托人协商确定的固定数额,不论案件结果如何,委托人都要按照约定足额缴付;二是风险代理的部分,由律师和委托人先行确定代理费计算的方法及收取的时间等,对于一些标的数额较大或有一定难度的案件,采取这种两相结合的收费方式还是比较常见的。

在委托代理协议中，除了要明确约定代理费的数额、计算方法、收取时间等等以外，还要明确律师在代理案件的过程中支出的其他费用，如交通费、住宿费、招待费等，是否最终有委托人负担以及如何负担等，以免在代理案件的过程中发生纠纷。

二、庭前准备阶段

（一）出具和提交授权委托书

《民事诉讼法》第 59 条第 1 款规定："委托他人代为诉讼，必须向人民法院提交由委托人签名或盖章的授权委托书。"授权委托书是被代理人单方出具的说明、证明律师代理权限范围的法律文件。授权委托书的内容一般包括授权委托人的姓名、住址等必须说明的事项、律师的姓名、所执业的律师事务所、住址等，律师的代理权限；等等。对于律师的代理权限，无论是一般代理，还是特别代理，都应尽可能详尽地予以列举，不能作简单地概括性陈述。授权委托书应当一式三份，委托人保留一份、委托人提交人民法院一份、律师事务所保留一份。

《民事诉讼法》第 59 条第 3 款规定："侨居在国外的中华人民共和国公民从国外寄交或者托交的授权委托书，必须经中华人民共和国驻该国的使领馆证明；没有使领馆的，由与中华人民共和国有外交关系的第三国驻该国的使领馆证明，再转由中华人民共和国驻该第三国使领馆证明，或者由当地的爱国华侨团体证明。"这是侨居国外的中国公民提交授权委托书的法定程序，以保证授权委托书的真实有效性。

根据《民事诉讼法》第 60 条的规定，诉讼代理人的代理权限如果变更或解除，当事人应当书面告知人民法院，并由人民法院通知对方当事人。

根据《民事诉讼法》第 58 条的规定，委托人可以委托 1～2 名律师作为诉讼代理人。在委托人委托 2 名律师代为诉讼时，为了避免两位律师在代理过程中的意见分歧，应当在授权委托书中分别载明两位律师的代理权限，两位律师在代理过程中也要经常地交换意见，共同做好代理工作。如果其代理意见分歧较大时，应当及时向委托人说明，由委托人作出决断。

（二）庭前准备

律师在接受委托之后，就成为了民事诉讼代理人，无论是代为起诉还是代为应诉，都要做以下这些准备工作：

1. 调查取证，协助委托人履行举证责任。民事诉讼的结果是由证据决定的，民事诉讼当事人能否成功履行举证责任直接关系到民事诉讼的结果，因此，调查取证以协助委托人履行举证责任是律师在庭前准备阶段最为重要的任务之一，要完成这一任务，主要有以下两方面的工作：

（1）协助委托人准备证据。委托人委托律师代理诉讼，是对案件情况最为熟悉的人之一，委托人手中也掌握了大量的与民事诉讼相关的证据，律师要协助委托人理清案件头绪、准备证据材料、编辑证据目录等,以在法定举证期限内,向法庭提交证据材料。

(2)调查取证。代理律师在听取委托人对案情的陈述和阅卷以后,如果认为事实不清、证据不足,除了由委托人举证外,还可以自行调查。向有关单位和个人调查、取证,是代理律师的一项诉讼权利,也是代理工作的一项重要内容。律师办理业务,在向有关单位和个人进行调查、获取证据时,有关单位和个人也应当协助。律师调查时,应持有律师事务所介绍信和工作证,调查时一般应有两人在场。如果只有一名律师,则应有一名与案件无利害关系的人在场。实践中,一般由调查人员工作、学习的单位或居委会、村委会的有关人员协助调查。在调查开始之前,律师应当告知有关人员要实事求是,不作伪证,否则,应承担法律责任。

2. 到法院查阅案卷材料。根据有关法律规定,律师作为民事诉讼代理人,可以到法院查阅所承办的本案材料,律师阅卷时可以摘录。查阅案卷材料,是代理律师掌握案件事实真相的重要途径。代理律师需要查阅的主要材料包括原告的起诉状、被告的答辩状、双方当事人的举证材料、法院自行调查、鉴定而得来的有关证据材料等。通过阅卷,代理律师应当了解双方当事人争议的焦点,双方的诉讼请求、有关证据是否确实、充分,等等。在阅卷过程中,代理律师应注意以下问题:①阅卷要注意证据材料的完整性,切忌断章取义;②从有利于委托人的角度出发,注意审查两方面的证据,防止先入为主;③注意审查证据的合法性、客观性、关联性,认真审查正反两方面的证据,及时发现矛盾和疑点,提请法院或当事人予以澄清,对司法实践中经常可能出现的伪证情况要重点进行分析;④对于阅卷工作过程中知悉的国家秘密、商业秘密和个人隐私要注意保密。

3. 撰写有关法律文书。代理律师在掌握了有关事实和证据之后,即应根据实际情况,撰写有关法律文书,这些法律文书包括起诉状、答辩状、代理词和和解协议。

(1)撰写起诉状。《民事诉讼法》第109条规定,起诉应向人民法院递交起诉状,并按被告人数提出副本。起诉状是原告在其民事权利义务发生争议时,为了维护其民事权益,向人民法院提出的指明控告对象、表述诉讼请求和事实根据的书状,是人民法院行使国家审判权审理民事案件的根据。

根据《民事诉讼法》第110条规定,起诉状应载明以下事项:当事人的基本情况,起诉状应载明原告、被告、法定代理人、委托代理人的姓名、年龄、性别、民族、籍贯、住址、职业、工作单位等情况。诉讼代理人是律师的,只写明律师的姓名及其执业的律师事务所的名称;诉讼请求和所依据的事实理由;证据和证据来源及证人的姓名和住址。受诉人民法院的名称、起诉人签名或印章以及起诉的时间。民事起诉状应当简明扼要、文理通畅,其中诉讼请求及所依据的事实理由部分是起诉状的核心部分,内容一定要客观、充分、逻辑严谨,以使人民法院清楚地了解有关情况。

(2)撰写答辩状。代理律师如果代理被告应诉,在了解有关事实,掌握有关证据之后,应当撰写答辩状。答辩状是被告针对原告提出的诉讼请求和事实理由,向人民法院提交的进行辩解的书状。答辩状的结构形式与起诉状基本相同,其内容特点是具有针对性,即针对原告起诉状的内容进行反驳和辩解。另外,答辩状在一定情况之下还应当包括以下内容:

提出管辖权异议。代理律师如发现受诉法院无管辖权,应根据《民事诉讼法》第38条之规定,在提交答辩状期间提出,人民法院对此应当进行审查。异议成立的,裁定将案件移送有管辖权的人民法院;异议不成立的,裁定驳回。委托人如对裁定不服,根据《民事诉讼法》第140条之规定,在10日内提起上诉。

进行反诉。反诉是被告维护自己合法权益的有力手段,人民法院通过对反诉的审理,不但可以保护被告的合法权益,还有利于促进本诉的审理和解决。根据《民事诉讼法》第52条之规定,被告在提交答辩状时可针对原告的诉讼请求,向人民法院提出与本诉有牵连的以原告为被告的反诉。反诉的请求可以在答辩状中一并提出,代理律师应当及时收集有关证据材料,使反诉建立在事实的基础上。

《民事诉讼法》第113条规定:"人民法院应当在立案之日起5日内将起诉状副本发送被告,被告在收到之日起15日内提出答辩状。被告提出答辩状的,人民法院应当在收到之日起5日内将答辩状副本发送原告。被告不提出答辩状的,不影响人民法院审理。"因此,代理律师代理当事人提出答辩状,应当严格遵守法律规定的期限。

(3)撰写代理词。代理律师经过必要的准备,在全面了解了案情、充分掌握了证据之后,应当撰写代理词。代理词是代理律师在诉讼中依据事实和法律,在法庭辩论阶段发表的,以维护委托人合法权益为目的的,表明代理人对案件处理意见的司法文书。写好代理词,对于成功地代理诉讼具有十分重要的意义。

撰写代理词,应注意以下问题:①根据案件具体情况,鲜明地提出代理意见。没有鲜明的观点,就无法围绕这一观点展开论证。产生代理观点的过程,实际上就是在事实的基础上,对各个证据进行分析、甄别,去粗取精的过程。代理律师要对案件全部事实和证据进行反复推敲,形成正确的代理意见,从而奠定成功代理的坚实基础。②以事实为依据,以法律为准绳,详尽地论述、支持其诉讼请求。代理词不仅要以书面形式提交法院,还要由律师在法庭上公开演讲,赢得公众支持,因此,引用的证据材料、法律依据必须可靠、充分、客观,论证必须有逻辑性,严谨周密,富有条理。③由于随着诉讼进程,案情会越来越明朗,代理词也有一个不断修改、充实、完善的过程,所以,代理律师对此应有充分的估计,在发表代理词的过程中,应有随机应变的能力,反应在代理词的写作上,就是代理词应有足够的空间,能及时吸收新出现的情况,弥补代理中的漏洞。④代理词的语言应当生动、简练。代理词虽有一定的形式,但绝不是八股文,它的语言应当丰富、生动、精确,并注意修辞手法的运用。

4. 准备法庭辩论提纲。法庭辩论是庭审的中心环节,对于案件事实的查明以及法律规范在案件中的正确适用具有决定性意义,为法庭辩论作准备是律师在开庭前重要工作之一。因此,律师必须在充分了解案件情况的基础上,理清辩论思路、拟定辩论策略,准备好自己所要提出的问题、预测对方可能会提出的问题并拟定相应的应对方法。

三、参加法庭审理

(一)律师代理当事人参加法庭审理的一般过程

法庭审理是指人民法院在完成必要的准备之后,在法院或其他的适宜的场合设置的法庭上,对民事案件进行审查处理等活动。法庭审理一般包括以下几个阶段:审理开始、法庭调查、法庭辩论、合议和宣判等。此外,在法庭审理的全过程,还贯穿法院的调解活动。

开庭审理的任务是审查核实证据,查明案情,分清是非,确认当事人之间的权利义务关系,制裁民事违法行为,从而保护当事人的合法权益,维护社会主义法制的正确实施。因此法庭审理是民事诉讼最重要程序,是律师代理民事诉讼,实现其任务的关键环节,律师在这个阶段上工作如何,直接关系到能否保护被代理人的合法权益。代理律师应根据法庭审理不同阶段的特点,做好代理工作。

1. 审理开始。

(1)申请延期审理。《民事诉讼法》第 123 条第 1 款规定:"开庭审理前,书记员应当查明当事人和其他诉讼参与人是否到庭,宣布法庭纪律。"第 132 条规定:"有下列情形之一的,可以延期开庭审理:①必须到庭的当事人和其他诉讼参与人有正当理由没有到庭的;②当事人临时提出回避申请的;③需要通知新的证人到庭,调取新的证据,重新鉴定、勘验,或者需要补充调查的;④其他应当延期的情形。"人民法院开庭审理时,由于特殊情况的出现而推迟案件的审理,有利于保证案件的处理质量,有利于充分维护当事人的合法权益。必须到庭的当事人和其他诉讼参与人出席法庭,是人民法院查明案情、公正裁决的必要条件。如果上述人员有正当理由不能到庭,则案件无法审理。在开庭审理时,代理律师如发现必须到庭的当事人和其他诉讼参与人有正当理由没有到庭,需要延期审理,而合议庭又没有作出延期审理的决定,有可能影响对其委托人合法权益的维护时,可以向人民法院申请延期审理。

（2）申请有关人员回避。根据《民事诉讼法》第123条第2款的规定，开庭审理时，由审判长核对当事人，宣布案由，宣布审判人员、书记员名单，告知当事人有关的诉讼权利义务，询问当事人是否提出回避申请。申请有关人员回避是当事人的一项重要诉讼权利。根据《民事诉讼法》第45条的规定，审判人员有下列情形之一的，必须回避，当事人有权用口头或者书面方式申请他们回避：①是本案当事人或者当事人、诉讼代理人的近亲属；②与本案有利害关系；③与本案当事人有其他关系，可能影响对案件公正审理的。这些规定，也适用于书记员、翻译人员、鉴定人、勘验人。代理律师应从客观实际出发，通俗地向当事人解释什么是回避，回避的条件、意义，如果有事实根据认为审判人员有法定回避的情形，应当帮助当事人向法庭提出回避申请，并说明理由。提出回避申请必须有事实根据，不能是主观推测，更不能为了拖延诉讼而编造理由。代理律师应当及时向委托人说明滥用申请回避所带来的消极后果，避免影响诉讼的顺利进行。根据《民事诉讼法》第48条的规定，如果当事人对人民法院针对回避申请作出的决定不服，还可以在接到决定时申请复议一次。

2. 法庭调查。法庭调查是法庭调查案件全部事实，并全面审查、判断有关证据的活动。法庭调查是开庭审理的重点，通过法庭调查，为认定案件事实、正确适用法律、维护当事人的合法权益奠定基础。根据《民事诉讼法》第124条的规定，律师在法庭调查阶段可以进行下列代理工作：

（1）协助当事人陈述案情。在当事人陈述阶段，如果只有代理律师出庭，则由律师代理委托人全面陈述案情。但更多的情况是代理律师和委托人同时出庭。这时，首先应由委托人全面陈述案情，因为委托人作为案件直接利害关系者，对案情有最直接、最充分、最详实的了解，能够较为全面地陈述案件真实情况。但由于委托人受文化水平、心理素质、表达能力等主客观条件的制约，往往并不能圆满地陈述有关案情，因此，在其陈述后应由具有法律知识、出庭经验的代理律师补充性地、专业性地陈述有关案情，并准确地回答审判人员的提问。

（2）审查核实证据。审查核实证据是法庭调查的主要活动，对证据的审查核实活动最见律师的基本功，因此，代理律师必须重视对证据的审查核实工作。实践中，代理律师应做好以下几方面的代理工作：

第一，引导审判。民事案件的审判权虽由人民法院行使，但代理律师可以通过诉讼技巧对审判加以适当引导。代理律师对审判加以引导的最主要途径是质证，通过直接询问和交叉询问，强调案件中的重点问题，暴露证人证言中的致命矛盾，引起审判人员的高度重视，从而达到引导审判的目的。此外，适时地展示有关证据、适当安排证据顺序、适当的措辞及语气都有利于引导审判人员的注意力。

第二,提出新的证据。通过法庭调查,代理律师能够了解到更多的证据材料。代理律师应当及时提出这些证据来支持委托人的诉讼请求。

第三,申请重新勘验、鉴定和调查。代理律师在法庭调查中应当注意有关勘验、鉴定和调查结论是否全面,是否有充分可靠的事实根据、有无违法情形等情况,如发现有不当情况可能影响有关勘验、鉴定、调查结论真实性的,应当及时向法庭提出重新勘验、鉴定、调查的申请。

第四,增加新的诉讼请求。根据法庭调查所发现的新的事实和证据,律师及其委托人可以随时修正自己的观点,增加新的诉讼请求。

第五,申请财产保全或先行执行。根据《民事诉讼法》第 92 条、第 97 条之规定,律师在法庭调查阶段依据新发现的有关情况,可以申请财产保全和先予执行。

第六,申请撤诉。根据法庭调查,原告及其代理律师可以在宣判前申请撤诉。申请撤诉是放弃诉讼请求的方式,代理律师申请撤诉时必须符合法律的规定,不得规避法律,不得损害国家、集体和其他公民的合法权益。凡是合法的撤诉,人民法院应当准许。撤诉是当事人处分诉讼权利的行为,而不是放弃诉讼权利,只要原告没有处分实体权利,原告仍可再行起诉,这一点,代理律师必须对当事人加以说明。

根据律师工作的经验,代理律师在法庭调查阶段应该做到"一听二问三调整"。所谓"一听"就是指首先要认真听取审判人员、各方当事人及其他诉讼参与人在法庭上提问、回答或发言,以达到进一步熟悉案情和证据,掌握案件情况有无变化。"二问三调整"是指在听的基础上,根据需要依法向证人了解案件事实,及时调整或补充在开庭前就准备好的代理词、辩论提纲,为下阶段的法庭辩论作准备。

根据《民事诉讼法》的有关规定,代理律师根据法庭的调查,也可以提出回避及延期审理的申请。

3.法庭辩论。法庭辩论,是指当事人、第三人及其诉讼代理人在法庭主持下,就已经调查的事实和证据,提出维护被代理人合法权益的意见和对对方提出的主张进行辩驳的诉讼活动。法庭辩论可以反复进行。进行法庭辩论,需要有综合全案事实证据,运用法律进行论证的能力,这个能力往往是诉讼当事人所缺乏的。因此,法庭辩论阶段是当事人最需要帮助的时候,也是代理律师发挥代理作用的重要阶段,其中反映了律师知识的掌握程度和代理诉讼各种技巧的掌握程度。担任原告方代理人的,还应在听取辩论发言后,对代理意见作相应的修改。律师通过发表代理词,对本案发表全面系统的意见,充分论证代理方诉讼请求的合理性;反驳对方诉讼请求。

为了充分发挥代理律师在法庭辩论中的作用,通过辩论达到维护被告人合法权益的目的,代理律师在法庭辩论过程中,要注意以下两个问题:①明确辩论的目的和对象。辩论的目的是说服审判人员,让他相信并采纳代理律师的意见。辩论的表面对象是对方当事人及其代理人,实际上是审判人员。代理律师通过辩论,只要使审判人员认为其主张合理合法就能达到预期目的,否则,即使通过辩论驳倒了对方当事人及其代理人,但未说服审判人员,审判人员也不会采纳代理律师的意见,不能最终使法院的判决、裁定有利于委托方当事人。②在法庭辩论过程中,要做到有理有利有节,不要重复。

(二)律师代理离婚案件中,有关出庭的特别规定

由于诉讼代理人在授权范围内所为的诉讼行为被视为被代理人本人所为的诉讼行为,其法律后果归属于被代理人。因此,在通常情况下,民事案件的当事人只要委托了诉讼代理人的,本人既可以出庭,也可以不出庭。但离婚案件的代理情况特殊,我国《民事诉讼法》第62条对离婚案件的代理作了如下特别规定:"离婚案件有诉讼代理人的,本人除不能表达意志的以外,仍应出庭;确因特殊情况无法出庭的,必须向人民法院提交书面意见。"这一规定包括两层含义:①离婚案件的当事人即使有诉讼代理人的,原则上当事人仍应亲自出庭,只有不能正确表达自己意志的当事人才可以不出庭。②能够正确表达自己意志的当事人确因特殊情况无法出庭的,必须向人民法院提交书面意见,以便能使法院充分考虑当事人的意愿,对案件作出正确处理。所谓"书面意见",是指不出庭的当事人对离婚或不离婚以及对子女抚育、财产分割的意见。这一规定的实质,是基于离婚案件的特殊性而对离婚案件中诉讼代理权的一种限制。法律作此规定的原因主要是:①离婚案件涉及的是身份关系,它直接关系到家庭的存废,因此,解除还是维持这种身份关系,应当十分慎重,必须由当事人本人表达意见,而不宜由诉讼代理人转达。②人民法院审理离婚案件,要以夫妻感情是否确已破裂作为应否判离的标准,而感情问题既复杂又微妙,且处于变化之中,只有当事人自己才能说清楚。同时,也只有双方当事人都出庭,才能帮助审判人员对此作出正确判断。③根据法律规定,人民法院审理离婚案件应当尽量调解,如果当事人不出庭,调解则无法进行。

四、合议和宣判

1.参加法庭调解。《民事诉讼法》第128条规定:"法庭辩论终结,应当依法作出判决。判决前能够调解的,还可以进行调解,调解不成的,应当及时判决。"所以,审判人员在事实查清以后,认为当事人双方有和解的可能,仍应进行调解,这时,代理律师也应遵循自愿合法的原则,协助审判人员进行调解,说服委托人放弃不合理的要求互谅互让,达成调解协议,如果由代理律师代为和解,必须有委托人的特别授权。代理律师必须向委托人说明,

法院制作的调解书一经送达,即与生效判决同具法律效力,当事人不得反悔,否则就会受到强制执行。

2. 申请补正法庭笔录。根据《民事诉讼法》第 133 条之规定,当事人和其他诉讼参与人认为法庭对自己的陈述记录有遗漏或差错,有权申请补正。如果不予补正,人民法院应将申请记录在案。代理律师及其委托人在阅读或听取了法庭笔录后,如认为有遗漏或差错,代理律师有权向人民法院申请补正。

3. 解释裁判、代理上诉。宣判后,律师应当向当事人实事求是地解释裁判,并就是否上诉等问题向委托人提供参考意见。如果裁判在认定事实和适用法律上确有错误,经当事人特别授权,律师可以代理上诉。

五、执行阶段的民事诉讼代理

执行程序是民事诉讼的最后一个组成部分,是民事审判程序的审判成果实现的手段,是民事审判程序的延续;而民事审判程序为执行程序创造执行根据,是执行程序的前提。执行阶段的民事诉讼律师代理,是指律师受民事诉讼执行申请人的委托,在其授权范围内,以委托人名义参加执行程序,使得人民法院生效裁判得以实现,维护委托人合法权益的诉讼行为。

律师在执行中的代理,应注意审理以下几个问题:①接受委托必须有生效的执行根据,即据以执行的法律文书必须是生效的民事判决书、裁定书、调解书;②作为执行根据的法律文书必须具有给付内容;③委托人应是执行标的的权利人;④对方当事人有故意拖延、逃避或拒绝履行义务的行为;⑤代理执行事项在法律规定的执行期限内。

根据我国有关法律规定,律师在民事诉讼执行程序中可以进行下列代理活动:

1. 调查取证。执行由被执行人不如期履行生效法律文书所确定的给付义务而引起。被执行人不如期履行义务的原因既有主观上的,又有客观上的。执行申请人和代理律师为减少申请的盲目性,必须进行调查取证,弄清楚被执行人究竟是"不能"还是"不为"。如果被执行人有执行能力却故意拖延、逃避或者拒绝履行人民法院生效法律文书所确定的义务,代理律师应当向人民法院申请强制执行。

2. 申请执行和撤回执行申请。根据《民事诉讼法》第 216 条之规定,发生法律效力的民事判决、裁定、调解书,当事人必须履行。一方拒绝履行的,对方当事人可以向人民法院申请执行。代理律师代理当事人申请执行时,必须向人民法院提交生效法律文书、执行申请书、授权委托书以及证明被执行人有执行能力而拒不执行的各种证据。执行申请书的内容应当以阐述被执行人不履行生效法律文书的无理由为主,并应注意随案情的不断变化而调整申请的内容。

申请人可根据自己与对方当事人的关系来决定是否撤回执行申请。申请人自愿撤回申请,是处分自己实体权利的行为。律师经过申请人特别授权,可以代理撤回执行申请。

3. 促成执行和解。执行和解是指在执行程序开始后,尚未终结之前,双方当事人经自愿协商,就彼此的权利义务关系达成协议,从而结束执行程序的诉讼行为。律师在代理和解时应注意:①和解必须在自愿、平等的基础上进行;②和解内容必须符合法律、政策的规定;③和解应达成书面协议。和解协议的内容一般应包括:双方当事人对执行标的的处理意见,双方的权利、义务,和解协议的履行及撤销,和解协议的生效时间。代理律师应当向双方当事人声明,和解协议成立之后,如果一方当事人反悔,另一方当事人可向人民法院申请,恢复对原生效法律文书的执行。

4. 处理执行异议。执行异议是指没有参加执行程序的案外人认为执行工作侵犯了或将要侵犯其合法权益,因而对执行标的主张权利。执行异议如确有理由,将导致执行程序的中止,因此,代理律师应配合执行员依照法定程序对异议进行审查,驳回不成立的理由,以维护委托人的合法权益。

5. 表示延期执行。代理律师可根据对方当事人的实际情况,在征得申请人的同意后,可向对方当事人和人民法院作出延期执行的表示。

第十四章　行政诉讼中的律师代理

■ 第一节　行政诉讼中的律师代理概述

一、行政诉讼的概念和特征

诉讼是为解决社会冲突而产生的法律机制。在行政管理领域,社会冲突具体表现为行政争议,即行政主体在行使职权过程中与行政相对人所发生的有关行政法律关系上权利义务的争执。行政诉讼就是解决行政争议的法律机制。然而,由于各国的行政诉讼制度千差万别,关于行政诉讼的概念的界定也就相差较大。在法国,行政诉讼是指行政法院根据当事人的申请对行政活动的合法性进行的审查;在英美国家,所有诉讼都由普通法院统一审理,并不存在行政诉讼的概念,对行政活动合法性的审理称为司法审查。因此可以说,行政诉讼制度的不同,导致了行政诉讼概念难以确定。

在我国,学术界对行政诉讼的概念也存在着较大的争议。通常认为,根据《中华人民共和国行政诉讼法》第 2 条的规定,公民、法人或其他组织认为行政机关和行政机关工作人员的具体行政行为侵犯其合法权益,有权依照本法向人民法院提起诉讼。据此,所谓行政诉讼,是指公民、法人或者其他组织在认为行政机关及其工作人员的行政行为侵犯自己的合法权益时,依法向人民法院请求司法保护,并由人民法院对行政行为进行审查和裁判的一种诉讼活动。行政诉讼具有以下主要特征:

1.案件性质的特殊性。行政诉讼是人民法院运用国家审判权解决行政争议的活动,所要解决的是由国家行政机关及其工作人员的具体行政行为引发的行政案件。在行政案件中,当事人一方是国家行政主体,另一方是行政管理相对人,双方的法律地位是不平等、不对等的。在这种不对等的关系下产生的行政案件,明显区别于平等主体间的民事争议。

2.原告、被告的恒定性。在行政诉讼中,原告只能是在行政管理中接受行政行为的公民、法人或其他组织,而恒定的被告是作出具体行政行为的行政主体。行政管理活动的特定性决定了行政主体不能因为行政相对人不服从其意志而向人民法院提起对行政相对人的诉讼,因此,行政主体不能成为行政诉讼中的原告,行政相对人也不能成为行政诉讼中的被告。

3.行政诉讼的核心是对具体行政行为的合法性进行审查。行政诉讼审查的对象只能是行政机关的具体行政行为,不能是抽象行政行为。如果人民法院在审查具体行政行为时,发现该具体行政行为所依据的行政机关带有普遍性的抽象性行为是违法的,也只能判决撤销具体行政行为,而不得用判决的形式确认、宣告抽象行政行为违法,更不能以判决的方式将其撤销。在审查内容上,人民法院原则上只对具体行政行为的合法性进行审理并作出裁判,以合法性审查为原则,以合理性审查为例外,只有对显失公正的行政处罚,才可以判决变更。

4.行政诉讼的根本目的是通过司法权对行政权的监督,确保行政机关依法行政,保障相对人的合法权益。在行政诉讼中,以不服行政行为的公民、法人或者其他组织为原告,以作出行政行为的行政机关为被告,由法院运用国家审判权来监督行政机关依法行使职权和履行职责,保护公民、法人和其他组织的合法权益不受行政机关违法行政行为的侵害。由此可以看出,实质上行政诉讼是国家审判机关对国家行政机关行政活动的一种司法监督,是以国家审判机关的司法权来督促国家行政机关行政权的合法、正确行使,从而保障行政相对人的合法权益。

二、行政诉讼制度的产生与发展

(一)外国行政诉讼制度的产生与发展

法国是行政诉讼制度的母国,在18世纪末便建立了现代意义上的行政诉讼制度。法国行政诉讼制度最显著的特征,就是在普通法院系统之外,建立独立的行政法院系统。法国1790年的《司法组织法》第13条规定:"司法职能和行政职能不同,现在和将来永远分离,法官不得以任何方式干扰行政机关的活动。也不能因其职务上的原因,将行政官员传唤到庭,违者以渎职罪论。"此外,法国于1796年还颁布一项法令"严格禁止法院审理任何行政活动"。上述两个法令迄今仍然有效。据此,在法国,普通法院不得受理行政案件。行政案件由行政系统内设立的独立的行政法院审理,这形成了法国特有的行政诉讼制度。

德国与法国一样,同属于大陆法系的代表国家。19世纪初,受法国行政诉讼制度的影响,德国各邦相继在普通法院之外设置行政法院。1919年,《德国魏玛宪法》颁布。该法第107条规定:"联邦及各邦应根据法律,成立行政法院,以保护个人免受行政官署之命令及处分的侵害。"然而,德国当时所设立的行政法院并非一个独立机关,而是作为行政机关的一部分开展工作。第二次世界大战后,德意志联邦共和国颁布《德意志联邦共和国基本法》,规定设置行政法院。此后,德国仿效法国模式建立了行政法院体系,并于1960年和1976年分别制定了《行政法院法》和《联邦行政法》,全面地规定了德国的行政法院组织体系以及行政诉讼制度。

在英国,并无确切的行政诉讼概念,我们称之为行政诉讼的制度,在英国名为"司法审查"。与大陆法系的行政诉讼制度不同,在英国,不存在专门的行政法院系统,行政案件由普通法院按普通法程序进行审查。英国在资产阶级革命取得胜利后的1641年,废除了封建社会时期的星宫法院等特权法院,规定由普通法院受理一切诉讼案件。然而,在英国行政诉讼制度发展的初期,受害人只能对作出行政处理决定的官员个人起诉,而不能以国王或以国王名义行事的行政机关作为诉讼的被告,直到1947年《王权诉讼法》才规定行政机关对违法行政行为必须承担法律责任。英国行政诉讼制度晚近的发展,是1977年对最高法院规则在程序方面作了重大改变,建立了统一的司法审查程序。

美国在建国初期,受英国法律的影响,规定受害人非经政府同意不得对政府起诉,行政官员的违法行为给公民造成损害的,通常由官员自己负责。这与现代意义上的行政诉讼制度具有质的区别。美国法院对行政机关的行政行为的司法审查权,来源于1803年著名的"马伯里诉麦迪逊案"判例。在该判例中,最高法院确认,它有权判决联邦法律、州法律以及总统和政府的行为是否违宪,从此"违宪的司法审查制度"在美国确定下来。美国行政诉讼制度得以真正发展是在20世纪40年代以后。委任立法的出现,独立管理机构的设立以及行政权力的扩张,要求对行政权加以制约的呼声日益高涨。随着《行政程序法》、《联邦侵权赔偿法》、《司法审查法》等法律的出台,美国的行政诉讼制度进入了一个新的发展阶段。

日本在明治初年即规定了当事人对地方官和户长的违法处分不服的可以向司法法院起诉的制度。明治维新后,仿效德国、奥地利的制度,在行政机关内设立行政法院,审理行政案件,排除了普通法院对行政案件的裁决权。第二次世界大战后,日本重新制定了宪法,确认"一切法律上的诉讼"都由司法法院审查,并撤销了行政法院,这一阶段法院对行政案件的审理适用民事程序规则。1948年日本颁布《行政案件诉讼特例法》,大体确立了新宪法的行政诉讼制度。1962年,日本国会通过了《行政案件诉讼法》,该法改变了过去将行政案件作为民事案件特例的做法,规定审理行政案件除法律有特别规定者外,一律适用该法的规定,从而确立了当今日本行政诉讼制度的基本格局。

(二)我国行政诉讼制度的产生与发展

在我国传统法制中,并无现代意义上的行政法治,更谈不上建立行政诉讼制度。晚清政府曾致力于传统法律的改造,但在行政诉讼制度方面殊无建树。1912年,孙中山先生领导的资产阶级民主革命取得成功,建立了南京临时政府,并颁布了具有临时宪法性质的《中华民国临时约法》,从此开创了我国法制史上行政诉讼制度的新阶段。《中华民国临时约法》第10条规定:"人民对于官吏违法损害权利之行为,有陈诉于平政院之权",确立了人民对于官吏的起诉权;第49条更明确规定:"关于行政诉讼及其他特别诉讼,别以法律定之"。这是我国立法史上第一次在正式法律文件中确立行政诉讼概念。南京临时政府虽然无暇顾及行政诉讼法的制定,但《临时约法》对以后中国法制建设产生了深远的影响。

在北洋政府及国民党政府时期,行政诉讼制度没有大的发展。

建国前夕,中国人民政治协商会议第一次会议通过的《中国人民政治协商会议共同纲领》第19条即规定:"人民和人民团体有权向人民监察机关或人民司法机关控告任何国家机关和任何公务人员的违法失职行为。"其包含了建立行政诉讼制度的要求。1954年第一部《宪法》中即规定:"中华人民共和国公民对于任何违法失职的国家机关工作人员,有向各级国家机关提出书面控告或者口头控告的权利。"虽然将违法主体限于国家机关工作人员,但毕竟为建立行政诉讼制度提供了宪法依据。建国初期的单行法律、法规开始涉及行政诉讼的内容。1949年《最高人民法院试行组织条例》就规定在最高人民法院中设立行政审判庭。1950年《土地改革法》规定,农民对乡政府、区政府批准评定的成分有不同意见的,可以向县人民法院申请,由其作出判决。此外,在《劳动部关于劳动争议解决程序的规定》等其他规范性文件中也有行政诉讼的内容。1957年以后,随着反"右"斗争的扩大化及"文革"十年浩劫,法律虚无主义蔓延,出现了国家法制建设的混乱和倒退,行政诉讼制度建设也遭到破坏。

粉碎"四人帮"后,我国的法制建设开始复苏,尤其是党的十一届三中全会后,我国社会主义法制建设迅速发展,行政诉讼制度建设也得到重视。20世纪80年代初制定的法律、法规有不少行政诉讼的内容。1982年3月8日,《中华人民共和国民事诉讼法(试行)》公布,这是我国行政诉讼法制建设史上的一座丰碑。该法第3条第2款规定:"法律规定由人民法院审理的行政案件,适用本法规定。"该法在新中国法制建设史上首次确立了行政诉讼制度,在国家基本法中第一次确定了行政案件的受案范围,明确了行政案件的受理机关和审理程序。此后,截至1988年底,有130多个法律法规规定了对行政处理决定不服可以向人民法院提起诉讼。到80年代末,我国制定行政诉讼法的条件业已成熟。1989年4月4日,七届全国人大二次会议审议通过了《中华人民共和国行政诉讼法》,新中国第一部行政诉讼法律正式诞生。其后,最高人民法院两次发布关于执行行政诉讼法的司法解释,并制定了行政诉讼证据规定,有关行政诉讼的制度建设日趋完善。

三、律师代理行政诉讼的概念及特征

《行政诉讼法》第29条规定:"当事人、法定代理人可以委托1~2人代为诉讼。律师、社会团体、提起诉讼的公民的近亲属或者所在单位推荐的人,以及经人民法院许可的其他公民,可以受委托为诉讼代理人。"这是行政

诉讼代理制度的法律依据。依据行政诉讼法的规定,按照代理权限产生的根据不同,可以将行政诉讼代理分为:法定代理、指定代理和委托代理。律师代理属于委托代理。

所谓律师代理行政诉讼,是指律师在行政诉讼中,依照法律规定,接受当事人委托,以当事人的名义,在代理权限范围内为当事人进行诉讼活动,但其诉讼法律后果由当事人承受的代理活动。律师代理行政诉讼的特征:

1.代理权限的差异性。律师的代理权来自于当事人的委托,因此,行政诉讼法关于原被告不同的诉讼权限的规定,决定了律师代理权限存在差异性。在行政管理活动中,行政机关处于管理者的优势地位,而行政相对人处于劣势地位。因此在行政诉讼中,为了保护行政相对人(原告)的合法权益,行政诉讼法对行政机关(被告)的诉讼权利做了某些限制,如规定被告无起诉权、无反诉权、无自行收集证据权等,双方当事人的诉讼权利是不同的。因此,律师若代理原告则享有律师代理的全部权利;若代理被告则其权利与被告的权利一样亦受到相应的限制。

2.代理方法的特殊性。律师在行政诉讼中代理权限的差异性决定了律师代理行政诉讼内容和方法与民事诉讼有很大的差异。例如,人民法院审理民事案件可以进行调解,但审理行政案件不适用调解。又如,民事诉讼实行"谁主张、谁举证"原则,而行政诉讼则实行"被告负举证责任"原则,因此,在行政诉讼中,原告只要证明具体行政行为和侵害事实的存在,被告就必须就其具体行政行为的合法性、适当性加以举证,否则将承担败诉的结果。律师应当注意这些特殊性,在代理中履行相关代理职责。

3.法律依据的广泛性。行政机关作出具体行政行为的依据既有法律和行政法规,又有行政规章甚至有关政策,这些依据涉及政治、经济、文化、科技和教育等各个行业和领域。因此,人民法院审理行政案件除了适用有关法律法规外,还要参照国务院各部、委以及省、自治区、直辖市和省、自治区的人民政府所在地的市和经国务院批准的较大的市的人民政府制定、发布的规章。随着经济的发展和依法治国方针的贯彻,今后行政管理方面的法规和规章还会不断增加。律师在行政诉讼代理中,必须掌握和熟悉这些规定,才能有效地维护当事人的合法权益。

(一)律师代理行政诉讼的地位

律师在代理行政诉讼中的法律地位,不同于刑事诉讼中的辩护人和诉讼代理人,而与民事诉讼中的代理人的法律地位基本相同。

1.律师在行政诉讼中从属于被代理人。律师参与诉讼,是基于当事人的委托。律师的代理权限,来自于当事人的授权。因此,律师在代理中必须以被代理人的名义进行诉讼活动,并且只能在被代理人授权的范围内实施。当律师与当事人对同一问题的意见不一致时,法院将以当事人本人的意见为准。在诉讼过程中,当事人可以随时撤销对律师的委托。可见,在行政诉讼中,律师作为诉讼代理人的某些权利是从被代理人的权利派生的,受到当事人意志的限制和约束。

2. 律师在行政诉讼中具有相对的独立性。律师在行政诉讼中虽然不是诉讼当事人,不具有独立的法律地位,但具有相对的独立性。主要表现在:①律师在授权范围内独立进行意思表示,有权自行选择其表达方式和诉讼策略。②律师作为依法取得执业证书的法律工作者,享有法律赋予的查阅案卷、调查取证、参加庭审等权利。③对当事人的主张和要求,律师必须遵循以事实为根据、以法律为准绳的原则,不能无原则地支持和迁就。

(二)律师代理行政诉讼的作用

律师代理行政诉讼既要维护当事人的合法权益,又要维护法律的正确实施。在行政诉讼中,由于案件争议的实质是行政机关具体行政行为的合法性,是"民告官",加之有关行政管理方面的规范浩繁,使得律师代理行政诉讼显得尤为重要和必要。概括地说,律师代理行政诉讼主要有以下三方面作用:

1. 有利于维护行政相对人的合法权益。在行政管理中,作为行政相对人的公民、法人或者其他组织处于弱者的地位,其合法权益容易受到行政机关的侵犯。在行政诉讼这一司法保护和救济的程序中,行政相对人迫切需要专业法律工作者的帮助。律师接受原告委托代理行政诉讼,可以利用其专业法律知识,给处于弱者地位的行政相对人以有力的支持,切实维护其合法权益。同时,律师的代理也是对"官贵民贱"旧观念的有力冲击,有助于培养公民的民主法律意识。

2. 有利于监督行政机关依法行政。行政诉讼是监督和维护行政机关依法行使职权的重要手段。律师接受被告委托代理行政诉讼,一方面可以发现行政机关的违法行为,督促其纠正,提高其行政执法水平;另一方面也可以协助行政机关维护其合法的行政行为,树立行政管理的权威性。

3. 有利于人民法院正确及时处理行政案件。律师代理行政诉讼,可以利用其掌握的丰富法律知识和实践经验,帮助人民法院准确适用法律法规,迅速处理日益增加的行政案件,维护国家法律的正确实施。

■ 第二节 律师代理行政诉讼中的主要问题

一、律师代理行政诉讼的案件范围

律师代理行政诉讼的案件范围,应是人民法院受理行政诉讼的案件范围。行政诉讼受案范围与其他诉讼重要的不同之处,就是并非所有的行政争议,行政相对人都可以向人民法院提起行政诉讼,只有法律规定的受案范围之内的行政争议案件,行政相对人才能提起行政诉讼,从而律师才能进行代理。

(一)人民法院可以受理的行政案件

根据《行政诉讼法》第11条的规定:人民法院受理公民、法人和其他组织对下列具体行政行为不服提起的诉讼:

1. 对拘留、罚款、吊销许可证和执照、责令停产停业、没收财物等行政处罚不服的。

2. 对限制人身自由或者对财产的查封、扣押、冻结等行政强制措施不服的。

3. 认为行政机关侵犯法律规定的经营自主权的。

4. 认为符合法定条件申请行政机关颁发许可证和执照,行政机关拒绝颁发或者不予答复的。

5. 申请行政机关履行保护人身权、财产权的法定职责,行政机关拒绝履行或者不予答复的。

6. 认为行政机关没有依法发给抚恤金的。

7. 认为行政机关违法要求履行义务的。

8. 认为行政机关侵犯其他人身权、财产权的。

9. 其他法律、行政法规规定可以提起行政诉讼的案件。

(二)人民法院不予受理的行政案件

根据《行政诉讼法》第12条及最高人民法院《关于执行〈中华人民共和国行政诉讼法〉若干问题的解释》第1条第2款的规定,当事人对下列事项起诉人民法院不予受理:

1. 国防、外交等国家行为。

2. 行政法规、规章或者行政机关制定、发布的具有普遍约束力的决定、命令。(这类案件可以向复议机关提出行政复议。)

3. 行政机关对行政机关工作人员的奖惩、任免等决定。

4. 法律规定由行政机关最终裁决的具体行政行为。

5. 公安、国家安全等机关依照刑事诉讼法的明确授权实施的行为。

6. 调解行为以及法律规定的仲裁行为。

7. 不具有强制力的行政指导行为。

8. 驳回当事人对行政行为提起申诉的重复处理行为。

9. 对公民、法人或者其他组织权利义务不产生实际影响的行为。

二、行政诉讼中的诉讼当事人

行政诉讼当事人是指因具体行政行为发生争议,以自己的名义到人民法院进行诉讼,并受人民法院裁判拘束的公民、法人或者其他组织以及行政主体。当事人在不同的诉讼程序中有不同的称谓。在第一审程序中称原告、被告和第三人;在第二审程序中称上诉人和被上诉人;在执行程序中称执行申请人和被执行申请人。一般习惯用第一审程序中的原告、被告和第三人来概括当事人的范围。律师代理行政诉讼,在确认案件属于人民法院受理的前提下,应当注意正确确定行政诉讼的当事人。下面介绍行政诉讼中原告、被告和第三人的确定原则和方法。

（一）行政诉讼中的原告

行政诉讼中的原告,是指认为行政主体及其工作人员的具体行政行为侵犯其合法权益,以自己的名义,依照行政诉讼法向人民法院提起诉讼的公民、法人或者其他组织。认定原告的主体资格应注意以下几点:

1. 存在法律权益。《行政诉讼法》第 41 条规定,原告是认为具体行政行为侵犯其合法权益的公民、法人或者其他组织,则合法权益的存在是原告资格的一个必要条件。

2. 法律权益属于原告。《行政诉讼法》第 2 条、第 41 条都规定原告起诉是因为行政行为侵犯了自己的合法权益,而不是他人或者公众的合法权益。

3. 原告的法律权益可能受到被诉具体行政行为的侵害,即被诉具体行政行为与原告的法律权益的不利影响有因果联系。公民、法人或者其他组织只要认为具体行政行为侵犯其合法权益即可起诉,至于具体行政行为客观上是否侵犯其合法权益,不是原告起诉时必须证明的,而是在审理中由被告来证明其具体行政行为没有侵犯原告的合法权益,这是行政诉讼与民事诉讼的一大区别。

4. "利害关系人"的原告资格。最高人民法院《关于执行〈中华人民共和国行政诉讼法〉若干问题的解释》第 12 条规定,与具体行政行为有法律上利害关系的公民、法人或者其他组织对该行为不服的,可以依法提起行政诉讼。根据该《解释》第 13 条的列举,司法实践中,下列情形下的利害关系人具有原告资格:被诉的具体行政行为涉及其相邻权或者公平竞争权的;与被诉的行政复议决定有法律上利害关系或者在复议程序中被追加为第三人的;要求主管行政机关依法追究加害人法律责任的;与撤销或者变更具体行政行为有法律上利害关系的。

5. 原告资格的转移和承受。《行政诉讼法》第 24 条第 2 款规定,有权提起诉讼的公民死亡,其近亲属可以提起诉讼;有权提起诉讼的法人或者其他组织终止,承受其权利的法人或者其他组织可以提起诉讼。最高人民法院《解释》第 11 条对"近亲属"作了规定,包括配偶、父母、子女、兄弟姐妹、祖父母、外祖父母、孙子女、外孙子女和其他具有扶养、赡养关系的亲属。

（二）行政诉讼中的被告

行政诉讼中的被告,是指因原告不服其作出的具体行政行为而提起行政诉讼,由人民法院通知应诉的行政机关或者法律法规授权的组织。在行政诉讼中,被告只能是作出具体行政行为的行政机关或组织。实践中,行政诉讼被告主要有以下几种类型:

1. 直接被告。《行政诉讼法》第25条第1款规定,公民、法人或者其他组织直接向人民法院提起诉讼的,作出具体行政行为的行政机关是被告。

2. 复议被告。《行政诉讼法》第25条第2款规定,经复议的案件,复议机关决定维持原具体行政行为的,作出原具体行政行为的行政机关是被告;复议机关改变原具体行政行为的,复议机关是被告。最高法院《解释》第22条规定,复议机关在法定期间内不作复议决定,当事人对原具体行政行为不服提起诉讼的,应当以作出原具体行政行为的行政机关为被告;当事人对复议机关不作为不服提起诉讼的,应当以复议机关为被告。

3. 共同被告。《行政诉讼法》第25条第3款规定,两个以上行政机关作出同一具体行政行为的,共同作出具体行政行为的行政机关是共同被告。

4. 授权被告。《行政诉讼法》第25条第4款规定,由法律、法规授权的组织所作的具体行政行为,该组织是被告。

5. 委托被告。《行政诉讼法》第25条第4款规定,由行政机关委托的组织所作的具体行政行为,委托的行政机关是被告。最高法院《解释》第21条规定,行政机关在没有法律、法规或者规章规定的情况下,授权其内设机构、派出机构或者其他组织行使行政职权的,应当视为委托。当事人不服提起诉讼的,应当以该行政机关为被告。

6. 承受被告。《行政诉讼法》第25条第5款规定,行政机关被撤销的,继续行使其职权的行政机关是被告。

7. 几种特殊情形下的被告。最高法院《解释》第19条、第20条规定,当事人不服经上级行政机关批准的具体行政行为,向人民法院提起诉讼的,应当以在对外发生法律效力的文书上署名的机关为被告。行政机关组建并赋予行政管理职能但不具有独立承担法律责任能力的机构,以自己的名义作出具体行政行为,当事人不服提起诉讼的,应当以组建该机构的行政机关为被告。行政机关的内设机构或者派出机构在没有法律、法规或者规章授权的情况下,以自己的名义作出具体行政行为,当事人不服提起诉讼的,应当以该行政机关为被告。法律、法规或者规章授权行使行政职权的行政机关内设机构、派出机构或者其他组织,超出法定授权范围实施行政行为,当事人不服提起诉讼的,应当以实施该行为的机构或者组织为被告。

（三）行政诉讼中的第三人

行政诉讼中的第三人是指同被提起行政诉讼的具体行政行为有利害关系而申请参加诉讼或者由人民法院通知参加诉讼的公民、法人或者其他组织。

《行政诉讼法》第 27 条规定,同提起诉讼的具体行政行为有利害关系的其他公民、法人或者其他组织,可以作为第三人申请参加诉讼,或者由人民法院通知参加诉讼。最高法院《解释》第 24 条规定,行政机关的同一具体行政行为涉及两个以上利害关系人,其中一部分利害关系人对具体行政行为不服提起诉讼,人民法院应当通知没有起诉的其他利害关系人作为第三人参加诉讼。第三人有权提出与本案有关的诉讼主张,对人民法院的一审判决不服,有权提起上诉。

三、行政诉讼案件的管辖

正确选择受诉法院,是律师代理的基本内容。根据《行政诉讼法》第三章的有关规定,在确定行政诉讼的管辖时主要应从以下几方面考虑:

（一）行政诉讼的级别管辖

最高人民法院、高级人民法院管辖本辖区内重大复杂的第一审行政案件;中级人民法院管辖本辖区内重大、复杂的案件以及对确认发明专利权、海关处理的案件和对国务院各部门或省、自治区、直辖市人民政府所作的具体行政行为提起诉讼的案件;除以上两种情况外,一般行政案件由基层人民法院管辖。

（二）行政诉讼的地域管辖

行政案件由最初作出具体行政行为的行政机关所在地人民法院管辖。经复议的案件,复议机关改变原具体行政行为的,也可以由复议机关所在地人民法院管辖。对限制人身自由的行政强制措施不服提起的诉讼由被告所在地或者原告所在地人民法院管辖。因不动产提起的行政诉讼,由不动产所在地人民法院管辖。两个以上人民法院都有管辖权的案件,原告可以选择其中一个人民法院提起诉讼。原告向两个以上有管辖权的人民法院提起诉讼的,由最先收到起诉状的人民法院管辖。

（三）行政诉讼的其他管辖

其他管辖包括移送管辖、指定管辖和管辖权转移。

移送管辖是指人民法院接受行政案件后,经过审查发现本案不归自己管辖,就应当移送有管辖权的人民法院处理。指定管辖,是指上级人民法院以裁定的方式,将某一案件指定下级人民法院管辖。管辖权转移是指人民法院遇到某些特殊情况,依照《行政诉讼法》的有关规定,决定或者变更行政案件的管辖权。

四、行政诉讼的证据规则

行政诉讼的证据制度不同于民事诉讼和刑事诉讼。表现在:①在证明内容上,行政诉讼的证据要解决的问题是被诉具体行政行为是否合法,民事诉讼中的证据主要是能否支持当事人的主张,而刑事诉讼的证据所要证明的是被告人犯罪事实是否存在。②从证据来源看,行政诉讼的证据基本上是行政主体在作出被诉具体行政行为时所依据的材料,这些证据材料在诉讼过程中不得再增减,而在民事诉讼和刑事诉讼中,双方当事人在诉讼过程中有权收集证据以证明自己的诉讼主张。③在举证责任分配上,行政诉讼与民事诉讼和刑事诉讼也存在明显区别。

(一)行政诉讼证据的取得

1.行政诉讼中被告证据的取得。在行政诉讼中,被诉的具体行政行为是行政主体依据其职权,就所取得的证据和法律规定对行政相对人的权益作出的一种处置。行政机关作出该处置行为时,无须征得公民、法人或者其他组织的同意。因此,根据"先取证、后裁决"的程序规则,行政主体在作出该具体行政行为时,应当取得足以证明其具体行政行为合法性的事实和法律依据,而不能在毫无证据或证据不充分的情况下,对公民、法人或者其他组织作出行政行为,否则就有非法行政的嫌疑,可能侵犯公民、法人或者其他组织的合法权益。因此,行政主体作出的具体行政行为一旦进入诉讼程序,行政主体即不得再行取证,代理律师也不得取证。这是行政诉讼中一个重要的证据原则。

《行政诉讼法》第33条规定,在诉讼过程中,被告不得自行向原告和证人收集证据;最高法院《解释》第30条规定,被告及其诉讼代理人在作出具体行政行为后自行收集的证据以及被告严重违反法定程序收集的其他证据,不能作为认定被诉具体行政行为合法的根据。作为补充,最高法院《解释》第28条规定了两种被告经人民法院准许可以补充相关的证据的情形:①被告在作出具体行政行为时已经收集证据,但因不可抗力等正当事由不能提供的;②原告或者第三人在诉讼过程中,提出了其在被告实施行政行为过程中没有提出的反驳理由或者证据的。

2.行政诉讼中原告证据的取得。行政诉讼法对原告取得证据的时间和方式没有作任何规定,因此,只要原告采用合法的手段取得的证据,都可以在诉讼中使用。原告在取证客观不能的情况下,也可以申请法院依法调取。律师代理原告时,享有依法收集证据的权利。

3.行政诉讼中人民法院证据的取得。人民法院除接受诉讼当事人提交的证据外,可以接受当事人申请调取证据或依职权主动调取证据,但不得为了证明行政行为的合法性而调取被告在作出具体行政行为时未收集的证据。

(二)行政诉讼的举证责任

行政诉讼的特殊性,决定了行政诉讼中的举证责任不同于其他诉讼活动。《行政诉讼法》第32条规定:"被告对作出的具体行政行为负有举证责任,应当提供作出该具体行政行为的证据和所依据的规范性文件。"从中看出,行政诉讼的举证责任具有以下特征:

1.行政诉讼强调了行政机关的举证责任,未将法院依职权取证和原告或第三人的举证责任置于同等地位。

2.行政行为合法性举证责任由行政机关单方承担。在行政诉讼中,对于被诉具体行政行为的合法性由被告承担举证责任,原告并不会因为证明不了被诉具体行政行为违法而败诉,这不同于民事诉讼中"谁主张、谁举证"的举证责任分配原则。行政机关的举证范围不局限于事实证据,还包括行政机关作出具体行政行为所依据的规范性文件;在举证的时间上,也有特殊限制,即被告应当在一审答辩期内向人民法院提供证据。

3.原告主要承担证明起诉符合法定条件的责任。根据最高法院《解释》第27条的规定,原告对下列事项承担举证责任:证明起诉符合法定条件,但被告认为原告起诉超过起诉期限的除外;在起诉被告不作为的案件中,证明其提出申请的事实;在一并提起的行政赔偿诉讼中,证明因受被诉行为侵害而造成损失的事实;其他应当由原告承担举证责任的事项。

行政诉讼法要求被告承担举证责任,充分体现了行政诉讼的目的:①有利于促进行政机关依法行政,严格遵守先取证、后裁决的规则,从而防止其实施违法行为和滥用职权;②有利于保护原告的合法权益,当被告不能证明其具体行政行为合法,法院又不能放弃审判时,作出有利于原告的判决,防止公民、法人或者其他组织的合法权益遭受不法行政行为的侵害。

五、行政诉讼的法律适用

行政诉讼的法律适用即人民法院在审理行政案件时,以何种标准、依据何种法律规范来审查被诉具体行政行为的合法性,并进而对被诉具体行政行为的合法性作出裁判。

（一）行政诉讼法律适用的原则

由于行政诉讼的法律适用是人民法院审查行政机关针对公民、法人或者其他组织的行为事实所适用的法律是否正确,是对行政机关适用的法律的再次审查适用。因此,人民法院在行政诉讼中对法律的适用必须遵守以下原则:

1.适用调整被诉具体行政行为的相应法律规范。国家行政管理事务既繁杂又细化,这就界定了相关行政管理法律、法规的调整对象和适用范围。对于行政主体适用的与行为事实不相符的法律规范,人民法院在行政诉讼中进行法律适用时,应予以纠正。

2.遵循从旧兼从轻的原则。在一些行政管理法律、法规修订后,对发生在新法实施前的违法行为,应遵循从旧兼从轻的法律适用原则。

3.遵循一事不再罚的原则。由于行政执法机关众多,其职权又相互区分和联系,这就无法避免多个行政机关共同管辖某一事务的可能。由于不同部门实施管理所依据的法律规范不同,这就必然会出现同一违法行为触犯多个行政法律规范,受到多个行政机关处罚的情形。在这种情况下,人民法院在行政诉讼中,就应严格遵循一事不再罚的法律适用原则。

4. 遵循过罚相当的原则。行政处罚是对已经违反行政法义务的违法行为人的惩罚,应该根据违法的程度,制止其再犯的需要以及维护行政管理秩序的要求相应地制定和实施对应的惩罚层次,在这个惩罚层次中,必须遵循过罚相当的原则,做到处罚相当。

5. 遵循"法无明文规定不得处罚"的原则。对公民、法人或者其他组织实施行政处罚必须要有法定依据,没有法定的依据不得对公民、法人或者其他组织实施行政处罚。这就是法无明文规定不得处罚的原则。

（二）行政诉讼的审查依据

《行政诉讼法》第52条规定,人民法院审理行政案件,以法律和行政法规、地方性法规为依据。地方性法规适用于本行政区域内发生的行政案件。人民法院审理民族自治地方的行政案件,并以该民族自治地方的自治条例和单行条例为依据。第53条规定,人民法院审理行政案件,参照国务院部、委根据法律和国务院的行政法规、决定、命令制定、发布的规章以及省、自治区、直辖市和省、自治区的人民政府所在地的市和经国务院批准的较大的市的人民政府根据法律和国务院的行政法规制定、发布的规章。从上述规定看,我国行政诉讼的审查依据分以下层次:

1. 法律、法规是行政审判的依据。所谓行政审判的依据是指人民法院审理行政案件,对具体行政行为合法性进行审查和裁定必须遵循的根据,详言之,即人民法院审理行政案件,审查具体行政行为是否合法并进而对其作出裁判时,在有法律、法规具体规定的情况下,法律、法规是人民法院直接适用的根据,人民法院无权拒绝适用。

法律是国家最高权力机关制定的在全国范围内具有普遍约束力的规范性文件。在我国法律规范层次体系中,法律的地位仅次于宪法,对一切其他国家机关都有约束力。

法规包括行政法规和地方性法规。行政法规是由国务院制定的,它的效力仅次于宪法和法律、高于地方性法规。地方性法规是由省、直辖市、自治区人民代表大会及其常务委员会和省、自治区人民政府所在地及经国务院批准的较大的市人民代表大会及其常委会制定的。

自治条例和单行条例是民族自治地方的人民代表大会,依照宪法、民族区域自治法和其他法律、法规规定的权限,结合当地的政治、经济和文化特点所制定的规范性文件。它是各族人民行使民族自治权利的体现。自治条例和单行条例与地方性法规是处于同一级别的法律规范,人民法院在审理民族自治地方的行政案件时,应以其为依据。

2. 规章的参照适用。规章包括部门规章和地方政府规章两种。部门规章是指国务院各部门根据法律和国务院的行政法规、决定、命令,在本部门的权限范围内制定的规范性文件。地方政府规章是省、自治区、直辖市人民政府或省、自治区人民政府所在地的市及国务院批准的较大的市的人民政府根据法律、行政法规和自治区、直辖市的地方性法规制定的规范性文件。规章在人民法院审理行政案件时起到参照作用。

在行政诉讼法中,"参照"规章是与"依据"法律、法规相对的,具有特定含义的概念。"依据"是指人民法院审理行政案件时必须适用该规范、而不能拒绝适用;而"参照"则是指人民法院审理行政案件,对规章进行斟酌和鉴定后,对符合法律、行政法规规定的规章予以适用,参照规章进行审理,并将规章作为审查具体行政行为合法性的根据;对不符合或不完全符合法律、法规原则精神的规章,人民法院有灵活处理余地,可以不予适用。因此参照规章实际上赋予了人民法院对规章的审查权。人民法院对规章的作用和效力不是一概否定或肯定,而是对规章进行一定评价后,决定规章是否适用。

3. 其他规定性文件在行政诉讼中的地位。人民法院在行政审判中可以对其他规范性文件予以参考,对于合法有效的其他规范性文件可以在裁判文书中引用。人民法院在适用一般规范性文件时拥有比对规章更大的取舍权力。规章符合法律、法规,人民法院必须参照适用,而人民法院参考其他规范性文件时只是考虑其规定,其他规范性文件只具有辅助作用。

4. WTO 规则的适用问题。WTO 规则是以强制性规则为基础的政府间规则体系,我国加入 WTO 后,行政机关和人民法院的一项重要任务,就是按 WTO 规则办事,确保 WTO 规则在我国得以实施。

《我国加入 WTO 工作组报告》第 67 条指出:中国将确保其有关或者影响贸易的法律和法规与 WTO 协定和中国的承诺相一致,以充分履行其国际义务。为此,将在完全遵守 WTO 协定的情况下,通过修订其现行国内法和制定新法律,以有效的统一的方式实施 WTO 协定。同时,该报告第 68 条指出:行政法规、部门规章和其他中央政府措施将及时颁布,以在相关的时限内完全履行中国的承诺。如果行政法规、部门规章或者其他中央政府措施在此种时限内不能到位,主管机关仍然履行中国 WTO 协定和议定书承担的义务。据此,WTO 规则在我国行政诉讼中仅具有间接适用力,除特殊情况外,原则上不能直接适用。

(三)行政诉讼审查依据的冲突及处理

行政诉讼法律适用冲突,是指人民法院在审判行政案件的过程中,发现对同一法律事实或关系,有两个或两个以上的法律文件作出了并不相同的规定,法院适用不同的法律规定就会产生不同的裁判结果。法律适用冲突发生的前提是各种法律文件对相同的事项有着矛盾、抵触的规定。在我国,由于立法主体的多重性,而立法主体之间缺乏协调;立法职权划分和授权立法的不明确;立法技术存在某些不足等原因,法律适用冲突不可避免。

为了解决法律适用冲突,与法律适用冲突的种类相适应,行政诉讼法律的冲突适用规则有以下几类:

1.特别冲突适用规则。指当普通法与特别法的规定不一致时适用的规则。一般当普通法与特别法相冲突时优先适用特别法。

2.层级冲突适用规则。指各种不同效力等级的规范相冲突的适用规则。不同效力等级的行政法律规范发生冲突实际上是一种违法性冲突,应该选择适用效力等级高的行政法律规范。

3.同级冲突适用规则。指效力层级相同的规范相冲突的适用规则。目前国家尚未制定这类冲突规范,人民法院认为地方人民政府制定、发布的规章与国务院部委制定发布的规章之间不一致的,由最高人民法院送请国务院作出解释或者裁决。

4.新旧法冲突适用规则。指因新的行政法律规范与旧的行政法律规范的规定不一致的冲突适用规则。新旧法冲突适用规则应体现新法优于旧法和法律不溯及既往的原则。

5.人际冲突适用规则。是调整因不同民族、种族或人的特殊身份的法律适用冲突的规则。人际冲突适用规则一般明确规定,不同民族、种族或特殊身份的人,适用就该民族、种族或特殊身份的人作出特别规定的法律文件或规范。依行政诉讼法规定,人民法院审理民族自治地方的行政案件,以该民族自治地方的自治条例和单行条例为依据,即是这一冲突适用规则的体现。

6.区际冲突适用规则。是规定我国不同行政区域的行政法律规范发生适用冲突的适用规则。在我国,对大陆法律规范与港、澳、台法律规范的冲突,适用"属地管辖"原则,即发生于港、澳、台地区的行政案件,适用于在港、澳、台地区施行的法律规范,发生于大陆的行政案件,则适用当地施行的法律规范。

六、律师在行政诉讼中代理原告的主要问题与对策

(一)如何确定一个行政行为是否可诉

《行政诉讼法》第11条明确规定了行政诉讼的受案范围,同时在有关司法解释中进一步扩大了受案范围。关于受案范围,需要把握几个问题:

1.可诉的行为从类型上包括了行政法律行为和事实行为。法律行为和事实行为的分类当然是理论上的一个重要问题,也始终存在着一些争议和模糊的地带。一般情况下,我们理解的法律行为是执行法律的行为,而事实行为与执行法律无关;法律行为影响到相对人的权利义务,而事实行为影响到相对人的现实状态。这两类行为在客观上有很多的差异,但是如果侵犯了相对人的合法权益,均是可诉的。

2. 可诉的行为应当对相对人有实际影响。在中国的行政诉讼制度下，尚未建立公益诉讼的制度，原告仅能够为自己的利益而提起诉讼（诉讼资格的转移例外），而不能够仅仅为公共利益而起诉。

3. 可诉的行为是一个已经完成的行政行为。被诉的具体行政行为必须已经作出，是一个决定或者行为已经实施。一般意义上，正在过程中的行为或者尚未作出的行为是不可诉的。

（二）如何确定诉讼请求

1. 行政诉讼的本质和特点是司法权对行政权的审查和监督，但这种审查是有限的审查，监督也是有限的监督，其有限性概括地表示为法院主要对行政行为的合法性进行审查，而不审查其合理性。因此，律师代理行政案件时，必须首先和当事人明确诉讼的目的和后果：很多情况下，行政诉讼并不能够像民事诉讼一样一劳永逸。例如，行政机关的处罚决定撤销后还可以重新作出。法院仅仅是对已经作出的行政行为进行审查并作出裁决，有时候并不约束行政机关未来的行为，并且不能替代行政机关作出决定，尤其是行政许可领域，最终必须由行政机关来决定是否颁发许可证并实际颁发许可证。

2. 行政诉讼的诉讼请求是法定的。目前的诉讼请求主要包括：①撤销之诉；②确认之诉；③责令履行法定职责之诉；④变更之诉；⑤赔偿之诉。律师在代理行政案件中，应当正确提出诉讼请求。如果提出的诉讼请求超出了法院的职权范围，该请求注定是被驳回的，同时诉讼请求之间不能相互矛盾，避免因这类技术原因导致败诉。

（三）起诉期限问题

行政诉讼的起诉期限，在实践中情况相对复杂。有些行政行为明确告知了相对人诉权和起诉期限，那么按照该告知的内容计算。一般意义上，行政机关没有告知诉权或起诉期限的，从相对人知道或应当知道诉权和起诉期限之日起计算3个月，但是从相对人知道行政行为的内容之日起不得超过2年。

关于行政诉讼的起诉期限能否中断。这一问题始终存在争论，有些人将起诉期限等同于民法上的时效，认为它可以中断；但是有些人认为它是期间，不发生中断。实践中常见的观点是，起诉期限是期间，它不发生中断的问题。因此，在代理行政案件中，尽可能不指望利用期限中断，而是将它看作是期间，应当在法定期限内提出诉讼请求。

（四）是否要收集证据

有些情况下，代理人简单地理解行政诉讼举证责任的分配规则，认为行政诉讼由被告承担举证责任，在代理原告中忽视了证据的收集工作，这经常为代理工作造成被动。根据目前的证据规则，行政诉讼的原告在某些类型的案件中承担举证责任,并且即使原告依法并不承担举证责任,收集对原告有利的证据,仍然有助于原告诉讼请求的成立和被支持。无论在何种行政案件的代理中,原告的代理律师主动收集证据,是一项非常重要的代理职责,应当给予足够的、充分的重视。律师在取证时,应重点收集证明具体行政行为存在及该行为违法或不当的证据,并尽可能收集证据证明原告主张的事实,注意适时采取证据保全措施。

(五)对被告的证据是否合法进行质疑

行政案件的审理过程关键是审查被告提交的证据。原告律师对被告证据的质疑无疑是关键的工作,应注意从以下方面质疑:①被告提供的法律、法规和规章能否适用本案,看本案是否属于该法调整的对象;②被告提供的法律、法规能否证明自己是本案合法的执法主体,审查有无越权执法;③被告提供的法律、法规何时开始实施,审查其对本案有无追溯力;④被告提供的法律、法规与其他法律、法规有无抵触和矛盾,审查其是否有效力低的应服从效力高的情况;⑤被告是否依提供的法律、法规所规定的程序作出具体行政行为,审查其有无违反法定程序的情况;⑥被告是否依提供的法律、法规所规定的幅度作出具体行政行为,审查其是否有显失公平之处。

(六)根据案件需要,及时提出"停止具体行政行为的执行"申请

诉讼中涉及当事人的人身权、财产权等正在受到行政行为侵害的,代理律师应及时提出"停止具体行政行为的执行"申请。这一制度是行政诉讼法明确赋予原告的权利,代理人应当准确行使。例如行政拘留、劳动教养等涉及人身自由权的行政行为,以及强制销毁、变卖等涉及财产权的行政行为,律师应当建议当事人提出停止执行申请。

七、律师在行政诉讼中代理被告的主要问题与对策

(一)准确提出答辩意见

行政诉讼法要求被告在答辩期(送达起诉状之日起 10 日内)内进行答辩,并提交行政机关作出行政行为的证据和依据。这一时间要求对被告而言是非常紧张的期限,对律师代理工作提出了更高的要求。对案件的答辩要确定正确的答辩思路,包括案件是否属于行政诉讼受案范围,原告是否有诉权,原告是否在法定期限内起诉,被告主体身份是否适格,被告作出的具体行政行为的合法依据等等,律师均应代理被告作出准确判断和表达。

(二)汇集、整理并提交证据

律师代理被告,应首先准确判断举证责任分配,然后根据被告是否承担举证责任确定提供证据范围,按照行政诉讼的证据规则整理全部行政案卷材料并提交法庭。整理时注意剔除与行政机关作出具体行政行为无关的材料,要对提供的证据作出证据目录和说明,并提供行政机关作出具体行政行为的法律依据。

需要注意的是,根据行政诉讼法的规定,未经过法庭同意,律师不得代理被告自行向原告和证人收集证据。这里要注意收集和整理证据的区分。有些行政行为的案件证据材料散落在该机关的各个部门,或者由上下级行政机关分别持有,而这些均是行政机关行为的依据。这些在行政行为作出前已经被作为依据使用的证据材料的整理不属于收集证据。律师应当主动汇集、整理这些案件证据并作为行政机关行为的依据提交法庭。

八、律师在行政诉讼案件执行中的代理工作

行政诉讼的执行,是指人民法院作出的裁定、判决发生法律效力以后,一方当事人拒不履行,人民法院根据另一方当事人的申请,实施强制执行,或者由行政机关依照职权采取强制措施,以执行人民法院裁判的法律制度。与民事诉讼执行不同的是,行政诉讼强制执行的主体既包括人民法院,也包括有行政强制执行权的行政机关。律师在行政诉讼强制执行程序中可以担任代理人,办理强制执行的代理事宜。

(一)执行提起

申请执行是提起执行的主要形式。如果法院的裁判文书已经生效,而义务人仍拒不履行的,胜诉一方的权利人有权向人民法院提出执行申请。申请人无论是原告还是被告都可以,但他必须是行政裁判文书的权利人而非义务人。除诉讼当事人以外,其他人无权提出执行申请。但是,在行政裁决民事纠纷的案件中,裁决行为确定的权利人及其承受人有权申请执行。无论案件经过几次审判程序,申请人须向第一审人民法院提出执行申请,而不能直接向第二审人民法院提出执行申请。最高法院《解释》第85条规定:发生法律效力的行政判决书、行政裁定书、行政赔偿判决书和行政赔偿调解书,由第一审人民法院执行。第一审人民法院认为情况特殊需要由第二审人民法院执行,可以报请第二审人民法院执行;第二审人民法院可以决定由其执行,也可以决定由第一审人民法院执行。

执行申请必须在法定期限内提出。最高法院《解释》第84条规定:申请人是公民的,申请执行生效的行政判决书、行政裁定书、行政赔偿判决书和行政赔偿调解书的期限为1年,申请人是行政机关、法人或其他组织的,为180天。申请执行的期限从法律文书规定的履行期间最后一日起计算;法律文书中没有规定履行期限的,从法律文书送达当事人之日起计算。逾期申请的,除有正当理由外,人民法院不予受理。

(二)对行政机关的执行措施

《行政诉讼法》第65条第3款规定:行政机关拒绝履行判决、裁定的,第一审人民法院可以采取以下措施:①对应当归还的罚款或者应当给付的赔偿金,通知银行从该行政机关的账户内划拨;②在规定期限内不履行的,从期满之日起,对该行政机关按日处50~100元的罚款;③向该行政机关的上一级行政机关或者监察、人事机关提出司法建议。接受司法建议的机关,根据有关规定进行处理,并将处理情况告知人民法院。④拒不履行判决、裁定,情节严重构成犯罪的,依法追究主管人员和有直接责任人员的刑事责任。

最高法院《解释》第96条规定:行政机关拒绝履行人民法院生效判决、裁定的,人民法院可以依照《行政诉讼法》第65条第3款的规定处理,并可以参照《民事诉讼法》第102条的有关规定,对主要负责人或者直接责任人予以罚款处理。行政机关大多实行首长负责制,因此行政判决能否执行与机关负责人有很大关系。通过对主要负责人或直接责任人员予以罚款或追究刑事责任,在一定程度上可以敦促行政机关依法履行判决。

(三)对公民、法人或其他组织的执行措施

《行政诉讼法》并未对其执行措施作出具体规定,具体实践中,都是参照《民事诉讼法》的有关规定,因其没有不同于民事诉讼的特殊性。具体执行措施主要有:扣留、提取、划拨、查封、扣押、冻结、拍卖、变卖、收购、强制拆除、强制交付、强制迁出或强制退出、强行销毁、强行拘留、罚款等。

下 编　律师非诉讼业务

第十五章　法律顾问

■　第一节　法律顾问概述

一、法律顾问的概念

随着市场经济的发展和法制建设的日臻完善,担任法律顾问已经成为律师执业的重点,法律顾问在参与处理各种法律纠纷方面的作用也越来越重要,并已为我国社会各界所普遍关注。

因担任法律顾问的主体不同,法律顾问的概念有广义和狭义之分。广义的法律顾问,是指为聘用单位或个人解答法律问题,处理各项法律事务,提供法律帮助的法律专业人员,它既包括律师和取得法律顾问资格的人员,也包括有一定法律知识的其他人员。狭义的法律顾问应当仅指,以律师事务所的名义与聘用单位或个人签订法律顾问协议,并接受律师事务所的指派,为聘用单位或个人解答法律问题,处理各项法律事务,提供法律帮助的律师。

广义的法律顾问,主要指公职律师。司法部权威人士表明"所谓公职律师,就是具有律师资格的政府和企业的法律顾问。公职律师是我国律师队伍的重要组成部分。它既与社会律师有共同之处,也有自身的特征。突出表现在,它是有律师资格的国家公职人员;只从事政府机关和企业内部的法律事务,而不面向社会从事有偿的法律服务"[1] 世界各国普遍将政府律师、公司律师纳入法律顾问的范畴。

(一)关于政府律师的概念

政府律师是指具有律师资格,依法取得律师执业证书,为政府提供法律服务的国家公务员。政府律师必须通过考试或考核取得律师资格,政府律师所持执业证书应与社会律师所持执业证书相同,但前者所持的执业证书

---

[1]　张耕:《认真学习贯彻律师法　努力建立和完善中国特色的社会主义律师制度》,1996 年 6 月 22 日在全国司法厅(局)长座谈会上的讲话。

上须有明显的"不得收费"等字样。政府律师供职于政府,只办理涉及政府内部有关的诉讼或非诉讼法律事务,不接受外单位或其他当事人委托。因此,其工作职责包括咨询和实务两方面。咨询方面包括为政府重大决策提供法律依据,并对其合法性进行论证,提出咨询意见;参与政府确定的国内外重大经济项目的谈判,提供法律咨询;为引进项目、招商引资、对外洽谈和签约活动提供法律咨询,依法维护政府的利益。实务方面包括草拟、修改政府签订或审批的各种合同;代理政府参与重大经济纠纷的调解或涉及政府利益的民事、经济案件的诉讼活动;代理政府参与以政府为被告的行政诉讼活动,担任政府的代理人;协助政府研究、修改地方性法规、行政规章、规范性文件或其他法律文书、从事政府规定的法律援助活动等等。目前,中国香港、新加坡、美国、澳大利亚等国家和地区都建立了政府律师制度,为政府在各个领域提供法律服务。如香港大约有 450 名官方律师活跃于律政司、法律援助署、破产管理署、注册总署、廉政公署等政府部门;美国仅联邦政府雇佣的律师就达几千人;新加坡有 200 多名政府律师被派驻各政府部门。中国加入 WTO 后,建立政府律师制度迫在眉睫。

(二)关于公司律师的概念

世界范围内最早在企业内部设置专职法律工作人员的,是美国新泽西州的美孚石油公司。在经济发达国家,法律顾问通常是企业的必要的职能部门,大型企业和金融保险机构等更是设立庞大的法律事务部门,聘请法律专家处理法律事务,这些企业法律顾问通常被称为"公司律师"或"法律顾问"。从事本企业法律事务工作的人员,是企业内部专业人员。

随着经济全球化的发展,法律顾问制度在全球日益普及,1982 年,成立了全球企业法律顾问协会(ACC),该协会是全球企业法律顾问的自律性组织,总部设在美国华盛顿。社会律师不能参加该协会。ACC 的主要工作是向企业法律顾问提供教育培训服务,为企业法律顾问提供法律资源库,创造国际交流平台,促进企业法律顾问之间的横向交流,维护企业法律顾问及本企业的合法权益。ACC 由企业法律顾问组成的董事会管理,董事会对组织的战略发展方向负责。主要由五个部门组成:教育部、资源部、维权部、会员部、网络部。ACC 年会每年一次,2004 年年会是历史上规模最大的,国务院国资委组织中国石油化工集团公司等企业赴会参加。企业法律顾问已经是现代企业制度中不可缺少的组织机构之一。

我国企业法律顾问制度也经历较长的历史沿革。1955 年,《国务院法制局关于法律室任务职责和组织办法的报告》及《国务院批转"关于法律室任务职责和组织办法的报告"的通知》,是我国企业法律顾问制度诞生的重要标志。但是在随后的"文化大革命"中,法律顾问制度就名存实亡了。1979年,中国技术进出口公司设立法律处;1980 年,武汉钢铁公司设立法律顾问处。这些企业成为促进企业法律顾问制度恢复的先锋,在全国企业中起到了示范和榜样的作用。

1986 年颁布实施的《全民所有制工业企业厂长工作条例》对确立企业法律顾问的地位起到了决定性的作用。之后,我国各类企业中的法律顾问人数迅速增加,法律顾问在企业中的地位也越来越受到重视,而且在经济较发达地区外聘律师担任企业法律顾问已成主流。截至 2003 年底,全国已成立地方性企业法律顾问协会 33 个。

1997 年,人事部、原国家经贸委和司法部联合颁发了《企业法律顾问执业资格制度暂行规定》和原国家经贸委发布的《企业法律顾问管理办法》这两个部门规章,解决了我国企业法律顾问制度在发展中存在的一些重大问题。其是现代企业法律顾问制度的重要探索与规范,主要体现为:

(1)确立了企业法律顾问职业证书制度,明确规定企业法律顾问职业资格通过全国统一考试取得,企业法律顾问职业资格实行注册登记。至 2003 年,我国取得企业法律顾问执业资格的人数已达 35 000 多人。

(2)确立了总法律顾问制度,规定大型企业可以设置总法律顾问。原国家经贸委会同中组部、原中央企业工委、原中央金融工委、人事部、司法部、国务院法制办联合印发了《关于在国家重点企业开展企业法律顾问制度试点工作的指导意见》,目前,全国已有 73 户重点企业开展了由国家有关部门指导的试点工作。

(3)规定国有独资和国有资产占控股地位的大型企业应当设置法律事务机构,中型企业应当配备企业法律顾问。2003 年 1 月,企业总法律顾问试点工作小组组织了企业总法律顾问高级培训班,企业法律顾问制度进入了一个新的深入发展的阶段。

政府律师和公司律师的发展是社会的需要,但作为狭义的法律顾问,即社会律师担任政府、企事业单位、个人的法律顾问仍然是不可缺少的。本章以下章节将就此问题详加介绍。

二、律师担任法律顾问的种类划分

根据不同的划分标准,法律顾问大致分为以下几种类型:

1.按聘用主体的不同,可以分为政府法律顾问、企事业单位法律顾问、社会团体法律顾问和公民个人法律顾问。

2.按工作范围的不同,可以分为专项法律顾问和普通法律顾问。专项法律顾问是指依据聘用合同的约定,顾问律师只为聘用方就某项或某几项工作提供法律服务,如只草拟、审查某一种或某几种经济合同等。普通法律顾问,是指依据聘用合同的约定,顾问律师为聘用方提供全方位的法律服务,不限定特别范围。

3.按聘用期限的不同,可以分为常年法律顾问和临时法律顾问。常年法律顾问是指律师事务所与聘用方签订1年或1年以上的聘用协议,在协议期限内,受律师事务所指派的律师,以法律顾问的身份为聘用方提供协议范围内的法律服务,协议期满,法律顾问关系即终止,继续聘请的,重新签订协议。这是一种较通行的法律顾问形式。临时法律顾问,通常也称为专项法律顾问,是以完成某一项或几项特定事项的法律服务为期限,该法律事项办结,法律顾问关系即终止。

对法律顾问进行分类,可以使聘用合同双方根据不同的需要,签订内容明确的聘请法律顾问合同。聘用法律顾问合同通常应当包括以下主要内容:①双方法定名称、指派律师姓名;②法律顾问的具体职责范围、工作方式;③双方的权利、义务;④双方共同遵守的原则;⑤报酬数额及给付方式;⑥合同生效日期和有效期限;⑦双方需约定或者写明的其他事项。

三、律师担任法律顾问的性质

1.双方是委托合同法律关系。依据《合同法》第396条之规定:"委托合同是委托人和受托人约定,由受托人处理委托人事务的合同。"法律顾问合同即属于委托合同性质,委托人是聘用方,受托人是担任法律顾问工作的律师事务所,双方都享有各自的权利和义务。受聘的律师事务所与聘用方没有行政隶属关系,顾问律师也不是聘用方的雇员,他受其所在的律师事务所的指派、领导和监督。

2.法律顾问工作具有独立性。律师事务所应聘担任法律顾问,具有很高的独立性:①律师事务所可以独立地指派律师为聘用方提供法律服务,实践中也有很多聘用方希望指定律师提供法律服务,律师事务所通常也应尊重聘用方的意见;②律师以自己的法律知识依法提供法律服务,受国家法律保护,任何单位和个人不得非法干涉;③法律顾问进行业务活动应坚持以事实为根据、以法律为准绳的原则,依法保护聘用方的合法权益,又不受聘用方的意志所制约。对于聘用方的无理要求或违法行为应说服、劝阻或纠正,以维护国家的利益和社会公共利益。如聘用方坚持无理要求或违法行为,法律顾问有权解除合同。

3.法律顾问工作具有专业服务性。律师应聘担任聘用方的法律顾问,是一种服务性的工作,其服务范围是广泛的,其职责范围是全方位的。所以它对律师的法律专业水平有很高的要求,对律师工作不称职的,聘用方有权要求律师事务所另行指派律师或要求解除法律顾问合同。

四、律师担任法律顾问的工作范围

根据我国《律师法》第26条的规定,律师担任法律顾问的责任是为聘请人就有关法律问题提供意见,草拟审查法律文书,代理参加诉讼、调解或仲裁活动,完成聘请人委托的其他法律事务,维护聘请人的合法权益。必须注意的是,法律顾问的具体工作范围应在聘用法律顾问合同中予以明确约定,下面详细介绍一下律师担任法律顾问通常应包括的工作范围：

1. 为聘用方就有关的法律问题提供口头或书面的意见，特别是为聘用方的重大决策提供法律咨询，使其依法办事，避免承担法律风险。

2. 为聘用方草拟和审查各项法律事务文书，如经济合同、协议书等，使之符合国家法律和有关行政法规的规定。

3. 代理聘用方参加诉讼、仲裁活动，帮助聘用方运用法律手段解决民商事经济纠纷和行政争议等；实践中，因为诉讼、仲裁通常需要较长的时间，有一定独立性，所以双方通常约定律师代理参加诉讼、仲裁活动需另外签订委托合同和另外收取代理费。

4. 参与聘用方的商务谈判和日常纠纷调解。

5. 接受聘用方的委托，代理专项非诉讼法律事务，如办理工商登记、商标注册、律师见证、公证、申请专利等。

6. 协助聘用方建立、健全各项规章制度。

7. 协助聘用方对职工进行法制教育等。

五、律师担任法律顾问的工作原则和工作方式

法律顾问的工作原则，是指顾问律师在工作中应遵循的基本规则和要求，它是顾问律师的行为准则，是律师做好法律顾问工作的基本保障。我国《律师法》对法律顾问的工作原则没有加以规定，但对律师执业活动的原则在总则中作了原则性的规定，如律师执业必须遵守宪法和法律，恪守律师职业道德和执业纪律，必须以事实为依据、以法律为准绳，应当接受国家、社会和当事人的监督，以及执业受法律保护等，这些都是律师进行执业活动的共有原则，当然也就是法律顾问的基本工作原则。

作为顾问律师，除遵守上述总体性原则外，其在法律顾问工作中还应遵守以下几项原则：

1. 开拓创新原则。我国改革开放和现代化建设事业已进入一个新的发展阶段，实践中新的经营模式在大胆探索中，很多时候会出现现有法律规定的空白，法律顾问应积极打破固有模式，深入研究法律的立法宗旨，在法律许可的范围内大胆开拓，勇于创新，积极学习新知识，为顾问单位和公民个人提供创造性、突破性的法律服务。

2. 法治原则。这一原则一方面要求顾问律师的执业活动严格遵循法律的规定，另一方面要求顾问律师对聘用方违反国家法律、政策的行为，应说服其停止并纠正。如果聘方拒不接受顾问律师的正确意见，且影响国家利益或产生其他不良后果，顾问律师应及时将情况反映给律师事务所，由其决定是否辞退聘请。

3. 预防为主的原则。律师担任聘方法律顾问，应树立预防为主、诉讼为辅的超前服务意识，尽量消除纠纷隐患和避免可能的失误，力求不打官司。

这就要求顾问律师把自己服务工作的重点放在聘用方日常的制度建设和法律宣传上,要帮助聘用方特别是决策人员提高法律意识,采取有效措施,做到预测风险,防患于未然,以减少或避免纠纷的发生。

4.平等原则。律师担任聘方法律顾问,为其提供法律服务,双方的法律地位是平等的。因此,双方应相互尊重,相互信任,平等待人。作为顾问律师,绝不能动辄发号施令,下达"指令",把自己的法律意见和建议强加于聘用方,甚至干涉聘用方的内部事务。即使是合同中约定的职责范围内的法律事务,也须征求聘用方的意见,在其同意或授权的情况下,方可进行。作为聘用方,也应把顾问律师当作自己的参谋和助手,遇有重大疑难问题,应主动、及时听取顾问律师的法律意见和合理化建议,以避免可能出现的失误和纠纷。

律师担任法律顾问一般采用以下四种工作方式:

1.在职式。采用这种方式,一般是聘用方法律事务繁多,需要顾问律师长驻聘用方单位,随时提供法律服务。

2.定时式。即由顾问律师定时到聘用方处理日常法律事务,这一方式对于法律事务较多的大中型企业、事业单位比较合适,通常每周定时。

3.临时约请式。即顾问律师不定时到聘用方,聘用方有法律事务时临时约请,随请随到,随时提供法律服务。这一方式对于法律事务较少的小型企业及一般的事业单位、社会团体和公民个人比较适合,是一种经常采用的、比较灵活的方式。

4.在职和临时邀请相结合式。这种方式通常适用于大型企业或事务较多的单位,通常有多位律师合作担任法律顾问工作,律师事务所一般指派一名或多名律师助理在聘用方在职上班,有重大事项时再约请律师提供法律服务。

在实践中,顾问律师究竟采用何种方式为聘用方提供法律服务,应视具体情况而定。

■ 第二节　律师担任政府法律顾问

一、概述

律师担任政府法律顾问,是指律师事务所指派律师依法为政府机关提供法律服务和法律帮助的一种业务活动。律师担任政府法律顾问的任务,是为政府在法律规定的权限内行使管理职能提供法律服务,促进政府工作的法律化、制度化。

律师担任政府法律顾问,应当在协商一致的基础上,由政府与律师事务所签订聘用合同。聘用合同一般应采用书面形式。律师事务所和政府也可以根据具体情况,协商采用其他方式建立法律顾问关系。

二、律师担任政府法律顾问的工作职责

政府聘请法律顾问,根据需要可以由律师事务所指派一名或者数名律师担任,也可以由同级政府司法行政机关负责人和律师组成的法律顾问团(组)担任。法律顾问团(组)可以设首席法律顾问。司法行政机关对律师担任政府法律顾问工作,应当加强指导、管理和监督,对不适宜承担这项工作的律师,应当及时予以撤换。律师担任政府法律顾问,受政府委托可以办理下列法律事务:

1.就政府的重大决策提供法律方面的意见,或者应政府要求对决策进行法律论证。

2.对政府起草或者拟发布的规范性文件,从法律方面提出修改和补充建议。

3.参与处理涉及政府的尚未形成诉讼的民事纠纷、经济纠纷、行政纠纷和其他重大纠纷。

4.代理政府参加诉讼,维护政府依法行使行政职权和维护政府机关的合法权益。

5.协助政府审查重大的经济合同、经济项目以及重要的法律文书。

6.协助政府进行法制宣传教育。

7.向政府提供有关法律信息,就政府行政管理中的法律问题提出建议。

8.办理政府委托办理的其他法律事务。

三、律师担任政府法律顾问的意义

律师作为政府法律顾问和政府律师的作用并不冲突,全面推进依法行政、建设法治政府,涉及面广、难度大、要求高,需要一支政治强、作风硬、业务精的政府律师队伍,协助各级人民政府和政府各部门领导做好全面推进依法行政的各项工作。但是,律师担任政府机关法律顾问,不仅是律师事业发展的需要,也是社会主义民主与法制建设和政府工作法制化所提出的迫切要求。因此,律师担任政府法律顾问具有重要意义:

1.有利于促进政府转变职能,建立健全宏观经济调控体系。律师担任政府法律顾问,可以从法律的角度协助政府及其领导人就宏观调控体系中的财税、金融、投资和计划等体制方面的问题作出正确的改革决策和立法决策。

2.有利于协调政府各部门之间的法律关系,促进政府工作的法律化、制度化。律师在司法实践中,更容易发现政府行政工作中的问题,抓到矛盾点,律师担任政府法律顾问可以及时对行政过程中遇到的各种问题提供法律咨询和建议,促进政府依法行政。律师参与地方性法规的制定、审查,可

以保证政府工作的合法性。

3.有利于政府领导人及其工作人员增强法制观念和法律意识。律师担任政府法律顾问,可以通过审查政府部门的具体行政行为是否合法,督促政府工作人员依法行政,从而促使他们认真学习法律知识,增强法制观念和法律意识,进而保证政府机关在宪法和法律规定的范围内依法活动。

■ 第三节 律师担任企业单位法律顾问

一、概述

律师担任企业单位法律顾问,是指律师事务所指派律师依法为企业提供法律服务和法律帮助的一种业务活动。律师担任企业法律顾问的任务,是为企业在法律规定的权限内从事经济活动提供法律服务,促进企业工作的法律化、制度化。

律师担任企业法律顾问,应当在协商一致的基础上,由企业与律师事务所签订聘用合同。聘用合同一般应采用书面形式。律师事务所和企业也可以根据具体情况,协商采用其他方式建立法律顾问关系。

二、律师担任企业法律顾问的工作职责

除了企业内部专门设置的企业法律顾问,受聘担任企业的法律顾问也是律师的主要业务之一。律师担任企业法律顾问对于促进企业转换经营机制,建立现代企业制度,对于企业依法经营管理,维护企业的合法权益有着重大的作用和意义。律师担任企业法律顾问,应该由律师事务所与聘用方签订法律顾问合同,对法律服务内容、范围,双方的权利义务做出明确约定。

根据司法部《关于律师担任企业法律顾问的若干规定》,律师担任企业法律顾问受企业委托主要办理下列法律事务:

1.就企业生产、经营、管理方面的重大决策提出法律意见,从法律上进行论证,提供法律依据。随着经济体制改革的进一步加强,我国企业也要随之转换经营机制,建立现代企业制度。因此在改制过程中就会遇到大量的法律问题,这就需要律师提供合理的法律意见,来帮助企业合法、高效地完成转变。

2.草拟、修改、审查企业在生产、经营、管理及对外联系活动中的合同、协议以及其他有关法律事务文书和规章制度。在法制不断健全的今天,企业在商业活动中的权利义务也更多地以合同、协议的书面形式固定。而律师作为企业的法律顾问,应积极参与草拟、修改、审查这些合同、协议以及其他有关法律文书,使之更加严谨、更能保护企业的权益。

3.办理企业的非诉讼法律事务,比如,办理企业登记、办理商标注册、鉴

定、公证、申请专利等。

4.代理企业参加民事、经济、行政诉讼和仲裁以及行政复议。对于企业在经营中遇到的各种纠纷,律师作为企业法律顾问,应当首先重视预防纠纷的发生、防止矛盾的激化,及时有效地运用最有效的法律手段维护企业的合法权益。

5.参加商务谈判,审查或准备谈判所需的各类法律文件。商务谈判中律师要做的工作必须全面而严谨:在谈判前,要掌握与谈判项目有关的法律法规和政策,从法律的角度论证谈判项目的可行性、合法性;在谈判中,应与聘用方配合默契,随时为其提供法律意见;谈判结束后,要根据双方洽谈的内容草拟合同书、见证双方签约。

6.提供与企业活动有关的法律信息。作为企业的法律顾问应当密切注意与企业有关的一切法律信息,包括政策、法规、行政规章等,以便于企业合法地进行经营活动。

7.协助企业对职工进行法制宣传教育和法律培训。现代企业要遵循"以人为本"的理念,企业的职工法律素质的高低直接关系到企业发展的成败,所以必须不断提高职工法律意识和法制观念。因此,律师作为企业的法律顾问应协助企业进行法制宣传教育和法律培训,提高职工的法律素质,使企业的生产、经营、管理和对外经济活动都依法进行。

8.对企业内部的法律工作人员的工作进行指导。企业的法务专员、法律秘书等都是企业内部的法律工作人员。随着现代企业法律意识的提高,很多企业都建立了法务工作机构并有专职的法务工作人员,所以法律顾问应当对企业的法律工作人员进行指导,提高他们的业务水平和法律素质,使他们能够为企业的重大决策和改善经营管理提供法律服务。

9.其他法律事务。律师作为企业的法律顾问,除上述的法律事务以外,还有许多其他法律事务需要办理。如为国有企业的出售或改组为股份合作公司提供法律服务,参加企业的国有资产评估,出具意见书等。

■ 第四节　律师担任事业单位、社会团体和公民个人法律顾问

一、律师担任事业单位和社会团体法律顾问

事业单位是指由国家核拨经费的学校医院和科研院所等单位,它们除了运用行政手段进行管理外,也需要采用经济和法律手段加以管理。

社会团体是指工会、妇联、共青团等组织。随着社会主义法制的不断健全,这些社会团体也将遇到越来越多的法律问题。

律师在担任这些单位法律顾问时,可以通过日常的法律咨询和进行法

制教育来解决其将遇到的诸多问题。有利于这些单位依法加强管理和开展对外关系。顾问律师帮助聘用方将日常管理工作制度化,并逐步纳入法制轨道,可以帮助其提高管理效率。在对外关系中,顾问律师则可以依法保护聘用方的合法权益。

律师担任社会团体法律顾问的工作范围和权利义务与担任政府、企事业单位法律顾问的基本相同,不再赘述。

二、律师担任公民个人法律顾问

这里的公民个人包括个体工商户、农村承包经营户、自由职业者等,当然还有其他任何一个公民。随着社会主义市场经济的发展和社会法律意识的增强,公民日益重视运用法律手段解决纠纷保护自己的合法权益。律师应聘担任公民的法律顾问,可以为他们提供法律服务,帮助他们依法维护自己的合法权益和排除各种非法干扰,使他们能够正常地从事各项经济社会活动。

相对于担任企事业单位法律顾问,律师担任公民个人法律顾问可能服务的受众更大,其遇到的法律问题也会更繁杂,律师担任法律顾问所依据的法律法规几乎涉及方方面面,工作的难度也将越来越大。所以律师也必须提高自身的素质,这样才能更好地服务于人民大众。

律师担任公民个人的法律顾问的工作原则和方法,可以参照律师担任企业法律顾问的做法。

第十六章　律师仲裁业务

■　第一节　律师仲裁业务概述

仲裁与诉讼被认为是现代社会经济生活中最为主要的两种争议解决方式。因此,律师仲裁业务是律师业务中与诉讼业务并行的重要业务领域。从我国法律规定来看,我国的仲裁可以分为国内仲裁、劳动仲裁和涉外仲裁三种。相应地,我国律师的仲裁代理也可分为国内仲裁代理、劳动仲裁代理和涉外仲裁代理。我们在本章介绍的律师仲裁业务是指律师仲裁代理业务。

一、仲裁的概念和基本特点

仲裁(Arbitration)又称"公断",它是指双方当事人依据争议发生前或争议发生后所达成的仲裁协议,自愿将争议交付给独立的第三方,由其按照一定程序进行审理,在事实上作出判断,在权利义务上作出对争议双方都有约束力的裁决的一种非司法程序。

仲裁与诉讼相比有着截然不同的特点,以其相互不可替代的优势并行地发挥着定纷止争的作用。仲裁主要有如下特点:

1. 仲裁具有自愿性。仲裁是当事人协议的产物,以当事人自愿为基础。仲裁机构或仲裁庭作为独立的第三方受理案件的权力,不是出于强制性的法定管辖,而是依据双方当事人自愿的授权,即双方当事人在争议发生前或者争议发生后,以合同中的仲裁条款或者书面形式达成的仲裁协议,表示愿意将争议提交仲裁裁决。若不存在仲裁协议或者仲裁协议无效,当事人就不能将争议交付仲裁,仲裁庭就无权受理争议案件。因而,当事人意思自治原则不仅是世界各国仲裁制度的基本原则,而且是整个仲裁制度赖以存在的基石。[1]

2. 仲裁范围具有有限性。虽然现代各国仲裁制度发展的趋势是扩大仲裁庭审理案件的范围,但是,各国的法律均对可交付仲裁解决的争议作出某些限制,如涉及刑事案件、涉及政府与自然人或法人间行政管理产生的争议、涉及人身权的争议不可交付仲裁。仲裁可解决的争议是有限的。就诉

---

〔1〕　丁伟、陈治东:《冲突法论》,法律出版社1996年版,第318页。

讼而言,其主管的争议范围原则上不受限制,任何争议通过其他方式无法解决的,均可诉诸法院,即所谓的"司法最终解决原则"。所以,诉讼管辖的范围较仲裁广得多。

3. 仲裁具有民间性。受理仲裁的均属非官方的民间机构,通常附设于各国的商会组织或者其他民间社会团体,如商会、行业公会设立的仲裁院等,而非司法机构或国家机关,国家对仲裁的干预很少。参与解决当事人争议的仲裁员大多数是律师、法学教授或工商界专家等民间人士,即使某些仲裁机构吸收少量政府官员甚至现任法官担任仲裁员,但他们在履行仲裁员职责时并不代表官方。

4. 仲裁具有自治性。在仲裁中,当事人享有充分的自主权,他们有权自行选择仲裁的形式,比如采用机构仲裁还是临时仲裁,可以自行约定仲裁地点、仲裁机构,有权选择仲裁员或者决定选择仲裁员的方式,可以自行约定仲裁适用的程序规则,并有权选择仲裁适用的实体法和程序法等;在仲裁中,仲裁庭也享有一定的自治权,如仲裁庭有权决定自身的管辖权,除当事人另有约定外,有权决定仲裁举行的地点、仲裁应适用的程序规则、实体法和程序法,有权就仲裁程序进行过程中的相关事项作出临时决定、中间裁决或部分裁决,并有权就当事人的争议作出终局裁决等。

5. 仲裁具有保密性。这也是仲裁的优越性。当事人提起仲裁申请、程序进展情况、仲裁开庭审理案件,均不得在新闻媒介予以披露,裁决结果也不公布,因此能保护当事人的商业秘密和声誉。而在诉讼程序中除非涉及国家机密、个人隐私案件外都必须公开审理。因此,仲裁对于不愿将商业秘密或纠纷公之于众的公司企业或个人而言,显然具有明显的优越性。

6. 仲裁裁决具有终局性和可执行性。仲裁实行一裁终局制度,裁决对各方当事人均具有约束力。如一方在规定的期限内不自动履行,他方有权向法院申请强制执行。

二、律师仲裁业务的特点

律师仲裁业务主要体现在两个方面:①律师受聘担任仲裁员参与仲裁活动;②律师担任仲裁申请人或被申请人的代理人进行代理仲裁活动。我们在下文介绍的仅指律师仲裁代理业务。

由于仲裁存在着不同于诉讼和其他非诉讼法律事务的特点,因而律师仲裁代理也就有着区别于诉讼代理和其他非诉讼法律事务代理的特点。

仲裁代理区别于诉讼代理的特点是:①代理事项的法律属性不同。仲裁代理,律师代理当事人进行的是仲裁活动;而诉讼代理,律师代理当事人进行的则是诉讼活动。②代理仲裁和代理诉讼应遵循的法律规范不同。律师代理仲裁,应当遵守仲裁法律及仲裁规则的规定,而律师代理诉讼则应当遵守有关诉讼法的规定,这就决定了两者的活动的方式、方法、步骤等方面存在着明显的区别。

仲裁代理区别于其他非诉讼法律事务代理的特点是：①代理律师在代理活动中的权限不同。在仲裁中律师进行代理活动，并不仅限于委托人的授权范围。如律师代理进行仲裁活动时，有权查阅有关卷宗材料等，均不在委托人授权范围之内，而是代理律师在仲裁程序中所享有的非当事人授权范围内的执行职务的权利；而律师在进行其他非诉讼法律事务代理活动时，必须以委托人授权范围为限，否则就应承担越权代理的法律责任。②代理事项的法律属性不同。律师在代理进行仲裁活动时，必须遵循仲裁法及仲裁规则的规定，在活动方式、方法、步骤上有专门的程序规范；而律师在进行其他非诉讼法律事务代理活动时，并无专门程序性规范约束，其代理活动只要符合国家法律规定并且不损害委托人的利益即可。

■ 第二节　律师仲裁业务的工作方法

一、国内仲裁与国内仲裁代理

根据《仲裁法》规定，国内仲裁，是指我国公民、法人和其他组织之间发生争议后，按事前或事后达成的仲裁协议，自愿将争议提交我国仲裁机构裁决的一种仲裁。国内仲裁按照国际上通行的做法，是针对当事人之间的合同纠纷和其他财产权益纠纷，依据当事人在争议发生前或者争议发生后，以合同中的仲裁条款或者书面形式达成的仲裁协议，进行裁决或调解解决的法律制度。仲裁实行一裁终局制，仲裁裁决一经作出即发生法律效力，不允许对仲裁裁决的事项再行仲裁或提起诉讼。国内仲裁在我国仲裁体系中占主导地位。

国内仲裁与涉外仲裁、劳动仲裁相比，具有以下特征：

1. 仲裁机构是国内各地依法设立的仲裁委员会。根据《仲裁法》的规定，仲裁委员会可以在直辖市和省、自治区人民政府所在地的市设立，也可以根据需要在其他设区的市设立，但不按行政区划层层设立。

2. 当事人是国内的公民、法人或其他组织，当事人双方都是我国平等主体的公民、法人或其他组织。这是国内仲裁区别于涉外仲裁的一个显著特征。

3. 当事人之间有提交国内仲裁机构仲裁的仲裁协议。没有仲裁协议，一方申请仲裁的，仲裁委员会不予受理。

4. 仲裁只适用于仲裁机构有权管辖的争议。根据《仲裁法》规定，国内仲裁管辖争议的范围是国内平等主体的公民、法人和其他组织之间的合同纠纷和其他财产权益纠纷。合同纠纷的范围主要包括：经济合同纠纷、知识产权合同纠纷、房地产合同纠纷等。其他财产权益纠纷,主要是指由于财产侵权所引起的纠纷。而有关婚姻、收养、监护、抚养、继承纠纷以及应当由国家行政机关处理的行政争议,不属于仲裁范围。

5. 仲裁依据我国仲裁程序进行。《仲裁法》规定了国内仲裁的法定程序,必须严格遵守,该程序包括:仲裁申请和受理、仲裁庭的组成、开庭仲裁和裁决。

二、律师代理国内仲裁的注意事项

1. 律师要熟悉、掌握仲裁规则。仲裁规则应由中国仲裁协会依照《仲裁法》和《民事诉讼法》的规定制定。但目前我国尚无适用于全国范围的统一的仲裁规则。各仲裁委员会可制定自己的仲裁规则。代理律师参与仲裁活动,应熟悉当事人协议选定的仲裁委员会及其仲裁规则。

2. 律师要了解当事人之间有无仲裁协议。没有当事人之间合法有效的仲裁协议,任何仲裁都无从开始。

3. 律师决定受理当事人的委托后,应当与当事人办理委托手续。律师代理当事人参加仲裁活动,应由律师事务所统一接受委托,统一收费。律师不得以个人名义接受委托或私自收费。

4. 律师应认真做好代理工作。国内仲裁实行一裁终局的制度,即裁决作出后,当事人就同一纠纷既不能向仲裁委员会申请仲裁,也不能向人民法院提起诉讼。律师要尽力尽职做好代理仲裁工作,最大可能地维护当事人的合法权益。

三、律师代理国内仲裁业务的工作方法

(一)审查收案

当事人发生纠纷后,准备向仲裁机构申请仲裁而委托律师代理的,律师首先应进行审查,以决定是否接受委托。

审查收案主要应审查以下几方面的内容:

1. 审查案件是否属于仲裁的管辖案件范围。经过审查,只有属于平等主体的公民、法人和其他组织之间发生的合同纠纷或其他财产权益纠纷,并且双方在纠纷发生前或纠纷发生后订有仲裁协议的,律师才能接受委托,代理申请仲裁。如果属于婚姻、收养、监护、扶养、抚养、继承纠纷或依法应由行政机关处理的行政争议,或者虽然属于平等主体之间的合同纠纷和其他财产权益纠纷,但双方未订有仲裁协议的,则依仲裁法的规定不能仲裁。律师亦不能接受委托代理申请仲裁。对于这两种情况,律师应告诉当事人向人民法院起诉。

2. 审查纠纷当事人之间的仲裁协议。对仲裁协议主要应从以下几个方面进行审查:

(1)首先审查当事人有无仲裁协议。即当事人双方是否自愿达成了将纠纷提交仲裁机构解决的协议。仲裁协议是双方当事人之间订立的、表示愿意将争议事项提交仲裁机构评判和裁决的法律文书。它既是争议双方当事人请求仲裁的书面意思表示，也是仲裁机构解决争议事项的前提条件。仲裁协议包括合同中订立的仲裁条款和以书面形式在纠纷发生前或纠纷发生后达成的请求仲裁的协议，其应具有请求仲裁的意思表示、仲裁事项、选定某个仲裁机构和意思表示等方面的内容。

（2）律师应审查仲裁协议的形式是否合法。根据《仲裁法》第16条第1款规定，仲裁协议主要有合同中规定的仲裁条款和当事人双方以其他形式达成的书面协议。"其他书面形式"的仲裁协议，包括以合同书、信件和数据电文（包括电报、电传、传真、电子数据交换和电子邮件）等形式达成的请求仲裁的协议。

（3）律师应当审查仲裁协议是否具备法律规定的必备内容。根据《仲裁法》第16条第2款的规定，仲裁协议应当具备请求仲裁的意思表示、仲裁事项、选定仲裁委员会三项内容。请求仲裁的意思表示，是指当事人请求仲裁的意愿非常明确，并且以书面形式表示。即应当明确表示将今后可能发生的或已经发生的争执提交仲裁机构仲裁，并愿意遵守一裁终局制，积极履行仲裁协议。仲裁事项，是指提交仲裁的范围，一般来讲，仲裁事项应尽可能订得广泛。当事人概括约定仲裁事项为合同争议的，基于合同成立、效力、变更、转让、履行、违约责任、解释、解除等产生的纠纷都可以认定为仲裁事项。仲裁机构的选定必须是具备两方面的内容，即仲裁地点和仲裁委员会。仲裁协议约定的仲裁机构名称不准确，但能够确定具体的仲裁机构的，应当认定选定了仲裁机构。仲裁协议仅约定纠纷适用的仲裁规则的，视为未约定仲裁机构，但当事人达成补充协议或者按照约定的仲裁规则能够确定仲裁机构的除外。仲裁实践中，仲裁协议一般还应包括以下两项内容：①仲裁条款必须规定仲裁裁决具有终局的效力；②仲裁条款一般应规定仲裁费用由败诉方承担。

（4）律师应审查仲裁协议是否具有法定无效情形。根据《仲裁法》第17条规定，约定的仲裁事项超过法律规定的仲裁范围，无民事行为能力人或者限制民事行为能力人订立的仲裁协议，一方采取胁迫手段迫使对方订立的仲裁协议均系无效协议。此外，下列情形仲裁协议无效：①仲裁协议约定两个以上仲裁机构的，当事人可以协议选择其中的一个仲裁机构申请仲裁；当事人不能就仲裁机构选择达成一致的，仲裁协议无效。②仲裁协议约定由某地的仲裁机构仲裁且该地仅有一个仲裁机构的，该仲裁机构视为约定的仲裁机构。该地有两个以上仲裁机构的，当事人可以协议选择其中的一个仲裁机构申请仲裁；当事人不能就仲裁机构选择达成一致的，仲裁协议无效。③当事人约定争议可以向仲裁机构申请仲裁也可以向人民法院起诉的,仲裁协议无效。但一方向仲裁机构申请仲裁,另一方未在《仲裁法》第20条第2款规定期间内提出异议的除外。

在审查仲裁协议的效力时,律师还应当注意:当事人订立仲裁协议后合并、分立的,仲裁协议对其权利义务的继受人有效;当事人订立仲裁协议后死亡的,仲裁协议对承继其仲裁事项中的权利义务的继承人有效。对于这两种情形,如果当事人在订立仲裁协议时另有约定的,按约定处理,不受此限。债权债务全部或者部分转让的,仲裁协议对受让人有效,但当事人另有约定、在受让债权债务时受让人明确反对或者不知有单独仲裁协议的,仲裁协议对受让人无效。当事人在订立合同时就争议达成仲裁协议的,合同未成立不影响仲裁协议的效力。

当事人向人民法院申请确认仲裁协议效力的案件,由中级人民法院管辖。律师可代理当事人向仲裁协议约定的仲裁机构所在地的中级人民法院申请确认;仲裁协议约定的仲裁机构不明确的,向仲裁协议签订地或者被申请人住所地的中级人民法院申请确认。

3.律师应审查仲裁协议的内容是否明确。仲裁协议的内容不全,约定的内容不明确,协议内容与仲裁原则相悖等情形构成仲裁协议内容不明确情形。律师应说服当事人补充协议。否则,仲裁协议无效。

经过审查,律师决定接受当事人的委托,代理申请和参加仲裁的,与代理诉讼或非诉讼法律事务一样,律师应当与委托人签订委托代理合同,并由当事人出具授权委托书,以明确代理权限。

(二)代理申请仲裁或代理进行仲裁答辩

1.代理申请人申请仲裁。当事人要通过仲裁解决争议,必须向仲裁委员会提交仲裁申请书。律师接受当事人的委托,签订委托代理合同后,即应对当事人提供的证据材料进行审查,进行以下几项工作:

(1)制作仲裁申请书和证据目录。仲裁申请书应当载明:当事人的姓名、性别、年龄、职业、工作单位和住所,法人或其他组织的名称、住所和法定代表人或者主要负责人的姓名、职务;仲裁请求及其根据的事实和理由;证据和证据来源、证人姓名和住所等内容。证据目录应当包含证据名称、证据来源、该证据所要证明的事实、证据与案件的关联性等内容。

(2)向仲裁委员会提交仲裁协议、仲裁申请书及副本(根据当事人人数提供仲裁申请书副本的件数)、证据和证据目录、授权委托书。仲裁协议应当提交原件,原件无法提交的,可以提交复印件。授权委托书应当载明委托人的姓名、住所、工作单位和职务,受委托人姓名、执业机构、执业机构办公地址、代理事项以及代理权限范围等内容。仲裁程序的开始,以当事人向仲裁机构提出仲裁申请,仲裁机构决定受理为标志。仲裁委员会收到仲裁申请书之日起5日内,认为符合受理条件的,应当受理,并通知申请人;认为不符合申请条件的,应当通知申请人不予受理,并说明理由。仲裁委员会受理仲裁后,应当在仲裁规则规定的期限内将仲裁规则和仲裁员名册送达申请人,并将仲裁申请书副本内容及仲裁规则、仲裁员名册送达被申请人。

(3)在仲裁委员会决定受理仲裁申请,并向当事人送达仲裁规则及仲裁员名册后,代理律师应代理当事人及时选定或委托仲裁委员会主任指定一名仲裁员并及时与对方当事人约定第三名仲裁员担任首席仲裁员以组成仲裁庭。对于首席仲裁员,如果双方不能达成一致意见,则由仲裁委员会主任指定一名仲裁员担任首席仲裁员。如果仲裁委员会主任指定的仲裁员或首席仲裁员与本案当事人或与本案审理结果有利害关系,律师可以代理当事人申请该仲裁员回避。仲裁委员会经审查认为一方提出的回避理由成立时,应当由仲裁委员会主任重新指定仲裁员或首席仲裁员。

(4)在仲裁委员会决定受理仲裁申请后,代理律师应根据案件具体情况和委托人的意愿,在因对方当事人的行为或者其他原因,可能使裁决不能执行或难以执行时,向仲裁委员会申请财产保全。申请财产保全应向仲裁委员会提交书面申请,写明申请人、被申请人的姓名、住所及财产保全的请求内容、理由和被保全财产的线索。同时,在仲裁委员会将财产保全申请提交人民法院后,当事人应根据人民法院的要求提供充分的担保。

2. 代理被申请人进行仲裁答辩。如果律师代理被申请人一方,在接受被申请人的委托后,在答辩阶段,主要进行以下几项工作:

(1)被申请人收到仲裁委员会送达的仲裁申请书副本、仲裁规则和仲裁员名册后,律师应当阅读和分析申请书,了解申请人的要求和理由,然后向被申请人了解争议情况,写出答辩书。并代理被申请人在仲裁规则规定的期限内向仲裁委员会提交答辩书及副本。答辩书应写明:被申请人及申请人的姓名、性别、年龄、职业、住所等基本情况;答辩主张及根据的事实理由;证据和证据来源、证人姓名和住所等。根据案件情况和委托人的意愿,还可以提出对申请人的反请求。

答辩书也应提交正本和副本,副本的份数应当按对方当事人的人数提交。在向仲裁委员会提交答辩书的同时,代理律师应向仲裁委员会提交被申请人的授权委托书。应当明确,是否提交答辩书属于被申请人的权利。根据我国仲裁法的有关规定,被申请人未提交答辩书的,不影响仲裁程序的进行。

(2)代理律师应当按照仲裁规则规定的期限,及时选定或委托仲裁委员会主任指定一名仲裁员,并及时与对方当事人约定首席仲裁员组成仲裁庭。如双方当事人不能共同约定首席仲裁员,则由仲裁委员会主任指定首席仲裁员。

(3)在提出反请求的情况下,代理律师还应当根据委托人的意愿和案件情况,申请财产保全。

3.调查、收集并提交证据。调查取证是贯穿整个仲裁程序的重要代理活动。律师代理仲裁,无论是代理申请人还是被申请人,都有责任向仲裁机构为其主张提供证据。律师代理仲裁时可以以独立的身份进行调查取证。律师调查取证的主要范围包括:

(1)收集物证、书证等能够证明案件真实情况的客观存在的实物证据。物证、书证是客观存在的实物,对证明案件真实情况具有十分重要的作用,因此收集物证、书证是调查取证工作的重点。律师收集物证、书证时应尽量收集原物、原件。如持有物证、书证的单位或个人不愿提供时,律师可以仲裁代理人的身份,依据《仲裁法》第46条的规定,向仲裁委员会申请证据保全。

(2)对知情的证人进行调查、询问,并尽量安排证人出庭作证。律师询问证人,一般应当制作调查笔录,同时应尽量说服证人出庭作证。证人同意出庭作证的,律师应当在开庭前向仲裁庭提出证人出庭作证的申请,证人确实不愿出庭作证的,应将情况告知仲裁庭,由仲裁庭决定是否自行收集证人证言。

(3)收集其他证据。律师代理仲裁,除调查收集物证、书证、证人证言外,还应当注意调查收集其他证据材料。在调查收集证据材料时,除应当遵守有关的法律、法规,征得有关个人、单位同意外,律师对于在调查过程中接触到的国家秘密、个人隐私有保密的责任,不得泄露。

4.代理参加仲裁庭审活动。仲裁庭审,是仲裁活动的中心环节,也是仲裁的必经程序。在这一阶段律师代理应认真做好以下几项工作:

(1)代理当事人选定仲裁员。律师可以代理当事人从仲裁员名册中选定一名仲裁员或委托仲裁委员会主任指定一名仲裁员,并及时与对方当事人约定首席仲裁员组成仲裁庭。当事人双方不能约定首席仲裁员的,通常由仲裁委员会主任指定首席仲裁员。

(2)代理当事人行使申请回避权。根据《仲裁法》第34、35条的规定,在仲裁庭组成后至首次开庭前,若仲裁员是本案对方当事人或者当事人、代理人的近亲属;仲裁员与本案有利害关系;仲裁员与本案对方当事人、代理人有其他关系,可能影响本案公正仲裁的;仲裁员私自会见对方当事人、代理人或者接受对方当事人、代理人的请客送礼的,律师有权代理当事人申请该仲裁员回避。回避的事由是在首次开庭后知道的,可以在最后一次开庭终结前提出。

(3)代理当事人确定仲裁庭审方式。根据《仲裁法》第39条的规定,仲裁应当开庭进行;当事人协议不开庭的,仲裁庭也可以只根据仲裁申请书、答辩书以及其他书面材料作出裁决。因此在代理进行仲裁庭审活动时,代理律师应根据委托人的意愿及案件的具体情况,并结合委托人与对方当事人的相互关系等多种因素,代理委托人与对方当事人或其代理人协商确定是否进行开庭审理,以便迅速及时地解决纠纷。同时,《仲裁法》第40条规定,仲裁不公开进行;当事人协议公开的,可以公开进行。也就是说,仲裁庭审活动依法是不公开进行的,若当事人认为有必要,并且由双方协商同意时,除涉及国家秘密和个人隐私的案件外,仲裁庭审也可以公开进行。因此,律师代理仲裁庭审时,应当根据案件的具体情况,与对方当事人或其代理人协商确定庭审是否公开进行。这些是律师代理参加仲裁庭审活动不同于代理参加诉讼庭审活动的一个重要特点。

(4)代理当事人参加仲裁庭审调查。庭审是仲裁活动的中心环节。在仲裁庭庭审活动中,最重要的是调查核实案件的事实和证据,这是客观、公正处理案件的前提。在这一活动中,代理律师主要应做好两方面的工作:①代理委托人履行举证责任,以证明提出的主张;②在仲裁庭上与对方当事人进行质证,帮助仲裁庭准确认定案件事实。律师在仲裁庭上举证、质证的方法与其在民事法庭上举证、质证的方法大致相同,不再赘述。

(5)代理当事人进行仲裁辩论。仲裁庭辩论的目的,在于使双方当事人各自陈述自己的主张及其事实和法律依据,反驳对方的主张,促使仲裁庭对案件作出公正处理。因此,律师代理进行仲裁庭辩论,应当注意以下几个方面:①辩论发言应针对双方争议的焦点问题进行,不能漫无边际。②辩论发言应根据仲裁庭审中查明的案件事实进行,而不能以尚未查实的"事实"作为辩论发言的依据。③辩论发言应有理有节地进行,在发言中,不能有人身攻击、侮辱或挑衅的言词。④辩论发言时,观点必须明确,主张必须直截了当,不能进行不符合法律以及其他有损于委托人利益的发言。⑤辩论发言应在仲裁庭主持下有序地进行,不能把辩论变成争吵。⑥辩论发言应简洁、明了,避免啰嗦、庞杂。

(6)代理当事人申请和参加仲裁调解。在仲裁庭作出裁决前,当事人可以申请调解,仲裁庭也可以先行调解。律师代理申请、参加调解,都必须根据委托人的意愿进行,不能超越代理权限与对方当事人或其代理人达成有损于委托人合法权益的调解协议,更不能与对方达成违反法律、损害国家和社会以及第三人利益的调解协议。调解协议达成后,对于仲裁庭制作的调解书,原则上应由委托人亲自签收,因为调解书一经双方当事人签收,立即发生法律效力。尤其是委托人是个人的案件和授权委托书中未明确载明代理律师有权签收各种法律文书的,更应注意由当事人亲自签收。如果由代理律师签收调解书的,签收前应与委托人进行沟通,及时向委托人转达调解协议的内容,并向其说明调解书签收后的法律后果,以避免出现因委托人不了解法律而作出错误决定的情况发生。

5.代理仲裁裁决的执行。根据我国仲裁法的规定,仲裁机构对仲裁案件作出的裁决自作出之日起发生法律效力。但仲裁裁决作出后,并不标志着仲裁程序全部终结,仲裁裁决书以及仲裁调解书的执行仍然是整个仲裁程序的一部分。若当事人和律师认为仲裁裁决事实清楚、证据确实充分、适用法律正确,在对方当事人不履行裁决时,律师经当事人授权可代理仲裁裁决的执行。申请执行期限的起算自裁决书规定的履行期限届满时起。申请应向被执行人住所地或被执行人财产所在地的中级人民法院申请执行。

律师作为被执行人的代理人,可以接受被执行人的委托代理申请撤销仲裁裁决或申请不予执行。代理申请撤销仲裁裁决是指,代理律师发现已生效的仲裁裁决确有错误,依法代理被执行人申请撤销该仲裁裁决书;代理申请不予执行是指,代理律师发现已生效的仲裁裁决确有错误,依法申请不予执行仲裁裁决。

(1)律师依法申请撤销仲裁裁决时应注意:必须有证据证明已生效的裁决具有《仲裁法》第58条规定的六种情形之一,即没有仲裁协议的;裁决的事项不属于仲裁协议的范围或者仲裁委员会无权仲裁的;仲裁庭的组成或者仲裁的程序违反法定程序的;裁决所根据的证据是伪造的;对方当事人隐瞒了足以影响公正裁决的证据的;仲裁员在仲裁该案时有索贿受贿,徇私舞弊,枉法裁决行为的。代理律师认为仲裁裁决具有上述六种情形之一的,应当向人民法院提出撤销已生效的仲裁裁决的申请,人民法院经组成合议庭审查核实裁决有上述六种情形之一的,应当裁定撤销仲裁裁决。

(2)律师依法申请不予执行仲裁裁决时应注意:根据《仲裁法》第63条的规定,被申请人提出证据证明裁决有《民事诉讼法》第217条第2款规定的情形之一的,经人民法院组成合议庭审查核实,裁定不予执行。《民事诉讼法》第217条第2款规定的六种情形是:当事人在合同中没有订有仲裁条款或者事后没有达成书面仲裁协议的;裁决的事项不属于仲裁协议的范围或者仲裁机构无权仲裁的;仲裁庭的组成或者仲裁的程序违反法定程序的;认定事实的主要证据不足的;适用法律确有错误的;仲裁员在仲裁该案时有贪污受贿、徇私舞弊,枉法裁决行为的。另外,人民法院认定执行该裁决违背社会公共利益的,亦可裁定不予执行。代理律师认为仲裁裁决有上述情形之一的,可以向人民法院提出不予执行仲裁裁决的申请,人民法院经组成合议庭审查核实裁决有上述情形之一的,应当裁定不予执行仲裁裁决。不予执行仲裁裁决是人民法院对仲裁进行监督的措施之一。依据我国仲裁法、民事诉讼法的有关规定,人民法院作出不予执行仲裁裁决的裁定前,对仲裁裁决实行两种不同的审查制度:对国内仲裁裁决,既审查程序,也审查实体;对于我国涉外仲裁裁决以及外国仲裁裁决,人民法院只审查程序而不审查实体。

代理律师在提出撤销仲裁裁决或不予执行仲裁裁决申请时,必须向仲裁委员会所在地的中级人民法院提出,其期限为收到仲裁裁决书之日起6个月内。

（3）代理律师依法申请执行已生效的仲裁裁决时应注意:必须是向被执行人住所地或被执行人财产所在地的中级人民法院申请执行。如果裁决双方当事人是法人或其他组织的,应当在6个月以内申请执行;如果一方当事人或双方当事人为公民的,则应当在1年内申请执行。申请执行的期限,从裁决书规定的履行期间的最后一日起计算。此外,代理律师还应当注意,申请执行时应当向人民法院提交执行申请书、仲裁裁决书以及有关被执行人财产状况的书面报告,并依照最高人民法院诉讼费收费办法的有关规定,预交申请执行费用等。

（4）律师代理履行已生效的仲裁裁决时应注意:必须全面严格地履行仲裁裁决书规定的义务,不能借故拖延、推诿或者拒不履行;对于人民法院的强制执行活动,不能抗拒。如果人民法院的执行活动确有错误或违法之处,应依法向有关部门反映或请求司法赔偿。

四、劳动争议仲裁的律师代理

我国《劳动法》第77条规定:"用人单位与劳动者发生争议,当事人可以依法申请调解、仲裁、提起诉讼,也可以协商解决。"根据这一规定,劳动争议处理的途径有四个:协商、调解、仲裁和诉讼。

（一）劳动争议仲裁的概念和特征

劳动争议仲裁,是企业职工与企业之间发生劳动争议,并将该争议交由专门设立的劳动争议仲裁委员会裁决,从而解决双方争议的活动。

劳动争议仲裁机构不同于国内其他仲裁机构,它设于县、市、市辖区的劳动行政主管部门,由劳动行政主管部门的代表、工会的代表、政府指定的经济综合管理部门的代表组成。其组成人员必须是单数,主任由劳动行政主管部门的负责人担任,在仲裁劳动争议时实行少数服从多数的原则。劳动争议仲裁委员会可以聘任劳动行政主管部门或者政府其他有关部门的人员、工会工作者、专家学者和律师为专职的或者兼职的仲裁员。

属于劳动争议仲裁委员会管辖的案件范围主要包括:因企业开除、除名、辞退职工和职工辞职、自动离职发生的争议;因执行国家有关工资、保险、福利、培训、劳动保护的规定发生的争议;因履行劳动合同发生的争议以及法律、法规规定的其他劳动争议。在这些劳动争议案件中,如果是简单的案件,仲裁委员会可以指定1名仲裁员处理;如果是重大的或疑难的案件,仲裁庭则可以提交仲裁委员会讨论决定,对于仲裁委员会的决定,仲裁庭必须执行。

县、市辖区的劳动仲裁委员会负责本行政区域内发生的劳动争议。设区的市的劳动仲裁委员会和市辖区的劳动仲裁委员会受理劳动争议案件的范围,由省、自治区人民政府规定。发生劳动争议的企业与职工不在同一个仲裁委员会管理地区的,由职工当事人工资关系所在地的劳动仲裁委员会处理。

根据我国仲裁法和国务院颁布的《企业劳动争议处理条例》的规定,劳动争议仲裁与仲裁法规定的一般国内仲裁相比较,除了在案件的管辖范围、仲裁机构的设置方面具有一些特点外,两者还存在以下不同之处:

1. 劳动争议仲裁不是以仲裁协议为前提的。无论当事人在争议发生前或发生后是否达成书面仲裁协议,均可向劳动争议仲裁委员会申请仲裁,而一般国内仲裁的前提是双方在争议前或争议后达成书面仲裁协议。

2. 劳动争议仲裁并不是一裁终局的。劳动争议仲裁委员会对劳动争议所作出的裁决,不是终局裁决,当事人对裁决不服的,可以在规定的期限内向人民法院起诉;期满不起诉的,裁决书才发生法律效力。而一般国内仲裁则实行一裁终局制,当事人不服的,只能申请撤销裁决或申请不予执行,而不能向人民法院起诉。

3. 劳动仲裁与国内仲裁当事人双方法律地位不同。劳动仲裁中,虽然争议的内容也涉及财产权益,但是作为争议的主体的劳动者与劳动的使用者之间的法律地位上并不平等,他们彼此之间具有特定的身份隶属关系。而一般国内仲裁处理的只是公民、法人和其他组织之间的合同纠纷和其他财产权益纠纷,双方的法律地位平等。

(二) 劳动争议仲裁的律师代理

劳动争议仲裁律师代理,是指律师接受当事人的委托,以代理人的身份参加劳动争议仲裁,以维护委托人的合法权益的一种法律活动。

律师代理劳动争议仲裁,对当事人而言,有助于全面及时地维护其应当享有的劳动权利或利益,并可以促使争议双方当事人相互理解和团结;对仲裁机构而言,则有助于促使其严格按照国家有关劳动争议处理法律规范进行仲裁,以保证仲裁裁决的客观性、公正性和合法性。

按照我国《企业劳动争议处理条例》的规定,当事人可以委托 1~2 名律师或其他人代理参加劳动争议仲裁活动。因此,律师代理参加劳动争议仲裁活动,除应当依法向劳动争议仲裁委员会提交合法的委托书之外,在劳动争议仲裁程序的不同阶段上,还应当注意有关的基本要求。

1. 申请仲裁阶段。律师接受当事人的委托前应当做到以下几点:①审查当事人委托的事项是否属于可以仲裁的劳动争议,即是否属于我国《企业劳动争议处理条例》第 2 条规定的争议范围。不属于此范围的,就不能通过劳动争议仲裁程序处理。②审查案件是否超过仲裁时效。根据我国《劳动法》第 82 条规定,提出仲裁要求的一方应当自劳动争议发生之日起 60 日内向劳动争议仲裁委员会提出书面申请。③审查申诉人是否与劳动争议有直接利害关系。④审查是否有明确的被诉人和具体的仲裁请求和事实根据。经过审查,代理律师认为当事人的申诉请求符合法定条件的,即可代理当事人向仲裁委员会提交仲裁申诉书。

2. 仲裁审理阶段。劳动争议仲裁和一般国内仲裁不同,不存在当事人协商同意后不开庭审理的问题,即劳动争议的仲裁均应开庭审理。因此,代理律师应告知委托人在收到仲裁庭书面通知后,如果无特殊事由必须出庭,以免产生对己方不利的法律后果。

同时,劳动争议仲裁依法应当先行调解,也就是说调解是劳动争议仲裁的必经程序。因此,劳动争议仲裁庭审阶段,代理律师应根据庭审查明的事实和委托人的意愿,在案件有调解可能时,制定出合理合法的调解方案,促使双方达成调解协议,以妥善解决双方的劳动争议。

劳动争议仲裁委员会受理申诉人的申诉后,代理律师应认真做好以下工作,认真行使法律规定和当事人授予的权利:①发现劳动争议仲裁委员会成员有应当回避情形的,律师应代为提出回避申请。②为查明争议事实,代理律师拥有调查取证权。对能证明案件事实的书证、物证等积极取证。对证人应安排其到庭作证。③参加仲裁庭开庭审理。律师应认真听取对方当事人的意见,与对方当事人及代理人进行辩论。④经当事人特别授权,可享有变更、放弃或承认仲裁请求的权利,并可与对方当事人和解或者在仲裁庭主持下进行调解,达成和解协议,然后撤回仲裁申请。⑤查阅、复制本案有关的材料。律师有查阅与复制本案有关材料的权利,但对涉及国家秘密、商业秘密和个人隐私的内容,应负有保密的义务。

3. 仲裁裁决阶段。由于仲裁裁决并不是终局裁决,因此,代理律师在接到仲裁裁决书后,应客观公正地对待裁决的内容。若裁决确有错误,可以收到裁决书之次日起 15 日内向人民法院起诉。应当注意的是,这里所指的向人民法院起诉,是依照民事诉讼法有关管辖的规定提起民事诉讼,而不是对仲裁委员会的裁决提起诉讼。向法院起诉的人可以是申诉人、被申诉人或者第三人。人民法院审理劳动争议案件实行两审终审制原则。

五、涉外仲裁的律师代理

(一)涉外仲裁的概述

涉外仲裁,从严格意义上讲,是指当事人一方或双方是外国自然人、外国企业或组织的经济、贸易及海事争议,由专门的仲裁机构进行仲裁处理的一种法律活动。但是,由于国际经济贸易和运输的发展,国内当事人之间也可能发生国际性的贸易及运输关系,因此,在我国仲裁立法中,涉外仲裁中的"涉外"采取的是非严格意义上的概念,即涉外仲裁争议的双方当事人可能都是中国当事人。

涉外仲裁一般包括以下几个方面的因素:①争议本身具有国际性、涉外性。②争议发生在涉外经贸或者海事活动之中。普通的民事纠纷,如婚姻、收养、监护、继承案件,劳动纠纷以及行政争议不属于涉外仲裁的范围。③争议各方已就争议解决方式达成书面仲裁协议,同时,仲裁协议应当明确写明仲裁机构,并且明确表示服从其仲裁规则。④一如通常的仲裁裁决,涉外仲裁裁决也是终局的。争议各方既不得向任何行政机关和机构要求复议,也不得向任何国家的法院提起诉讼。

在我国,中国国际经济贸易仲裁委员会和中国海事仲裁委员会是受理涉外仲裁的最主要机构,负责审理绝大部分涉外仲裁案件。中国国际经济贸易仲裁委员会的前身是中国国际贸易促进委员会对外贸易仲裁委员会,最早成立于1954年,以后经过数次更名,于1988年开始使用现在的名称。其仲裁规则几经变化,现在执行的规则是2000年10月1日开始执行的。近年来,有些地方仲裁委员会,如北京仲裁委员会也开始受理涉外案件,但是在机构声望、案件数量和质量方面还远不如中国国际经济贸易仲裁委员会。

根据现行《中国国际经济贸易仲裁委员会仲裁规则》第2条的规定,下列契约性或非契约性的经济贸易等争议均可向中国国际经济贸易仲裁委员会申请仲裁:①国际的或涉外的争议;②涉及香港特别行政区、澳门特别行政区或台湾地区的争议;③外商投资企业相互之间以及外商投资企业与中国其他法人、自然人及其经济组织之间的争议;④涉及中国法人、自然人或其他经济组织利用外国的、国际组织的或香港特别行政区、澳门特别行政区、台湾地区资金、技术或服务进行项目融资、招标投标、工程建筑等活动的争议;⑤中华人民共和国法律、行政法规特别规定或特别授权由仲裁委员会受理的争议;⑥当事人协议由仲裁委员会仲裁的其他国内争议。

同时该条款规定了不能申请仲裁的三类争议,即婚姻、收养、监护、扶养、继承争议;依法应当由行政机关处理的行政争议;劳动争议和农业集体经济组织内部的农业承包合同争议。

与一般国内仲裁相比较,涉外仲裁具有以下主要特点:

(1)涉外仲裁的对象是具有国际因素或涉外因素的经济贸易、海事纠纷;而一般国内仲裁的对象,则是平等主体的公民、法人和其他组织之间的合同纠纷和其他财产权益纠纷,它不含涉外因素或国际因素。

(2)涉外仲裁的仲裁机构是由民间团体(国际商会)设立的中国国际经济贸易仲裁委员会和中国海事仲裁委员会。其中,中国国际贸易仲裁委员会设在北京,在深圳、上海设有分会;中国海事仲裁委员会也设在北京,根据业务需要它亦可以在中国境内其他地方设立分会。而一般国内仲裁的仲裁机构则是按照仲裁法的规定设立的仲裁委员会,它可以在直辖市和省、自治区人民政府所在地的市设立,也可以根据需要在其他设区的市设立,而不按行政区划层层设立。

（3）在仲裁的程序上涉外仲裁与一般国内仲裁也存在不同之处。如在一般国内仲裁中，当事人申请证据保全的，仲裁委员会应当将当事人的申请提交证据所在地的基层人民法院；而在涉外仲裁中，如果遇到当事人申请证据保全情形，涉外仲裁委员会则应当将当事人的申请提交证据所在地的中级人民法院。再如，在一般国内仲裁中，当事人如果有证据证明仲裁裁决具有《仲裁法》规定第58条规定的六种情形之一的，可以向人民法院申请撤销该仲裁裁决；而在涉外仲裁中，当事人如果申请人民法院撤销仲裁裁决，则必须有证据证明该裁决具有我国《民事诉讼法》第260条规定的四种情形之一，即申请撤销仲裁裁决的法定理由不同。

（二）涉外仲裁的律师代理

涉外仲裁律师代理，是指律师接受涉外纠纷当事人的委托，以代理人的身份，代理当事人向涉外仲裁机构申请仲裁，参加仲裁活动，以维护其合法权益的一种法律活动。由于涉外仲裁在仲裁对象、仲裁机构、仲裁程序等方面与一般国内仲裁有较大区别，所以涉外仲裁中的律师代理活动，也应有不同的要求。

较之涉外诉讼，涉外仲裁的程序虽然比较简单、省时，方式比较轻松，仲裁员的专业水平比较高，但是，这些特点也同样提高了对律师的要求。律师在代理涉外仲裁时应特别注意以下几个问题：

1. 注意审查仲裁协议的效力。合法有效的仲裁协议是涉外仲裁的前提和基础。我国法律规定，仲裁协议必须是当事人自愿达成的书面协议，而且不能违反国家法律的强制性规定。同时仲裁协议必须明确规定由哪一家仲裁机构进行仲裁。没有明确约定仲裁机构，或者约定模糊不清的是无效协议。中国国际经济贸易仲裁委员会推荐的仲裁条款是："凡因本合同引起的与本合同有关的任何争议，均应提交中国国际经济贸易仲裁委员会，按照申请仲裁时该会现行有效的仲裁规则进行仲裁。仲裁裁决是终局的，对双方均有约束力。"

在实践中，有些仲裁条款的起草者为了给客户留有余地，同时将人民法院和仲裁机构作为解决争议的机构列入仲裁条款供当事人临时选择，或者同时提出国内的一家仲裁机构和国外的一家仲裁机构由当事人临时选择。根据最高人民法院关于仲裁法的司法解释，前者因为违背了仲裁法律关于选择仲裁就必须排除法院管辖的基本原则，因此是无效的。而在后一种情况下，如果两家仲裁机构都是明确具体的，而且两者之间是"或者"关系，则协议仍然有效。

2. 办理委托授权手续。向中国国际经济贸易仲裁委员会提交仲裁申请时无需提供经过中国驻外使领馆认证的律师委托手续，只要有当事人的委托授权书即可,而且在很多情况下,甚至无需中文译文,这一点大大方便了中国律师的工作。但是,实践经验表明,在立案工作完成后,为了方便启动将来的法院执行程序,律师应建议外国客户另行履行委托手续的认证手续,这主要是因为法院与仲裁机构是两个系统,有些地方的法院会坚持履行我国法律关于外国当事人在中国进行诉讼程序的有关规定。如不早做准备,未雨绸缪,到时可能会耗费不必要的时间,给执行工作带来困难,甚至影响执行效果。

3. 仲裁员的选择。选择仲裁员时要特别注意仲裁员的背景和口碑。代理律师要特别珍惜当事人在选择仲裁员时的自主权,在选择仲裁员时,除应考虑其专业水平和口碑外,还应考虑该仲裁员与自己一方的关系。自己选择的仲裁员虽然不是己方的代理人,但是,事实上,仲裁员完全可以以适当的方式引导当事人,帮助当事人澄清事实,并且更有条理地阐述自己的观点。有些外国当事人愿意选择本国的人士,或者母语相同的人士,或者所在国属于同一法律体系的人士作为仲裁员,中国国际经济贸易仲裁委员会对此并不禁止,但是,同时需要注意的是,如果选择外国人作为仲裁员,在仲裁过程中,就难免要使用英语或者其他语言,这对代理律师的专业外语水平是较高的要求。

4. 仲裁语言的确定。根据中国国际经济贸易仲裁委员会的仲裁规则,如果当事人没有特别约定,则仲裁语言应为中文。在实践中,有些外国当事人以争议合同是用英文起草,或者争议各方基本是以英文进行通信为由要求仲裁文字为英文,这些要求通常不能得到中国国际经济贸易仲裁委员会的批准。

5. 资料和证据的提供。仲裁实行一裁终局制,双方皆没有上诉机会。因此在准备材料证据时就应格外仔细。一定要将全部资料和证据,在仲裁庭规定的时限内完整地提供给仲裁庭。仲裁庭对书面材料一般比较重视,仲裁员大多能阅读当事人提交的全部资料,因此,细致地准备文件是涉外仲裁代理律师必须完成的工作。

6. 开庭审理。涉外仲裁庭审比较轻松,当事人一般都有比较充分的时间和机会阐述自己的观点。仲裁员提出的问题通常很有针对性,并且其态度大都比较随和亲切。很少发生仲裁员训斥当事人及其代理人的现象。同时还要注意,仲裁庭开庭非常注意私密性,通常不允许旁听。

根据我国仲裁法及有关涉外仲裁的特别规定,律师代理涉外仲裁活动,有以下基本要求:

1. 确定管辖。律师代理涉外仲裁活动时,首先应当确定涉外仲裁案件的管辖机构。根据我国《仲裁法》第6条第2项的规定,无论是国内仲裁,还是涉外仲裁,都不实行级别管辖和地区管辖,而实行协议管辖原则。因此,律师应当确认当事人仲裁协议选定的涉外仲裁机构为仲裁管辖机构,并要注意审查发生争议的纠纷是否属于涉外仲裁机构管辖的案件范围,即是否属于中国国际经济贸易仲裁委员会和中国海事仲裁委员会管辖的涉外经济贸易、运输和海事中发生的纠纷案件。其中,涉外经济贸易、运输纠纷的案件,是指产生于国际或涉外的契约性或非契约性的经济贸易、运输争议的案件,具体包括:有关中外合资经营企业、外国来华投资兴办的企业、中外银行相互信贷等各种对外经济合作方面发生的争议;对外贸易合同(包括补偿贸易、来料加工、来件装配等)以及委托买卖合同发生的争议;有关国际性的、涉外的商品运输(海上运输除外)、保险、保管等方面发生的争议以及其他对外经济贸易业务方面发生的争议。对于上述四个方面的对外经济贸易、运输争议,当事人在争议发生前或发生后达成协议的,应当向中国国际贸易仲裁委员会申请仲裁。而海事纠纷案件则是指产生于远洋、沿海和与海相通的水域的运输、生产和航行过程中的契约性或非契约性的海事争议的案件,具体包括:关于船舶救助以及共同海损所产生的争议;关于船舶碰撞或者船舶损坏海上、通海水域、港口建筑物和设施以及海底、水下设施所产生的争议;关于海上、水上船舶经营、作业、租用、抵押、代理、拖带、打捞、买卖、修理、建造、拆解业务以及根据运输合同、提单或者其他文件办理的海上、水上运输业务和海上、水上保险发生的争议;关于海洋资源开发利用及海洋环境污染损害的争议;关于货运代理合同、船舶物料供应合同、涉外船员劳务合同、渔业生产及捕捞合同引起的争议以及双方当事人协议仲裁的其他海事争议。这些争议,当事人事先或事后达成仲裁协议的,应当向中国海事仲裁委员会申请仲裁。

2.提出仲裁申请或答辩。提出仲裁申请或答辩,是代理涉外仲裁的开始阶段。仲裁申请书应载明:申请人、被申请人的姓名(名称)和住所;申请人依据的仲裁协议;案情和争议的要点;申请人的请求和所依据的事实、理由和证据等。仲裁答辩书也应当载明相应的基本内容。若被申请人提出反请求,应在收到仲裁通知之日起 60 天内书面提出,答辩书则应在收到仲裁通知之日起 45 天内提交。仲裁申请书或答辩书及有关的证据材料,一般应一式五份,并且在提交上述文件时,应同时提交当事人出具的授权委托书。

在收到仲裁机构发出的仲裁通知后 20 天内,争议双方当事人均应从仲裁员名册中选定或委托仲裁委员会主任指定 1 名仲裁员。

在涉外仲裁申请或答辩这一阶段,代理律师还可以根据案件的具体情况,申请财产保全或证据保全。财产保全由仲裁委员会提交被申请人住所地或其财产所在地的中级人民法院作出裁定;证据保全则由仲裁委员会提交证据所在地的中级人民法院作出裁定。如果是海事仲裁,则分别提交上述地域的海事法院作出裁定。

3. 申请回避。涉外仲裁的仲裁庭组成后,双方当事人对被选定或指定的仲裁员的公正性和独立性产生具有正当理由的怀疑时,可以以书面形式向仲裁委员会提出要求该仲裁员回避的请求。回避请求应在第一次开庭之前提出,并应说明回避请求所依据的具体事实和理由,同时提交有关证据。若回避事由的发生和得知是在第一次开庭审理之后,则可以在最后一次开庭终结前提出。

4. 参加审理。涉外仲裁,仲裁庭应当开庭进行。但经双方当事人申请或者征得双方当事人同意,仲裁庭也认为不必开庭进行的,仲裁庭可以只根据仲裁申请书、答辩书以及其他书面材料作出裁决。涉外仲裁,应当不公开进行。如果双方当事人要求公开进行的,除涉及国家秘密和个人隐私之外,由仲裁庭决定是否公开进行。

在仲裁庭仲裁案件时,双方当事人均有责任对自己提出的主张提供证据。同时,对对方当事人提出的证据,有权进行质证。

5. 执行和解、申请或参加调解。在仲裁过程中,双方当事人可以在仲裁庭外自行和解。在仲裁庭外双方达成和解的,可以请求仲裁庭根据和解协议的内容作出裁决书结案,也可以由当事人申请撤销案件。仲裁庭在仲裁过程中,可以根据双方当事人自愿的原则,进行调解。在仲裁调解过程中,当事人无论是在仲裁庭内,还是在仲裁庭外达成和解,均视为在仲裁庭调解下达成的和解。对于和解,双方当事人应签订书面和解协议。除当事人另有约定外,仲裁庭应当根据当事人书面和解协议的内容作出裁决书结案。应当注意的是,涉外仲裁虽有调解形式,但没有以调解书结案的方式。

6. 执行仲裁裁决。涉外仲裁,其裁决也是终局裁决。任何一方当事人都不得向人民法院起诉,也不得向其他任何机关提出变更仲裁裁决的请求。但是,与国内仲裁一样,如果发现裁决书上有书写、打印、计算上错误或其他类似性质的错误,以及裁决书中有漏裁事项,在收到裁决书之日起 30 日内,代理律师可以代为提出申请,由涉外仲裁机构以书面形式进行更正或补充裁决。

对于仲裁裁决,双方当事人均应按裁决书写明的期限自行履行;裁决书未写明期限的,应立即履行。若一方当事人不履行的,代理律师可以代理当事人依照中国法律的规定,向中国法院申请执行。若被执行人或被执行财产不在中国境内,代理律师则可以代当事人依照 1985 年《承认及执行外国仲裁裁决公约》或者中国缔结或参加的其他国际条约,直接向外国有管辖权的法院申请执行。

(三)外国仲裁裁决的承认与执行

1958 年在联合国的主持下,在美国纽约通过了《承认与执行外国仲裁裁决公约》,就是通常所说的《纽约公约》。该公约是目前国际上关于承认与执行国际商事仲裁裁决的最重要、影响范围最广的公约,几乎所有主要国家皆是该公约的成员国。较之此前的有关公约,《纽约公约》扩大了承认和执行外国仲裁裁决的范围,减低了承认和执行外国仲裁裁决的先决条件,也简化了相关手续。我国于1986年加入《纽约公约》,该公约于次年在我国生效。《纽约公约》以排他的形式规定了承认及执行外国仲裁裁决的条件,即除非属于下列情况之一,被申请执行国皆应承认、执行外国仲裁裁决。这些情况包括:

1. 仲裁协议无效。有效的仲裁协议是仲裁的前提和基础。判断一份仲裁协议是否有效,应当根据所依据的准据法。但是《纽约公约》同时规定,凡是满足以下六项要求的,缔约国就应当承认该份仲裁协议的效力:①以书面形式完成;②协议内容是为了处理当事人之间已经发生的或者可能发生的争议;③这种争议与一个确定的法律关系有关;④这种争议属于仲裁范围;⑤当事人双方具有行为能力;⑥根据特定的准据法,仲裁协议是有效的。

2. 仲裁过程违反正当程序。在有些国家,比如美国,违反正当程序包含着极其宽泛的内容。《纽约公约》所谓的违反正当程序至少包括:①未给予适当通知;②未能令当事人进行充分申辩,使其丧失了公平陈述的机会。

3. 仲裁员超越权限。仲裁员不得就不属于仲裁协议规定范围的事项进行仲裁,同时在进行友好调解时也一定要获得当事人的明示同意。但是实践中,以仲裁员超越权限为由要求撤销仲裁裁决的案例十分少见。

4. 仲裁庭的组成和仲裁的程序不当。当事人在选择某一仲裁机构进行仲裁时,一般即意味着同时要遵守该仲裁机构的仲裁规则。但是,也有当事人在仲裁协议中单独写明的。如果当事人在仲裁协议中的有关约定与仲裁机构的仲裁规则不相符的,要具体情况具体分析。如果并不违反仲裁机构所在国关于仲裁制度的基本法律原则和该仲裁机构仲裁规则的基本制度,则应遵循当事人的意志。

5. 裁决不具有约束力或已被撤销、停止执行。对于尚未发生法律效力的裁决,以及被作出裁决的国家的主管机关撤销的裁决,被申请承认和执行国有权拒绝承认和执行该裁决。一般而言,这里的主管机关是指法院,包括仲裁机构所在地法院或者所依据的准据法的国家的法院。

6. 争议事项具有不可仲裁性。从国际通行的法律实践看,仲裁事项通常不包括涉及家庭关系和人身关系的争议。即使是商务纠纷,有些案件也通常不通过仲裁进行解决。这些案件包括:①涉及专利、商标权和著作权的纠纷;②涉及破产的纠纷;③涉及证券的纠纷;④反不正当竞争、反托拉斯案件。

7. 违背被申请承认和执行国的社会公共利益。这里所谓"社会公共利益"并无通行的定义和标准,一般是指被普遍接受的善良风俗和道德准则,以及最根本的社会利益和法律准则。由于世界各国在文化宗教、政治制度、法律体系等各个方面存在的分歧,各国法院在诠释"社会公共利益"时具有一定的裁量权。

我国《民事诉讼法》第260条第2款是"社会公共利益条款",即人民法院认定该仲裁裁决违背社会公共利益的,不予执行。该条款是法院主动审查仲裁裁决的依据。"社会公共利益条款"是世界各国法院用以保护本国或本国当事人利益的弹性条款。依据《纽约公约》,对于外国仲裁裁决的执行,执行地国法院可以主动适用社会公共利益或公共政策条款。我国是该公约的缔约国,在执行外国仲裁裁决确实违反我国的社会公共利益或公共政策时,我国法院应当适用公共利益条款。我国现行人民法院作出不予执行或者不予承认和执行涉外仲裁和外国仲裁裁决需要报告的制度,体现了人民法院对于适用公共政策或者公共利益条款的谨慎态度。

根据我国仲裁法的有关规定,当事人如果有证据证明涉外仲裁机构作出的裁决有《民事诉讼法》第260条第1款规定的四种情形之一的,即当事人在合同中没有订立仲裁条款或者事后没有达成书面仲裁协议的;当事人因没有得到指定仲裁员或者进行仲裁程序的通知,或者由于其他不属于被申请人负责的原因未能陈述意见的;仲裁庭的组成或者仲裁的程序与仲裁规则不符的;裁决的事项不属于仲裁协议的范围或者仲裁机构无权仲裁的,代理律师均可以向人民法院提出申请,人民法院经组成合议庭审查核实,应当裁定撤销裁决。同样的道理,如果被申请人有证据证明涉外仲裁机构作出的仲裁裁决有上述《民事诉讼法》第260条第1款规定的四种情形之一的,代理律师也可以向人民法院提出申请,人民法院组成合议庭审查核实,应当裁定不予执行。

应当指出的是,当我国仲裁法或其他法律与我国加入的《纽约公约》相冲突时,应当以《纽约公约》为准。我国自加入《纽约公约》以来,对有关立法做了修改,以保证外国仲裁裁决能够在我国得到实际的承认和执行。经过近20年的摸索,已经初步建立起一套基本的工作模式,其中包括:

1.受理法院。根据我国法律及最高人民法院关于涉外民商事案件诉讼管辖若干问题的规定,有权管理外国仲裁裁决承认及执行申请的法院,除国务院批准设立的经济技术开发区人民法院外,其他为下列地点的中级法院管辖:①被执行人是自然人的,为其户籍所在地或者居住地;②被执行人是公司法人的,为其主要办事机构所在地;③被执行人在我国没有住所或者办事机构,但财产在我国的,为其财产所在地。

2.法院的审查。法院在审查有关申请时,既要遵守《纽约公约》,又要依据我国法律的相关规定,比如关于仲裁事项的范围,以及认定无效仲裁协议的依据等,我国法律都有特别规定。如果我国法律与《纽约公约》发生冲突,则要以《纽约公约》的规定为准。需要特别指出的是,法院在进行审查时一般只限于程序问题,而不对实体问题进行审查,只有最高人民法院有权最终拒绝当事人关于承认和执行外国仲裁裁决的申请。

3.裁决的承认与执行。人民法院经过审查后应当作出裁定。裁定有三种可能:①裁定予以执行;②裁定不予执行;③裁定延缓执行。裁定执行的,如果被执行人拒绝自动执行,则人民法院可以强制执行。

第十七章　律师金融保险业务

票据法作为重要的商事法之一,主要规范票据行为及票据当事人之间的法律关系,确定相互之间的权利义务。同时,票据法作为国际贸易中的必要工具,具有支付、信用和融资等功能,克服了现金的一些内在缺陷,提高了经济活动的效率和安全,因此,在世界各国都对票据行为进行了相应的规定。本部分将对票据法的各项相关内容结合票据法的规定及最高人民法院的司法解释进行论述,详细阐释其在实务中的应用。

■ 第一节　律师票据业务

一、票据和票据法概述

（一）票据的概念及世界范围内的票据立法

票据是出票人签发的、约定由自己或者自己委托的人于见票时或者确定的日期,向持票人或者收款人无条件支付一定金额的有价证券。我国票据法上的票据仅指汇票、本票和支票。票据是无因证券、要式证券、文义证券、设权证券、流通证券。本书仅涉及狭义的票据法,即仅指规定票据和票据关系的专门立法。

目前,在世界范围内,票据法形成了三大法系,即法国法系、德国法系和英美法系。法国是世界上最早制订成文票据法的国家。在立法体例上采取票据和支票分离的分离主义;偏重票据的支付和汇兑作用。德国法系的票据法在立法体例上采取票据和支票分离的分离主义;不仅重视票据的支付汇兑作用,还强调票据的信用作用和流通融资作用;强调票据关系和基础关系的分离,采票据无因性和独立性原则。英美法系在立法体例上采汇票、本票、支票的"包括主义"立场;强调票据的信用作用、流通作用和融资作用;确认票据关系的无因性和独立性。[1]

一战以后,国际联盟理事会 1930 年和 1931 年两次在日内瓦开会,通过了六项关于票据的日内瓦公约。1987 年在维也纳召开的联合国国际贸易法委员会上通过了《联合国国际汇票和国际本票公约》。

---

[1] 董安生:《票据法》,中国人民大学出版社 2000 年版,第 16 页。

（二）律师处理票据业务的法律依据

我国自 1995 年制定了《票据法》，1996 年 1 月 1 日正式施行，该法在 2004 年进行了修正。目前律师在办理票据业务时可参考的法律依据有《票据法》、1995 年中国人民银行《关于实行〈中华人民共和国票据法〉有关问题的通知》、1997 年中国人民银行令《票据管理实施办法》、2000 年最高人民法院《关于审理票据纠纷案件若干问题的规定》。在实务中《合同法》、《担保法》、《银行结算办法》、《商业汇票承兑、贴现与再贴现管理暂行办法》等等也应作必要的参考。

（三）票据关系与票据的基础关系

1. 票据上的法律关系的无因性概述。票据具有无因性，是国际立法的共同特点，这在 1930 年《汇票和本票统一公约》第 17 条、1986 年修订后的我国台湾地区"票据法"第 17 条、1983 年《日本票据法》中均有体现。[1] 我国《票据法》第 4、13 条也作了相关规定。依据法律，律师在处理票据案件时应主要从这两个方面进行分析：

（1）票据基础关系，即指在票据关系成立之前即已存在的实质法律关系，是从事票据行为的基础和前提。

（2）票据关系，即指是票据当事人之间基于票据行为所发生的票据权利义务关系。[2]

票据关系和基础关系相分离是票据法的基本制度。其中票据关系是与其基础关系相分离的无因性法律关系。该无因性直接保障票据的安全性、可信度。在票据法中，票据关系与基础关系之间的关系是切断的，票据关系的效力不以其基础关系的效力为要件。最确切的例子是《票据法》第 13 条规定，票据债务人不得以自己与出票人或者与持票人的前手之间的抗辩事由，对抗持票人。

在票据法上，只要持票人合法持有票据，向付款人提示付款后，付款人即负无条件付款责任。因此，律师在从事票据实务的过程中，要突破传统民法理论的思维定势，根据票据的文义性、无因性，理顺票据关系及其基础关系，正确处理票据案件。

在我国，票据原因关系与票据关系之间，存在"一般情况下分离，特殊场合中牵连"的关系。[3]《票据法》第 13 条规定："票据债务人不得以自己与出票人或者与持票人的前手之间的抗辩事由，对抗持票人。"所谓的特殊场合，在律师实务中有以下几种：

---

〔1〕　丁巧仁、褚红军主编：《金融纠纷案件审理实务》，人民法院出版社 2000 年版，第 254 页。
〔2〕　刘心稳：《票据法》，中国政法大学出版社 2002 年版，第 53 页。
〔3〕　刘心稳：《票据法》，中国政法大学出版社 2002 年版，第 56 页。

（1）直接当事人之间，见《票据法》第 13 条第 2 款之规定。

（2）或者明知有前列情形，出于恶意取得票据的，不得享有票据权利。持票人因重大过失取得不符合本法规定的票据的，也不得享有票据权利。第 13 条第 1 款规定，持票人明知存在抗辩事由而取得票据的，票据债务人可就其明知的事由，对抗持票人的请求。

（3）无对价或者无相应对价取得票据的，不享有优于前手的票据权利。《票据法》第 11 条规定，因税收、继承、赠与可以依法无偿取得票据的，所享有的票据权利不得优于其前手的权利。

2. 票据行为及律师实务中的票据代理。票据行为指以发生票据上的债务为目的的行为，一般认为票据行为包括出票、背书、承兑和参加承兑、保证和保付等等。票据行为与其他民事法律行为不同，具要式性、无因性、独立性、文义性等特殊特点。律师在为当事人提供法律服务时，主要的任务之一就是依据法律和银行业务规则，检查监督票据行为在票面上的记载，主要注意以下几个方面的问题：

（1）检查票据行为中签章及签章的真实性。其中单位在票据上的签章，应为该单位的公章或财务专用章并加盖单位法定代表人或其授权代理人的签章；银行汇票、银行本票的出票人和银行承兑汇票的承兑人在票据上的签章，应为该银行现行规定使用的专用章并加盖法定代表人或其授权经办人的名单。[1] 此外，对《票据法》规定允许更改的事项进行更改时，原记载人为单位的，应加盖规定的公章和授权的经办人名单证明；原记载人为个人的，由其签章证明。

（2）检查票据行为在票面中的记载事项。主要分为必要记载事项、任意记载事项、不得记载事项和不发生票据法上效力的事项。这里律师需要特别注意的是后三者：

第一，根据票据法，任意记载事项主要指"不得转让"的字样，背书人一旦记载，其后手再背书转让的，原背书人对后手背书人不承担保证责任。[2]

第二，不得记载事项是票据法禁止记载的事项。实务中又分"记载无效事项"和"记载有害事项"。前者的主要情形有《票据法》第 90 条："支票限于见票即付，不得另行记载付款日期。另行记载付款日期的，该记载无效。"后者的例子是《票据法》第 22 条，如果出票人记载的是附条件的支付委托或者不确定的金额，那么记载会使整个票据无效。

第三，不发生票据法上效力的事项。例如《票据法》第 24 条："汇票上可以记载本法规定事项以外的其他出票事项，但是该记载事项不具有汇票上

---

〔1〕 中国人民银行《关于实行〈中华人民共和国票据法〉有关问题的通知》。

〔2〕 《票据法》第 34 条。

的效力。"但是必须注意的是,这种记载还是有可能发生民法上的效力。

律师在票据行为中又可能和其他人一样,直接作为代理人出现。在票据代理这种法律行为中,应当:①具有委托代理权限;②代理人必须在票面上表明被代理人的名义;明确记载为本人代理的意思,一般直接记载"代理人"字样;③代理人必须在票据上签章。

二、票据实务中经常出现的问题

(一)关于票据上存在的瑕疵问题

1. 票据伪造和变造。所谓票据上存在的瑕疵是指票据存在伪造、变造的情形,从而影响票据效力的情形。

票据的伪造是指假借他人名义,在票据上为一定的票据行为,一般是指票据签章的伪造。票据的变造,是指无票据记载事项变更权限的人,对票据上记载事项加以变更,从而使票据法律关系的内容发生变化。要正确地区分票据伪造和票据变造,票据伪造是指无权限之人假冒他人或虚构别人名义签章的行为。票据变造是对票据部分记载内容的变更,而票据本身和票据债务人的存在是真实的。[1]

(1)票据伪造的法律后果。对于伪造的票据,其在形式上是有效的票据,《票据法》第14条第2款规定,票据上有伪造、变造的签章的,不影响票据上其他真实签章的效力。其他真实签章人仍应就自己的签章负责。《日内瓦汇票和本票统一法公约》第7条规定:"汇票上如有伪造的签名,或有虚构之人的签名时,其他在汇票上签名人所负的债务,仍然为有效。"对被伪造人,由于票据上的签章并非其真实意思表示,被伪造人不应承担因票据伪造而产生的责任。对伪造人,由于其并未以自己的名义签章,因此不承担票据责任,但是要承担相应的民事责任或者刑事责任。最高人民法院《关于审理票据纠纷案件若干问题的规定》第66条规定:具有下列情形之一的票据,未经背书转让的,票据债务人不承担票据责任;已经背书转让的,票据无效不影响其他真实签章的效力:①出票人签章不真实的……最高法院的这一司法解释与《票据法》存在两个区别:①虽然司法解释没有明确指出伪造出票的票据是否无效,但其下意识的认为这种票据无效,而票据法则没有认定无效,认为其他签字仍然有效;②对于其他签字的效力,司法解释区分票据是否背书转让,若已背书转让,则不影响其他签字的效力,若没有转让,则其他签字无效。

对于票据伪造的损失承担,最高人民法院《票据纠纷规定》第69条规定:"付款人或者付款代理人,未能识别出伪造、变造的票据或者身份证件而错误付款,属于《票据法》第57条规定的'重大过失',给持票人造成损失的,

---

〔1〕 吕来明主编:《票据法前沿问题案例研究》,中国经济出版社2001年版,第125页。

应当依法承担民事责任。"

在理解这一规定时律师应注意,票据法原理中付款人的形式审查义务实际上被司法解释变更为实质审查义务,使票据伪造的风险完全由付款人承担。而1990年修订后的《美国统一商法典》确立了一项损失分配原则或者是混合过错原则,法院可以通过衡量当事人的过错程度来确立票据伪造的损失分配。律师如果代理付款人一方,可在实务中试运用共同过错的法理,力求减轻付款人的责任。

(2)票据变造的法律责任。对于票据变造的法律责任。《票据法》第14条第1、2、3款规定,票据上有伪造、变造的签章的,不影响票据上其他真实签章的效力。票据上其他记载事项被变造的,在变造之前签章的人,对原记载事项负责;在变造之后签章的人,对变造之后的记载事项负责;不能辨别是在票据被变造之前或者之后签章的,视同在变造之前签章。

2.票据的变更和涂销。票据的变更和涂销,是指将票据上的签名或者其他记载事项加以更改或者涂销的行为。

《票据法》第9条规定,票据金额、日期、收款人名称不得更改,更改的票据无效。对票据上的其他记载事项(如付款人名称、付款日期、付款地等),原记载人可以更改,更改时应当由原记载人签章证明。

(二)票据保证中的律师实务问题

律师在担保业务中很可能会处理到票据保证的问题,此时票据保证的保证人必须是票据债务人以外的第三人,被保证人可以是票据上的任一债务人。

票据保证为要式行为,必须记载于票据或者其粘单上。律师在为当事人处理票据保证时,应按照法律规定的须记载事项检查以下几个方面:

1.检查表明"保证"的字样,如果保证人未在票据或者粘单上记载"保证"字样而另行签订保证合同或者保证条款的,不属于票据保证。

2.检查保证人的名称和住所。国家机关、公益事业单位、社会团体、企业法人分支机构和职能部门作为票据保证人的,票据保证无效,但经国务院批准为使用外国政府或者国际经济组织贷款进行转贷,国家机关提供票据保证的,以及企业法人的分支机构在法人书面授权范围内提供票据保证的除外。

3.检查被保证人的名称。未记载被保证人名称的,保证仍然有效,于此情况下,已承兑的汇票,承兑人为被保证人;未承兑的汇票,出票人为被保证人。

4.注意填写保证日期。保证人未记载保证日期的,出票日期为保证日期。

5.检查保证人签名。凡未有保证人签名的,保证均不能成立。

票据保证具有成立上的独立性，不因被保证人债务的无效而无效，但在其成立上也有从属性，被保证人的票据债务因欠缺形式要件不成立时，票据保证也不成立。

律师要着重注意对"交付"问题的处理。实践中经常出现的问题是：出质人和质权人签订了质押合同，也交付了票据，但是没有进行背书。这种单纯的交付票据不能直接成立质押，律师必须依据我国现行《票据法》、《担保法》和《票据纠纷审理规定》，在另行签订质押合同、质押条款的同时，保证当事人在票据上签章和出质人在汇票、粘单上记载"质押"字样。

（三）票据追索中的律师实务问题

汇票的追索权是指持票人在提示承兑或者提示付款，而未获承兑或者未获付款时，依法向其前手请求偿还票据金额及其他金额的权利。《票据法》第 61 条规定，汇票到期被拒绝付款的，持票人可以对背书人、出票人以及汇票的其他债务人行使追索权。

律师实务中的票据追索主要有期前追索和到期追索。追索的实质要件主要见《票据法》第 61 条等条款的规定。

（1）到期追索，这种情形较为常见。在汇票到期后，如果汇票的付款人、承兑人或者代理付款人拒绝支付；或者付款人提示付款时，汇票上所载的付款场所不存在、付款人不存在或者下落不明，无法进行提示，因而无法获得付款时，持票人可以进行追索。

（2）期前追索。指汇票到期日前的下列三种情形：①汇票被拒绝承兑的；②承兑人或者付款人死亡、逃匿的；③承兑人或者付款人被依法宣告破产的或者因违法被责令终止业务活动的。律师要做好实质要件的证明和调查工作。

追索权的保全手续，亦即票据追索权的形式要件，根据票据法的规定，保全手续主要包括：①在法定期限内提示承兑或者提示付款；②在不承兑或者不付款时做成拒绝证明；③将拒绝事由通知前手。

其中做成拒绝证明是律师在保全追索权中的最关键的程序[1]律师只有代理持票人提供拒绝证明，才能证明持票人已经依法提示承兑或者提示付款且被拒绝。《票据法》第 66 条规定，持票人应当自收到被拒绝承兑或者被拒绝付款的有关证明之日起 3 日内，将被拒绝事由书面通知其前手；其前手应当自收到通知之日起 3 日内书面通知其再前手。律师也可以代理持票人同时向各汇票债务人发出书面通知。

---

〔1〕 吕来明主编：《票据法前沿问题案例研究》，中国经济出版社 2001 年版，第 116 页；刘心稳：《票据法》，中国政法大学出版社 2002 年版，第 66 页。

（四）票据抗辩中的律师实务问题

票据抗辩是指票据债务人根据票据法的规定对票据债权人拒绝履行义务的行为。它的主要功能是法律赋予票据债务人行使一定的自我保护的权利，以维护其合法权益。律师在代理当事人进行票据抗辩时，根据抗辩事由和抗辩效力的不同，可以主张对物抗辩和对人抗辩：

1. 对物的抗辩。对物的抗辩，是指因票据本身所存在的事由而发生的抗辩。依据实际情况，律师可以主张：①票据欠缺法定必要记载事项，或有法定禁止记载事项，见《票据法》第 8、22、29、42、76、85 条等；②背书不连续，持票人不能从形式上证明自己的合法持票人身份；③票据尚未到期；④票据上记载的票据债权消灭的；⑤在票据伪造的情况下，如果律师代表被伪造的签章人，那么可以提出抗辩。如果律师代表其他签章人，则不能行使这项抗辩。

2. 对人的抗辩。对人的抗辩，是指因票据义务人与特定的票据权利人之间存在一定关系而发生的抗辩。律师必须注意，这种抗辩仅能对特定的票据权利人主张，又称相对抗辩。[1] 依据法律规定，律师在具体情形下可以提出以下几种抗辩：

（1）在原因关系无效、不存在或者消灭的情况下，律师代理票据债务人可对有直接原因关系的票据权利人提出抗辩。见《票据法》第 13 条第 2 款。

（2）票据行为人因受欺诈或者胁迫而为票据行为的情况下，律师可代表受欺诈或者胁迫的票据债务人向因欺诈或者胁迫行为而持有票据的人或者就欺诈胁迫行为有恶意或者重大过失的持票人，提出抗辩。见《票据法》第12 条。

（3）在持票人所持有的票据是因盗窃、捡拾等非正当途径取得时，全体票据债务人可以向该持票人提出抗辩。见《票据法》第 12 条。

律师在进行票据抗辩时，还必须注意自己是否受到抗辩切断制度的限制，该制度仅存在于对人抗辩的情形。《票据法》第 13 条款规定，票据债务人不得以自己与出票人或者与持票人的前手之间的抗辩事由，对抗持票人。

三、律师在各类票据实务中的工作

（一）汇票、本票和支票在法律实务中的相互区别

关于汇票、本票和支票的定义在此不予赘述，这里根据实务经验和法律规定，总结一下三种票据的相互区别，作为律师实务中的参考：

1. 汇票与支票的不同。

（1）两者都属于委付证券，但汇票是预付证券，强调信用性；支票是支付证券，强调支付性。

---

〔1〕 刘心稳：《票据法》，中国政法大学出版社 2002 年版，第 78 页。

（2）支票的付款人资格被限定为办理支票业务的金融机构；汇票没有这一要求。

（3）支票虽是委付证券，但付款期限短，出票人责任重，付款人有资金保证，并且没有承兑制度；汇票有承兑制度。

（4）汇票在承兑前出票人为第一债务人，承兑后承兑人为第一债务人；支票没有第一债务人。

（5）实践中支票出票人可以发无记名或者票据金额空白的支票；但是汇票必须记名，并且不可能金额空白。

（6）支票没有保证制度，汇票有保证制度。

2. 汇票与本票的不同。

（1）本票一般适用汇票的规定（这也是《汇票、本票统一规则》的原理）；但汇票是委付证券，本票是自付证券。

（2）汇票在承兑前出票人为第一债务人，承兑后承兑人为第一债务人；本票中出票人始终为第一债务人。

（3）汇票中出票人和付款人之间有资金关系；本票为自付票据，没有资金关系。

（4）汇票中有承兑制度；本票没有。

（5）汇票中有保证付款责任和担保承兑责任，本票中出票人承担绝对付款责任，且没有担保承兑责任。

（6）汇票中付款人只要不承兑，就没有票据责任；本票中这一点不同。

3. 支票与本票的不同。

（1）两者都为见票即付，但是支票的基本当事人有三方（付款人、出票人、持票人）；本票的基本当事人只有两方（出票人、收款人）。

（2）支票是委付证券，出票人和付款人之间的资金关系具有特殊性，出票人必须在付款人处有足够资金，如果没有足够资金，则属于签发空头支票，在骗取钱财的情形下，要承担刑事责任，如果不是骗取钱财，要承担民事、行政责任等；本票是自付证券，不需要资金关系。

（3）支票没有第一债务人；本票中出票人始终是第一债务人，负主要责任。

（4）支票中仅承担保证付款责任，本票中出票人承担绝对付款责任。

（5）实际中还是存在无记名和金额空白的空头支票（与资金不足时的空头支票有区别）；但本票中不存在无记名和金额空白的情形。

律师可以参照以上简要的区别点，跟自己处理案件的资金关系、付款责任以及民事基础关系，区别以上三种票据的要点，以便指导实务实践。

（二）汇票转让行为中的实务问题

律师实务中有关汇票最常见的就是背书转让；商业汇票的贴现也比较

常见

1. 关于汇票背书转让。所谓背书,是指持票人将票据权利转让给他人或者将一定的票据权利授予他人行使的票据行为。[1]《票据法》第31条规定,持票人以背书的连续,证明其汇票权利。在《日内瓦统一票据法公约》和《英美票据法》中,票据的转让方式是多种多样的,可以通过背书、直接交付、概括转移等方式进行转移,甚至可以通过民法一般债权转让的方式转让票据权利。但根据我国票据的规定,票据权利转让只能通过背书方式进行,且背书必须连续。背书连续是票据权利人享有票据权利、取得票据资格的重要条件,[2]从形式上肯定了持票人的合法地位。《票据法》第31条第1款后半句规定,非经背书转让,而以其他合法方式取得汇票的,依法举证,证明其汇票权利。由此可见,通过背书以外的方式取得票据的,必须举证证明自己以合法方式取得票据。

依照《日内瓦公约》规定,票据背书的不连续只是在形式上是持票人不具有权利人的资格,但是不影响其实质上的票据权利。但是我国票据法对背书不连续的票据的效力没有规定。我国《票据纠纷规定》、《支付结算办法》均规定,票据债务人可以背书不连续进行抗辩,并未规定持票人提供证明后可以行使票据权利,这实际上表明背书不连续不产生票据权利的转移,这在银行票据实务中也是经常见到的现象。

2. 商业汇票贴现中的法律问题。票据贴现实际上是商业银行贷款的一种形式,从银行业务角度而言,贴现业务属于银行的资产业务,形成银行的债权。票据贴现一般包括三种:贴现、转贴现和再贴现。贴现是指持票人将没有到期的票据出卖给银行,以便提前取得现款。转贴现是指银行已贴现购得的没有到期的票据向其他商业银行所作的票据转让,是商业银行间互相拆借资金的一种方式。再贴现是指贴现银行持未到期的已贴现汇票向人民银行的贴现。贴现应当以背书方式为之,不仅要背书记载于票据,还要填写有关的贴现凭证。

根据《支付结算办法》规定,贴现、转贴现、再贴现的票据到期,贴现、转贴现、再贴现银行应当向付款人(承兑人)收取票款。不获付款的,贴现、转贴现、再贴现银行应向其前手追索票款。贴现、转贴现、再贴现银行在追索票款时可以从申请人的存款账户收取票款。因此所要票款或者拒绝证明是律师实务中尤其应当注重的方面。

(三)支票实务中的法律问题

1. 出票人与委托银行的关系。支票是出票人签发的,委托办理支票存

---

[1] 覃有土主编:《商法学》,中国政法大学出版社2002年版,第310页。
[2] 吕来明主编:《票据法前沿问题案例研究》,中国经济出版社2001年版,第254页。

款业务的银行或者其他金融机构在见票时无条件支付确定金额给收款人或者持票人的票据。[1] 在支票法律实务中,主要的法律关系发生在出票人和代办银行之间。首先值得注意的一个问题是出票人和代办银行之间的法律地位问题。支票的出票人和付款人之间的委托关系以他们之间具有某种资金关系为基础,银行与客户之间的关系是一种平等主体之间的关系,但是《支付结算办法》中规定:"出票人签发空头支票、签章与预留印鉴不符的支票,使用支票密码地区,支付密码错误的支票,银行应予退票,并按照票面金额处以5%但不低于1000元的罚款。"该规定否认了商业银行和客户之间的平等关系,使商业银行凌驾于客户之上,这是错误的。商业银行作为一个市场主体,没有对客户处以罚款的行政处罚权,它只能对不符合法律规定的支票退票或者作其他处理,有损失的可要求民事赔偿。

此外,律师在处理票据中罚款等具体行政行为时,可以征询当事人的意见,按照行政诉讼法提起行政诉讼。

2. 付款行的义务及相应责任。在支票付款中,付款银行的付款行为具有重要的意义。付款行支付票据金额之后,票据上的债权债务关系消灭。但是,付款行的付款行为可能产生某些法律责任。在票据实务中,律师必须注意到付款银行一般负有以下几项义务:①开户时的审查义务。根据我国票据法的规定,申请人必须使用其本名,提交合法身份证件;开立支票存款账户和领用支票,应当有可靠的资信,并存入一定的资金。②付款时的审查义务。付款银行在付款时应当审查:出票人签章与其预留印鉴是否相符;支票必要记载事项与支票背书连续;提示付款人的合法身份证明;提示付款期间是否超过。③付款行在满足法定条件下应当日足额付款的义务。

对于银行在背书不连续时进行付款,造成委托人财产损失时,应当承担相应的侵权责任。在支票出现伪造背书而付款行进行付款的情形,根据《日内瓦公约》及我国《票据法》的规定,付款行只负有从形式上审查背书是否连续的义务,而不负有对背书连续性进行实质审查的义务,因此,只要其没有恶意或者重大过失,付款行可以免责。但是根据最高法院《关于审理票据纠纷案件若干问题的规定》第69条的规定,只要付款人或者代理付款人未能识别出伪造、变造的票据或者身份证件而错误付款,即属于《票据法》第57条规定的重大过失,给持票人造成损失的,应当承担民事责任。这一规定实际上否定了付款人的形式审查义务,而由付款人及其代理付款人对票据上签章出票、背书的真实性承担实质审查义务。[2]

律师在实务中应当注意有关的证据收集,如果作为支票出票人的代理,

---

[1] 覃有土主编:《商法学》,中国政法大学出版社2002年版,第328页。

[2] 吕来明主编:《票据法前沿问题案例研究》,中国经济出版社2001年版,第184页。

付款人实质性审查义务将对案件起到极大作用。

3.空白支票的问题。在前面的支票与本票、汇票对比中已经提到,实务中会遇到空白支票的问题,通常的情形是:出票人在出票时有意只在票据上签章,而其他必要记载事项故意不予记载,授权收款人或者持票人予以补记。我国没有英美法实践中的空白本票、汇票,只有这种空白支票,且只限于"空白收款人"和"空白金额"这两种情形。

律师在处理空白支票时应该注意:①空白支票在未予以补记时,不具有票据效力;②被授权人经出票人授权补记后,才与出票完全记载有同等效力。但是被授权人不得滥用授权;③空白支票一般不得背书转让。空白支票由于记载不完全,在法律上存在很大风险,在实践中律师必须谨慎处理。

四、票据纠纷中的相关诉讼问题

(一)票据纠纷案件的当事人

票据纠纷案件的原告比较简单,一般是持票人,因为只有持票人才能行使票据权利。票据纠纷案件的被告比较复杂,律师在列举被告时,一般只能列举在票据上签章的票据债务人,包括出票人、背书人、保证人、承兑人等。未在票据上签章的人不承担票据责任,只能根据民法的规定承担责任。同时律师需要注意以下几种情形:

1.因追索权产生的纠纷,律师可以代理持票人向任一债务人追索,这种追索可不按顺序进行,律师可向法院申请而将相关债务人列为被告。

2.支票纠纷中,其付款人是特定的,且无承兑支付,付款人并不必然承担付款责任,只是在一定条件下负有付款义务,因此,除保付支票外,付款人一般不列为票据纠纷的被告。

3.票据纠纷案件中,不适用诉讼第三人的规定。[1] 这是由票据的文义性决定的。

(二)票据纠纷的诉讼管辖

《民事诉讼法》第27条规定:"因票据纠纷提起的诉讼,由票据支付地或者被告住所地人民法院管辖。"但是实务中对于"票据支付地"理解不一,律师在提起诉讼时必须注意,结合我国民事诉讼管辖的基本原则及《票据纠纷审理》,应当把票据支付地理解为"票据付款地"。案件相关的事实、证据也较多集中在支付地,但实践中也可能会出现出票人在签发票据时并未注明付款地,此时,付款人的住所地或主要营业地应当与案件具有最实质性的联系,由付款人住所地或主要营业地管辖符合立法精神。

(三)关于票据纠纷案件中的举证问题

由于票据法律关系的特殊性,在票据纠纷案件中的举证也不同于普通

---

〔1〕 丁巧仁、褚红军主编:《金融纠纷案件审理实务》,人民法院出版社2000年版,第219页。

的民事诉讼。由于票据的文义性、无因性、要式性,票据权利限于票据记载,主张票据权利必须以持有票据为唯一条件。因此,对于原、被告来讲,其提供的证据一般围绕着票据本身来进行,一方面原告提供的证据具有限定性,须提供其持有的票据及相关的文书,如拒绝承兑或者拒绝付款的证书。受限于票据的特殊性,被告提供的证据具有某种附属性,附属于原告提供的证据。对于某些特殊的事实可以不在原告提供的证据的基础上提出证据,如关于持票人恶意或者重大过失取得票据的事实、持票人取得票据未付出相应对价。

（四）关于票据纠纷案件的诉讼时效问题

票据诉讼时效不同于普通民事诉讼的诉讼时效,其期间较短,种类复杂,这主要是基于票据法律关系自身的特点决定的。以《日内瓦统一汇票本票法》为例,该法规定,给予汇票对承兑人的诉讼,自到期日起3年后不得起诉。持票人对于背书人与发票人的一切诉讼,自在适当期限内作成拒绝证书之日起,满1年后不得提起。对于支票,各国均采用统一主义原则,如《日内瓦统一支票法》规定,支票持票人对背书人、发票人以及其他债务人的追索权,自规定的提示期限届满之日起,经过6个月不行使,因时效而消灭;支票债务人对其他债务人的追索权,自清偿之日起,或其本人被诉之日,经过6个月不行使,因时效而消灭。但根据我国《票据法》第17条的规定,支票的诉讼时效和汇票、本票一样,均采差别主义原则。

我国《票据法》充分吸收了国外的立法经验,对票据诉讼时效,也采用了差别主义的原则加以规定。《票据法》第17条规定,票据权利在下列期限内不行使而消灭:①持票人对票据的出票人和承兑人的权利,自票据到期日起2年。见票即付的汇票、本票,自出票日起2年;②持票人对支票出票人的权利,自出票日起6个月;③持票人对前手的追索权,自被拒绝承兑或者被拒绝付款之日起6个月;④持票人对前手的再追索权,自清偿日或者被提起诉讼之日起3个月。

（五）票据丧失的诉讼救济

票据丧失是指持票人因遗失、被盗、销毁等原因而失去票据占有的情形。原持票人因票据丧失而失去持票人资格,不能以持票人身份行使票据权利。除通过挂失止付、公示催告之外,失票人可以通过诉讼程序实现救济。

律师可以代理失票人提起三种诉讼,即:根据基础关系提起补发票据之诉、根据票据权利提起支付票据之诉、根据票据所有权提起票据侵权之诉。

1. 补发票据之诉,其本质是合同之诉,只有与出票人存在签发票据基础关系的失票人才可以提起补发票据之诉。

2. 付款之诉是票据权利之诉,失票人不仅可以起诉汇票承兑人、本票出票人要求付款,也可以在发生拒绝承兑或者拒绝付款之后起诉背书人、出票人等票据债务人要求付款。律师在代理失票人提起补发票据之诉和付款之诉时,应当说明:①票据记载事项;②在票据遗失时,是失票人持有票据,并且有权行使票据权利;③票据遗失的情形。律师在提起补发票据和付款之诉之时,要向法院提供担保。

律师在处理失票问题时,还要特别注意返还请求的问题,以可能挽回当事人的损失。律师可以代理失票人基于票据所有权提起票据侵占之诉,要求票据非法持有人返还票据;如果票据已经得到支付,律师可以要求票据占有人返还取得的票据金额或者赔偿损失。

在列举侵占之诉当事人时应注意,原告是票据遗失时持有票据的原持票人,被告是占有票据非法或者非法处置票据的人(如盗窃者、捡到票据者等),同时,接受非法持有人委托进行委托收款的托收银行也是票据侵占人。

(六)律师业务中涉外票据的法律适用

律师在处理票据实务问题中,因为代理业务或者诉讼业务中可能存在涉外因素,对涉外票据也应给予一定注意。所谓"涉外票据",指在出票、背书、承兑、保证、付款等行为中,既有发生在中国境内又有发生在中国境外的票据。根据《票据法》第96条至第100条对涉外票据的规定,律师在处理涉外票据的诉讼和非诉业务时,在法律适用方面应如下规定:

1.票据债务人的民事行为能力,适用其本国法律。但如果票据债务人依其本国法律为无民事行为能力人或者限制行为能力而依行为地法律为完全行为能力人的,适用行为地法律。

2.汇票、本票出票时的记载事项适用出票地法律。支票出票时的记载事项适用出票地法律,但经当事人协议,也可以适用付款地法律。

3.票据的背书、承兑、付款和保证行为,适用行为地法律。

4.票据追索权的行使期限,适用出票地法律。

5.票据的提示期限、有关拒绝证明的方式、出具拒绝证明的期限,适用付款地法律。

6.票据丧失时,失票人请求保全票据权利的程序,适用付款地法律。

■ 第二节 律师保险业务

一、保险合同中的律师实务

(一)保险业务概述

根据学者们的考证,虽然合作社式保险早在远古时期就已存在,但是保险业的真正发展却是近代以来的事情,直到19世纪才开始逐渐发展。保险法进入我国是在清朝末年,见于《大清商律草案》第二编"商行为"中。1927年北洋政府拟定了《保险契约法草案》。1929年国民党政府公布了《保险法》。新中国成立之后,国家先后颁布了一些保险法规。但是直到十一届三中全会之后,保险业才真正获得发展。目前,随着我国金融改革不断深入,金融市场的创新不断深化,金融机构的业务范围不断扩展。作为金融业的重要组成部分,保险业面临着入世以后的巨大挑战和发展机遇,对保险业相关法律的深入研习成为每位金融律师的重要任务,本书就律师在保险实务中面临的若干重要问题进行深入的探讨,以期能为律师朋友从事保险业务有所助益。

保险合同是债法中合同的一种,其所产生的债为特种之债,学理上将其称为"特种契约"。因此,在保险法对保险合同无特别规定时,可以适用民法关于债的一般规定。保险合同是确立投保人和承包人之间权利、义务关系的法律上的安排,事关当事人之间的切身利益。律师在办理保险案件中,关于保险合同本身的争议非常多,因此应当对保险合同的签订、成立、生效的法律后果有明确的认识,以最大程度维护当事人的合法权益。

所谓保险合同,又称保险契约,是指保险人和被保险人或者要保人以保险为目的所定之契约。[1] 在保险实务中,投保人与保险人签订之保险合同,以达成其透过保险制度转嫁风险之目的。保险合同是一种格式合同。保险合同的条款是由保险人单方面拟定的,在订立保险合同时,投保人只能被动地接受或者拒绝,而无权对保险合同的内容进行谈判。

(二)律师在保险合同的成立中的工作

在签订保险合同的过程中,保险合同的成立问题是一个经常产生争议的问题,法院审理的很多保险纠纷案件也是围绕着保险合同是否成立而审判的。因此,律师在协助当事人签订保险合同的过程中,应当对此给予高度重视,因为这关系到保险人是否要承担保险责任和投保人或者被保险人能否获得赔偿。

保险合同与其他类型的合同类似,都要经历要约、承诺两个阶段。投保是投保人请求和保险人订立保险合同的意思表示,实质为要约。投保非经保险人接受,不产生法律效力。注意,保险人向投保人提示或者交付投保单的行为,不构成保险要约。[2] 承保是保险人承诺投保人的保险要约的行为。一般情况下,保险人收到投保人填写的投保单之后,经过必要的审核或者与投保人协商保险条件,然后在投保单上签字盖章,构成承诺。在实务中,之所以对保险合同是否成立产生争议,主要是对保险合同是实践性合同

---

〔1〕 江朝国:《保险法基础理论》,中国政法大学出版社2002年版,第31页。
〔2〕 丁巧仁、褚红军主编:《金融纠纷案件审理实务》,人民法院出版社2000年版,第432页。

还是诺成性合同、要式合同还是不要式合同有不同的理解。

合同是实践性合同还是诺成性合同于合同的内容并无实质性联系,而主要取决于国家的立法价值取向。《保险法》第13条规定:投保人提出保险要求,经保险人同意承保,并就合同的条款达成协议,保险合同成立。由此可知,保险合同是典型的诺成性合同。有些人认为保险合同的成立必须以保险费的缴纳为条件,这种说法是没有法律根据的,《保险法》第14条规定:保险合同成立后,投保人按照约定交付保险费;保险人按照约定的时间开始承担保险责任。因此,保险费的缴纳只是投保人在合同成立之后的一项义务,其与合同的成立没有关系。

保险合同是一种典型的格式合同,因此很多人误认为保险合同就是要式合同,但实际上保险合同是不要式合同。《保险法》第13条规定:投保人提出保险要求,经保险人同意承保,并就合同的条款达成协议,保险合同成立。保险人应当及时向投保人签发保险单或者其他保险凭证,并在保险单或者其他保险凭证中载明当事人双方约定的合同内容。经投保人和保险人协商同意,也可以采取前款规定以外的其他书面协议形式订立保险合同。从该条的规定可以看出,保险合同的成立不以保险人是否签署保单或者其他保险凭证为条件,只要双方达成合意即可成立。本条虽然规定保险人应当签发保险单或者其他保险凭证,但其目的在于载明当事人双方合同的内容,证明合同关系的存在。

在保险合同成立中另一个比较重要的问题是保险合同的成立时间。根据上述分析,保险合同不是要式、实践合同,那么其成立时间应为双方合意达成的时间。对此,《保险法》第13条有明确规定。然而,不少保险人将保险单或者其他保险凭证的出具时间,解释为保险合同的成立时间,这是有违保险法的规定的。在保险合同的成立中有三个时间要注意:①当事人就保险条款达成合意的时间;②保险人出具保险凭证的时间;③投保人付清保险费的时间。第一个时间在时间链条上最靠前,以这一时间作为保险合同的成立时间,更加有利于对被保险人的保护。

(三)保险合同的生效及其效力

1. 保险合同的生效。保险合同的生效是指保险合同对投保人和保险人开始产生法律约束力,并受法律保护而可以获得强制执行。一般而言,法律对保险合同的生效有规定的,依照法律规定办理;法律没有规定而当事人有约定的依照约定处理;法律没规定当事人也没有约定的,保险合同在保险合同成立时起生效。《保险法》14条规定:保险合同成立后,投保人按照约定交付保险费;保险人按照约定的时间开始承担保险责任。

2. 保险责任开始的期间。在保险合同的法律关系中,合同成立生效后,交付保险费与保险责任的承担分别是投保人与保险人的义务。但是开始承担保险责任的时间根据不同的情形而有不同,按照《保险法》第 14 条的规定,保险人按照约定的时间开始承担保险责任。通常情况下,当事人会约定将保险费的交付作为保险责任开始的标志。[1] 在这种情况下,保险合同虽然成立或者生效,但是如果保险责任还没有开始,则保险人对保险事故造成的损失不负赔偿责任。

（四）保险合同的无效情形

保险合同可因法律规定或者当事人约定的原因而发生全部或者部分无效,保险法中规定的原因有:超额保险的,超过部分无效(《保险法》第 40 条);投保人对保险标的无保险利益的(《保险法》第 12 条第 2 款);未经保险人书面同意并认可金额的以死亡为给付保险金条件的保险(法律另有规定的除外,《保险法》第 56 条);保险人未对投保人作出说明的免责条款(《保险法》第 18 条)。

（五）实务中关于律师在保险合同解除时的工作及应注意的问题

关于保险合同的解除,律师在从事实务工作中应当着重注意以下几个方面。

1. 解除合同的形式。在合同解除的形式方面,保险法没有作出明确规定,但是从国外的立法来看,美国有些州规定,对于必须以书面形式订立的合同也必须以书面形式解除,因此在解除保险合同时应采用书面形式(包括协议解除),这便于保存证据,减少纠纷;

2. 保险人解除合同的诸种情形。《保险法》第 15 条规定,保险合同成立后,投保人可以解除保险合同。《保险法》规定的几种保险人解除合同的情形包括:投保人故意隐瞒事实,不履行如实告知义务,足以影响保险人决定是否同意承保或者决定保险费率的(第 17 条第 2 款);被保险人或者受益人谎称发生了保险事故,向保险人提出赔偿或者给付保险金请求的(第 28 条第 1 款);投保人、被保险人未按照约定履行其对保险标的安全义务的(第 36 条第 3 款);在合同有效期内,保险标的危险程度增加,被保险人未及时通知保险人(第 37 条);投保人申报的被保险人年龄不真实并且真实年龄不符合保险合同约定的年龄限制的(第 54 条第 1 款)。

3. 单方解除合同。对于单方解除保险合同的情形,虽然解除权是一种形成权,但是尚须通知对方。即当保险人必须将解除合同的意思表示送达投保人或者被保险人时,才能发生合同解除的效力。

另外还须注意的一个问题是关于合同解除的溯及力问题。在单方解除的情况下,在人身保险合同具有溯及力,在合同解除后保险人应当退回保险费,被保险人或者受益人如果受有保险金,则应予以返还;在财产保险合同

---

〔1〕 史学瀛、郭宏彬主编:《保险法前沿问题案例研究》,中国经济出版社 2001 年版,第 31 页。

中则要视不同情形而定,一般情况下具有溯及力,但是如果被保险人违背了诚信原则,则其解除不具有溯及力。在协议解除的情况下,也要区分财产保险和人身保险合同,在财产保险中,要视保险责任的开始与否决定是否退还保费,《保险法》第39条规定,保险责任开始前,投保人要求解除合同的,应当向保险人支付手续费,保险人应当退还保险费。保险责任开始后,投保人要求解除合同的,保险人可以收取自保险责任开始之日起至合同解除之日止期间的保险费,剩余部分退还投保人。人身保险则不同,其解除产生溯及力,即保险公司退还保费或者保险单的现金价值,《保险法》第69条规定,投保人解除合同,已交足2年以上保险费的,保险人应当自接到解除合同通知之日起30日内,退还保险单的现金价值;未交足2年保险费的,保险人按照合同约定在扣除手续费后,退还保险费。

(六)律师实务中应特别注意对保险合同中免责条款的适用

1. 保险合同中的免责条款。免责条款是保险合同的重要内容,对保险合同双方的权益均有重大影响。免责条款之规定见于《保险法》第18条,保险合同中规定有关于保险人责任免除条款的,保险人在订立保险合同时应当向投保人明确说明,未明确说明的,该条款不产生效力。但保险法并未对什么是"明确说明"予以定义。未经"明确说明"之责任免除条款不生效之规定表明,免责条款订入保险契约之效力得受"明确说明"制度之制约。这是投保人或被保险人或受益人向保险公司索赔时应对保险人免责抗辩的有力武器。而保险人此情形下常陷入对"明确说明"举证不能而败诉之窘境。

2. 保险法未对保险人说明的方式、范围和程度做出规定。律师实务中如何判断保险人是否履行了说明义务? 应注意把握如下判断标准:保险人在与投保人签订保险合同之前或者签订保险合同之时,对于保险合同中所约定的免责条款,除了在保险单上提示投保人注意外,还应当对有关免责条款的概念、内容及其法律后果等,以书面或者口头形式向投保人或其代理人作出解释,以使投保人明了该条款的真实含义和法律后果。这是个实质主义的判断标准。

从我国各类保险条款来看,免责条款基本上表现为除外责任条款,一般包括原因除外和损失除外两种情形。其次是免赔额条款,对一定范围的损失不予赔偿。对于除外责任和保险责任的关系,一般认为,保险责任的承担以合同的明确规定为限,超出此范围,无论其是否属于除外责任,保险人均不承担责任。

二、财产保险合同中的律师实务

(一)律师在确认财产保险中保险利益时应注意的问题

财产保险是以各种财产及其有关利益为保险标的的保险。保险人对因各种自然灾害、意外事故对财产造成的损失承担赔偿责任。财产保险源于中世纪的海上保险,意大利产生了第一种以营利目的为基础的商业契约式保险。[1] 根据《保险法》第33条的规定,所谓财产保险合同,是指以财产及其有关利益为保险标的的保险合同。根据财产保险法律业务的具体情况,着重介绍财产保险中的保险利益、代位追偿权、保险合同的转让及理赔等相关的几个问题。保险利益的产生源自 De Casaregis 对保险行为和赌博行为的区分,认为保险只应填补当事人之实际损害,对于赌博行为则无此项内容。规定保险人代位追偿权的目的,在于防止被保险人在损害发生时,获得不当得利。

"保险利益"一词来自英文"insurable interest",是指投保人对保险标的具有的法律上的利益。保险利益的根本目的是防止道德风险的发生,禁止将保险作为赌博的工具以及防止故意引发保险事故而牟利的意图。

财产保险中,享有保险利益的人的范围比较广泛。如果保险事故发生,其经济利益受损,则说明他对保险标的具有保险利益。美国保险法上对财产保险的保险利益是这样规定的:保险利益可以是财产权,但不限于财产权,凡因物的灭失将受到损害,或因物的保全而得到利益或者期待利益者,对于被保险人均有保险利益。

根据我国保险法的实践,民事主体对财产保险享有保险利益的情形有:①财产所有权人或者经营管理人;②财产的合法占有人;③其他对财产享有合法的占有、使用、收益、处分权中的一项或者几项权能的人,如承租人等;④根据现有权利而产生的期待利益享有者,即在保险合同成立时对投保人尚不存在保险利益,但是基于现有权利将来依法应属于其所享有的利益;⑤责任保险的保险利益;⑥信用、保证保险的保险利益。由于同一标的上可能存在着多个保险利益,因此,投保人和保险人可就不同的保险利益签订不同的保险合同。

财产保险中关于保险利益的一个重要问题是保险利益的存在时间问题。《保险法》第12条规定:投保人对保险标的应当具有保险利益。但是对于投保人或者被保险人应当何时具有保险利益,保险法没有明确规定。我国保险法的实践已对保险利益的存在时间形成了一项基本原则,即财产保险中投保人投保时可以无保险利益,但是事故发生时被保险人须对保险标的具有保险利益。如果投保时有保险利益,而在损害发生时没有保险利益,则保险人不予赔偿。尚须注意的一点是,人身保险对保险利益存在时间的要求不同于财产保险。人身保险的保险利益仅要求在投保时具有,而保险事故发生时有无保险利益不影响保险合同的效力和保险人的给付义务。

---

[1] 江朝国:《保险法基础理论》,中国政法大学出版社2002年版,第3页。

(二)财产保险中保险人的代位求偿权

代位求偿权(subrogation),根据我国保险法的规定是指,因第三者对保险标的的损害而造成保险事故的,保险人自向被保险人赔偿保险金之日起,在赔偿金额范围内代位行使被保险人对第三者请求赔偿的权利。我国台湾地区"保险法"对此的规定为:保险代位,乃谓被保险人因保险人应负保险责任之损失之发生而对于第三人有损害赔偿请求权者,保险人得于给付赔偿金额后,代位行使被保险人对于第三人之请求权。我国台湾地区著名保险法学者江朝国教授认为,保险事故发生后,被保险人对第三人有损害赔偿请求权者,此请求权于保险人履行保险赔偿金给付义务后,当然地、直接地转移于保险人,使其得以自己之名义行使之。[1] 保险人的代位请求权是法律赋予保险人的一项特殊权利,与民法上的代位权不同的是,前者是保险人自己的权利,而后者则是行使他人的权利。须注意的是,代位求偿权仅存在于财产保险中,在人身保险中不适用代位求偿。

在实践中,被保险人在损害发生之后,多向保险人请求赔偿,但是保险人多要求被保险人或者投保人先向第三人要求赔偿,这种做法是没有法律依据的。

律师在协助保险人行使代位求偿权时,应注意以下问题:①保险人应注意从被保险人处获得相关证据。尽管保险人在支付赔偿金后即自动取得代位求偿权,但是为了顺利完成追偿,律师应提醒或者协助保险人督促被保险人及时开具相关的证明材料,作为其取得代位求偿权的书面证据。对此,英美保险实务中有"代位权证书"制度,即在保险理赔过程中,保险经纪人要向被保险人请求"代位权证书"并交付保险人,其作用是确认被保险人已知悉其对第三人的权利已全部转移于保险人,从而证明保险人不再负有被保险人的债务。[2] ②律师应当提醒保险人注意被保险人是否已向第三人提出索赔,若从第三者取得赔偿已经足以补偿损害,则保险人不再承担赔偿责任;同时还应注意被保险人是否对第三人放弃了追偿权,《保险法》第46条规定,保险事故发生后,保险人未赔偿保险金之前,被保险人放弃对第三者的请求赔偿的权利的,保险人不承担赔偿保险金的责任。保险人向被保险人赔偿保险金后,被保险人未经保险人同意放弃对第三者请求赔偿的权利的,该行为无效。③律师应注意保险追偿的范围。代位求偿制度的目的是避免被保险人的双重补偿,但同时也不应使保险人因此而获得利益,因此各国保险法都对代位求偿权的范围有所限制。《日本商法》第662条规定:损

---

〔1〕 江朝国:《保险法基础理论》,中国政法大学出版社2002年版,第389页。

〔2〕 史学瀛、郭宏彬主编:《保险法前沿问题案例研究》,中国经济出版社2001年版,第133页。

失因第三人的行为发生时,保险人在向被保险人支付了其负担额之后,在支付的负担额限度内,取得投保人或被保险人对第三人的权利;保险人在向被保险人支付了部分负担额时,只在不损害投保人或者被保险人的权利范围内,可以行使前款权利。我国台湾地区"保险法"第53条规定:被保险人因保险人应负保险责任之损失发生,而对于第三人有损害赔偿请求权者,保险人得于给付赔偿金额后,代位行使被保险人对第三人之请求权,但其所请求之数额,以不逾赔偿金额为限。我国保险法也采取了类似的做法,《保险法》第45条也规定在赔偿金额范围内代位行使被保险人对第三者请求赔偿的权利。

(三)财产保险合同转让实务

我国保险法对财产保险合同转让规定了较为严格的条件,根据《保险法》第34条的规定,财产保险合同的转让要得到保险人的同意,并须由保险人在保险单或者保险凭证上作批注或者附贴批单,这同国际惯例是一致的。人身保险合同的转让则不同,其转让不必征得保险人的同意,只需书面通知保险人即可。

(四)财产保险理赔实务

保险制度强调在事故发生后能够将损失分散于其他人,事故的受害人(受益人)的财产利益和人身利益将得到一定的补偿,是体现社会互助的一种社会性的商业经营方式。[1] 当保险事故发生致使被保险人遭受经济损失时,保险人应在保险金额范围内进行赔偿。在实践中存在着足额保险合同、不足额保险合同和定值保险合同、不定值保险合同等不同类型,而不同类型的赔偿方式也不同。实务中确定赔偿数额的标准有三,即实际损失、保险金额、可保利益,保险人在处理财产保险赔偿时,通常在上述三个数额中选择较小的一个进行赔偿。

理赔中的一个重要问题是确定保险价值和保险金额。所谓保险价值(insurance value),是指保险财产在某个特定时期和地区的实际经济价值。《保险法》第40条第1款规定,保险标的的保险价值,可以由投保人和保险人约定并在合同中载明,也可以按照保险事故发生时保险标的的实际价值确定。实务中,大多数财产保险合同都属不定值保险(保险价值在保险事故发生时确定),而只在少数情形才签订定值保险合同(仅限于特殊的标的物,如古玩、字画等)。保险金额的确定对保险赔偿具有重要的意义。在足额保险合同中,若标的全损,则按保险金额全部赔偿;若标的部分损失,则在保险金额范围内按照实际损失数额赔偿;在不足额保险合同中,则只能按照损失和保险金额的比例进行赔偿,即赔偿金额 = 损失数 × 保险金额/保险价值。

---

〔1〕 徐卫东:《保险法论》,吉林大学出版社2000年版,第4页。

三、人身保险合同中的律师实务

（一）人身保险合同中的保险利益问题

人身保险是随着财产保险出现而出现的，在中世纪，通常在海上保险中加入人寿死亡保险，该惯例由意大利于十六七世纪传至其他国家。早期规模较大之人寿保险业成立于 17 世纪末和 18 世纪初的英国。[1] 人身保险契约主要保护被保险人的生命、身体之完整不受侵害。本节主要介绍人身保险合同中的保险利益、受益权及人身保险合同的中止、复效等问题。

关于人身保险利益，各国保险立法采取不同的原则和方法，美国、比利时等国家实行利益原则，以当事人之间是否具有金钱上的利害关系或者其他私人间的利害关系为判断标准；而德国、法国、瑞士、日本等国则采同意原则，以是否取得被保险人同意为判断标准；而我国保险法则实行利益和同意兼顾的原则，即投保人以他人的寿命或者人身为保险标的订立保险合同，以投保人和被保险人相互间是否存在利害关系或者是否取得被保险人同意为判断依据。这种方法比较灵活，也比较务实，实值赞同。《保险法》第 53 条规定，投保人对下列人员具有保险利益：①本人；②配偶、子女、父母；③前项以外与投保人有抚养、赡养或者扶养关系的家庭其他成员、近亲属。除前款规定外，被保险人同意投保人为其订立合同的，视为投保人对被保险人具有保险利益。同时，对于人身保险利益的存在时间也不同于财产保险合同，只要在投保时具有保险利益即可。英国早在 1774 年的《人寿保险法》中规定，人寿保险，只要求投保人在保险合同成立之日具有保险利益。

（二）律师实务中人身保险受益权易出现的问题

1. 在人身保险中，人身保险的受益权在某些情况下会与债权人的债权产生冲突。根据我国《保险法》第 64 条规定，被保险人死亡后，若没有指定受益人、受益人先于被保险人死亡而没有其他受益人或者受益人依法丧失受益权或者放弃受益权而没有其他受益人的，保险金作为被保险人的遗产，由保险人向被保险人的继承人履行给付保险金的义务。对于死亡保险金，被保险人的债权人无追索权；若满足第 64 条的条件，则死亡保险金可作为遗产而用于清偿债务。在人身保险中经常存在的问题是：债务人利用人身保险来逃避债务，将自己的财产借寿险机制转移给受益人，从而使自己丧失清偿债务的能力。对此，我国保险法没有规定，民法通则及合同法也没有相应规定。一些国家和地区通过立法对债权人的权利给予一定的保护，对寿险收益权进行了一定程度上的限制。我国台湾地区"保险法"对这方面有较详细的规定，一般情况下，投保人一旦破产，当投保人自己也是受益人时，所得保险金额列入破产财产范围；在指定第三方为受益人时，如果指定受益人

---

〔1〕 江朝国：《保险法基础理论》，中国政法大学出版社 2002 年版，第 9 页。

的行为为无偿行为,且确实有害于债权,则所得保险金列入破产财产。寿险保险金能否被免于债务追偿,主要取决于投保人、保险人、受益人三者之间的关系,受益人的产生方式以及投保人投保时是否出于恶意,其宗旨在于保障被保险人的家属获得足够的经济保障,同时兼顾被保险人债权人的利益。[1]

2.关于人身保险合同的受益人。我国《保险法》第 61 条规定,人身保险的受益人由被保险人或者投保人指定。投保人指定受益人时须经被保险人同意。保险法对于受益人的范围没有限制,而有些国家和地区则对受益人的范围进行了限制,如《美国德克萨斯州保险法》和我国台湾地区的"简易人寿保险法",则要求受益人与被保险人具有利害关系。在保险实务中,被保险人可以指定第一顺序受益人和第二顺序受益人,见《保险法》第 62 条第 2款的规定。

3.解读《保险法》第 65 条第 1 款和第 64 条的规定。《保险法》第 65 条第1 款规定,投保人、受益人故意造成被保险人死亡、伤残或者疾病的,保险人不承担给付保险金的责任。投保人已交足 2 年以上保险费的,保险人应当按照合同约定向其他享有权利的受益人退还保险单的现金价值。由该规定可以看出,投保人未交足 2 年以上保费的,其他受益人不能请求退还保险金的现金价值,更不能要求赔偿保险金,我认为该规定有失公平,对其他无过错的受益人的利益保护不够,且与第 64 条之规定矛盾。第 64 条规定,受益人丧失受益权且没有其他受益人的,保险金作为遗产处理。而根据第 65 条的规定,仅因其中一个受益人的行为就导致全部受益人丧失受益权,剥夺其他受益人的权利,从而免除保险人给付保险金的责任,这是有失公平的。

4.关于保险合同的中止与复效。

(1)保险合同的中止。根据《保险法》第 58 条的规定,合同约定分期支付保险费,投保人支付首期保险费后,投保人超过规定的期限 60 日未支付当期保险费的,合同效力中止。

(2)保险合同的复效。根据《保险法》第 58 条的规定,合同效力中止的,经保险人与投保人协商并达成协议,在投保人补交保险费后,合同效力恢复。但是,自合同效力中止之日起 2 年内双方未达成协议的,保险人有权解除合同。保险人依照前款规定解除合同,投保人已交足 2 年以上保险费的,保险人应当按照合同约定退还保险单的现金价值;投保人未交足 2 年保险费的,保险人应当在扣除手续费后,退还保险费。

在保险实务中,人身保险合同一般都规定有观察期,保险合同复效后,

---

[1] 史学瀛、郭宏彬主编:《保险法前沿问题案例研究》,中国经济出版社 2001 年版,第 191页。

保险人会重新决定观察期,在观察期内出现保险事故,保险人不承担责任。

(三)人身保险合同的主要类型

人身保险合同主要包括意外伤害保险合同、人寿保险合同和健康保险合同三种:

1. 意外伤害保险合同,是指投保人和保险人约定,在被保险人遭受意外伤害并由此致残或者死亡时,由保险人依照约定向被保险人或者受益人给付保险金的保险合同。我国的人身保险条款把意外伤害定义为外来的、突然的、非本意的、非疾病的使被保险人身体遭受伤害的客观事件。值得注意的是,保险公司并非对所有意外伤害承担保险责任,而只是对达到保险合同约定的伤残程度和给付标准的意外伤害事故,按照约定的给付比例承担保险责任。目前各家保险公司确定残疾程度和保险金给付比例的重要标准是中国人民银行 1998 年制定的《人身保险残疾程度与保险金给付比例表》。主要包括普通意外伤害保险合同、学生平安意外伤害保险合同、团体人身意外伤害保险合同等。

2. 人寿保险合同,是指投保人和保险人约定,被保险人在合同规定的年限内死亡或者在合同规定的年限届至时仍然生存的,由保险人按照约定向被保险人或者受益人给付保险金的合同。主要包括死亡保险合同、简易人身保险合同、团体年金保险合同、子女教育保险合同等。

3. 健康保险合同,是指投保人和保险人约定,在被保险人发生疾病或者分娩以及由此致残、死亡时,保险人给付保险金的合同,是一种综合性保险。健康保险一般为短期,自合同生效时起至期满日的 24 小时止。主要包括康宁终身保险、重大疾病终身险、职工团体补充医疗保险条款、附加住院医疗保险等。

四、保险业法律制度及保险业监管制度方面的律师实务

(一)律师在保险公司设立中的工作

设立保险公司,应当满足以下保险公司的设立条件:①有符合保险法和公司法规定的章程。②有符合保险法规定的注册资本最低限额。设立保险公司,注册资本的最低限额为人民币 2 亿元,保险公司注册资本最低限额必须为实缴货币资本。③有具有任职专业知识和业务工作经验的高级管理人员。④有健全的组织机构和管理制度。⑤有符合要求的营业场所和与业务有关的其他设施。对于上述条件,律师应当根据自己的职业判断,出具相应的法律文书。

我国保险公司的设立适用许可主义,设立保险公司,必须经保险业监督管理部门的批准,即报中国保监会审批。

(二)关于保险业的混业经营与分业经营

我国现行保险法实行分业经营原则。《保险法》第 92 条第 2 款规定,同一保险人不得同时兼营财产保险业务和人身保险业务。同时对于保险公司的资金营运也有较多的限制。按照《保险法》第105条的规定,保险公司的资金运用,限于在银行存款、买卖政府债券、金融债券和国务院规定的其他资金运用形式,其资金运用范围较为狭窄,制约和影响着保险业的发展。自中国加入WTO以来,中国的保险业面临着越来越大的竞争压力,保险业因为投资渠道狭窄,利润空间越来越小。为了解决困境,2005年以来,政府开始逐步放宽保险业的投资限制,允许保险资金进入证券市场。这是我国金融市场改革的一大进步。

(三)保险业监管制度

1.保险业监管机构和内容。保险业监督管理机关是中国保险业监督管理委员会。监管目标是:确保保险公司的偿付能力、维护保险当事人的利益,维持保险市场的公平竞争。

监管内容:检查保险公司的业务状况、财务状况和资金运用情况;审批关系社会公众利益的保险、依法实行强制保险的险种和新开发的人寿保险险种等的保险条款和保险费率,对其他保险险种和保险费率进行备案;对保险公司的偿付能力进行监管。

2.保险公司的接管。《保险法》第115条规定,保险公司违反本法规定,损害社会公共利益,可能严重危及或者已经危及保险公司的偿付能力的,保险监督管理机构可以对该保险公司实行接管。

接管的目的是对被接管的保险公司采取必要措施,以保护被保险人的利益,恢复保险公司的正常经营。[1] 被接管的保险公司的债权债务关系不因接管而变化。接管期限届满,被接管的保险公司已恢复正常经营能力的,保险监督管理机构可以决定接管终止。接管组织认为被接管的保险公司的财产已不足以清偿所负债务的,经保险监督管理机构批准,依法向人民法院申请宣告该保险公司破产。保险公司依法破产的,破产财产优先支付其破产费用后,按照下列顺序清偿:①所欠职工工资和劳动保险费用;②赔偿或者给付保险金;③所欠税款;④清偿公司债务。

---

〔1〕 覃有土主编:《商法学》,中国政法大学出版社2002年版,第435页。

第十八章 律师的公司证券业务

■ 第一节 律师的公司业务

一、律师的公司业务概述

"公司"一词及概念,非我国所固有。[1]"公司"一词是英语 company 和荷语 compagnie 之音、义结合的译名"公班衙"发展而来。在汉语中,"公"含有无私、共同的意思,"司"则是指主持、管理,二者合在一起就是众人无私地从事及处理其共同事务的意思。正如我国早年公司法著作对公司的表述"公司者,多数之人以共同经营营利事业之目的,凑集资本,协同劳力,互相团结之组织体也"。[2]

公司本身是商品经济发展到一定阶段的产物,与社会化大生产相适应,它是企业这一典型法律形态发展的高级阶段。所谓企业,是指经营性的生产、流通或服务组织。企业的典型法律形态经过最初的独资企业,后来的合伙企业,最后在经济发展的推动下产生了公司。公司这一企业形式的萌芽和发展,完成了法人独立人格的确立,形成了公司的特征,同时也渗透着法治的思想。律师的介入并非始自公司的萌芽阶段,而是伴随着在其发展过程中逐渐对于法律规制的渴望、律师的专业化服务的需求而渐渐加入公司的成长过程。

（一）公司的萌芽和发展

1.外国公司的萌芽和发展。公司是随着生产手段的进步、生产规模的扩大和社会需求的增长而逐步产生和发展起来的一种现代企业制度。为了适应商品经济和社会化大生产的发展需要,突破合伙企业的局限性,作为以赋予一定条件的社会组织独立法律人格为己任的法人制度逐步确立起来,形成了最早的公司形式——无限公司。1673 年法国路易斯颁发的《商事条例》称之为"普通公司"。1807 年的《法国商法典》又把这种公司称为"合名公司",此后各国纷纷效仿。15 世纪又出现了两合公司,但与无限公司一样并未在公司历史长河中产生什么划时代的意义。直至 17 世纪初叶出现了

---

〔1〕 有的公司法著作称,"公司"一词语出庄子,但并无原文依据。
〔2〕 王孝通:《公司法》,商务印书馆 1912 年版,第 1 页。

股份有限公司,英国于 1600 年成立的东印度公司和荷兰于 1602 年成立的东印度联合公司,开创了股份公司这种公司形式的先河,股份公司的形成,大大加速了社会资本的集中过程,为市场经济的飞速发展立下了汗马功劳。19 世纪末德国出现了最早的有限责任公司。这种公司形式并非在实践中产生,而是由 1892 年 4 月 20 日德国颁发的《有限责任公司法》所创制的。有限责任是取无限公司和股份有限公司之所长,舍其所短,并使人合公司与资合公司之优势熔为一炉的公司形式。它既吸收了股份有限公司由有限责任股东组成的一元性的长处,又在组织结构、设立程序方面吸收了无限公司之简便性的方便。因而它十分适合中小型企业采用。

公司萌芽和形成的历史比较悠久,但公司的充分发展却是从 19 世纪末 20 世纪初资本主义由自由竞争向垄断时期开始的。垄断产生以后,生产的集中、资本的积累,使公司这种企业形式得到了空前规模的飞速发展,公司已经成了资本主义市场经济条件下占主导地位的企业形式,成为资本主义世界的经济脊梁。特别是股份有限公司和有限责任公司的迅猛发展,对于资本的聚集和社会生产力的发展起到了十分重大的推动作用,使公司进入了充分发展的黄金时期。正如马克思在《资本论》中的表述"假如必须等待积累去使某些单个资本增长到能够修建铁路的程度,那么恐怕直到今天世界上还没有铁路。但是,集中通过股份公司转瞬之间就把这件事完成了。"[1]公司的规模越来越大,业务范围越来越广泛,股东越来越多,越来越分散,法人之间相互持股、参股的现象越来越普遍。

特别需要明确的是,公司立法的完善和法人制度的最终确立为公司的发展提供了更为有利的条件和环境。继 1892 年德国率先颁布了《有限责任公司法》后,葡萄牙、奥地利、波兰、捷克等国相继效仿,有限责任公司如雨后春笋般涌现,在欧陆各国得到了飞速的发展。1896 年德国颁布的《德国民法典》破天荒第一次系统地确立了较为完备的法人制度,该法典在第一编总则中,将法人列为专章,共 69 个条文。1897 年德国颁布了新的《德国商法典》,该法于 1900 年 1 月 1 日起施行,第二编专门规定了商事公司的种类,如无限公司、两合公司、股份有限公司和股份两合公司等,许多国家纷纷仿效,使公司进入了规范化、法制化的健康发展时期。其间不少独资企业、合伙企业也纷纷改组为公司,使公司进入了更加辉煌的历史时期。

2. 中国公司的萌芽和发展。1840 年鸦片战争以后,西方资本主义国家用炮舰强行打开了中国闭关自守的大门,西方的一些新事物、新制度随同其商品一道传入了中国,于是西方的公司制度,也在中国诞生了。据说,当时有一位南通状元叫张季直,破天荒首次向清政府申请设立公司,经核准,他

---

〔1〕《马克思恩格斯全集》第 23 卷,人民出版社 1972 年版,第 688 页。

创办了中国历史上的第一个公司——通海垦牧公司。此后国人纷纷效仿，成立了一些公司，如1878年的中兴煤矿公司、1890年的汉治平煤矿有限公司和1894年的张裕酿酒公司等。1903年清王朝制定了《大清公司律》，1914年北洋政府制定了《公司条例》，1929年国民党制定了《公司法》，这就为旧中国公司的产生和发展提供了立法依据。

新中国成立后，尤其是对外开放以后，在我国销声匿迹达二三十年的法制意义上的公司首先在外商投资企业中被采用。从1985年开始，我国政府又允许设立有限责任公司和股份有限公司。1993年12月29日我国正式颁发了《中华人民共和国公司法》，并于1999年12月25日和2005年10月27日分别进行了两次修订。随着公司法的实施，我国公司的发展进入了一个新的历史时期。

（二）律师介入公司业务

1. 律师介入公司业务。律师介入公司业务并非在公司萌芽时期，而是随着公司的发展，业务范围的扩大、公司形式的多样、法人权利的独立而逐渐介入的。律师最早介入公司业务是在19世纪末，也就是公司飞速发展时期。这一时期有关公司的立法逐渐完善，为了公司的进一步发展，公司需要专业人士对公司的设立构建、运作维权、变更解散，提供专业的法律意见和法律服务。德国率先于1871年7月1日颁布了《律师团体法》，规定应允许商业企业长期雇用的律师加入律师团体，从法律上确认了律师可以为公司提供法律服务。

19世纪末的工业化和经济扩张导致公司法律事务部的建立。1882年美国新泽西标准石油公司成立的法律事务部是最先出现的一批法律事务所之一，以后美国铁路、银行、保险公司和公用事业部门也开始雇用律师。律师公司业务随之在各国膨胀起来，时至今日，律师法律服务已经渗透到公司的各个方面。

2. 律师公司业务的范围。律师一旦介入公司的发展过程，就伴随着公司的成长，成为公司发展不可缺少的一部分。根据律师介入公司业务的长期实践，律师可以为当事人提供下列内容的公司法律服务：

（1）公司组建方面。包括：有限公司的设立和组织机构的设置；股份有限公司的设立和组织机构的设置；境外设立公司。

（2）公司运营和内部管理方面。包括：产权界定；产权纠纷（股东争议）；职工持股；在境外购买公司资产；企业、公司产权的转让及资产拍卖、出售；公司治理；公司股权托管；债权转股权；企业、公司集团化与集团内部产权结构与管理结构；特许经营、连锁经营。

（3）公司合并、分立及清算方面。包括：公司合并与分立；公司收购与兼并；公司解散与清算；公司破产及清算。

（4）股份制改造方面。包括：企业、公司产权结构调整与重组；企业股份制改造，等等。

二、律师公司实务

公司律师实务是指，律师接受当事人的委托为公司的组建、运营、变更和解散等活动提供全方位法律服务的过程。公司律师实务是一个庞大的法律服务体系，服务范围非常广，涉及的法律专业领域也是很庞杂的，律师应根据各专业领域内的法律知识提供各项服务。

（一）公司组建方面的律师实务

1.公司设立的律师实务。

（1）公司设立的法律可行性分析。律师接受委托代理公司设立后，应充分与委托人沟通，了解拟设立公司的设立目的，在现有法律、法规的框架下，从资本、公司组织形式、公司治理、税收等多方面分析判断公司设立的法律可行性，与委托人共同制定符合设立公司目的的设立方案。具体而言，设立方案应考虑以下几方面的问题：

第一，选择公司的类型。在刚才的概述中我们已经介绍过，《公司法》规定的公司形式为有限责任公司和股份有限公司，有限责任公司中又有一人有限责任公司和国有独资公司两种特殊形式。律师应根据委托人的资本数额、资本性质、人数、拟设立公司的法人治理结构以及税收、融资需求等情况对拟设立公司的类型提出意见或建议。

第二，确定公司设立的方式。有限责任公司的设立只要符合基本的设立条件即可，没有什么特殊要求。股份有限公司的设立方式分为发起设立或募集设立，律师应根据委托人的设立目的对设立方式的选择提出法律意见。

第三，确定公司的法人治理结构。公司的法人治理结构关系到公司债权人、公司及公司少数股东的利益，根据《公司法》规定合理设置公司的法人治理结构，使股东（大）会、董事会（执行董事）、监事会互相监督、制约的同时，确保公司高效运作和科学决策。

（2）协助草拟、审核相关法律性文件。律师在参与公司设立中，通常会协助草拟、审核发起人协议书、公司章程（草案）、设立股份公司的申请报告等法律文件。

（3）核查、验证公司设立行为是否符合法律、法规的规定并出具法律意见书。通常律师通过核查、验证公司设立行为对以下几方面发表结论性意见：公司是否依照法律、法规规定的程序拟设立；公司股东资格、人数是否符合法律、法规规定；公司名称是否已获名称预先核准。股东的出资形式是否符合法律、法规规定；股东投入公司资产是否符合法律、法规规定；股东为设立公司而拟定的公司章程，其内容是否符合法律、法规的规定，股东（包括小股东)的权利,是否可以依据公司的章程得到充分保护,公司的章程是否存在股东(特别是小股东)依法行使权利的限制性规定;公司的股本总额、股东认购数额是否符合法律规定;根据法律法规、规定须经批准才能设立的公司是否经过批准。

2.公司登记律师实务。国家工商行政管理局和地方各级工商行政管理局是企业法人登记的主管机关。登记主管机关实行分级管理的原则。由于申请设立的公司性质、经营范围和规模不同,其批准设立的机关也不同,登记机关也有所差异。经国务院或国务院授权部门批准设立的全国性公司、集团公司以及经营进出口业务、劳务输出业务和对外承包工程的公司,由国家工商行政管理局登记;省、自治区、直辖市批准设立的或行业归口管理部门审查同意、由政府各部门及科技性社会团体设立的公司和企业,由省、自治区工商行政管理局登记;外商投资企业,由国家工商行政管理局或其授权的地方工商行政管理局登记管理;其他公司由地方工商行政管理局登记管理。依据相关法律、法规的规定,公司的设立、变更或终止都必须依照法律、法规办理登记手续。

(1)设立登记。设立公司必须依法办理登记、审批手续,登记是国家赋予公司法人资格的行政行为。公司经过登记注册后才依法成立,也才具有法人资格,其权利才能受到法律的保护。法律、法规规定需要经过有关部门审批批准才能成立的公司,律师应协助当事人准备报批手续。律师参与登记法律事务主要是对公司设立的登记管辖、登记事项的审查、申请登记、名称预先核准等方面进行法律服务。协助制定和审查提供给工商管理部门的文件资料;协助当事人聘请具有法定资格的验资机构对出资进行证明;协助出具法定代表人任职文件和身份证明;协助提供公司住所证明等。设立股份公司的,应当帮助董事会于创立大会结束后30日内向工商部门申请登记,并协助制作、修正、审查提交给公司登记机关的有关文件。申请登记的公司必须有能够以财产独立承担民事责任的能力;代理登记的律师应当注意公司提供注册资本的审核证件,查明实有出资资本与注册资本是否一致。

(2)变更登记。律师协助当事人制定和审查变更登记所应当提交的文件,主要是对变更登记申请书的制作和审查,以及依照《公司法》作出的变更决议和决定的审查、协助制定公司章程修正案、变更注册资本的申请和公告说明,股份公司还应当提交政府批准文件和证券监督管理委员会的批准文件等。

(3)注销登记。当公司终止时,公司应当向工商部门办理注销登记。律师协助制定相关文件提交工商部门,其中制作和审查的文件有申请书,决议或裁定,清算报告等。在撤销分公司时,也必须办理注销登记。

3.企业改组设立公司律师法律服务。

（1）企业改组前的法律咨询服务。律师在企业改组前的法律咨询，主要围绕该企业进行股份制改组的法律上的可行性来进行。具体来讲，律师要就以下几个方面作出判断并给予回答：该特定企业所处的行业是否存在进行股份制改组之法律限制问题；要基于当事人初步提供的企业财务、资产、业务等基本情况进行判断并初步评价该企业是否符合有关股份制法规之要求；股份制企业制度与该企业现有企业制度在法律上的区别及各自的优势；具备特定企业所提出的其他具有针对性的问题，如债权债务改组问题、摆脱行政干预问题，等等。

改组前的法律咨询，主要是解决法律上的可行性问题。律师在法律服务中，只能是一般性地解答当事人的一些法律问题，即使当事人对其企业作了一般性的介绍，律师无需也不可能为其股份制改组的某些细节问题作出肯定回答。

（2）法律策划。所谓法律策划，是指律师在参与企业股份制改组时，针对特定行业的具体情况和当事人所提出来的具体改组目标，从法律角度设定其达到目标的最佳方案之途径。整个法律策划过程中，律师必须与证券商或投资咨询机构、会计师事务所、资产评估机构以及企业紧密配合，针对他们各自工作要求及企业资产、财务、业务等实际状况、改组目标及时修正自己的法律方案。

法律策划，律师要注意在交通、能源、通讯、铁路等垄断性较强的领域设立股份企业要保证国有股达到控股地位；坚持股权平等、同责、同利，利益共享、风险共担；坚持产权明晰、自主经营的原则。转换经营机制，是企业股份制改组的特殊目的，也是企业股份制改组的根本所在。为此，必须以"谁投资，谁拥有"为标准，"有限责任"要求股东以认购股金对公司承担责任，而不负任何连带责任，公司以其全部财产对公司债务承担责任。

企业股份制改组的法律策划的主要内容有：①选定企业的具体股份制形式，改组为有限责任公司或者股份有限公司，并在法律上进行利弊分析；②选择股份制改组的具体方式，在对①做出选择后，进一步在法律上针对原有企业的实际情况，确定具体的改组途径；③对企业改组过程和设立的法律程序进行安排；④存量资产审理、评估，确定资产权属，清理债务并提出处理方案，核定企业资产价值；⑤与政府及有关单位谈判、协商，共同探讨非经营性资产剥离方案，解决所设企业的社会负担问题；⑥论证公司章程要点，确立改组后企业的管理体制。

（3）直接起草主要法律文件。企业在改组中，涉及的法律文件很多，一般而言，发起人协议、公司章程和承销合同应由律师主持起草。而对于招股说明书，律师要承担审核责任，一般应在证券商的主持下，参与起草，至于其要件，则一般由企业或其他中介机构完成，律师无论采取哪一种方法进行工作,均应对当事人权利、义务、责任及公众利益保护的合法性进行把关,而且要尽量使这些文件具体、全面、规范,使当事人进行投资时有具体依据可循。

(4)企业改组中的律师法律审查。从公司角度讲,公司设立可以是原始设立,也可以是改组设立,而企业的股份制改组就是公司的改组设立,律师在从事这一过程之法律审查时,至少应注意到以下法律要求和法律行为:发起人资格之规定。股份有限公司发起人在 2 人以上 200 人以下,有限责任公司发起人应在 50 人以下。国有企业改组为公司的发起人经特别批准,可以是准备股份制改组的企业独家发起;对实行股份制改组的企业的资产应进行全面准确的评估;企业的资产应当股权化,确定股权归属,实现股权平等;对企业股份制改造中重大事项进行审查,如资产形成中的投资主体、投资行为之合法性、资产之有效性、合同状况、未决之诉讼状况及法律预测等;股票发行上市中的重大问题的审查,依据公司法、证券法规及交易所规则,就是否具备发行股票之条件、招股文书的合法性、完整性、准确性;就企业改组及发行股票的手续的完备性进行审查。

(二)律师针对公司运营及内部管理的法律事务

1.律师对公司内部管理体制的法律服务。律师对公司内部管理体制的法律业务,主要体现在股东会或股东大会、董事会或执行董事、董事会或监事三个机构的法律服务:①股东会或股东大会。股东会或股东大会是公司的权力机构,律师对他们的服务主要表现在对会议内容的审查和规范会议形式。协助制定会议资料,法律文书和审查各种计划和方案的合法性,对股东会或股东大会成立的见证和监督,以及提供相关司法建议和法律意见。②董事会或执行董事。董事会或执行董事是公司的经营管理机构。他们是由股东会或股东大会选举产生,并对其负责。律师提供法律服务主要是对他们执行公司法律行为的审查以及对其任职资格的意见。③监事会或监事是公司的监督机构,律师的服务范围是对其任职资格的法律审查以及协助制定任职文书和其他相关法律文书等。

(1)律师对有限责任公司内部管理体制的法律服务。有限责任公司是我国公司的主要形式,数量最多,法律服务的内容也较多。律师服务主要表现在以下方面:①股东权利的法律保障。公司股东作为出资者按投入公司的资本额享有资产受益、重大决策和选择管理者的权利。所以律师提供法律服务时,应协助委托人对表决、经营和财务状况进行了解;应保障股东获取股利和转让出资等权利的实现。同时为委托人出具应当承担义务的法律意见包括足额出资、转让出资的条件、履行章程义务等内容。②对股东行使权利的法律保障。律师提供服务主要表现在对股东会决议及其内容的合法性审查,议事方式和表决方式是否符合法律和公司章程规定的程序;作出的计划、决议、方案、报告是否有效等。③律师对董事会和董事的权利实现的法律服务。作为公司经营机构,董事会和董事以及经理拥有一定的权利和具有一定的合法任职资格,那么律师应协助委托人办理相关的法律手续和履行一定的法律行为,并保障他们工作形式和内容的合法有效。其中对议事方式和表决程序、内部方案的实施、执行业务等合法性进行审查,必要时根据需要向委托人出具法律意见。④律师对监事或监事会的法律服务。主要体现在两个方面:一是律师对其利用职务行使权利的法律建议,提供监事所享有的相关权利和权利范围的法律建议,针对监事会或监事发现公司执行机构违反法律、法规和公司章程,损害公司利益等问题提供法律建议;二是律师对监事任职资格职责范围的合法性审查,提出其不能任职的法律意见。

(2)律师对股份有限责任公司内部管理体制的法律服务。股份有限责任公司的法律要求比较复杂,和有限责任公司律师服务有许多相似之处,不同之处主要是:设立条件和方式的法律审查;对发起人身份的要求和责任出具法律意见;对公司资本要求和出资方式要求的合法性进行审查;协助当事人制定公开信息的法律文件;对证券经营机构承销方面提供法律意见;创立大会法律条件和要求以及职权合法性的律师服务;股份公司召开创立大会程序是否符合法律要求、法人登记和成立的律师协助;有限责任公司变更为股份公司的法律意见和建议;律师提供股份有限公司国有股权管理方面,关于产权界定、行使股权方式、股权收入、增购、转让及转让收入管理等的法律意见;公司配股、职工持股;公司产权的转让及资产拍卖、出售的法律审查,并根据需要提供法律意见;律师对公司股权托管出具法律建议和意见;协助当事人制定企业、公司集团化与产权管理结构的法律文件,并办理相关法律事宜;公司特许经营、连锁经营的法律文件的草拟、审查等。

2.律师对公司实现基本权利的法律服务。公司从成立起就具有一定的基本权利,怎样才能保障公司权利的实现是律师提供服务的一项内容。公司作为独立的民事主体,具有一定的权利,律师也应当保障公司权利的实现。律师对公司实现基本权利的服务表现在:①律师对公司民事权利的保护,针对有可能出现侵犯权利的事实提出法律上的建议,一旦权利被侵犯,就可以通过司法程序予以保护;②律师对公司自主经营权的保护,公司依法经营受法律保护,律师协助当事人依照市场需求自主组织生产经营活动,不受非法干预;③律师对公司投资权的保护,律师可以协助当事人对本公司以外的企业进行投资;④律师对公司分支机构设置权的保护,律师可以帮助当事人设立不具有法人资格的分公司和设立具有法人资格的子公司。

律师对公司增资和减资法律服务内容比较多,以下分别予以说明:

(1)公司增资的律师实务。公司增资是指公司为扩大经营规模、拓展业务、提高公司的资信程度,依法增加注册资本金的行为。律师掌握公司的增资的两种方法:邀请出资,改变原出资比例的情况;按比例出资增加出资额,而不改变原出资比例。律师还应当协助当事人对公司增资进行程序上的法律服务:①由股东会对增资作出特别决议的法律文书的制作和审查;②协助公司修改章程中有关注册资本及股东认缴出资的条款;③增资后协助向公司登记机关办理变更登记等。

(2)公司减资的律师实务。公司减资,是指公司资本过剩或亏损严重,根据经营业务的实际情况,依法减少注册资本的行为。律师严格掌握减资具备的条件是否符合法律规定:原有公司资本过多,形成资本过剩;公司严重亏损,资本总额与实有资本悬殊较大,股东因公司连年亏损得不到应有的回报。律师还应当协助当事人对公司减资进行程序上的法律服务:①股东会决议的法律文件的制作和审查;②提供应当编制资产负债表及财产清单的法律意见;③协助制定法律文书并通知或公告债权人;④协助当事人进行变更登记等。

3. 律师对公司承担基本义务的法律服务。享有权利就应当承担义务,这是权利义务对等原则的反映。律师在协助公司经营过程中应该告之当事人应该承担的基本义务。其中包括税收、接受监督、保护职工权益,承担民事责任等。

(三)公司变更中的律师实务

公司成立之后,随着公司的发展经营,公司设立时的每个登记事项都可能发生变化,公司登记事项的变更是公司发生变化的结果,产生这样结果的诱因是多元化的,这一方面是指一个诱因会产生多个登记事项的变化,另一方面是指多个诱因产生一个登记事项的变化。

1. 公司股权转让中的律师实务。律师接受委托为股权转让提供法律服务,工作的内容主要包括两个方面,即出具法律意见书和草拟审核股权转让协议。

(1)核查、验证公司股权转让行为是否符合法律、法规的规定并出具法律意见书。通常律师通过核查、验证公司股权转让行为并对以下几方面发表结论性意见:

第一,股权转让所涉及当事人主体资格的合法性。如果股权转让所涉及的是法人或其他组织,律师应依法核查其依法设立并合法存续的情况,对于是否存在依据法律、法规需要终止或营业受到限制的情形作出结论性的判断。如果股权转让所涉及的是自然人,律师应依法核查其身份。

根据核查情况如股权转让当事人存在设立或存续瑕疵、当事人的国籍、身份导致股权转让后公司性质发生变化或转让受到限制、禁止等情形的,应按照相关法律法规的规定与当事人协商解决方案。

第二,审查股权转让是否存在受禁止或限制的情形。通常而言,对股权转让的限制有六种情形：①有限责任公司既是资合公司，又是人合公司，为平衡公司的控制权，公司法对有限责任公司股东向股东以外的人转让股权进行限制。律师应依据《公司法》第72条的规定审查有限责任公司股东向股东以外的人转让股权，是否经其他股东过半数同意以及股权转让是否侵害其他股东的优先购买权。②股份有限公司为公司治理及董事、控股股东忠实地履行义务的需要对发起人持有的股份、控股股东、公司董事、监事、经理转让股份进行限制，此类股权转让应符合《公司法》、《证券法》的规定。③对于外国投资者并购境内企业出于反垄断和国家经济安全的需要对股权转让进行限制，此类股权转让应符合外国投资者并购境内企业法律、法规的规定。④为保护公司少数股东利益，对于上市公司并购《公司法》、《证券法》作出特殊的规定，上市公司并购应依据《公司法》、《证券法》的规定进行，全面履行信息披露义务。⑤出于国家经济安全及防止国有资产流失的需要对国有股权转让进行限定，律师应按照国有资产管理的法律、法规核查国有股权转让行为。⑥转让标的股权存在被质押、协议、司法裁判、行政命令等禁止或限制其转让的情形，律师应根据具体情况与当事人协商解决方案。

第三，核查股权转让根据法律、法规规定需要经批准的，是否经过批准。

（2）草拟、审查股权转让协议。股权转让协议应当包括以下内容：转让标的股权、转让股权的授权和批准、股权定价依据、转让价格及支付办法、转让基准日、公司资产负债情况的陈述、转让标的股权不存在权利瑕疵的承诺、变更登记义务、生效、争议解决等必备条款。审查股权转让协议的效力时，基于不同类型的股权转让，律师应根据合同法、公司法等法律、法规从股权转让当事人的主体资格、转让标的股权是否存在禁止或限制转让的情形、转让标的股权是否存在瑕疵、转让行为的批准和授权、转让股权的程序等方面审查股权转让协议的效力。

2.公司合并的律师实务。《公司法》并没有对公司合并作出明确的界定，只是通过描述合并的两种形式间接限定了公司合并的范围。所谓公司合并，是指两个或两个以上的公司依照法律规定或约定归并为其中的一个公司或创建另一个新的公司的法律行为。

《公司法》规定公司的合并有两种形式，即吸收合并和新设合并。吸收合并是指一个公司吸收其他公司，被吸收的公司解散。新设合并是指两个以上公司合并设立一个新的公司，合并各方解散。

律师接受委托为公司合并提供法律服务，工作的内容主要包括四个方面，即对公司合并的法律可行性分析、开展尽职调查、制定合并方案和实施合并。

（1）公司合并的法律可行性分析。①与合并当事人充分沟通了解合并目的,并在此基础上解释公司合并的相关法律、法规具体在合并案中的适用,尤其是禁止性规定、限制性规定以及可能会涉及的政府主管部门的审核、批准或行政许可。②法律风险性分析,对于合并行为对营业许可、特许经营权的影响、资产风险、负债(尤其是或有负债)风险、税务风险等法律风险进行全面分析,选择适当的合并方式,将合并导致的法律风险降到最低程度。③合并程序,向当事人说明公司合并中的法律程序,设计合理的工作计划,提高效率。

(2)开展尽职调查。尽职调查,也称审慎调查、细节调查,指的是在合并操作中对目标公司的资产和负债情况、人员、法律关系以及潜在的风险等各方面情况进行的全面调查了解。尽职调查的意义在于使合并当事人能够充分了解目标公司的情况,使合并当事人能够在信息对称的情况下开展合并活动,因此尽职调查是实施合并的前提和基础。公司合并中的法律尽职调查通常包括以下内容:目标公司历史沿革及经历的历次变更;目标公司管理层及员工利益;目标公司重大知识产权;目标公司关联关系及关联交易;目标公司的业务记录及重要合同、承诺;目标公司的风险因素;目标公司的财务状况;目标公司资产及资产、权益抵押、质押情况及其他权利限制;目标公司治理结构及运作状况;目标公司纳税情况及环保责任;涉及的诉讼仲裁及其他争议;核查其他重要信息。

(3)制定合并方案。律师根据尽职调查确认的重要信息,依据法律、法规及主管机关的规定,对合并方案的制订提供咨询意见,具体内容如下:合并各方主体资格审核;合并方式的法律可行性分析;目标公司债务处理的合法性分析;目标公司职工安置计划的法律可行性分析;资金流程的法律可行性分析;所涉及税项的合法性分析;其他合并所涉重大事项的法律可行性分析。

(4)实施合并。包括:合并的批准和授权;制作合并所涉及的协议文本;出具法律意见书。

3.公司分立的律师实务。分立是指一个公司依法分为两个或两个以上的公司。一般有两种情况:①以其部分财产和业务另设一个新公司,原公司存续;②以全部财产分别归入两个或两个以上的新设公司,原公司解散。公司分立的程序和公司合并的程序基本一致,律师提供公司分立的法律服务,也基本上同合并一样,主要是协助当事人审查每一程序是否符合法律规定,并制定每一程序所需要的法律文件。

(四)公司解散的律师实务

1.公司解散的原因。根据《公司法》的相关规定,公司解散的原因有五种情形:①公司章程规定的营业期限届满或者公司章程规定的其他解散事由出现时;②股东会决议解散;③因公司合并或者分立需要解散的;④依法被吊销营业执照、责令关闭或者被撤销;⑤公司经营管理发生严重困难,继续存续会使股东利益受到重大损失,通过其他途径不能解决的,持有公司全部股东表决权10%以上的股东,可以请求人民法院解散公司。律师严格掌握相关规定,把握清算理由是否充足,当事人的要求是否符合相关规定,从而提出一个有利于委托人和公司的法律建议和意见。有关破产清算的问题,在此不加以介绍,2007年6月1日后请参考《中华人民共和国企业破产法》。

2. 清算组。律师在公司清算过程中,应当提供给当事人关于清算所涉及的法律问题以及清算组的职责和权利的法律意见,并根据需要参与公司的清算事务,维护委托人的合法权益。协助处理清算事宜,防止清算组不履行清算义务,侵占公司财产的行为,并依照有关规定,追偿清算组织人员因故意和重大过失给公司或债权人造成的损失。律师如果作为清算组的法律顾问应当和清算组的其他成员共同负责破产财产的清理、估价及处理,并制定出分配方案。律师作为清算组的成员其作用是非常大的,对内要执行清算实务,对外代表公司进行活动,且作为清算组的诉讼代理人,进行诉讼上的一切活动,清理公司的所有债权债务。

清算组具体的职权及律师的服务范围。①配合会计师事务所的人员清理公司财产,分别编制资产负债表和财产清单。②将公司开始清算的事宜通知或者公告债权人。③处理与清算有关的公司未了结的业务。④收取公司债权。如果公司对第三人享有债权,律师代为要求债务人履行义务。⑤清偿公司债务。律师应当注意,清算组应当自成立之日起10日内通知债权人申报债权,并说明逾期不申报,不列入清算范围的法律后果。清算组清偿公司债务,应于公告申报债权期限届满后进行,在申报期限内,不得对任何债权人进行清偿。但对于有担保的债权经法院许可,不在此限。⑥处理公司剩余财产。公司支付清算费用和清偿公司债务后,如果还有剩余财产,就在股东之间进行分配。分配的方法是:有限责任公司按照股东的出资比例分配,股份有限公司按照股东持有的股份比例分配。⑦代表公司参与民事诉讼活动。公司解散以前,如果涉诉就应由律师出面代表公司进行诉讼活动。公司解散后,清算组代行董事会的职权,公司一旦涉诉,应当由律师代表清算组以公司的名义参与民事诉讼活动,行使诉讼权利,履行诉讼义务。一切诉讼后果由公司承受。

3. 律师协助办理清算终结的手续。在普通清算中,经过清偿债务和分配剩余财产后,清算即告结束。清算结束后,清算组应当在一定的期限内提出清算报告,并造具清算期内收支报表和各种财产帐册,提请股东大会承认。经股东大会承认后,即解除清算组的责任。清算组应当将清算报告报送公司登记机关,申请注销登记,宣告公司结束。

■ 第二节　律师的证券业务

一、律师证券业务的概述

与律师的公司业务的庞杂比起来,律师从事证券业务具有更高的专业性,这种专业性的要求是其所服务的对象——证券市场的特殊性决定的。所以要讲律师的证券业务必须从证券市场讲起。

（一）证券市场的概述

"证券市场是指构成金融市场重要部分的进行证券发行和交易的场所。"[1]证券市场是商品经济发展到一定阶段的产物,是商品经济条件下资源合理配置的重要机制。

随着生产力的发展,社会分工日益复杂,商品经济日益社会化,大大促进了信用制度的发展。出于资金融通的需要,各类有价证券随着信用制度的发展而不断增加,但提供信用的人所提供的资金未必都是长期闲置的,有时为了急需资金,就必须保证所持有的有价证券具有一定的流动性,以便能出手换取现款。这样,信用工具——各类有价证券的转让流通和买卖,就成为其存在和运用的必要条件,证券的发行和买卖使得证券成为一种金融性商品,从而使证券市场的产生成为必然。

证券市场是市场经济中一种高级的市场组织形态,与一般的商品市场相比具有很多特性:

1.证券市场的交易对象具有特殊性。一般商品市场的交易对象是各种具有不同的价值和使用价值能够用于生产或生活消费的呈现出一定物质形态的商品。而进入证券市场的"商品"限于具有流通性的有价证券。证券市场作为资本流通的市场,其交易标的属于权利化商品,而不是物质形态的商品。

2.证券市场交易对象具有标准化特点。"交易对象标准化,是指作为交易对象的各种投资权益被人为的划分为若干相等的份额,每个权益份额所代表的权益或权益比例是完全相同的。"[2]而一般商品市场由于每件商品在品质上和交易条件上存在差异,充当交易对象的商品或资金,具有非标准化的特点。证券市场标准化的交易对象免除了交易各方当事人就每项交易的讨价还价,从而极大地提高了交易效率。

3.证券市场具有高度的风险性和投机性。风险和投机是市场经济中的

---

〔1〕　杨丽主编:《证券法学》,郑州大学出版社2004年版,第9页。
〔2〕　叶林:《证券法》,中国人民大学出版社2006年版,第93页。

普遍现象,只要存在市场,必然有风险和投机行为的发生。在一般商品市场上,由于商品所具有的"天生的平等派"[1]的特性,商品的价值由必要劳动时间决定,实行的是等价交换原则,风险较小。作为证券市场交易对象的有价证券不是实际资本,而是一种虚拟资本,是"资本的纸制复本",[2]它只是间接的反映实际资本的运动情况,作为独立的价值形态,它可以脱离实际资本而运动。由于受到利率、汇率、通胀率、所属行业前景、经营者能力、投资者心理等多种不确定因素的影响,证券市场的风险性和投机性远高于一般商品市场。

4. 证券市场的监管制度的特殊性。一般商品市场奉行私法自治原则,"协议就是法律",政府监管的范围和强度极其有限。由于证券市场具有高度的风险性和投机性,为了使证券市场健康有序地发展,各国均建立了有效的严格的证券监管制度。

(二)律师证券业务的发展

由于证券市场所具有的高度风险性和投机性,各国证券市场法制化和监管制度的完善进程均紧跟证券市场发展,而律师从事证券业务,介入证券市场,是伴随着证券市场的发展和法制化程度的不断提高而开始并深入的。时至今日,证券律师对证券市场的发展所起到的作用是毋庸置疑的。也正是由于上述证券市场的特殊性,所以决定了律师从介入证券业务的第一天即具有较强的专业性。律师从事证券业务主要是指律师在企业股份制改造、证券发行及交易、上市公司收购过程中提供相关法律服务。

每个国家的政治、经济、文化传统及证券市场的发育程度和过程均有其独特性,因而在各国不同监管的哲学下,律师从事证券的工作与准入均会有所不同,我们在这里仅介绍一下美国和中国的律师证券业务。

1. 美国的律师证券业务。美国虽然不是世界上证券立法最早的国家,但却是现今世界上证券市场最为发达、证券立法最为完善的国家。美国的证券律师工作与准入经历了一个发展过程。1933 年之前,证券法一直是属于美国各州的管辖领域。这些早期的法律粗疏不一,且相互内容矛盾,无法有效规范往往是跨越州界的证券交易。如加州 1879 年宪法就明文禁止以信用购买证券,乔治亚州 1904 年具体规定了分期付款出售的办法。而在1911 年堪萨斯州制定的"蓝天法",在美国历史上第一次规定,证券发行必须经过特许。一战后美国经济的迅猛发展,证券市场也异常活跃,证券投机行为也日益严重,加之 1929~1933 年的世界经济危机,使得美国的证券市场全面崩溃。由此暴露出一些问题:法规标准不一致,证券交易往往跨越州

---

[1] 《马克思恩格斯全集》第 23 卷,人民出版社 1972 年版,第 103 页。
[2] 《马克思恩格斯全集》第 25 卷,人民出版社 1972 年版,第 540 页。

界,而各州都有自己的规范;证券市场较强的投机性极易被操纵,仅靠市场这只无形的手加以调节无法维持证券市场的公开、公平、公正及高效运行,必须依靠法律这只有形的手加强对市场的监控,而仅仅有各州制定的证券法远不能解决这些问题。加之30年代以"公开哲学"(disclosure philosophy)为终极追求,一系列证券法律的相继出台,如1933年的《证券法》、1934年的《证券交易法》等等。

以证券发行为例,美国实行证券发行注册制,证券发行注册制是指凡是拟发行证券的发行人必须依法披露与发行证券有关的一切信息和资料,且内容真实和完整,即可在提出证券发行申请的一定期间内取得证券发行资格,而证券监管机构仅审查证券发行申请人履行信息披露义务的状况,无权决定所发行证券品质条件的证券发行审核制度。美国颁行的这些法律虽然明确规定了证券发行人、承销商等主体的信息披露义务,却并未对律师介入披露事宜作出强制规定。但是由于"强制公开"原则对上市公司信息披露要求的范围很广,因而事实上几乎所有的公示文件都需要律师主持或帮助编制,律师介入其中就成为必然。繁重的事务性工作要求律师不得不花费大量的时间和精力,于是这类业务逐渐专业化,最终产生了证券律师这一事实上的律师业务领域分支。正如美国证券市场是自发形成的一样,美国律师介入证券发行与交易中的法律事务也是自发产生而非人为设计的。尽管有研究表明律师的加入可以使证券初次发行的信用度大大提高,但证监会从来没有设置单独的证券律师资格制度。不过,在发现特定情况后,证监会有权永久或暂时取消律师资格。总体来看,在美国,证券律师业务对任何律师和律师事务所都是开放的。

2. 我国的证券律师业务。我国证券律师业务的产生和发展大致分为两个阶段。

(1)计划经济体制下证券律师业务。我国的证券市场从1990年12月上海证券交易所和1991年7月深圳证券交易所的先后开张开始,越来越多的股份有限公司发行股票和上市。一方面证券市场迫切需要券商、律师、会计师、评估师等中介机构提供专业服务,另一方面监管部门也面临着如何对中介机构及其从业人员进行规范和管理。在当时计划经济向市场经济转轨的时代背景下,对证券市场的监管采取严格政府监管,在律师方面主要表现为以下两点:

第一,律师准入制度。为了要求从事证券业务的律师有很强的专业性、出具法律文件有相应的规范性、能够承担较大的风险和责任、有一定数额的人员限制以便于监督和管理,1993年1月,由律师管理部门——中华人民共和国司法部和证券监管部门中国证券监督管理委员会,联合发布了《关于从事证券法律业务律师及律师事务所资格确认的暂行规定》,从而创设了证券律师资格制度。根据该规定,律师从事证券业务,其所在律师事务所及其本人均须具备司法部和中国证监会联合授予的证券从业资格,而一家律师事务所若欲获得证券从业资格,必须有 3 名以上具有证券从业资格的律师。在这个规章颁布 2 个月后,首批 35 家律师事务所和大约 120 名律师取得了机构和个人的执业许可。这批律师既没有经过培训,也没有经过考核。在1995～1996 年,成为证券律师的方式则是由各地司法厅、局遴选律师参加培训,考核通过者取得证券律师资格。1999 年司法部、证监会联合举办全国证券律师资格考试,由执业律师自愿报名,审核通过后取得考试资格,再根据考试成绩限额确定入围者,经司法部、证监会审查确认后,颁发律师从事证券法律业务资格证书。1999 年有约 800 名律师获得了证券法律从业资格。但到目前为止,这种方式只是在 1999 年实行了一次。从 1993 年司法部和证监会创设证券律师资格制度以后,共分三次授予了 1600 余名律师从事证券业务资格。除授予证券律师资格以外,为了做好境外上市的监管工作,特别是一些境内企业或个人以境内资产权益到境外注册后在境外上市,中国证监会 2000 年 7 月颁布了《关于证券从业律师事务所从事涉及境内权益的境外公司相关业务资格认可有关问题的通告》,授予 59 家律师事务所可以从事以境内权益到境外注册境外上市的法律业务。

第二,证券律师业务。在政府严格监管下,我们这里以上市为例介绍证券律师业务。在 2001 年以前,我国执行的是一种具有典型计划经济色彩的指标制。所谓指标制,亦可称为额度审批制,是指法律规定证券发行的实质条件,证券发行人准备发行证券时,须将证明其具备实质条件的文件向审批机关申报,审批机关根据法律的规定以及内部所掌握的政策根据或计划根据,决定是否同意发行人发行证券。这种额度体制下,审批权由政府机关与中国证监会同时行使。在审批内容上,政府机关侧重于发行资格审批,而中国证监会则侧重于发行标准等专业领域的审批。中国股票发行的政府管制主体,一般只在初审时起作用,也就是只对发行股票的申请进行审批,而这种审批一般又带有排队的性质。因为中国股票发行额度在整体上是一种稀缺资源,因而各级政府机关通行的做法是订立一系列标准,然后对企业进行核准排队,以确定谁有资格进入股票发行市场。复审一般是专业性的,且通常由中国证监会履行这一职责,其主要内容是对各种文件进行审核,以检验其是否符合股票发行的要求。审批能否通过不是取决于其是否符合这些条件,而是取决于其是否能够取得有关指标,而这些指标是政府部门的一种资源,其分配具有典型的计划经济色彩,一般按条条块块进行分配。股票发行人首先必须作为申请人向发行人所在的省、自治区、直辖市等地方政府部门和中央企业行业主管部门提出公开发行股票申请,并报送法规所要求的送审文件。

在审批制下,由于企业是否发行股票并上市,在很大程度上是由事先的指标分配确定的,律师在企业获得指标后方可参与到企业的股票发行并上市过程中。因此,律师的主要工作包括:对企业的资产重组的合法性进行必要的审核,并提出相关建议,使其规范化;对企业的股票发行并上市的实质性条件进行必要的规范,使其符合有关政府主管部门的规定;对企业的成立合法性进行审核,并出具法律意见书;就有关事项出具法律意见书。从整体来说,律师所从事的工作主要是一种规范工作,即对企业某些不规范的地方提出改进的意见,使其符合有关政府主管部门的要求。

(2)市场经济体制下的证券律师业务。随着经济体制改革的深化,市场经济体制的确立,我国逐渐形成了以政府监管为主,行业自律为辅的监管体制,在律师方面主要的表现:

第一,取消律师准入制度。2002年12月23日,中国证监会会同司法部联合下发《关于取消律师及律师事务所从事证券法律业务资格审批的通告》(以下简称《通告》)。《通告》正式取消已实行了10年之久的证券律师资格制度,此后中国律师从事证券业务将不再受资格限制,即意味着所有的执业律师都可以进入证券业务领域。

从中国律师目前的执业现状来看,律师证券业务属于专业性很强的业务领域,从业律师需要对海内外公司法律制度、知识产权及其他无形资产、土地使用权、账务审计资产评估等财务知识、信托法律制度、证券业法律法规规章等相当熟悉甚至有比较专业的研究,才能胜任证券律师这一工作。随着我国现代企业制度的建立,公司制的广泛推行,以及证券市场的日趋发展和成熟,证券律师在证券市场中的作用越来越重要。按照中国证监会有关文件规定,中国证监会发行委员会的委员必须包含有来自法律界的专家、学者;具有上市辅导机构资格的证券经营机构中也必须拥有包括会计师、经济师和律师在内的上市辅导人员(比例为2∶2∶1);另外,在证券发行中,不仅发行人必须聘请证券律师参与证券发行的整个过程,而且,作为承销商的证券经营机构也必须聘请证券律师对企业股份制改组、共同发行股票及上市的全套文件的完整性、准确性、真实性进行严格的审查。可以想见,证券律师在证券市场的作用将日益重要和突出。

第二,证券律师业务。我们仍以上市为例。自2001年开始,股票发行的指标制被取消,政府主管部门开始对股票发行实行核准制(但企业债券发行仍保留着指标制度)。证券发行的核准制,是指法律规定证券发行的实质条件,证券发行人准备发行证券时,须将证明其具备实质条件的文件向核准机构申报,经核准机构审核确认证券发行人具备了法律规定的实质条件,发行人才可以公开发行证券。核准制以依法公开发行信息为前提,实行核准制,具有不低于实行注册制的证券发行市场信息公开程度。核准制要求发行人必须具备一定的实质条件,确保证券发行市场上的证券具有基本的投资价值,从而在总体上降低了投资者的投资风险。核准制贯彻的是准则主义,只要证券发行人具备了法定的实质条件,均可申请发行证券,从而贯彻了市场主体地位平等、机会均等的原则。

在核准制下,律师的工作是对企业的具体情况进行详尽的分析,对企业是否具备了股票发行上市的条件提出自己的独立判断。同时,律师还应对其所出具的法律文件承担相应的责任。因为在这种体制下,政府有关监管部门虽然对股票发行的实质性条件进行审核,但并不对此承担责任。

(三)证券律师在证券市场中的作用

时至今日,证券律师对证券市场的发展所起到的作用是毋庸置疑的。证券律师在证券市场中的作用可以概括为以下几个方面:

1. 理顺法律关系,消除法律隐患,为证券市场输送合格“商品”。上市公司是证券市场的基石,证券律师作为专业法律工作者,依照法律规定的条件对发行上市进行第一关审核,律师不仅是为发行人提供法律服务,更重要的是消除法律障碍,避免法律风险,从法律上保证上市公司及其发行的证券的质量,从而确保对投资人负责和发挥证券市场的功能。

2. 担任企业改组改制的顾问,提高发行人及各有关方面规范运作的水平。按照建立现代企业制度的要求,对国有企业、合资企业、民营企业等进行公司制改造是搞好国有企业等的重要途径之一,也是发行上市的必经程序。证券律师作为国有企业等改制上市的重要参与者,对企业资产的剥离、改制方案的确定、法人治理结构的建立具有重要作用,是企业改组改制和证券发行上市不可缺少的顾问。同时,证券律师为证券发行人和各有关方面提供法律服务,参与企业改组改制和上市,帮助发行人理清法律关系,排除法律障碍的过程,是依据国家法律法规从专业角度规范各有关方面特别是发行人行为的过程。在这一过程中,证券律师的专业化工作对于强化各有关方面的法律意识,督促发行人依法、规范运作都有着积极作用。

3. 注重为上市公司提供持续性法律服务,强化上市公司规范运作,提高预防证券风险的能力,推动证券市场的法制建设。证券律师通过担任上市公司的法律顾问,可以为上市公司提供长期的持续性的服务。证券律师对上市公司信息披露事宜进行审核,为股东大会的召开出具法律意见,对上市公司的董事和监事的声明和承诺进行见证,为上市公司的增资配股、增发新股和发行可转换公司债券以及资产重组、收购兼并等出具法律意见书,为上市公司的经营管理重大决策提供意见和法律咨询,为上市公司进行法律、法规持续辅导等,促进上市公司真正转换机制、规范运作、科学管理、预防风险,从而确保和推动证券市场的规范发展。

二、律师证券实务

在一个规范运作的证券市场中,律师从事证券业务的责任是以其专业知识和执业经验对证券发行过程中的合法性进行审查,并出具专业意见,供有关投资者参考。

(一)证券律师的工作原则和工作目标

1.证券律师的工作原则。无论从《律师法》、《公司法》、《证券法》和《股票发行和交易管理暂行条例》等法律法规层次出发,还是从中国证监会、司法部相关的部委规章层次出发,证券律师不仅要履行法定义务,也要忠实履行合同义务,遵从独立、合法、勤勉尽责的原则,以律师行业公认的业务水平和道德标准,根据现行法律和政策的规定判断企业改制、重组设立或者新设立以及依法变更行为、股票发行上市所涉及的各方面在程序上和实质条件方面的合法性、合规性,保证有关信息披露文件无虚假记载、无重大遗漏和误导性陈述,对广大投资者负责。

(1)律师应当根据《证券法》、《公司法》等有关法律法规和中国证监会的有关规定,按照律师行业公认的业务标准、道德规范和勤勉尽责的精神,出具法律意见书。

(2)律师应承诺依据《编报规则第12号》的规定及法律意见书出具日以前已发生或存在的事实和我国现行法律、法规和中国证监会的有关规定发表法律意见。

(3)律师应承诺已严格履行法定职责,遵循了勤勉尽责和诚实信用原则,对发行人的行为以及本次申请的合法、合规、真实、有效进行了充分的核查验证,保证法律意见书和律师工作报告不存在虚假记载、误导性陈述及重大遗漏。

2.证券律师的工作目标。证券律师的工作目标是,配合改制企业通过新设股份公司或者对拟改制公司(企业)进行规范化的公司制改造,通过资产重组、股权重组、债务重组,使之成为具备辅导条件的股份公司,经过辅导并验收合格后进行股票发行上市工作,或者对符合条件的上市公司提供法律支持,把后续融资机会通过配股、增发、发行可转换债券变为现实。

证券律师的工作要求是,严肃、认真地参与改制方案的确定和申报材料的制作,确保申请文件的真实性、准确性和完整性,保证改制方案和申报材料的合法性、规范性,确认不存在对发行和上市有重大影响的法律障碍。保证有关信息披露文件无虚假记载、无重大遗漏和误导性陈述,为客户提供优质、高效的法律服务。

(二)证券律师的业务范围

从《中华人民共和国证券法》以及中国证监会制定的规章、规定来看,目前证券法律业务主要有:

（1）担任发行人律师，为公司在境内沪深证券交易所首次公开发行股票（含 A 股、B 股）并挂牌上市出具法律意见书，这是最为典型也最重要的律师证券业务；

（2）为已上市公司的再融资（配股、增发）进行法律审查，出具法律意见书；

（3）为上市公司之间、上市公司与非上市企业之间的股权收购、资产置换进行法律审查，出具法律意见书；

（4）为已被暂停上市的公司、被摘牌公司（终止上市）重新恢复上市出具法律意见书；

（5）为已上市公司或非上市公司发行公司债券、可转换为股票的债券，以及其他大型企业发行企业债券提供法律审查，出具法律意见书；

（6）为发起设立证券投资基金（含封闭式基金和开放式基金）以及养老基金的规范、改造、扩募和续期出具法律意见书；

（7）为境内企业海外上市（即在境内设立股份有限公司，到境外发行股票和上市，如发行 H 股、N 股、S 股或者发行外国存托凭证）出具法律意见书；

（8）为境内企业或自然人，以境内资产或权益到境外设立公司并在境外发行上市（即所谓的红筹股上市）出具法律意见书；

（9）代理证券民事赔偿纠纷的诉讼，以及国债回购、证券交易等与证券有关的诉讼类律师业务；

（10）担任上市公司的法律顾问；

（11）担任证券主承销商的法律顾问，对承销商推荐发行公司并承销证券进行法律审查，以避免承销商的风险和责任；

（12）证券公司的设立及其增资扩股，基金管理公司的设立及其重大变更事项，需要律师出具法律意见书；

（13）为上市公司的股东大会进行法律见证服务。

（三）证券律师的特殊工作方法

1.尽职调查并出具法律工作报告。尽职调查是律师从事证券业务的一项很特殊的工作，是对于拟公开发行证券公司进行全面调查，充分了解发行人的经营状况及其面临的法律风险和问题，并有充分理由确信发行人在法律层面符合《证券法》等法律法规及中国证监会规定的发行条件以及确信发行人申请文件和公开发行募集文件真实、准确、完整的过程。律师进行尽职调查时应遵循勤勉尽责、诚实信用的原则。律师进行尽职调查的方法和途径：

（1）资料收集与审核。通过向发行人提供尽职调查清单的方法，要求发行人提供资料，并根据调查需要，通过向第三人发出律师函或其他独立调查等方式进行核证需要了解的资料。

（2）会见有关人员。必要时律师需要与发行人的董事、高级管理人员、核心技术人员和关键岗位人员会见，核实一些书面资料无法核证的事实。

（3）实地考察。一般考察发行人的主要经营场所、仓库等，熟悉公司产品和服务的生产和提供方式，观察公司的日常运营情况。

（4）向有关机关、机构核查。对于一些专门事项，必要时到工商、税务、海关、商检、技术监督、环保、知识产权管理机关、法院、仲裁机构、金融机构、会计师事务所等单位进行调查核实。

（5）分析和总结。在搜集了足够的相关资料后，应运用专业知识、方法进行判断，对于无法确定的事实就可能发生的法律问题和风险发表意见，给发行人提供正确指引。

律师在尽职调查的基础上为发行证券出具律师工作报告。律师工作报告的内容包括律师参与本次发行、上市工作的身份以及业务范围；出具法律意见书的工作过程作详细说明（包括与发行人的相互沟通、对发行人提供材料的查验、走访、谈话记录、现场勘查记录、查阅文件清单，以及工作小时等）、主要核查验证的内容及得出结论的依据。

2.出具法律意见书。法律意见书是律师事务所根据当事人的委托，就证券的发行、上市交易事项，依照有关法律、法规进行审查，作出的肯定或否定性的具有法律效力的书面结论性意见。证券律师出具的法律意见，包括综合性的法律意见书与就某个具体事项出具的法律意见书。综合性的法律意见书是证券律师对公司基本状况进行逐项审查后，对拟设立的公司是否符合股份有限公司条件，是否符合公开发行股票或上市的条件综合得出的结论性的法律意见。某个具体事项的法律意见书是证券律师就某一事项，如为某次股东大会或董事会的决议的合理性出具法律意见书，等等。

（1）律师出具法律意见书的程序如下：①签订委托合同。证券发行人、承销商、上市公司等证券发行、交易的当事人委托律师事务所和律师就有关证券业务提供法律服务，出具法律意见书，应当和律师事务所签订书面委托合同，明确权利和义务关系。即委托人有支付费用和提供真实材料和情况的义务；而律师事务所除收取费用外，有义务向委托人出具法律意见书和关于法律意见书的律师工作报告。②审查各项实施和资料。律师应就委托人所提供的各种事实、资料和文件，进行审查验证。要审查其真实性、合法性、准确性，审查其是否完全齐备，并进行初步法律分析。③出具法律意见书。承办律师在审查有关事项、文件和材料后，遵照真实性、准确性、合法性原则和本行业业务标准和道德规范，草拟法律意见书初稿。经另一位承办律师复核无误，由两名承办律师共同签名或盖章。并加盖所在事务所公章，以公函形式发送委托人。

（2）法律意见书的制作要求。根据证券法律法规规定,申请人申请公开发行股票的及股份公司申请股票上市的应当附律师事务所出具的法律意见书。为保证证券从业律师按照规范化的要求为股份有限公司公开发行股票及上市交易提供法律服务,中国证监会1994年10月28日发布了《公开发行股票公司信息披露的内容与格式准则第六号》（简称《准则第六号》）,即《法律意见书和律师工作报告的内容与格式（试行）》和《上市公司配股法律意见书的内容与格式（试行）》,据此,发行人申请公开发行股票,其所聘请的律师应当按照《准则第六号》的要求,出具法律意见书和律师工作报告。法律意见书是发行人向中国证监会申请公开发行股票所必须具备的法定文件之一。律师工作报告随申请材料上报,存证监会备案。

证券律师制作法律意见书和律师工作报告应符合以下基本要求:

第一,法律意见书按照《法律意见书的内容与格式》的各项提示,只表述结论性的意见（一般不超过3000字）。律师工作报告应当就律师的工作过程、《法律意见书的内容与格式》和《律师工作报告的内容与格式》所涉及的事实及其发展过程、每一法律意见所依据的事实和有关法律规定作出详尽、完整的阐述,并就疑难问题展开讨论和说明。

第二,律师出具法律意见书,应当对《准则第六号》要求的内容做出全面说明。《准则第六号》的某些具体要求对发行人确实不适用的,律师可以根据实际情况,作适当修改;也可以根据需要,增加其他内容;但是应当在律师工作报告中对某项修改或者增加内容的原因作出特别说明。

第三,律师出具法律意见书,不宜使用"基本符合条件"一类的措辞。对于不符合条件的事项或者律师已经勤勉尽责仍不能对其法律适用作出确定意见的事项,应当发表保留意见,并且应当指出上述事项对本次发行、上市的影响程度。

律师出具法律意见书,在行文中不宜使用"假设"、"推定"一类措辞;但是可以使用"经核查,未发现"等措辞。对于某些可以依法作出假设的事实（如对原件的真实性和对企业重要管理人员的书面陈述的信赖等）可以直接说明没有再作进一步的验证。

第四,律师可以要求发行人就某些事宜作出书面保证。但是,无论有无发行人的书面保证,律师仍受勤勉尽责义务的约束,不得出具有虚假、严重误导性内容或者有重大遗漏的法律意见。

第五,发行人申报材料上报后,如有任何改动,必须立即通知律师,并经过律师的书面确认,该书面确认意见应当立即报送证监会。如有必要,律师应当对法律意见书作出相应的修改或者补充,并将其反映在工作报告中。

第六,如果发行人取得发行、上市的许可,律师应当发表补充意见,说明法律意见书出具日至招股说明书发布日期间,法律意见书所涉及的内容及发行人的法律地位没有发生重大变化。如有重大变化事项,应当就此发表法律意见,同修改后的招股说明书一起上报证监会。

第七,为了维护法律意见书的严肃性,防止律师出具有虚假、严重误导性内容或有重大遗漏的法律意见书,律师在股票发行、上市筹备过程中,可以选择适当的时机,以工作报告的形式向发行人提供法律意见,并且不断补充、修改工作报告;只有等到全部工作结束后,发行、上市申报材料正式上报时,方可出具法律意见书。

第八,法律意见书应当在发行人向地方政府或者中央企业主管部门提出公开发行股票申请之前完成。但是,如果地方政府或者中央企业主管部门认可,承办律师可以先行提交法律意见书的草稿,待地方政府或中央企业主管部门作出审批决定后,再签署法律意见书。报送证监会的法律意见书应当是经两名以上律师及其所在律师事务所签字、盖章的正式文本。

第九,法律意见书的结论应符合有关法律法规的特定要求,不得遗漏、扩大,行文要使用法定名称和法律法规界定的术语,容易引起歧义的语言或词句,应用附件或其他方式进行书面说明。

第十,出具法律意见书的律师事务所和经办律师,在出具文件所载信息没有成为公众信息以前,不得以任何形式向外界透露。

3.律师见证。根据证券法律法规规定,上市公司召开股东大会和董事会,应当聘请律师对以下问题出具法律意见并公告:会议的召集、召开程序是否符合法律、行政法规、本规则和公司章程的规定;出席会议人员的资格、召集人资格是否合法有效;会议的表决程序、表决结果是否合法有效;应上市公司要求对其他有关问题出具的法律意见。

4.律师鉴证。首次公开发行股票并上市的发行人应按法律法规规定向证监会报送申请文件,初次报送应提交原件一份。发行人不能提供有关文件的原件的,应由发行人律师提供鉴证意见或由出文单位盖章,以保证与原件一致。

发行人律师提供鉴证意见的,律师应审核、验证所提交文件的真实性、准确性、完整性,并在该文件首页注明"以下第××页至第××页与原件一致",签名和签署鉴证日期,律师事务所应在该文件首页加盖公章,并在第××页至第××页侧面以公章加盖骑缝章。

第十九章 律师知识产权实务

在我国,知识产权的法律保护以《商标法》、《专利法》和《著作权法》这三部法律为基础。随着知识经济的到来,无形财产在社会经济生活中的地位越来越重要,因此知识产权的法律保护也成为民法领域(乃至刑法领域)的重要课题。知识产权是经济和技术高度发展的产物,民法对它们的法律规范有别于传统民法的规定,因而律师在代理知识产权业务时,需要具备更为专业的法律知识。本章拟就知识产权的基本理论和法律实务的重点展开介绍,以便为律师从事知识产权法律业务提供参考和指导。

■ 第一节 律师商标业务

商标是为使消费者或者卖方识别商品而使用,各国商标法一般要求其只具有"识别性"即可。在本节中,笔者将首先介绍商标的历史发展沿革过程,之后将重点介绍商标的申请注册的程序和条件,以及注册商标的许可使用、注册商标的转让等内容。

一、商标制度的历史概况

在一定的商品上表示某种图案或标记,在久远的古代就已经存在了。在古埃及,曾要求陶工在制作的陶器上标注自己的姓名。在我国西汉,曾有在瓷器上标注皇帝的年号。但是这些还很难说就是"商标"。在宋代,一些商家为了让消费者识别商品的来源,而把某些标识用在特定商品上,而该特定的标识又与商家的字号相区别,因此,这可以称得上商标的源头了。如提供商品的"刘家铺子"在其生产的功夫针上使用"白兔标识"[1] 然而在很长一段时间里,商家的这种标识并没有得到法律的保护。通过地方榜文或中央政府的敕令的保护,直到清代才发现有关记载。而这种保护也与现在的商标制度有很大距离。

在德国,出版者们用于自己出版的图书上的标志与"商标"相接近。同样的书籍,不同的出版者所出版的往往有很大的不同,特别在质量、装帧等方面,为了区别不同的商品的来源,出版者就在书籍上印制某种标志。1518年,某出版社的"海豚与铁锚"标志被他人假冒,从而引发了纠纷。同样的纠

---

[1] 郑成思:《商标与商标保护的历史》,载《中国工商管理研究》1998 年第 2 期。

纷也发生在英国,1618 英国通过判例对商品标志进行了保护,可惜它并不是最先制定成文法的国家。1804 年的法国的《拿破仑法典》肯定了商标权,规定与其他财产权一样受到保护。1857 年,法国又制定了系统的《商标权法》,确立了全面的注册商标保护制度。随后,欧美各国也颁布了商标法,确立了自己的商标制度。

二、商标注册申请的律师实务

有些国家规定,仅仅通过商标的使用就可以取得商标权。商标作为证明商品来源的一种标识,总是与商业活动联系在一起的。因此,商标的保护就以实际使用为依据。在取得方式上的这种法律规定被称为"使用取得",[1]当今只有美国等少数国家采用该制度。因为它对使用人有利,却不利于商标的注册人,可能使注册商标处于不稳定的状态,同时对商标的管理也极为不便。因此目前世界上绝大多数国家没有采用该制度。在我国,除了驰名商标,一般商标专用权的取得以获得注册为条件,同时兼顾商标实际使用的事实,以便为权利人提供充分保护。因此商标注册申请是律师代理商标业务的首要工作。

(一)商标注册申请的原则

1.一件商标一份申请。一份申请只能请求注册一件商标,不能在一份申请中提出注册两件或两件以上的商标申请。这既有利于商标申请的分类、审查和管理,也在于防止申请人以一份申请要求多个商标,从而达到少交申请费、审查费的目的。

2.注册在先原则。我国《商标法》第 29 条规定,两个或者两个以上的商标注册申请人,在同一种商品或者类似商品上,以相同或者近似的商标申请注册的,初步审定并公告申请在先的商标。申请的先后,根据《商标法实施细则》规定,商标注册的申请日期,以商标局收申请文件的日期为准。律师在代理商标申请或者为当事人提供法律咨询的时候,有必要关注申请注册的时间问题,这关系到是否能够申请成功。

3.同日申请的,使用在先原则。两个或两个以上的申请人,在同一商品或类似商品上以相同的或者近似的商标申请注册,并在同一日提出申请,最先使用者取得注册商标。我国《商标法》第 29 条对此的规定是,同一天申请的,初步审定并公告使用在先的商标,驳回其他人的申请,不予公告。《商标法实施细则》第 19 条对此作了更为具体的规定。

(二)申请前的准备工作

1.确定申请人的资格。2001 年修正之前,我国《商标法》对申请人提出了两个条件:①商标注册申请必须是从事工商经营活动的企业事业单位或

---

〔1〕 胡开忠编著:《知识产权法比较研究》,中国人民公安大学出版社 2004 年版,第 424 页。

者个体工商户。②商标注册申请人必须是依法成立并且能够独立承担民事责任的单位或者个人。由于这两个条件的规定,造成在商标注册申请中的缺陷:一般意义上的自然人不能成为商标注册的申请人,不从事工商业经营活动的单位也不能申请注册商标。[1] 2001年修订的《商标法》对此作出了新的规定,申请人扩大到自然人、法人或者其他组织,同时取消了经营活动的要求。这样做符合市场经济的内在要求,也与国际上的通行做法相吻合,是值得肯定的。

我国《商标法》在确定申请人的资格问题上,采用了比较宽松的规定,并且关于商标适用与注册商标申请的关系上,认为不以商标的实际使用为前提。我国的这一规定与国际公约的精神是一致的。《知识产权协定》规定,对于一个商标的实际使用不应成为提交注册申请的前提。

2.听取申请人的陈述。商标注册申请是一项复杂的法律程序,涉及多方面的工作。商标专用权的授予,既要符合一定的实质性条件,也要符合一定的程序要求,不具备实质条件的当然不可能被授予专用权,而即使在实质上已经符合了实质性条件,但是如果在程序上不符合规定,也可能对申请造成障碍,甚至不能取得专用权。因此,律师需要认真听取申请人的陈述,了解该项申请的基本内容和有关方面的信息,以便申请工作顺利进行。

3.明确注册商标的条件。在了解基本情况之后,需要考虑的是申请注册的商标必须具备的条件。当然,是否符合条件,最终的决定权在于国务院商标局,而是否提出申请的决定权在于申请人,作为代理人的律师既没有最终的决定权,也没有是否申请的决定权。但是了解法律规定的有关条件,可以更好地决定如何申请,也可以对商标局是否授予商标专用权进行预测。

(1)商标的可识别性要求。商标最基本的功能是识别商品的来源,表示商品的出处。为此,商标必须具备显著特征,只有具备显著特征的商标,才能把某一商品在同类商品中区别开来,使消费者得以辨别不同的商品。[2]而所谓商标的显著特征就是指商标的独创性和可识别性。[3] 我国《商标法》第9条规定:"申请注册的商标,应当有显著特征,便于识别。"商标的显著特征表现为两种:①商标固有的立意、文字、图形独具特色,而形成商标的显著特征。②缺乏固有特征的标志并非永远不能成为商标,通过使用可以获得显著性。这在商标法理论上被称为"第二含义商标"。[4] 我国《商标

〔1〕 吴汉东、刘剑文等:《知识产权法学》,北京大学出版社2002年版,第244页。
〔2〕 各国商标法在给商标下定义时,都突出了商标的识别性,要求可以与他人的商品相区别。参见胡开忠编著:《知识产权法比较研究》,中国人民公安大学出版社2004年版,第403~406页。
〔3〕 张玉敏主编:《知识产权法学》,法律出版社2002年版,第285页。
〔4〕 张耕:《试论第二含义商标》,载《现代法学》1997年第6期。

法》第 11 条规定:"下列标志不得作为商标注册:①仅有本商品的通用名称、图形、型号的;②仅仅直接表示商品的质量、主要原料、功能、用途、重量、数量及其他特点的;③缺乏显著特征的。前款所列标志经过使用取得显著特征,并便于识别的,可以作为商标注册。"

(2)禁止作为商标使用的标志。我国《商标法》第 10 条规定,下列标志不得作为商标使用:①同中华人民共和国的国家名称、国旗、国徽、军旗、勋章相同或者近似的,以及同中央国家机关所在地特定地点的名称或者标志性建筑物的名称、图形相同的;②同外国的国家名称、国旗、国徽、军旗相同或者近似的,但该国政府同意的除外;③同政府间国际组织的名称、旗帜、徽记相同或者近似的,但经该组织同意或者不易误导公众的除外;④与表明实施控制、予以保证的官方标志、检验印记相同或者近似的,但经授权的除外;⑤同"红十字"、"红新月"的名称、标志相同或者近似的;⑥带有民族歧视性的;⑦夸大宣传并带有欺骗性的;⑧有害于社会主义道德风尚或者有其他不良影响的。以上标志不能作为商标使用,自然更不能申请商标注册。县级以上行政区划的地名或者公众知晓的外国地名,不得作为商标。但是,地名具有其他含义或者作为集体商标、证明商标组成部分的除外;已经注册的使用地名的商标继续有效。

(3)三维标志是否可以作为商标注册。我国原来的《商标法》没有规定三维标志可以作为商标注册。但是在实践中,三维标志作为商标的例子是早就存在的,立体商标也并非新鲜事物。其他国家或地区的知识产权立法对此早有规定。如可口可乐瓶于 1960 年在美国获得了注册,法国 1964 年商标法也允许立体商标注册,从而大量的香水瓶和酒瓶因此得到了商标法的保护。[1] 我国 2001 年《商标法》也规定三维标志可以作为商标注册,但是仅由商品自身的性质产生的形状、为获得技术效果而需有的商品形状或者使商品具有实质性价值的形状,不得注册。

(4)关于驰名商标的保护。《商标法》第 13 条规定,就相同或者类似商品申请注册的商标是复制、摹仿或者翻译他人未在中国注册的驰名商标,容易导致混淆的,不予注册并禁止使用。就不相同或者不相类似商品申请注册的商标是复制、摹仿或者翻译他人已经在中国注册的驰名商标,误导公众,致使该驰名商标注册人的利益可能受到损害的,不予注册并禁止使用。

4.办理商标查询。商标查询,是为了了解申请注册的商标是否与别人已经注册或申请的商标相同或近似,以便预测商标申请的成功的可能性。在我国,申请人提出申请的,可以查阅《商标公告》上是否存在与提出申请的商标相同或者近似的商标。各国政府也都设有专门的机构供申请人进行商

----

[1] 杨帆:《比较分析三维立体商标的可注册性》,载《潍坊学院学报》2005 年第 5 期。

标查询。随着网络技术的发展,网上查询也已经成为重要手段。

5. 收集实际使用的证据。虽然申请注册商标不以实际使用为前提,但是实际使用并非没有任何意义。如果两个或者两个以上的商标注册申请人,在同一种商品或者类似商品上,以相同或者近似的商标申请注册的,商标局就初步审定并公告申请在先的商标;如果是同一天申请的,则初步审定并公告使用在先的商标,驳回其他人的申请,不予公告。"使用在先"是在申请提出前就已经存在的事实,使用人最好将有关该事实的证据予以保留,如果在申请注册时遇到上述情况,就可证明自己使用在先。

（三）撰写申请文件

申请注册商标,应该按照规定格式填写申请书。根据《商标法实施细则》第13条的规定,申请商标注册,应当按照公布的商品和服务分类表按类申请。每一件商标注册申请应当向商标局提交《商标注册申请书》1份、商标图样5份、黑白稿1份。商标图样必须清晰、便于粘贴,用光洁耐用的纸张印刷或者用照片代替,长或者宽应当不大于10厘米,不小于5厘米。以三维标志申请注册商标的,应当在申请书中予以声明,并提交能够确定三维形状的图样。以颜色组合申请注册商标的,应当在申请书中予以声明,并提交文字说明。申请注册集体商标、证明商标的,应当在申请书中予以声明,并提交主体资格证明文件和使用管理规则。商标为外文或者包含外文,应当说明含义。

特殊商品申请注册商标,还应该提交批准文件。申请药品商标注册的,应该提交由卫生部或者省、自治区、直辖市卫生厅批准生产药品的证明文件。申请卷烟注册商标的,也应该提交批准生产的文件。

（四）申请日与优先权

1. 申请日的确定规则。申请日在商标注册过程中具有重要意义。它既是确定申请在先的依据,也是确定优先权的依据,优先权的起算本身就是一个符合法定条件的申请日,优先权的期间也是以该申请日为起点计算。《商标法实施细则》规定,商标注册的申请日期,以商标局收到申请文件的日期为准。申请手续齐备并按照规定填写申请文件的,商标局予以受理并书面通知申请人。申请手续不齐备或者未按照规定填写申请文件的,商标局不予受理,书面通知申请人并说明理由。在此情况下,申请日不予保留。

2. 优先权的确定与证明。优先权制度是《巴黎公约》首先提出的。[1]它是指以申请人在一个成员国提出的工业产权的正式申请为基础,在一定期限内,该申请人可以在任何一个成员国,提出对该工业产权的申请,这些

---

[1]《巴黎公约》第4条。

在后的申请被认为是与第一个申请同一天提出。[1]《巴黎公约》规定的优先权的适用范围包括商标、专利、实用新型和外观设计。

我国《商标法》关于优先权的规定完全出自《巴黎公约》。优先权的第一种情形是我国《商标法》第 24 条的规定:商标注册申请人自其商标在外国第一次提出商标注册申请之日起 6 个月内,又在中国就相同商品以同一商标提出商标注册申请的,依照该外国同中国签订的协议或者共同参加的国际条约,或者按照相互承认优先权的原则,可以享有优先权。优先权的第二种情形是我国《商标法》第 25 条的规定:商标在中国政府主办的或者承认的国际展览会展出的商品上首次使用的,自该商品展出之日起 6 个月内,该商标的注册申请人可以享有优先权。

申请人依照法律规定要求优先权的,应当在提出商标注册申请的时候提出书面声明,并且在 3 个月内提交第一次法律规定的证明文件,未提出书面声明或者逾期未提交证明文件的,视为未要求优先权。《商标法》第 24 条、第 25 条和《商标法实施细则》第 20 条对证明文件的种类和要求作了规定。

（五）特殊申请手续

1. 另行申请。我国《商标法》第 21 条规定:"注册商标需要在同一类的其他商品上使用的,应当另行提出注册申请。"所谓同一类的其他商品,是指注册商标核定使用的商品之外的同类商品。因为根据商标法的规定,注册商标的专用权,仅仅以核准注册的商标和核定使用的商品为限,所以扩大到核定商品之外,与原注册商标无关,应该另行申请。

2. 重新申请。《商标法》第 22 条规定:"注册商标需要改变其标志的,应当重新提出注册申请。"既然注册商标的专用权,仅仅以核准注册的商标和核定使用的商品为限,那么注册商标之外的其他的图形、文字等标志就不属于原核定的范围,凡需要改变原商标的图形、文字的,就是新商标,需要重新提出注册申请。

3. 变更申请。《商标法》第 23 条规定:"注册商标需要变更注册人的名义、地址或者其他注册事项的,应当提出变更申请。"变更申请并不涉及商标专用权本身,而是因为商标注册的情况发生了变化,如企业的分立或合并、办事机构的变更等等。

（六）申请过程中的保密义务

在申请注册商标的过程中,代理人在与委托人的合作协调过程中可能会了解、知悉委托人的与注册商标申请无关但是需要保密的信息,作为受托人的律师依法承担保密义务,需要适用合同法或商业秘密的有关规定处理。

---

[1] 张晔:《国内申请人对我国商标权制度应用的探讨》,载《电子知识产权》2005 年第 6 期。

三、注册商标许可的律师实务

注册商标的许可使用是指商标注册人通过与他人签订许可使用合同，许可他人使用其注册商标，而被许可人支付一定使用费。许可他人使用，是商标注册人利用商标的重要途径，可以实现其收益，同时许可使用被许可人仅仅获得的是使用注册商标的权利，注册商标的所有权还是由商标注册人保留。律师在代理许可使用时，应该注意许可的类型和许可合同的内容，以保护当事人的利益，从而减少纠纷。

（一）注册商标许可使用的类型

与专利的许可使用一样，注册商标的许可使用也可以分为独占许可、独家许可、普通许可等。不同类型的许可，被许可人享有不同的权利，特别是是否具有排他性的权利。因此在签订许可合同时，当事人双方应该根据实际需要，选择不同的许可类型。具体内容可以参见本章专利许可部分的论述。

（二）商标许可使用中的律师实务

注册商标的许可使用以合同的方式进行。当事人双方应该签订书面合同。合同的内容包括：①当事人双方的名称、地址等相关信息；②许可使用的商标、注册证号码、使用期限、使用的地域范围；③许可使用的类型；④许可使用商品的质量标准；⑤许可人监督商品质量的措施和被许可人保证商品质量的措施；⑥商标销售的价格、范围；⑦许可费的计算方法和支付方式；⑧违约责任；⑨其他事项。

对于许可使用中发生的当事人双方的权利义务，应该注意的问题：①被许可使用的商标，必须与核准的商标一致；②许可期限，不得超过注册商标的专用权期限；③被许可人无权擅自转让、注销或者变更注册商标，也不得许可第三人使用，除非取得许可人的同意；④被许可人应该保证商品质量，维护商标信誉，并在商品或者包装上注明产地和被许可人的名称。

（三）许可合同的备案

商标使用许可合同应当报商标局备案。自当事人签订合同之日起3个月内，当事人应该填写许可使用合同的备案表，附上商标注册证复印件，由许可人报商标局备案。

四、注册商标转让的律师实务

（一）商标转让的概念与原则

注册商标的转让，是指商标专用权从专用权人转移给受让人，由受让人支付转让费的法律行为。商标专用权作为财产权的一种，可以依照当事人的意思进行转让，是现代商标制度的重要特征。但是商标是与商品联系在一起的，商标的转让可能割裂特定商标与特定经营者之间的联系。为了保护消费者的利益，各国对此也形成了不同的转让原则。

1.连同转让原则。注册商标不能单独转让,而必须与企业或与商标的有关业务一起转让。[1] 因为商标是作为识别商品及其生产者的标志,它不能与其商品或生产者相分离,否则容易引起混淆,损害消费者的利益。美国、德国、瑞士、意大利等国采用此种转让原则。不过近年来随着贸易的发展,商标越来越成了一项独立的财产,一些国家也改变了过去的做法。[2] 世界贸易组织《知识产权协定》第21条规定:注册商标所有权人有权连同或者不连同所属的经营一道转让其商标。

2.自由转让原则。注册商标可以单独转让,商标的转让可以与商品和营业分开。但是,在允许自由转让的同时,法律又往往规定,受让人应该保证使用该注册商标的商品的质量。[3] 英国、法国等多数国家采用这一转让原则。我国《商标法》第39条规定,转让注册商标的,转让人和受让人应当签订转让协议,并共同向商标局提出申请。受让人应当保证使用该注册商标的商品质量。转让注册商标经核准后,予以公告。受让人自公告之日起享有商标专用权。既然我国商标法对自由转让没有明文的限制,那么事实上我国采用的也是自由转让的原则。

(二)注册商标转让的律师实务

我国法律规定注册商标可以自由转让。具体到商标的转让方式,又有四种:

1.商标连同企业一起转让。这种转让方式主要是在企业合并时发生。企业合并有吸收合并和新设合并,在前者,一个企业成为另一个企业的一部分,它的所有的权利和义务都由另一个企业承受;在后者,被合并的企业都消灭,而成立一个新的企业,原来企业的所有的权利义务都由新的企业承受,这两种情况,商标权也发生了转移。

2.单独转让。这是一家企业将自己的商标权转让给另一个企业,而不涉及商标权以外的其他的权益的变动。

3.部分类别商品的商标的转让。一企业在两个不同的类别的商品上注册了同一个商标,它可以将其中之一的商标进行转让。如某企业在牙膏和肥皂上同时注册了"白云"商标,那么它可以就对于牙膏或者肥皂的商标进行转让。

4.继承。在我国个体工商户可以获得商标专用权,当户主死亡的时候,就发生继承,商标专用权由其继承人继承。

律师在协助当事人办理商标转移的过程中,还应该注意办理必要的法

〔1〕 李永明主编:《知识产权法》,浙江大学出版社2000年版,第563页。
〔2〕 吴汉东主编:《知识产权法》,中国政法大学出版社2004年版,第281页。
〔3〕 张燕强:《知识产权法原理与实务》,上海财经大学出版社2005年版,第70页。

律手续。《商标法》第 39 条规定,转让注册商标,转让人和受让人应该签订转让协议,并共同向商标局提出申请。转让注册商标经核准后公告,受让人自公告之日起享有商标专用权。因此,转让商标的,应该核准并公告,否则商标专用权并没有发生转移。《商标法实施细则》第 26 条规定,注册商标专用权因转让以外的其他事由发生转移的,接受该注册商标专用权的当事人应当凭有关证明文件或法律文书到商标局办理专用权移转手续。

（三）注册商标转让的限制条件

允许商标的自由转让并不意味着法律对转让活动没有任何规制,相反法律仍然规定了一定的限制条件。律师在代理商标转让过程中应该特别注意,防止出现不必要的纠纷。

1. 我国商标法允许在同一种商品或服务上注册数个相似的商标,也允许在数种类似的商品或服务上注册同一个商标。如果在此情况下不采用整体转让,容易产生混淆。因此必须整体转让。我国《商标法实施细则》规定,转让注册商标的,商标注册人对其在同一种或者类似商品上注册的相同或者近似的商标,应当一并转让;未一并转让的,由商标局通知其限期改正;期满不改正的,视为放弃转让该注册商标的申请,商标局应当书面通知申请人。

2. 受让人必须保证使用该注册商标的商品的质量。

3. 集体商标不能转让或许可给非集体成员使用,因为集体商标的性质决定了集体商标只能由集体商标注册人的所属成员使用。

■ 第二节　律师专利业务

所谓专利是指对于公开的发明创造所享有的独占权。专利制度的基本功能是将发明创造作为专利,赋予发明者本人。在本节中将首先介绍专利制度的历史沿革,其后将着重介绍专利申请的程度、专利授予的条件等内容,之后将介绍专利许可及专利转让方面的内容。

一、专利制度的历史概况

专利制度萌芽于国王授予的特权。早在公元前,雅典国王就颁布特许,授予一个厨师独占性地使用他发明的烹调方法的特权。1236 年,英王亨利三世曾颁发给市民制作各种色布 15 年的特权。1331 年,英王爱德华三世授予佛来明人约翰·肯普的织布及染布的独占权利。这可以称得上专利制度的萌芽。世界上最早建立专利制度的是威尼斯共和国。1474 年,威尼斯共和国制订了世界上第一部专利法,依法颁发了世界上的第一号专利。科学家伽利略在威尼斯共和国获得了扬水灌溉机的 20 年专利权。1642 年英国颁布了《垄断法》,继英国之后,其他资本主义国家陆续颁布了专利法。同时,为便于国际合作与交流,产生了不少的国际条约与国际组织,如《保护工业产权巴黎公约》、《专利合作条约》、《欧洲专利条约》、世界知识产权组织、欧洲专利局等。

而我国的专利制度发展相对滞后,直到清朝光绪年间,上海机器织布局获得光绪皇帝亲笔批准的"十年以内,只准华商附股搭办,不准别行设局"的垄断权。1895 年,资本家张謇取得了在通州、崇明、海门免税经营的特权。而真正的专利制度建立是辛亥革命后的 1912 年,工商部颁布了《奖励工艺品暂行章程》。1944 年,国民党政府颁布了《专利法》。新中国诞生后,1950 年中央人民政府颁布了《保障发明权与专利权暂行条例》。特别是改革开放以后,我国专利事业得到了蓬勃发展,1984 年 3 月 12 日全国人大常委会通过了《专利法》,于 1985 年 4 月 1 日正式实施。此后,随着社会主义市场经济的发展,客观上有了对专利制度的强烈需求,专利立法和学术研究也取得了长足的发展。

二、专利申请的律师实务

律师代理专利申请,是指律师接受专利申请人的委托,按照专利法及其实施细则和有关法律、法规的规定,代其向专利管理机关申请专利,并在专利审查中提供法律咨询、陈述意见和出具法律文件的法律活动。根据我国法律的规定,专利代理人须通过考核,[1]获得《专利代理人资格证书》方能从事专利代理业务,世界各国对专利代理人的资格也做了较为严格的规定。因此普通律师一般不具有此资格,不能成为专利代理人。但是在专利申请中仍然涉及许多法律问题,律师可以为当事人提供不可或缺的法律咨询和法律服务。

(一)专利申请的原则

1. 书面原则。专利申请的书面原则要求专利申请人及其代理人在办理专利申请的过程中,各种手续都应该采用书面形式,不得以口头、电话、电传等形式进行专利申请。申请人及其代理人必须以规定的格式提交书面文件,并签名或盖章。同时,在我国申请专利,还必须使用中文。《中华人民共和国专利法实施细则》第 4 条规定:"依照专利法和本细则规定提交的各种文件应当使用中文;国家有统一规定的科技术语的,应当采用规范词;外国人名、地名和科技术语没有统一中文译文的,应当注明原文。"

2. 先申请原则。专利权作为知识产权的一种,具有排他性,在同一法域内,同样主题的发明创造上只可能存在一项专利权。如果某一发明创造已经被授予专利权,则他人就不能再度申请专利。为此,我国《专利法》第 9 条

---

〔1〕　参见我国《专利代理条例》第 14、15、16 条。

规定:"两个以上的申请人分别就同样的发明创造申请专利的,专利权授予最先申请的人。"

3. 单一原则。单一原则要求一份专利申请文件只能提出一项发明创造的专利申请,即"一申请一发明"。这既有利于专利申请的分类、检索和审查,也在于防止申请人以一份申请要求保护多项发明创造,从而达到少交申请费、审查费和维护费的目的。我国《专利法》第 31 条规定:"一件发明或者实用新型专利申请应当限于一项发明或者实用新型。属于一个总的发明构思的两项以上的发明或者实用新型,可以作为一件申请提出。一件外观设计专利申请应当限于一种产品所使用的一项外观设计。用于同一类别并且成套出售或者使用的产品的两项以上的外观设计,可以作为一件申请提出。"《专利法实施细则》第 35 条、第 36 条作了进一步的规定。

(二)申请前的准备工作

1. 确定委托人的资格。一项发明创造的完成,往往不是一个人努力的结果,而是有多人参与。在一些情况下,参与发明创造过程的人,是共同发明人或共同设计人,有提出申请的权利。而在另一些情况之下,仅仅参与该过程,并不具有共同发明人或共同设计人的身份,因此,没有申请的权利。在提出申请之前,这是需要首先明确的问题。

决定是否具有申请人的关键是对发明创造的实质性特点做出创造性贡献。《专利法实施细则》第 12 条规定:"专利法所称发明人或者设计人,是指对发明创造的实质性特点做出创造性贡献的人。在完成发明创造过程中,只负责组织工作的人、为物质技术条件的利用提供方便的人或者从事其他辅助工作的人,不是发明人或者设计人。"据此,虽然参与发明创造的过程,但是只是负责组织工作,或提供方便,或从事辅助工作的,不享有申请专利的权利。

有的国家规定只有发明人才有申请资格,如美国,申请人"不能从他人那里得到以自己名义取得专利的权利,也不能从他人那里获取专利构思。"[1]在我国,发明人、设计人之外的人也有权提出专利申请。①对于职务发明创造,根据我国《专利法》第 6 条的规定,发明人或设计人虽然是个人,但是申请专利的权利属于单位,申请被批准后,该单位为专利权人。《专利法实施细则》第 11 条对职务发明创造作了进一步的规定。②对于合作的发明创造和接受其他单位或个人委托而完成的发明创造,根据"对发明创造的实质性特点做出创造性贡献"的标准,则合作人或委托人具有申请专利的权利。但是如果当事人对于申请权利有另外约定的,从其约定。再者,专利

---

〔1〕 [美]阿瑟·R.米勒等著,周林等译:《知识产权法概要》,中国社会科学出版社 1997 年版,第 67 页。

权和专利申请权属于民事权利,并且具有可转让性和可继承性。申请权人可以将申请专利的权利转让给他人,受让人因此可以取得申请专利的权利。如果发明人、设计人在申请专利之前死亡的,则专利申请权依法继承,继承人可以取得专利申请权。

2. 听取申请人的陈述。专利申请是一项复杂的法律程序,涉及多方面的工作。专利权的授予,既要符合一定的实质性条件,也要符合一定的程序要求,不具备专利实质条件的当然不可能被授予专利权,而即使已经符合了实质性条件,但是如果在程序上不符合规定,也可能对专利权的取得造成障碍,甚至不能取得专利权。因此,律师需要认真听取申请人的陈述,了解该项发明创造的基本内容和技术特征和有关方面的信息,以便专利申请工作顺利进行,使发明创造得到更好的保护。

3. 明确授予专利的条件。在了解发明创造的基本情况之后,需要考虑的是该项发明创造是否与授予专利的条件相符合。当然,是否符合法律规定的授予专利权的条件,最终的决定权在于国务院专利行政部门,而是否提出申请的决定权在于专利申请权人,作为代理人的律师既没有最终的决定权,也没有是否申请的决定权。但是了解法律规定的有关条件,可以更好地决定如何保护发明创造,也可以对专利行政部门是否授予专利权进行预测。

授予专利权的发明和实用新型,应当具备新颖性、创造性和实用性。新颖性是以现有的技术为参照系的。[1] 根据我国《专利法》第 22 条的规定:"新颖性,是指在申请日以前没有同样的发明或者实用新型在国内外出版物上公开发表过、在国内公开使用过或者以其他方式为公众所知,也没有同样的发明或者实用新型由他人向国务院专利行政部门提出过申请并且记载在申请日以后公布的专利申请文件中。"对于新颖性的保持,《专利法》第 24 条又作了特殊规定,在这些特殊情况下不丧失新颖性。所谓创造性,是指同申请日以前已有的技术相比,该发明有突出的实质性特点和显著的进步,该实用新型有实质性特点和进步。实用性,是指该发明或者实用新型能够制造或者使用,并且能够产生积极效果。

对于外观设计,《专利法》第 23 条规定:"授予专利权的外观设计,应当同申请日以前在国内外出版物上公开发表过或者国内公开使用过的外观设计不相同和不相近似,并不得与他人在先取得的合法权利相冲突。"所谓在先的合法权利主要是指商标权、著作权、肖像权等。

此外,还要考虑消极性条件。根据我国《专利法》规定,对违反国家法律、社会公德或者妨害公共利益的发明创造,不授予专利权。科学发现、智力活动的规则和方法、疾病的诊断和治疗方法、动物和植物品种、用原子核

---

〔1〕 刘春田主编:《知识产权法》,高等教育出版社 2003 年版,第 188 页。

变换方法获得的物质,不授予专利权。《专利法》第5条,第25条和《专利法实施细则》第9条都作了规定。

4.决定是否申请专利。专利之所以被各国普遍接受和采用,是发明创造人因此而取得了专有性的垄断性的权利。由于权利的保护性比较强,发明人或设计人愿意申请专利。但是垄断性的保护是有条件的,即必须公开技术信息,同时专利人还需要交纳一定数额的年费,以获得国家的保护。另外国家的保护是有期限的,在保护期之后,专利技术就成为公有技术,专利人就不再享有原先的财产权利。而处于秘密状态的专有技术,却不必要公开,可以通过商业秘密得到保护,也没有保护期限的限制,但是保护力度却不如专利技术。可见,专利制度对技术的保护也不是十全十美的。因此为了发明人或设计人的自身利益考虑,应该结合技术的具体情况和技术所有者的利益需要,而决定是否申请专利。

5.进行文献检索。新颖性是授予专利权的基本条件之一。它是指申请专利与发明创造不属于现有技术。代理人进行文献检索的目的就是判断该项发明创造是否具有新颖性。律师到专利行政部门进行文献检索,初步确定该项发明创造是否具备新颖性。

以申请日为时间界点,如果以前没有同样的发明或者实用新型在国内外出版物上公开发表过,同时在国内公开使用过,也没有以其他方式为公众所知,则该发明或者实用新型具有新颖性。在确定新颖性的问题上,应该注意是否存在抵触申请,也就是说,如果有同样的发明或者实用新型由他人向国务院专利行政部门提出过申请并且记载在申请日以后公布的专利申请文件中,则存在抵触申请,丧失新颖性。

对于外观设计而言,如果同申请日以前在国内外出版物上公开发表过或者国内公开使用过的外观设计不相同和不相近似,则具备新颖性。

为了保护申请人的合法利益,《专利法》第24条还规定在特殊情况下不丧失新颖性:在中国政府主办或者承认的国际展览会上首次展出的;在规定的学术会议或者技术会议上首次发表的;他人未经申请人同意而泄露其内容的。申请人在6个月内提出申请,不丧失新颖性。

(三)撰写申请文件

申请人应该按照专利法及其实施细则所规定的内容、格式和其他要求填写各类申请文件。申请发明或实用新型专利应该提交请求书、说明书及其摘要和权利要求书。申请外观设计专利应该提交请求书和图片等文件。

1.申请发明或实用新型专利应该提交的文件。请求书是指专利申请人向国务院专利行政部门提交的请求授予其发明或实用新型以专利权的书面文件。请求书应当写明发明或者实用新型的名称,发明人或者设计人的姓名,申请人姓名或者名称、地址等。如果申请人委托专利代理机构的,应当注明有关的事项;申请人未委托专利代理机构的,应注明其联系人的姓名、地址、邮政编码及联系电话。要求优先权的,应当注明的有关事项。《专利法》第26条和《专利法实施细则》第17条对此作了详细规定。

说明书是对发明或者实用新型的技术内容进行具体说明的陈述性文件。说明书应当对发明或者实用新型做出清楚、完整的说明,以所属技术领域的技术人员能够实现为准;必要的时候,应当有附图。摘要应当简要说明发明或者实用新型的技术要点。《专利法实施细则》第18条对说明书的内容和格式作了详细规定。说明书摘要应当写明发明或者实用新型专利申请所公开内容的概要,即写明发明或者实用新型的名称和所属技术领域,并清楚地反映所要解决的技术问题、解决该问题的技术方案的要点以及主要用途。

权利要求书是用以确定专利保护范围的书面文件。它是判断他人是否侵犯专利权的根据,具有直接的法律效力。权利要求书应当说明发明或者实用新型的技术特征,清楚、简要地表述请求保护的范围。权利要求书应当有独立的权利要求,也可以有附属权利要求。《专利法实施细则》第20～23条对权利要求书的撰写内容与格式作了详细规定。

2. 申请外观设计应该提交的文件。请求书应该写明外观设计的产品名称、设计人、申请人,有代理机构或代理人的,应该注明其名称或姓名。外观设计申请人应该提交外观设计的图片或照片。图片或者照片,不得小于3厘米×8厘米,并不得大于15厘米×22厘米。同时请求保护色彩的外观设计专利申请,应当提交彩色图片或者照片一式两份。申请人应当就每件外观设计产品所需要保护的内容提交有关视图或者照片,清楚地显示请求保护的对象。在必要的时候,申请人还应当写明对外观设计的简要说明。

(四)申请的审查

对专利申请的审查包括形式审查和实质审查,该部分主要是国务院专利行政部门的工作,本书从略。

(五)涉外专利申请

中国单位或者个人将其在国内完成的发明创造向外国申请专利的,应当先向国务院专利行政部门申请,经国务院有关主管部门同意后,委托指定的专利代理机构办理。目前国务院制定的有权办理对外申请专利的代理机构有:中国国际贸易促进委员会专利商标事务所、中国专利代理有限公司、上海专利事务所、永兴专利代理公司和柳沈知识产权公司。

(六)申请过程中的保密义务

专利技术具有公开性,一般不涉及保密义务。但是发明专利申请可能涉及国防方面的国家秘密需要保密的,此时申请专利就与一般的专利申请有所不同。另外,在专利申请过程中,代理人在与委托人的合作协调过程中可能会了解、知悉委托人的与专利申请无关但是需要保密的信息,此时需要适用合同法或商业秘密的有关规定处理。

三、专利许可的律师实务

专利许可包括强制许可和专利许可证贸易。前者由国务院专利行政部门依据专利法的有关规定实施,不是本书讨论的内容。专利许可证贸易是专利权人通过专利许可证合同将其对发明创造的实施权转移给非专利权人行使的一种贸易形式,是专利权人实施其专利的一种重要途径。

(一)专利许可的种类

根据被许可方所获得的权利的效力范围和作用对象,专利许可可以分为独占许可、独家许可、普通许可和分许可。不同的许可授予被许可方的权利是不同的,而被许可方支付给专利权人的许可费用也是不同的。专利权人应该根据自己的需要和被许可方的具体情况,决定授予何种许可。

1. 独占许可。独占许可是指专利权人许可被许可方以特定的方式对专利进行独占性实施,并且在合同约定的时间和地域范围之内,专利权人不得许可第三方以同样的方式实施该专利,专利权人自己也不能以同样方式实施该专利。该种许可,授予被许可人在一定的时间期限和一定的地域范围之内的独占实施权,并可以排除包括专利权人在内的其他人以相同的方式实施该专利。但是被许可方所应支付的费用也比其他任何一种许可证的被许可人所支付的费用要高。

2. 独家许可。独家许可也称为排他许可。专利权人许可被许可人以特定的方式实施该专利,并且在合同约定的时间和地域范围内,专利权人不得再许可任何第三人以同样的方式实施该专利,但是专利权人自己却仍然可以实施,这也正是独家许可与独占许可的不同。

3. 普通许可。在授予普通许可的情况下,被许可方有权在合同约定的时间和地域范围内,以合同约定的方式实施该专利。与此同时,专利权人自己保留实施该专利的权利,也可以再许可第三人实施该项专利。在授予这种许可证的情况下,被许可方不像前两者那样拥有排他性的权利,而专利权人却保留了较多的权利,因此被许可方支付的许可费比前两者要低。

4. 分许可。分许可是指在专利许可合同中,专利权人允许被许可人在合同约定的时间和地域范围内再许可他人实施该专利的一种许可。这种形式的许可证是相对于原许可而言的。专利权人与他人之间的许可合同项下的许可证是原许可,而该许可证持有人与第三人之间的许可证合同项下的许可证就是分许可。关于分许可有以下问题需要注意:①被许可方能否授予他人分许可应该以原许可为依据。如果合同没有约定分许可,则被许可方没有权利允许合同规定以外的任何单位或者个人实施该专利。只有在原许可合同对分许可明确允许的情况下,被许可人才有权分许可。②在允许分许可的情况下,被许可方向第三人授予分许可的,分许可的有效期限不应超过原许可的有效期限,分许可所及的地域范围不得超过原许可证所允许的有效地域范围。③被许可方给分许可的被许可方授予的实施方式不得超出原许可的实施方式。

(二)在签订专利许可合同中的律师实务

专利许可合同也称专利实施许可合同。作为一方当事人代理人的律师,应该明确双方就实施专利的方式、期限、地域范围的具体约定,明确合同的主要条款和当事人的权利义务。专利许可合同的主要条款有:

1. 专利实施方式条款。专利权人依法享有独占实施权。根据我国《专利法》第 11 条的规定,任何单位与个人未经专利权人许可,都不得实施其专利,即不得为生产经营的目的制造、使用、许诺销售、销售、进口其专利产品或者使用、许诺销售、销售、进口依照该专利方法直接获得的产品。对于外观设计,未经过专利权人许可,不得为生产经营的目的制造、销售、进口其外观设计专利产品。专利权人可以许可他人其中的一项或数项实施权。被许可人无权实施合同没有约定的实施方式。

2. 许可的类型。许可证的类型有独占许可、独家许可、普通许可和分许可,上文已经阐明。

3. 许可证的有效期限和地域范围。许可证的有效期可以是专利权的有效期限,也可以是专利权有效期限的一部分,但不得超出专利权的有效期限。专利许可证的效力可以及于专利权的整个有效地域范围,也可以及于专利权有效地域范围的一部分。

4. 专利许可费的标准及其支付方法。常见的专利许可费的标准有:①最低额使用费:此种标准是被许可方按期(每年、每半年或每季度)向专利权人支付其所能保证的最低数额的使用费。②最高额使用费:此种标准是被许可方向专利权人支付的使用费达到一个最高数额为止。③按件支付标准:按照实施专利所生产的产品的数量,被许可方以一个固定的比例向专利权人支付使用费。④净收入标准:被许可方根据实施专利所获得的净收入,确定一个固定的比例向专利权人支付使用费。

5. 改进技术的归属与交换条件。根据自己生产经营的需要,被许可方在获得许可方的专利技术之后,可能对专利技术进行研究而作出必要的适合自己生产经营的改进。由于技术的改进而产生两个问题:①改进技术的归属。一般来说,专利权人不得禁止被许可方对该专利技术的改进,同时根据"谁改进,谁所有"的原则,改进技术归被许可方所有。②专利权人对改进技术的利用问题。许可合同中最好明确专利权人是否可以无偿利用该改进的技术。如果没有约定,则既然改进技术归改进所有,专利权人就不可能无偿使用该改进技术。

6. 技术指导和技术服务条款。通常情况下,被许可方的人员需要通过技术指导、技术培训等才能掌握专利技术从而正确实施专利。因此当事人双方有必要对技术指导和技术服务事项在合同中加以约定。技术培训的合同往往作为许可证合同的附件,就培训的内容、方法以及应达到的水平加以规定,以保证专利的实施可以达到预期的效果。

7. 专利许可证贸易合同中的禁止条款。搭售条款是指专利权人要求被许可方接受与专利技术无关的附带条件,如购买不需要的技术,接受不必要的服务等。我国《反不正当竞争法》规定,经营者销售商品,不得违背购买者的意愿搭售商品或者附加其他不合理条件。因此,搭售条款是禁止条款。

固定价格条款是指专利人指定被许可方以固定的价格销售其专利产品。该类条款的作用是巩固许可方的竞争优势,但是被许可方却没有根据市场调整销售价格的自由。因此,该类条款明显与市场交易规律不相符合,为法律所禁止。

从理论上说,合同期限届满之后,被许可方就无权继续实施专利。但实际上,被许可方在合同期限内,不一定能够将专利产品销售完毕。此外,被许可方为了实施专利,可能引入了大量的生产设备,如果不能继续实施该专利,将造成设备的闲置和浪费。因此比较合理的做法是,如果没有出现特殊的情况,应该允许被许可方与专利权人续订许可合同,以便继续实施。对于被许可方的续订权问题,最好在原许可合同中加以规定。

四、专利转让的律师实务

根据买卖、赠与或者继承,专利权可以在不同的民事主体之间转移。通过合同进行专利的转让是专利权人实现自己利益的重要方式。广义的专利转让合同包括专利权的转让、专利申请权的转让和专利实施许可合同。本文讨论的专利转让是指专利权的转让。在专利转让合同中也有值得律师注意的法律问题,律师不论是作为转让方的代理人还是作为受让方的代理人,必须明确双方的权利义务,从而更好地维护委托人的利益。

(一)让与人的主要义务

让与人对转让的技术负有瑕疵担保责任。我国《合同法》第349条规定:"技术转让合同的让与人应当保证自己是所提供的技术的合法拥有者,并保证所提供的技术完整、无误、有效,能够达到约定的目标。"可见,让与人的担保责任包括两部分的内容:权利瑕疵担保与品质瑕疵担保。前者要求让与人是专利技术的合法拥有者,后者要求让与人提供的专利技术符合约定的目标。同时《合同法》第353条规定:"受让人按照约定实施专利、使用技术秘密侵害他人合法权益的,由让与人承担责任,但当事人另有约定的除外。"

专利转让合同的让与方应当依照合同约定办理专利权利转移手续。我国《专利法》第 10 条规定,专利转让合同应当以书面形式签订,并向国务院专利行政部门登记,由国务院专利行政部门公告。专利权的转让自登记之日起生效。依照该条规定,当事人之间仅仅签订了专利转让合同还没有产生转让专利权的效果,只有在合同登记之后,专利权才发生转移。因此,基于合同的约定,受让人有权要求进行登记,以把专利权转移到自己名下,而对于让与人来说,这就是他的义务。

(二)受让人的主要义务

受让人的主要义务是依照合同约定向让与人支付专利转让费。《合同法》第 352 条规定,受让人未按照约定支付使用费的,应当补交使用费并按照约定支付违约金。

(三)后续改进的技术成果分享

《合同法》第 354 条规定:"当事人可以按照互利的原则,在技术转让合同中约定实施专利、使用技术秘密后续改进的技术成果的分享办法。没有约定或者约定不明确,依照本法第 61 条的规定仍不能确定的,一方后续改进的技术成果,其他各方无权分享。"可见对于该问题,法律首先是尊重当事人的意愿,允许当事人自己约定,在没有约定的情况下,则后续改进的技术成果属于改进方享有。

■ 第三节 律师著作权业务

所谓著作权是指支配特定作品并享受其利益的人格以及财产权的合成。其客体为特定作品。本节将首先介绍著作权制度的历史沿革情况,之后将介绍著作财产权的许可使用问题,包括许可使用作品的方式、许可使用的地域范围和期间及付酬办法等内容,以及著作权转让方面的内容。

一、著作权制度的历史概况

印刷术的出现,使得作品(文字作品)有了被大量复制的可能,著作权保护制度也是由此而逐渐发展起来的。但是最早的对于作品的保护,是授予印刷商或出版者的特许权。在我国宋代,为了保护《九经》监本,朝廷曾下令禁止一般人随便刻印这部书,如果要刻印,必须先得到国子监的批准。这实际上是保护国子监对《九经》监本的刻印出版的一种专有权。[1] 我国的这种保护比欧洲出现的这类特权要早 500 年。宋代还通过政府榜文禁止"翻版"、"复版",并且还有对违反"不许复版"的禁令所规定的制裁措施,即"追版劈毁"。当然在中国以成文法律来对著作权加以保护,则是清末以来的事

---

〔1〕 郑成思:《知识产权论》,法律出版社 2005 年版,第 12 页。

情了。

十五六世纪,欧洲各国都曾授予出版者特许权,禁止他人擅自翻印其书籍。1709 年,英国议会通过了世界上第一部版权法——《安娜女王法令》,它的全称是"为鼓励创作而授予作者及购买者就其已经印刷成册的图书在一定时期之内享有权利的法令"。这里的购买者实际指的是出版商。不过这时期保护的重点是经济权利,而没有现在对作者精神权利的保护。美国的版权法也继承了这一特征。1791 年,法国颁布了《表演权法》,1793 年颁布了《作者权法》。它对于作品的保护,就不再是出版商的权利,也不仅仅是经济性的权利,这可以说是对著作权制度的重大发展。受法国大革命的天赋人权思想和康德为代表的哲学家的影响,在理论上出现了对作者人格即精神权利的保护,因此这与强调经济权利的"版权"是有所不同的,而被称之为"作者权"。但是随着国际交流的日益频繁和知识产权国际保护的强化,两大法系在著作权保护方面有所融合。我国自 1979 年开始制定著作权法,2001 年的《著作权法》规定,"著作权"即"版权"。

二、著作权许可的律师实务

著作权许可使用是指著作权人许可他人以一定方式使用其作品并收取使用费。著作权包括著作财产权与著作人身权。著作人身权一般只能由著作人自己行使,不存在许可使用的问题。当然也有观点提出著作人身权也是可以许可使用的,[1]这有进一步研究的必要。本书按照现有理论和实践,介绍著作财产权的许可使用问题。律师作为许可方或者被许可方的代理人,必须明确著作权许可使用合同的特点,双方的权利义务,以便为双方签订合同提供充分的法律意见,维护委托人的利益。

(一)著作权许可的类型

根据不同的标准,著作权许可使用可以分为不同类型,不同类型的著作权许可使用合同中当事人的权利义务很不相同。作为当事人代理人的律师有必要了解不同类型的许可使用,以便根据具体情况决定签订何种类型的许可使用合同。

从专有权的角度看,著作权许可使用可以分为专有许可与非专有许可。这是比较重要的一种分类。专有许可是指被许可人可以在一定时间和一定的地域范围内独占地使用作品,并且可以排除包括作者在内的其他人以该特定的方式使用作品。非专有许可的被许可人则不能排除他人以相同的方式使用作品。对于这两种不同类型的许可合同,法律也做了不同的规定。我国《著作权法实施细则》第 23 条规定:"使用他人作品应当同著作权人订

---

〔1〕 刘雪斌、胡启南:《论著作人身权的许可使用》,载《中共福建省委党校学报》2005 年第 11 期。

立许可使用合同,许可使用的权利是专有使用权的,应当采取书面形式,但是报社、期刊社刊登作品除外。"而如果约定专有许可合同,但是没有约定专有使用权的内容,则视为被许可人有权排除包括著作权人在内的任何人以同样的方式使用作品。当然,专有使用权人许可第三人行使同一权利,仍然必须取得著作权人的许可。另外,从合同的形式来看,专有许可合同应该是书面行使,并到著作权行政管理部门备案。

从许可使用的权项角度看,著作权许可使用可以分为整体许可与分项许可。前者是指许可他人使用著作财产权的全部权项,后者指许可他人行使特定的一种或几种财产权,被许可人不能超出约定的权项使用作品。

从被许可人是否有权发放分许可证的角度看著作权许可使用可以分为允许分许可使用和不允许分许可使用。一般来说,许可合同没有约定是否可以分许可的,被许可人没有分许可的权利。我国《著作权法实施细则》第24条规定,除合同另有约定外,被许可人许可第三人行使同一权利,必须取得著作权人的许可。

(二)著作权许可中的律师实务

1.许可使用作品的方式。著作权人许可他人使用其作品的具体方式是与著作财产权的内容联系在一起的。著作财产权包括复制权、发行权、出租权、展览权、表演权、播放权,等等。作品使用人使用作品的方式只能以合同约定的方式为限。

2.许可使用的权利是专有使用权还是非专有使用权。这在许可使用的类型中已经提到,不再赘述。

3.许可使用的地域范围和期间。著作权人可以许可他人在全球、全国范围内使用作品,也可以许可他人只在特定的有限区域内使用作品。一般情况下,国内著作权许可合同,如果当事人没有特定约定,则被许可人可以在全国范围内使用作品。著作权使用的合同的期限,可以是著作权的整个保护期,也可以是保护期内的一个时间段。由于作品使用的时间和范围的限制将在很大程度上影响著作权人和被许可人的利益,因此,无论作为著作权人的代理律师,还是作为被许可人的律师,为了委托人利益考虑,有必要审慎地在合同中就有关问题达成协议,以便最大限度地维护己方利益并避免纠纷。

4.付酬办法。我国《著作权法》第27条规定,使用作品的付酬标准可以由当事人约定,也可以按照国务院著作权行政管理部门会同有关部门制定的付酬标准支付报酬。当事人约定不明确的,按照国务院著作权行政管理部门会同有关部门制定的付酬标准支付报酬。现实较为普遍的一种做法是以"版税"的形式来支付报酬,即按照作品复制发行量的价格总额乘以一定的比例向作者支付报酬。这种计算方法已经为多数作者接受。当然如果约定以该种方法支付报酬的,有必要在合同中约定被许可者有义务向作者提供作品复制发行的相关信息,以保证报酬计算准确性。

5.违约责任和其他内容。著作权许可使用合同是民事合同的一种,是当事人双方关于在作品使用中权利义务的约定,双方都应该认真履行。为了保证合同义务的实现,有必要在合同中约定违约责任。另外,双方还可以基于具体情况的考虑,在合同中约定其他内容,如纠纷的解决办法,等等。

(三)出版许可合同的律师实务

出版许可合同是著作权人许可出版者行使作品的出版权,而由出版者向著作权人支付使用费的合同。这是著作权许可使用合同中比较重要的一种。

1.出版许可合同的主要内容。为了指导或帮助当事人规范、合法地订立合同,世界各国都制定有图书出版合同的标准样式。一些大的出版社往往也拟有自己的格式合同样本。一般来说,出版许可合同的主要内容有:

(1)作者按照合同的约定交付稿件,稿件应该达到合同约定的标准。

(2)作者应该保证交付的稿件是自己创作的,不存在侵犯他人权利的情况,如果作者违反这种担保义务,就要对出版社承担违约责任。

(3)出版社负责出版图书,出版的费用由出版社承担;出版社应该按照约定向作者支付稿酬。

(4)关于图书脱销问题,根据我国《著作权法》的规定,图书脱销后,图书出版者拒绝重印、再版的,著作权人有权终止合同。

(5)图书修改问题。出版社在编辑图书的过程中一般会涉及对稿件修改的问题,但是修改又往往容易侵犯作者的著作权,因此双方有必要做出明确的约定。根据我国《著作权法》第33条规定,图书出版者如果要对作品进行修改和删节,应该获得作者许可。当然作者也可以授权出版社在一定的范围内进行修改。同时,出版者在出版图书的时候,不得侵犯著作权人的人身性权利,如署名权、修改权、保护作品完整权等。

2.律师在出版许可实务中的注意事项。出版许可合同是著作权许可使用合同,著作权人许可出版者行使作品的出版权。在此意义上,它不应与出版权的转让合同相混淆。在后者的情况下,著作权人将出版权转让给他人,自己不再享有出版权,而前者,著作权人自己仍然保留出版权,只是由他人使用。律师作为著作权人的代理人,在签订合同的时候必须注意,如果混淆两种合同的界限,将给当事人造成损失,引起不必要的纠纷。

有关专有出版权问题。根据我国《著作权法》的规定,出版社的专有出版权来自合同的约定,当事人可以在合同约定出版是否为具有专有权的出版。如果出版社根据合同享有专有出版权,则他人不能出版该作品。同时,根据著作权法实施细则的规定,出版者获得出版权,只限于在自己行使。除非当事人就出版权的行使另有约定,出版者不能许可他人行使出版权。

三、著作权转让的律师实务

(一)著作权转让制度概况

主张一元论的国家不允许著作权分割转让。它们认为著作权是著作人身权与著作财产权结合而成的统一的不可分的整体,又因为著作人身权不能转让,故著作权不能转让。同时这些国家认为,经济权利如果全部转让之后,精神权利就变得没有意义。但是现实的利用的需要则要求进行转让。因此它们在允许经济权利转让的同时,也采取了限制的态度,尤其是规定不得全部转让经济权利。这以德国为代表。[1] 主张二元论的国家认为,著作人身权与著作财产权是可分的,人身权虽然不能转让,但是不影响财产权的转让。[2]《英国版权法》、《美国版权法》、《法国知识产权法》等都允许转让。[3] 我国修订前的《著作权法》没有著作权转让制度,大部分内容纳入许可制度的体系,2001 年修订后的《著作权法》承认了著作权转让制度。

著作权的转让,是指著作财产权,包括复制权、发行权、播放权、翻译权等,从著作权人转移到另一个民事主体。著作财产权中的一项或数项一经转让,出让人就丧失了该权利。著作权的转让是著作权人实现其作品利益的重要途径,在贸易活动中占有重要位置。律师在代理著作权转让事务中需要了解著作权转让的特点和转让合同的内容,以便更好地保护当事人的利益。

(二)著作权转让的特点

著作权的转让,是指著作财产权的转让,著作人身权不能转让。作者可以转让财产权中的一项也可以转让数项或全部权利给他人。著作权的转让不同于著作权的许可使用,两者是有严格区别的。前者改变了著作权的主体,而后者著作权的主体并没有发生变更。再者,著作权的转让,并非作品原件物权的转让;作品原件物权的转让也并非著作权的转让。作品本身不同于作品的物质载体。在作品上存在的权利是著作权,而在其物质载体上存在的是物权。两种权利的客体不同,性质不同,因此在转让时,是分别进行的,一方的转移,并不必然导致另一方的转移。

(三)签订著作权转让合同的律师实务

根据我国《著作权法》的规定,著作权转让合同必须是书面合同。合同的主要内容有:

1.作品名称。无论是何种形式的作品,小说、电影、音乐作品等,著作权

---

〔1〕 李明德、许超:《著作权法》,法律出版社 2003 年版,第 161 页。

〔2〕 吴汉东、刘剑文等:《知识产权法学》,北京大学出版社 2002 年版,第 97 页。

〔3〕 李明德、许超:《著作权法》,法律出版社 2003 年版,第 161 页。

转让的作品名称必须要明确。

2. 著作权转让的权利种类。著作权人享有复制权、发行权、出租权、展览权、表演权、放映权、表演权、广播权、摄制权、改编权、信息网络传播权等,合同中应该明确转让的是某一种或是某几种权利还是全部的著作财产权。《著作权法》第 26 条规定,许可使用合同和转让合同中著作权人未明确许可、转让的权利,未经著作权人同意,另一方当事人不得行使。

3. 地域范围。著作权在全国范围内都受到保护,根据国际条约或协定,在他国也受到保护。著作权人可以把某一地区内的著作权转让于受让人,也可以将全国范围内的著作权转让出去,也可以转让在他国可以行使的著作权。

4. 转让价金。价金是有偿合同的必备条款,著作权转让合同也必须包含价金条款。著作财产权的价值确定有多种方法和标准,当事人可以自己约定和协商,也可以通过专门机构的评估等方式来确定具体的金额。

5. 交付转让金的时间和方式。为了合同的顺利履行,在合同中应该明确约定以一定的方式在一定的时间支付转让金。同时对于支付方式而言,有一次性支付和分期付款,有现金支付或使用票据等,当事人都应该明确约定。

（四）权利"穷竭"问题

著作权人的权利是专有的,因而也是"垄断性"的,这对商品的自由流通造成了障碍,为此各国都规定了对著作权的限制,称为"权利穷竭"。最典型的是德国 1965 年的《版权法》第 17 条的规定:"一旦作品的原本或复制品,经有权在本法领域内销售该物品之人同意,通过转让所有权的方式,进入了流通领域,则该物品的进一步销售被法律所许可。"因此,权利人在授予了某项著作权之后,作为载体的物品的再次销售就可以自由进行,不必再经过作者许可。专利权也存在这一"权利穷竭"问题。

当然,著作权是地域性的权利,权利的"穷竭"也是有地域性的。权利人同意作品在国内流通,并不妨碍他可以控制在国外的销售。反之,同意在国外的流通,也不等于他放弃了在国内的专有权。[1]

四、著作权质押的律师实务

（一）著作权质押概况

在现代社会,无论是有形物还是无形财产利用的方式都越来越多。权利人可以自己利用,也可以由他人利用,也可以在财产上设定担保,实现权利人融资的需要。传统的担保物权制度以有形物为中心,但是现代社会已经进入"知识经济时代",知识产权的重要性日益凸显,基于现实的需要,在

---

〔1〕 郑成思:《知识产权论》,法律出版社 2003 年版,第 349 页。

知识产权上设定担保完全符合市场运行的规律。如《日本著作权法》第 87 条规定,只要获得复制权所有者的许可,出版权便可转让或作为质权标的。这个颇值得肯定,因为它表明不仅整体的著作权可以作为质权标的,而且某一项或几项专有权,如出版权,也可作为质权标的。这大大丰富了著作权的利用方式,有利于经济的发展。

所谓著作权质押,就是为担保特定债权的履行,著作权人将其著作财产权中的一项或数项或全部作为质物,如果债务人不履行债务,债权人有权将作为质权客体的著作财产权折价、变卖或者拍卖,并以所得款项优先受偿。在著作权质押关系中,债权人就是质权人,著作权人是出质人。著作财产权的质押在我国属于权利质押,即以所有权、用益物权以外的可以转让的财产为标的而成立质押,[1]它适用担保法的有关规定,同时国家版权局发布了《著作权质押合同登记办法》,对著作权质押进行规范。

(二)设立著作权质押的律师实务

质押的设立首先需要签订著作权质押合同。出质人可以是债务人,也可以是第三人。质权人是债权人。当事人签订著作权质押合同应该采用书面形式,一般应该包括以下内容:

1. 被担保的主债权的种类和数额。在被担保的债权合同与著作权质押合同的关系上,前者是主合同,后者是从合同,是为了担保前者而设立的。主合同不存在或无效,都将导致质押合同的无效。因此主债权的有关信息必须在质押合同中明确。

2. 债务人履行债务的期限。担保合同的目的是为了担保主债权的实现。如果主债权已经实现,则担保合同没有存在的必要。如果债务人的债务还没有到履行期限,债权人还不能行使权利,则债权人自然也不能行使对担保人的权利。因此主债的期限尤为重要,必须明确。

3. 出质著作权的种类、范围、保护期。著作财产权包括复制权、发行权、出租权、展览权、表演权、放映权、表演权、广播权、摄制权、改编权、信息网络传播权等,著作权人可以就其中的一项权利、数项权利也可以就全部财产权利进行质押。著作财产权存在法律保护期限,超过该期限,作者不再享有权利,因此也就无所谓质押。所以有必要写明著作财产权的保护期限,在该期限的出质是有效的。

4. 质押担保的范围。我国《担保法》规定,当事人可以约定质押所担保的债权的范围,如果没有约定的,则其担保的范围是主债及其利息、违约金、损害赔偿金、质物保管费用和实现质权的费用,实现质权的费用,包括取得执行名义的费用和申请强制执行的费用。质押所担保的范围,直接涉及权

---

〔1〕 梁慧星、陈华彬编著:《物权法》,法律出版社 2005 年版,第 378～379 页。

利实现时主债权人的利益和出质人的利益。如果担保的范围小,则有利于出质人,反之,则有利于主债权人。因此,基于双方及第三人的考虑和避免纠纷的需要,应该在质押合同中明确质押担保的范围。

5. 当事人约定的其他事项。

（三）质押合同的登记与管理中的律师实务

根据我国的《著作权质押合同登记办法》,以著作权中的财产权出质的,出质人与质权人应当订立书面合同,并到登记机关进行登记,应由出质人与质权人共同到登记机关申请办理,但出质人或质权人中任何一方持对方委托书亦可申请办理。著作权质押合同自《著作权质押合同登记证》颁发之日起生效。国家版权局是著作权质押合同登记的管理机关。国家版权局指定专门机构进行著作权质押合同登记。

1. 登记应该提交的文件。根据著作权质押合同登记办法,当事人申请著作权质押合同登记时,应当向登记机关提供下列文件:①按要求填写的著作权质押合同申请表;②出质人、质权人合法身份证明或法人注册登记证明;③主合同及著作权质押合同;④作品权利证明;⑤以共同著作权出质的,共同著作权人的书面协议;⑥向外国人质押计算机软件著作权中的财产权的,国务院有关主管部门的批准文件;⑦授权委托书及被委托人合法身份证明;⑧著作权出质前该著作权的授权使用情况证明文件;⑨其他需要提供的材料。

2. 不予登记的情况。根据著作权质押合同登记办法,有下列情况的不予登记:①著作权质押合同内容需要补正,申请人拒绝补正或补正不合格的;②出质人不是著作权人的;③质押合同涉及的作品不受保护或者保护期已经届满的;④著作权归属有争议的;⑤质押合同中约定在债务履行期届满质权人未受清偿时,出质的著作权中的财产权转移为质权人所有的;⑥申请人拒绝交纳登记费的。

第二十章　律师房地产业务

　　房地产是在中国改革开放大潮中崛起的方兴未艾的新兴产业。随着国有土地使用权出让、转让、房屋买卖、租赁、房地产抵押、信托、拍卖等各种经济活动在内的房地产市场体系初步形成,房地产业在我国市场经济的发展中越来越显示出其重要性,房地产业已经成为我国国民经济的重要支柱产业之一。

　　房地产业的快速发展也带动了房地产法律服务市场的崛起,房地产法律服务业务虽然是改革开放以后涌现出的新的律师服务领域,但已经占到了律师法律服务市场的近半壁江山。目前,我国律师业的房地产法律服务业务,尤其是房地产非诉业务的发展非常的迅猛,但是,与发达国家房地产非诉业务收入高达律师执业收入的50%以上的水平比较而言,仍然处于比较初级的阶段,还有很大的业务拓展空间。这一章就来谈谈我国律师主要从事的与房地产相关的法律业务。

■　第一节　房地产法制的历史演变与我国的现状

　　律师为房地产业提供法律服务的范围是随着现代房地产法制的产生和发展而同步前进的,了解房地产法律服务的历史演变实际上就是了解房地产法制,尤其是现代市场经济条件下房地产法制的演进过程。

一、古代的房地产法规

　　房地产法是人类社会政治、经济发展到一定历史阶段的产物。它随着生产力的发展,社会政治制度的变化和经济关系的复杂化而不断充实和完善。

　　古代调整房地产关系的法律规范,是前资本主义(包括奴隶制和封建制)时期简单的或雏形的房地产法。它以确认和维护奴隶主阶级和封建地主阶级对土地等生产资料的占有为核心内容,相应的对房屋及与此相适应的交换关系予以确认、保护和调整。它以自给自足的自然经济为基础,是奴隶制国家和封建制国家组织或管理经济生活,维护有利于统治阶级经济秩序的一个重要工具。它随着国家和法的产生而产生,随着法律体系的发展和变化而不断发展变化。

　　古代房地产法在形式上同调整其他社会关系的法律规范存在于统一的

法律体系之中,具有"诸法合一"的特点。古巴比伦的《汉谟拉比法典》、古印度的《摩奴法典》、古罗马的《十二铜表法》中都有大量关于房屋和土地的规定。公元6世纪至公元12世纪,东罗马帝国逐步编纂汇集而成的《国法大全》中的《物法篇》,对于所有权的取得、处分和变更做了详细规定;对地役权、永佃权、抵押权等加以严格保护;是古代调整房地产关系的法律中比较完备的代表。

我国古代的房地产法也是以土地制度为中心的。公元前594年鲁宣公实行"初税亩",开始以法律的形式承认土地私有制的存在,自此以后历代王朝都非常重视用法律手段来维护和保障土地所有权。我国完整保存下来的第一部封建成文法典《唐律》,以及后来的《宋律》、《明律》、《清律》都有土地房产方面的法律规定。但是,由于我国古代没有律师制度,因此也当然谈不上律师为房地产交易提供法律服务了。

二、现代发达国家及地区的房地产法制

资产阶级革命后,制定的重要法律之一是土地立法,英国资产阶级革命和法国大革命后,都通过制定土地立法来废除封建的土地所有制,使土地逐渐成为私有财产。西欧在18世纪到19世纪,资本主义制度已经基本形成,为了适应建立广泛自由和灵活的经济秩序的要求,各国在接受罗马法的基础上,先后制定了民法典和商法典。这一时期,资本主义的房地产关系主要是由民法典来调整。各国民法典详细地规定了对财产及所有权的各种保护措施,取得财产的方法,私人财产所有权不受限制和契约自由等方面的内容。这个时期,律师已经开始介入房地产交易进程,为当事人提供相关法律服务。但是,由于房地产业的发展还不充分,律师为当事人提供房地产法律服务的范围和深度都仍然很有限。

从19世纪末开始,西方资本主义世界进入垄断时期,主要资本主义国家都加强了国家对房地产业的管理,并运用法律手段调整房地产业的管理关系。大量的单行的调整房地产管理关系的法律就在这种形势下产生并发展起来了。英国是世界上较早通过行政干预开发房地产的国家之一,德国、日本等国在第一次世界大战前后颁布了一系列的房地产法律规范。自此,西方国家的律师开始广泛而深入地介入到房地产业的各个环节,为房地产业提供较为全面的法律服务。

第二次世界大战后,很多西方国家都进一步加强了对房地产业管理的立法。例如:《美国联邦土地政策管理法》、《美国统一管理法》;《瑞典房地产变卖法》、《瑞典房地产或共有地征用法》、《瑞典开发合作法》;《澳大利亚房地产条例》、《澳大利亚首都区房地产(单元住在所有权)条例》;《新西兰1955年住宅法》;《加拿大国家住宅法》;《阿根廷房屋租赁法》等等。这些法规的共同点是促进房地产业的发展,对房地产业的发展都起到了积极的推动作用。二战后,房地产业的各个方面都存在律师的介入已经成为一种惯例,为房地产业提供的各类法律服务已经占到了西方律师法律服务业务的一半以上。

其中,香港律师在房地产业中的作用就很有代表性。香港是一个法治社会,有关房地产方面的法律相当健全,律师在这个领域所起的作用是不言而喻的。香港寸土寸金,物业价值非常高,发达的房地产业成为香港律师业的最大财源,律师收费的80%来自与物业相关的领域。需要特别指出的是,相关律师的上述作用主要表现在房地产转让这一环节上。根据香港《物业转让条例》及地产交易规则,地产转让必须委托律师办理法律手续;同时,律师的介入又使地产交易人的权益得以保障,使地产交易更加有序。所以,在香港,律师与房地产交易的关系可谓水乳交融。

三、我国的房地产法制

(一)旧中国房地产法制状况

由于旧中国是半殖民地半封建社会,政治经济发展不平衡,资本主义性质的房地产业主要集中于大中城市和通商口岸,在这些大中城市和通商口岸,中国早期的律师也为房地产交易提供法律服务,但是范围十分的有限。

(二)建国后至改革开放之前的房地产法制状况

早在土地革命、抗日战争和解放战争期间,中国共产党和人民政权就十分重视土地立法工作,颁布了一系列土地法规;新中国成立后,废除了国民党政府的法统,在国民经济恢复和社会主义建设过程中制定了大量的房地产法规,对调整新中国的房地产关系发挥了重要的作用。但是,由于这一阶段实行计划经济体制,房屋和土地交易受到限制,基本上不存在真正意义上的房地产业,在加上律师制度还不完善,自然也不存在真正意义上的律师提供的房地产法律服务。

(三)改革开放后的房地产法制状况

党的十一届三中全会以后,我国进入改革开放的历史发展新时期。这一时期,随着社会主义市场经济的建立和高速发展,我国的房地产业也蓬勃发展起来,成为重要的支柱产业之一;同时,房地产管理工作受到高度的重视,房地产立法工作也随之进入了一个新阶段,房地产立法逐步受到了重视,自20世纪80年代以来,全国颁布了大量的房地产法规,各省、自治区、直辖市等地方也制定了自己的房地产经营管理的法规。尤其是,近两年,为规范房地产业的经营行为、调节房地产价格,出台了一系列的相关法规、政策。

在这种情况下,我国律师对房地产法律服务市场的开拓也不断发展,现在房地产方面的法律服务也已经成为我国律师的主要业务之一。我国律师为房地产业提供的法律服务与发达国家律师提供的同类服务在内容与形式上都没有本质差异,只是在广度和深度上有所欠缺,下面本书将根据房地产开发的不同阶段来具体讲述我国律师提供的房地产相关法律服务。

第二节　房地产项目开发建设中的法律服务

在项目开发建设阶段,律师主要是为房地产开发企业和房地产项目承建单位提供法律服务。

一、律师为房地产开发企业提供的法律服务

房地产律师为开发商提供法律服务的范围一般根据开发商的需求议定,针对不同的服务阶段,律师服务的内容各有侧重。根据房地产开发项目的流程及特点,律师为房地产开发企业提供的法律服务包括但不限于以下内容:

(一)项目筹备中的法律服务

1.协助审查项目可行性研究的法律风险。一个房地产开发项目能否成功、能否获得高额利润的关键在于项目的选择,房地产开发企业无论是自己从头开始运作一个项目,还是中途接手别人的项目,对于项目可行性的研究都是必须进行的基础性工作,具有无可比拟的重要意义。因此,协助审查项目可行性研究的法律风险是房地产律师的重要工作。

对项目可行性法律风险的评估主要包括对以下几方面的审查:

(1)项目审批、核准、备案审查。房地产投资项目得以开发的前提是依法办理了项目审批、核准或备案手续。虽然国务院在 2004 年基于项目建设市场化的考虑而发布了《国务院关于投资体制改革的决定》,该决定的确放宽了对投资项目审批的限制,但仍然要求对项目进行分类审批、核准、备案。目前而言,涉及政府投资的项目需要办理审批手续;核准类项目根据国家发布的《政府核准的投资项目目录》进行核准;备案类项目一般按照省级政府发布的相应的规定执行。

(2)项目环境评估审查。自《中华人民共和国环境影响评价法》颁布以来,建设项目的环境影响评价已逐渐成为各级环保部门极为关注的事项。依据该法律,房地产项目开发的建设单位应当按照分类管理规定编制环境影响评价文件,并向有关部门报批。

(3)项目用地合法审查。无论是何种方式的房地产项目开发,用地合法都是必不可少的审查内容。首先需要明确项目用地的性质,房地产开发项目只能使用国有土地,如果为农用地,则须首先办理征用手续。其次需要查明土地出让或划拨手续是否符合法律规定。

2.协助组建项目开发公司。房地产企业在开发建设房地产项目时,往往采取控股项目开发公司的方式来进行特定项目的运营,因此组建项目开发公司是项目筹备阶段的首要工作之一。控股项目开发公司的方式有两种:①自己成立项目开发公司;②收购目标项目开发公司的股权。在第一种情况下,律师需要协助出资人起草组建项目公司需要的合同、章程等法律文件,并对不同性质股东的出资方式、股权设置等提供法律意见。在第二种方式中,需要律师提供的法律服务包括参与股权转让谈判、审查股权转让协议、评估收购风险等。

在参与股权转让谈判、审查股权转让协议时,要着重审查以下几个方面的内容:

(1)股权是否被质押或设定其他权利。股权未设定其他权利是合法受让股权的前提,因此,应在协议中由出让方对此作出承诺,并尽可能设定担保条款。

(2)股权转让前的公司的资产负债状况。股权转让协议中应明确公司的资产负债状况,由出让方对此作出承诺,明确协议未列明的债权债务一律由出让方承担,并尽可能设定担保条款。

(3)付款安排。付款是各方风险变化的最明显的指标,股权转让协议中,应尽量将付款进度与办理股权的进度联系。

3.协助确认项目投资组合。由于房地产开发项目需要投入的资金量大、开发运营时间长、相应的资金回收的周期也就比较长。因此,房地产开发项目采用合作开发、联建或合建的形式较为常见。对于合作开发、联建及合建项目,律师应做的工作主要包括协助审查合作协议的合法性及有效性,确认投资组合各方的权利义务等。

4.协助开发商起草融资协议,审查融资方式的合法性。同样是由于房地产开发项目资金需求量大且资金回收周期较长,完全使用自有资金进行项目运营的房地产开发企业比较少,往往需要向银行或其他经济组织进行融资。因此,需要律师协助开发商起草融资协议、审查融资方式的合法性。

5.协助开发商处理项目相关土地使用权事宜。土地使用权的取得是进行房地产项目开发最重要的前提和基础,律师在处理土地使用权相关事宜方面主要有以下工作:使用国有土地的,协助制定国有土地使用权的投标文件,审查土地使用权出让、转让、抵押的相关协议;协助办理土地划拨或征用的有关手续;协助开发商办理土地使用权证;如涉及拆迁,协助确定委托拆迁单位,审查有关委托协议及补偿协议及协助处理拆迁人与被拆迁人之间的纠纷。

(二)项目报批中的法律服务

在协助房地产开发企业进行项目报批时,律师需要进行的工作包括:协助审查申报立项资料;协助审查申请"建设工程规划许可证"及"建设用地规划许可证"的资料;参与工程建设的前期动迁及市政配套合同的完善、修改;

参与开发商与政府有关部门的协调、谈判;等等。

（三）项目招投标中的法律服务

建设工程实行招标投标制度,是使工程项目建设任务的委托纳入市场机制,通过竞争择优选定项目的工程承包单位、勘查设计单位、施工单位、监理单位、设备制造供应单位等,达到保证工程质量、缩短建设周期、控制工程造价、提高投资效益的目的,是由发包人与承包人之间通过招标投标签订承包合同的经营制度。

律师作为招标人的法律顾问为建设工程招投标提供的法律服务内容大致包括:

1. 协助进行招标人主体资格及项目是否具备招标条件的审查。此为招投标活动的首要环节。招标人是否具备招标资格决定了是自行招标还是必须委托代理机构招标;工程项目具备招标条件要求具有计委批文、土地证、规划证、资金证明、图纸、场地平整情况等,为此律师可代为办理有关申请及证明材料等。

2. 协助招标人办理招标备案或与代理机构签订委托代理协议。如招标人自行办理招标的,招标人发布招标公告或投标邀请书5日前,应向招标管理机构办理招标备案。招标管理机构自收到备案资料之日起5个工作日内没有异议的,招标人可发布招标公告或投标邀请书;不具备自主招标资格的,则需要委托代理机构代理招标,为此律师可协助签订委托代理协议,依法确定委托代理事项,约定双方的权利和义务。

3. 协助招标人选择招标方式,确定招标范围和划分合同数量。招标人应按《招标投标法》和有关招标投标行政法规、规章的规定确定是公开招标还是邀请招标。确定招标范围和划分合同数量,主要应考虑施工内容的专业要求,施工现场条件,对工程总投资的影响以及是否有利于合同的衔接等多种因素。

4. 协助招标人编制资格预审文件。资格预审文件至少应包括以下主要内容:资格预审申请人须知、资格预审申请书格式、资格预审评审标准或办法。

5. 协助编制招标文件。招标文件是招标人要求投标人进行要约响应,引导投标人发出要约的指导性文件,属于法律意义上的要约邀请,其既是投标人编制投标书的依据,也是招标阶段招标人的行为准则和施工合同的组成部分。招标文件一经发出,招标人和投标人都要受其约束。

6. 就招标文件和合同文本出具法律咨询意见书。法律咨询意见书应符合以下要求:①就招标投标项目的有关内容发表结论性意见,表明其所依据的事实和法律依据;②对于招标文件所述的有关内容,律师将依据有关法律、法规的规定,对其进行审查,对于某些不够准确、不完整或暂时不能做到准确和完整的内容,可以要求项目法人或投标代理机构对此作出解释说明或相应的保证,并在法律意见书中作出相应的说明。③法律咨询意见书将在所有招标文件定稿后出具,在意见书出具后,有关招标文件的任何修改,如涉及法律问题或应主管部门要求,律师将提出补充意见。④项目法人委托的律师将着重审查项目法人主体,项目及招标文件内容的合法性。

7.协助发布招标公告或投标邀请书。实行公开招标的工程,招标公告须在国家和省(直辖市、自治区)规定的报刊或信息网等媒介上公开发布,同时在中国工程建设和建筑信息网公开发布。实行邀请招标的,招标人应向三个以上符合资质条件的投标人发出投标邀请书。招标公告或投标邀请函内容一般包括:招标人名称,建设项目资金来源,工程项目概况和本次招标工作范围的简要介绍,购买资格预审文件的地点、时间和价格等事项。

8.协助进行资格预审,确定投标人名单。对潜在投标人进行资格审查,主要考察该企业总体能力是否具备完成招标工作所要求的条件。资格预审中投标人必须满足的最基本条件可分为一般资格条件和强制性条件两类。需注意的是招标人资格预审时不得超出资格预审文件规定的评审标准,不得提高资格标准、业绩标准和曾获奖项等附加条件来加以限制或排斥投标申请人,不得对投标申请人实行歧视待遇。

9.协助发售招标文件。投标人收到招标文件、图纸和有关资料后,应认真核对,核对无误后,应以书面形式予以确认。对招标文件的修改须报建设主管部门备案,并在投标截止日期前15日内发给获得招标文件的投标人,该修改内容为招标文件的组成部分。

10.协助举行投标预备会或答疑会。其目的在于解答投标人提出的、招标文件和察勘现场中的疑问。招标人应整理好会议记录和解答内容,以书面形式发放给投标人,作为招标文件的组成部分。

11.协助组织开标。协助组织开标包括:①开标的时间和地点。开标应在招标文件确定的投标截止时间的同一时间公开进行;开标地点应是在招标文件中规定的地点;开标时投标人的法定代表人或授权代理人应参加开标会议。②开标会议。无论公开招标还是邀请招标均应举行开标会议,以体现招标的公开、公平和公正原则。首先当众宣读无效标和弃权标的规定,然后核查投标人提交的各种证件,并宣布核查结果,并请投标人代表核查投标文件的密封情况并予以确认;启封后,按报送投标文件时间先后的逆顺序进行唱标,当众宣读有效投标文件的投标人名称、投标报价、工期、质量、主材用量以及招标人认为必要的内容;有下列情形之一的为无效投标文件,不得进入评标:未按要求密封;投标函未加盖单位及法定代表人印(签)章,或无有效委托人及委托代理人印(签)章;关键内容字迹模糊、无法辨认的;未按要求提交投标保函;联合体投标未附联合体协议的;逾期送达;投标单位未参加开标会议。

12.协助进行评标、定标和备案。协助进行评标、定标和备案包括：①审查评标委员会成员组成是否合法；②确保评标按招标文件规定的评标原则和评标办法进行。招标人不得在招标文件之外另行制定评标办法；③协助进行招标文件的符合性鉴定，剔除无效标书和废标；④协助询标、澄清不确定的变数和相应的责任。把可能影响工程造价、质量、保修、工期等方面的变数事先列出，加以预测，通过询标进行澄清，并要求投标人书面确认；⑤协助依照法律规定和评标办法选定中标人；⑥协助拟定评标报告并报主管机关备案；⑦在5个工作日内未有提出异议的，招标人向中标人发出"中标通知书"，同时将中标结果通知所有未中标的投标人。

13.协助签订工程施工合同。招标人和中标人应自中标通知书发出之日起30日内，按照招标文件和中标人的投标文件订立书面合同，招标人和中标人不得再行订立背离合同实质性内容的其他协议，为防止中标后在签订合同上发生纠纷，招标人最好在发出中标通知书的同时确定施工合同文本，做到同步签约。

（四）工程施工过程中的法律服务

1.项目勘查、设计、监理相关事宜。完成房地产项目的勘查和设计工作并确定施工监理机构是项目开发建设的重要环节，在这方面律师可以做的工作包括：审查勘查、设计、监理主体方的资质，参与勘查、设计、监理合同谈判并出具相关法律意见，审查勘查、设计、监理合同，提供合同履行过程中的律师见证服务。

2.协助开发商审查申请"建设工程施工许可证"的相关资料。

3.与工程施工合同相关的法律服务。包括：协助开发商与工程承包方洽谈、草拟、修改工程承包合同；审查承包方提出的主要单项、分项工程分包单位的资质、信誉及队伍素质和履行能力，并审查、确定分包合同；针对施工质量、进度、价款等主要条款对履行结果备案，并对履行中的洽商变更档案化；如开发商需要，为开发商代办工程承包合同、工程分包合同的公证或见证。

4.与工程造价控制相关的法律服务。工程造价的整体控制相关法律服务，包括：协助开发商控制工程造价，审查工程量增减的支付依据；协助处理因工程造价引起的争议。

5.物质采购相关法律服务。包括：依据国家法律规定，就明确要求进行招标采购的物资协助客户建立招标程序；协助审查招标文件的合法性；如需要，参与开标、评标工作；协助选择合格的投标人；审查与中标人最终签订的合同，并代表开发商调查重要条款的执行情况。

6.工程款使用相关法律服务。包括：协助审查工程款的使用程序；协助办理国家拨款的有关法律文件;配合相关部门审核工程进度并协助确认工程量;依据合同,协助确定有关款项是否应当支付。

（五）工程竣工、验收过程中的法律服务

工程竣工、验收时,律师的工作包括:协助开发商审查工程分部质量验收资料;协助处理因工程质量引起的争议,就合同履行中的不当行为或违约行为代表客户与责任方提出交涉,并可就重要问题出具律师意见;协助开发商对工程竣工的验收工作,协助开发商确定工程最终造价;参与和设计方、施工方、监理方的最终结算工作,依法维护客户的合法权益;协助开发商与政府质量监督部门联系,审查申请"竣工验收证明"的资料。

二、律师为房地产项目承建单位提供的法律服务

在房地产项目的建设过程中,项目承建单位主要是与房地产开发企业产生法律关系,因此律师对项目承建单位的服务主要是处理与此相关的法律问题。

（一）协助承建单位进行投标工作

律师此时的主要工作在于确保投标行为的合法以及投标文件的合法、有效,避免招投标中的风险,提高中标率。

1.协助审查招标人主体资格、招标项目的合法性以及招标文件。具体内容包括:①审查招标人之有关主体资格的文件、证、照等,是自行还是委托招标;②审查招标项目是否履行必要的报建、行政许可、备案等合法手续;③审查招标文件内容是否公平、合理,是否有特殊要求;文字是否清楚达意、有无歧义,形式上是否符合法定要件,最终协助己方作出是否投标的决定。

2.协助编制投标文件及提交投标文件。投标文件的编制质量直接关系到投标人的中标几率,因此既要严格依据招标文件要求的格式、体例等编写,又要有所偏重,以将本方优势区别于其他投标人。投标报价应完全响应招标文件要求,其价格组成要素应全面、完整不能有遗漏,并按要求提交投标担保;编制完成需经法定代表人签署并加盖单位公章和法定代表人印鉴,按规定密封标志。投标文件应在投标截止时间前按规定时间、地点递交招标人,并要求招标人签收备案。

3.开标、评标及定标过程中的法律服务。具体包括:①监督开标时间、地点、方式、程序的合法、有效性;②验明各标函是否密封完好,是否存在迟到的标书、无效的标书情况;③审查评标委员会组成人员的合法性,评委会成员与其他投标人有无利害关系;④协助做好询标时的澄清和答辩工作。但澄清的问题不应寻求、提出或允许更改投标价格或投标的实质性内容;⑤如有违反法定程序和招标文件规定的情况可代理己方向招标人提出意见、提起民事诉讼或向建设主管部门投诉。对处理决定不服的,可代理提起行政复议或行政诉讼。

4.就投标活动及合同文本出具法律咨询意见书并达到要求。着重说明投标人的主体资格、资质等级是否符合招标的要求;投标人是否曾有过重大的违约,目前有无诉讼;投标人在过去三年内是否出现过工程质量事故和其他重大事故;确认投标保函的内容及出具程序的合法性和规范性;就投标活动出具全面性和结论性的法律意见。

5.中标后律师提供的法律服务。具体包括:①协助投标人按照招标文件和中标人的投标文件订立书面合同,不得再行订立背离合同实质性内容的其他协议;如果投标书内提出的某些非实质性偏离的不同意见而发包人也同意接受时,双方应就这些内容通过谈判达成书面协议;②要求招标人退还投标保证金;③招标人如拒绝与中标人签订合同,除双倍返还投标保证金外,还需赔偿损失,必要时代理提起诉讼;④如招标文件中要求中标人提供履约保证时,中标人应当要求招标人提供工程款支付担保。

(二)律师协助承建单位进行建筑工程合同管理中的法律服务

企业的经济行为,实际上就是订立、履行经济合同的行为。合同作为维护施工企业自身权益的法律依据,合同管理的健全与否,直接影响到施工企业的经济效益与社会效益。建筑产品是一种特殊商品,涉及土建、水电、暖通、设备安装、内外装饰、材料供应及劳动输入、资金信贷、工程保险等诸多方面。建筑产品生产过程中生产主体的多元化,决定了建筑企业合同种类的多样性和内容的复杂性。现代企业中法律工作的根本目的不单是用法律手段去解决既成的问题,而在于如何有效地运用法律去预防和制止经营风险,将任何可能危及企业权益的行为消灭或抑制在萌芽状态,这就要求引进律师管理机制,实行全过程合同管理。律师为承建单位提供的全程合同管理服务主要包括以下内容:

1.建立健全项目合同管理的组织形式、内容和制度,充分发挥合同管理的作用和效能。项目法施工强调以施工项目管理为重心,以经济合同为手段,通过生产要素的优化组合,全面实现合同目标。因而作为推行项目法施工的企业,是否能建立符合企业管理特点、项目施工要求的合同管理模式是影响合同管理作用与效能的重要因素。建立和健全建筑施工企业的合同管理制度,必须以《合同法》和相关的法规为基本依据,结合企业的实际情况来进行。

建设工程施工合同示范文本的起草是合同管理中的重要环节。这是因为履约率与合同的质量有很大关系,好的合同文本有利于履约;而且要不断完善合同文本,根据工程的特点做好文本专用条款的签署。除了好的合同条款外,更重要的是要检查合同管理组织和制度是否适应合同管理的需要和市场需要,对不适应部分进行必要的调整。

总之,律师就是要协助建筑单位对合同管理体系进行动态控制,及时调整,不断完善。

2.协助建筑单位建立律师介入管理机制,强化项目合同管理。合同的实施,是全面履行合同、创造管理效益、提高企业信誉的关键环节,它贯穿于项目开工到竣工的全过程。律师的介入是在分析合同的基础上对项目班子及工作人员进行合同交底,让项目管理人员较为深入全面地了解施工合同的利弊及可能出现的问题,使项目管理人员全面了解如何针对合同约定运用法律维护自己的利益,通过运用有效的经济法律行为,强化过程合同管理。

因此,律师为此所要完成的主要任务是建立实施、监督、追踪和反馈信息等保证体系,全面落实合同标的、实现各项合同目标,将合同保证体系及实施过程更加规范化、标准化,从而达到保证质量和安全,缩短工期,降低成本的目标。

3.律师协助承建单位加强施工合同管理的具体工作要求。建设工程合同管理是围绕建设工程施工合同展开的全过程、全方位的管理,涉及相关其他合同的管理,其中工程合同是合同体系的核心要素。要加强施工合同的管理,就要以工程合同为重点,带动各项合同的履行,包括工程分包、劳务分包、材料采购、设备租赁,加工承揽合同及公司内相应的诸多内部合同等。

(1)招标前严格审查"标书"内容,要特别注意以下几点:施工企业在招标过程中,应当由律师的介入进行客户评估、项目评估、资金来源评估。认真审阅招标文件,经过认真核算和审查,编制合理报价的投标函;对发包方提出的工期、质量等要求,要考虑自身的履约能力,不要勉强承诺对方的要求;对合同价款在编制投标书时,要考虑企业的盈利因素,特别是在投标造价包干工程时,要综合考虑工程价款的风险范围和合同价款的调整方法,为了维护施工企业的利益,尽量签订可调价格合同,因为固定价格合同(即一次性价格包干的工程)风险性较大,需要慎之又慎。

(2)中标后,谨慎审查、订立《施工合同》。招标工程中标后要在中标通知书发生之日起30日内,按照招标文件和中标人的投标文件订立书面《施工合同》。专业律师应当协助承建企业与发包商谈判,通过谈判依法主张权利,及时准备起草合同或审查合同文件,在正式签约时,要特别注意以下几个问题:

第一,关于工期问题:现在发包方对合同的工期都要求得比较紧,普遍大大低于国家"工期定额",加上各种不可预见因素的影响,使得目前工程延期交工的情况比较普遍。因此,在签约时对逾期交工罚款的约定要格外慎重,一般要约定支付违约金的最高数额或计算方法,尽量避免因此而产生的风险。

第二,关于工程质量要求:有的发包单位对工程质量要求较为苛刻,施工企业要达到这种要求确实不容易,所以在签约时,对相关违约金的约定要特别小心,避免质量违约金约定过高,或施工方的保修责任约定过大、期限过长及保修金的返还不明确等。

第三,关于垫资施工。国家和各级地方政府都明文禁止施工企业垫资施工,要求建设单位在招标时工程资金或资金来源必须落实,并且把它作为工程招标的必备条件。然而,在实践中,垫资施工屡禁不止。垫资施工是建设单位转嫁成本负担和经营风险的一种手段,是造成工程款拖欠的主要原因。但是在最高人民法院《关于审理建设工程施工合同纠纷案件适用法律问题的解释》中确认了垫资施工的合法性,对施工企业提出了新的挑战。要尽量减小垫资施工的风险,应注意以下几点:在签约前对业主的资信状况进行评审;以合约垫资为手段,执行严密、规范的垫资办法,对垫资方式、使用办法、归还方式、归还期限、违约责任等作出细致而明确的规定;要对垫资合约的履行实施严格的过程管理,关注并研究业主资信状况的进一步变化,了解其资金运作的情况,按时催收工程款,对不能正常还款而业主自身资信状况又有不良趋势时,要采取果断措施,包括必要时予以停工,敦促业主履约,挽回或减少损失。

关于发包人供应材料设备,施工合同通用条款第28条有专门规定。现在的问题是有的建设单位任意扩大己方供料的范围,本属施工企业采购的,也要自供,使施工企业的利润受到影响。在签约时也要注意这个问题。

(三)在合同履行阶段,律师可提供的主要服务内容

1.合同修订相关事项。协助承建单位对经双方签字认可的会议纪要、补充协议和涉及工程变更、结算等内容的文件,办理签收手续,确保各项文件的合法有效;协助承建单位谨慎签订有关的工程补充协议,当补充协议对业主合同的条款作重大变更,尤其是对造价结算条款进行变更时,必须严格按照企业合同签订审批程序进行。

2.工程款支付相关事项。当业主不能支付应付的进度款等中间结算款项时,应积极采取函告催讨、约定还款计划等形式解决,否则在合同约定期限内可以停工并向业主提出索赔请求;当工程交付而工程款久拖未付时,应及时对业主已完工的工程项目或其他有形物业及财产采取保全措施,提出诉讼,以获得担保或优先受偿;当业主拖欠款造成企业无法支付分承包商、材料商、劳务分包商应付款项时,应充分利用《合同法》的代位求偿制度,将风险转移到业主方。

(四)督促承建单位重视合同索赔工作

由于发包人未能履行自己的义务或发生错误,造成工期延误以及发包人不能及时给付工程价款,给承包人造成经济损失的,承建单位可以依法进行索赔。要成功地进行索赔,就必须搞好基础资料、收集有效证据,此时,索

赔的重要依据之一就是"签证"。《建设工程施工合同(示范文本)》(GF-1999-0201)中规定了30项签证,如施工日记、停水、停电、停气记录、停工损失工日计算表、要求付款通知书等等,这些都可以成为合同履行情况的基本依据。

(五)要加强工程分包合同的管理

根据《建筑法》的规定和总包合同的约定,总包单位可以把特定工作分包给其他单位,但是要慎重选择有相应资质条件的施工企业进行分包,并与分包单位签订分包合同,进行风险和责任的分解。律师还要协助总包单位在分包工程中严格控制工程进度款的拨付,建立一套严格的资金管理办法,加强监控。

(六)重视合同变更管理

合同变更在工程实践中是非常频繁的,在工程实施中必须加强管理。合同管理工程师应该记录、收集、整理所涉及的种种文件,如图纸、各种计划、技术说明、规范和业主的变更指令,并对变更部分的内容进行审查和分析,不能对业主要求的变更无条件服从,导致工作做了却无法获得相应的报酬。

(七)控制结算风险,抓好诉讼环节

结算风险是工程结束后发包商拒不结算或不能及时结算的风险。该项风险严重地困扰着承包企业,拖欠工程款已成为相当普遍的现象,很多债权形同虚设。

因此,在签约时就应当明确结算程序和时限,并在合同履行过程中应加强造价管理,注重中间结算。在出现拖欠工程款的情况时,律师应协助承建单位采取各种手段,包括诉讼,追逃工程款。在进行此类诉讼时,对有能力偿付而拒不偿还工程款的,可采取诉讼保全的办法防止财产转移;对无能力偿还的要及时依法申请人民法院拍卖建筑物来保障权益。

■ 第三节 商品房交易中的法律服务

一、新建商品房买卖中的法律服务

(一)商品房认购(预订)

1.签订认购(预订)书的前提条件。房地产开发是一个周期较长的过程,从开发商办妥立项、规划、报建审批手续,到取得商品房预售许可证,必然需要一段时间。实务中,如开发商已办妥立项、规划、报建审批手续,那么开发项目的总面积、容积率、建筑密度、绿化率等建筑指标均已确定,即商品房中位置、户型、朝向、结构等对商品房销售价格有实质影响的条件已确定,但尚不具备预售条件,尚未取得《商品房销售许可证》,则应当说此时开发商已具备签订认购书即预约合同的条件。在开发商已办妥立项、规划、报建审批手续后签署的认购书,即使发生纠纷诉至法院,也不会被判无效。但是,开发项目尚未立项就允许开发商向社会公众销售房屋,认购书就不是针对特定项目签订的,认购书上的所有条款都是不确定的,认购书是建立在空中楼阁上的,缺乏商品房买卖的现实基础,这一阶段签订的认购书与非法融资无异,应当认定为无效。

2. 认购(预订)协议基本内容。签署预订协议,要注意预订协议应包括以下基本内容:当事人姓名或名称、预订房地产坐落地点、面积、价格、预订期限、定金数额及定金处理办法等。对预订协议内容一定要认真审核,如果商品房的认购、订购、预订等协议具备《商品房销售管理办法》第16条规定的商品房买卖合同的主要内容,并且出卖人已经按照约定收受购房款的,该协议应当认定为商品房买卖合同。

3. 定金的处理。定金是预订协议中一个很重要内容。一般来说,出卖人通过认购、订购、预订等方式向买受人收受定金作为订立商品房买卖合同担保的,如果因当事人一方原因未能订立商品房买卖合同,定金就按法律规定的没收或双倍返还处理。但是,如果因不可归责于当事人双方的事由,导致商品房买卖合同未能订立的,出卖人应当将定金返还买受人。认购书中常常出现订金、押金等字眼,不能将其一概认定为法律意义上的定金,但如果认购书上记明:双方未签订正式的商品房买卖合同,买受人违约订金、押金不退还,出卖人违约双倍返还订金、押金,那么,此时订金和押金即具有定金的性质。

(二)商品房销售广告的审查

律师无论是为房地产开发商还是购房者审查广告时,都要注意以下两点:

1. 广告合法性的审查。购房,首先遇到的一般是商品房销售广告。发布预购广告和销售广告的条件、内容等要求都是不同的。律师要提示委托人认真审查广告是否具备以下必须载明事项:①开发企业名称;②中介服务机构代理销售的,载明该机构名称;③预售或者出售许可证书号;是否存在禁止发布销售广告的情形;提请委托人注意规范的商品房销售广告,一般应标注忠告性用语,如"本广告仅作参考。广告中具体确定的内容,可作为购房合同附件"等。

2. 审查广告内容。审查商品房销售广告,律师要提示委托人特别要注意要约邀请与要约的区别。商品房的销售广告和宣传资料一般均为要约邀请,如果未写入合同,对开发商不具有约束力。但是开发商就商品房开发规划范围内的房屋及相关设施所作的说明和允诺具体确定,并对商品房买卖合同的订立以及房屋价格的确定有重大影响的,应当视为要约。该说明和允诺即使未载入商品房买卖合同,亦应当视为合同内容,当事人违反的,应当承担违约责任。

(三)商品房预售

商品房预售,是指房地产开发企业将正在建设中的商品房预先出售给买受人,并由买受人支付定金或者房价款的行为。

1.商品房预售条件。律师应提示委托人,商品房预售至少应当符合下列条件:①已交付全部土地使用权出让金,取得土地使用权证书;②持有建设工程规划许可证和施工许可证;③按提供预售的商品房计算,投入开发建设的资金达到工程建设总投资的25%以上,并已经确定施工进度和竣工交付日期。④已办理预售登记,取得《商品房预售许可证》。

2.无证预售的风险。《商品房预售许可证》是衡量商品房预售是否合法的最直接、最关键的书面证明文件。律师应提示委托人,未依法取得商品房预售许可证而以预订、预约、认购、订购等方式变相预售商品房的,均属无证预售行为。房地产开发企业未取得商品房预售许可证明,与买受人订立的商品房预售合同,将被认定无效,除非在起诉前取得商品房预售许可证。开发商预售商品房应该出示《商品房预售许可证》,律师应协助预购人认真查验该证记载的内容是否与实际情况一致及是否包含所要预购的商品房。

3.商品房预售资金的管理。根据建设部颁布施行的《城市商品房预售管理办法》第11条规定:"开发企业进行商品房预售所得的款项必须用于有关的工程建设。城市、县房地产管理部门应当制定对商品房预售款监管的有关制度。"第14条规定:"开发企业不按规定使用商品房预售款项的,由房地产管理部门责令限期纠正,并可处以违法所得3倍以下但不超过3万元的罚款。"房地产开发企业预售商品房取得的全部资金必须用于工程建设。但是,在实践中由于缺乏切实有力的监管措施,因此问题很多。律师应将房屋预购的风险告知委托人。

(四)商品房现售

商品房现售,是指房地产开发企业将竣工验收合格的商品房出售给买受人,并由买受人支付房价款的行为。

1.商品房现售的条件。律师应提示委托人,商品房要现售,必须已竣工验收合格,取得竣工验收合格证明是国家对商品房现售的基本要求。

有的省市,现售的要求更为严格。如规定商品房现售是指取得商品房初始登记的房地产权证(大产证)后的商品房销售行为,也就是说,在房地产开发企业在商品房未经土地、房屋的共同初始登记并已领取房地产证(俗称"大产证")前,销售商品房的行为均系商品房预售行为。因此,律师要因地制宜的来审核待售商品房是否符合现售条件。

2.返本销售和售后包租。返本销售,是指房地产开发企业以定期向买受人返还房价款的方式销售商品房的行为。建设部《商品房销售管理办法》明令禁止这种销售方式,律师应提示委托人,房地产开发企业不得采取返本销售或者变相返本销售的方式销售商品房。售后包租,是指房地产开发企业以在一定期限内承租或者代为出租买受人所购该企业商品房的方式销售商品房的行为。建设部《商品房销售管理办法》规定未竣工的商品房不得售后包租。律师应提示委托人房地产开发企业不得采取售后包租或者变相售后包租的方式销售未竣工商品房。

（五）商品房买卖合同

商品房买卖合同是证明买卖双方权利义务的基础性法律文件,在商品房买卖关系中具有重要作用,律师必须提示委托人予以特别重视。

1.签约前审查。购房人委托的律师在签署合同前,要认真审核开发商的销售许可文件。审查《商品房预售许可证》或竣工验收合格证明(或开发商初始登记的《房地产权证》)和出售许可证明中关于该房地产的内容和范围,包括宗地号、项目名称、栋号、层数、用途、套数、面积等信息与所购买的房地产的栋号、楼层、名称等是否相符。

审查房地产开发企业的营业执照,委托销售的还应审查代理销售企业的营业执照、房地产经纪资格证书和代理销售合同或委托销售证明。

2.签约时买受人的知情权和开发商的义务。对商品房面积和房价的计算,购房人拥有知情权,房地产开发企业也有告知义务。房地产开发企业销售(包括预售、现售)商品房时,应在售楼处将有关房屋建筑面积计算资料或测算资料进行公示,供购房者查阅,公示的资料包括:房屋土地权属调查报告书(房屋土地调查机构提供)、建筑平面布置图(经规划管理部门审核同意)。

签署商品房预售合同时,购房人可要求面积计算表或测算表,开发商应向购房者提供《房屋建筑面积计算表》;签订房屋交接书或签订商品房现售合同时,开发商应向购房者提供《房屋建筑面积测算表》;前述两表中《房屋公用部位建筑面积说明》中必须将分摊的共有部位全部列明,并能与建筑平面布置图对照查核。

3.商品房买卖合同的内容。律师应提示委托人,为便于在房地产登记机构登记,商品房买卖可采用建设部或地方房地产管理部门制定的出售合同或预售合同的示范文本,也可自拟合同文本。实务操作中,采用示范文本较多,如另有约定,可增加作为合同附件。自拟合同文本的,在合同订立前,应当将合同文本报工商行政管理部门备案。

律师协助委托人签署商品房买卖合同时,要尤其注意对以下几个问题的约定:

（1）面积差异的处理。律师应提示委托人,按套内建筑面积或者建筑面积计价的,当事人应当在合同中载明合同约定面积与产权登记面积发生误差的处理方式。

合同没有约定或约定不明确的,按以下原则处理:面积误差比绝对值在3%以内(含3%)的,据实结算房价款;面积误差比绝对值超出3%时,买受人有权退房。买受人退房的,房地产开发企业应当在买受人提出退房之日起30日内将买受人已付房价款退还给买受人,同时支付已付房价款利息。买受人不退房的,产权登记面积大于合同约定面积时,面积误差比在3%以内(含3%)部分的房价款由买受人补足;超出3%部分的房价款由房地产开发企业承担,产权归买受人。产权登记面积小于合同约定面积时,面积误差比绝对值在3%以内(含3%)部分的房价款由房地产开发企业返还买受人;绝对值超出3%部分的房价款由房地产开发企业双倍返还买受人。

（2）套内建筑面积与分摊的共有面积。商品房建筑面积由套内面积和分摊的共有建筑面积组成,套内建筑面积部分为独立产权,分摊的共有建筑面积部分为共有产权,买受人依法对其享有权利,承担责任。

律师接受买受人委托的情况下,应提示委托人:按建筑面积计价的,当事人应当在合同中约定套内建筑面积和分摊的共有建筑面积,并约定建筑面积不变而套内建筑面积发生误差以及建筑面积与套内建筑面积均发生误差时的处理方式。

（3）规划、设计变更的处理。律师应提示委托人,房地产开发企业应当按照批准的规划、设计建设商品房;商品房销售后,房地产开发企业不得擅自变更规划、设计。

经规划部门批准的规划变更或设计单位同意的设计变更导致商品房的结构型式、户型、空间尺寸、朝向变化,以及出现合同当事人约定的其他影响商品房质量或者使用功能情形的,房地产开发企业应当在变更确立之日起10日内,书面通知买受人。

买受人有权在通知到达之日起15日内做出是否退房的书面答复。买受人在通知到达之日起15日内未作书面答复的,视同接受规划、设计变更以及由此引起的房价款的变更。房地产开发企业未在规定时限内通知买受人的,买受人有权退房;买受人退房的,由房地产开发企业承担违约责任。

4.违约责任。律师应提示委托人,除了一般的违约责任外,出卖人违反买卖合同约定出现以下情形,导致合同无效或被撤销、解除的,买受人可请求返还购房款及利息、赔偿损失,并可请求出卖人承担不超过已付购房款1倍的赔偿责任:①出卖人故意隐瞒没有取得商品房预售许可证明的事实或者提供虚假商品房预售许可证明;②故意隐瞒所售房屋已经抵押的事实;③故意隐瞒所售房屋已经出售给第三人或者为拆迁补偿安置房屋的事实;

④商品房买卖合同订立后,出卖人未告知买受人又将该房屋抵押给第三人;

⑤商品房买卖合同订立后,出卖人又将该房屋出卖给第三人者。

（六）商品房代理销售和包销

1.商品房的代理销售。律师应提示委托人,房地产开发企业委托中介服务机构销售商品房的,受托机构应当是依法设立并取得工商营业执照的房地产中介服务机构。房地产开发企业应当与受托房地产中介服务机构订立书面委托合同,委托合同应当载明委托期限、委托权限以及委托人和被委托人的权利、义务。

受托房地产中介服务机构销售商品房时,应当向买受人出示商品房的有关证明文件和商品房销售委托书。受托房地产中介服务机构在代理销售商品房时不得收取佣金以外的其他费用(含不得加价销售)。商品房销售人员应当经过专业培训。

2.商品房的包销。律师应提示委托人,出卖人与他人(包销人)可订立商品房包销合同,约定出卖人将其开发建设的房屋交由包销人以出卖人的名义销售,包销期满未销售的房屋,由包销人按照合同约定的包销价格购买。包销人可以高于包销合同约定的价格向购房人出售包销的商品房。出卖人未经包销人同意,自行销售已经约定由包销人包销的房屋,包销人可要求出卖人赔偿损失。

（七）商品房买卖的贷款

购买住房会涉及住房公积金个人购房贷款协议、或商业性个人住房贷款协议、或住房公积金个人购房和商业性个人住房组合贷款协议,公积金贷款还要签署个人住房置业贷款担保协议,商业贷款银行会要求进行投保,需与保险公司签署保险合同。

律师应提示委托人,商品房买卖合同约定买受人以担保贷款方式付款的,因当事人一方原因未能订立商品房担保贷款合同并导致商品房买卖合同不能继续履行的,对方当事人可以请求解除合同和赔偿损失。因不可归责于当事人双方的事由未能订立商品房担保贷款合同并导致商品房买卖合同不能继续履行的,当事人可以请求解除合同,出卖人应当将收受的购房款本金及其利息或者定金返还买受人。

律师为委托人办理银行按揭贷款提供的服务包括:协助确定售楼按揭银行,办理相关银行项目按揭审批手续;协助开发商与开户银行签订《房屋预售款监管协议》;协助客户接受银行委托为购房人提供按揭资信审查,出具法律意见书;等等。

（八）商品房的交付使用及其质量保证

律师应提示委托人商品房的交付由物的交付和权利的交付组成。物的交付即对房屋的转移占有,权利的交付即房地产权利的转移登记。如果当事人没有另外约定,物的交付即房屋的转移占有,视为房屋的交付使用。房屋的交付使用意味着房屋毁损、灭失风险的转移。

1. 商品房的交付要求。律师应提示委托人,房地产开发企业应当按照合同约定,将符合交付使用条件已取得交付使用许可证(住宅)或房地产权证("大产证")的商品房按期交付给买受人。未能按期交付的,房地产开发企业应当承担违约责任。因不可抗力或者当事人在合同中约定的其他原因,需延期交付的,房地产开发企业应当及时告知买受人。

房地产开发企业销售商品房时设置样板房的,应当说明实际交付的商品房质量、设备及装修与样板房是否一样,未作说明的,实际交付的商品房应当与样板房一致。

销售商品住宅时,房地产开发企业应当根据《商品住宅实行质量保证书和住宅使用说明书制度的规定》(以下简称规定),向买受人提供《住宅质量保证书》、《住宅使用说明书》。买受人还可要求房地产开发企业提供实测面积的有关资料。

2. 商品房的保修责任。律师应提示委托人,房地产开发企业应当对所售商品房承担质量保修责任。当事人应当在合同中就保修范围、保修期限、保修责任等内容做出约定。在保修期限内发生的属于保修范围的质量问题,房地产开发企业应当履行保修义务,并对造成的损失承担赔偿责任。

3. 商品房质量与合同解除。律师应提示委托人,商品房交付使用后,买受人认为主体结构不合格的,可以依照有关规定委托工程质量检测机构核验,经核验,确属主体结构质量不合格的,买受人有权退房;给买受人造成损失的,房地产开发企业应当依法承担赔偿责任。因房屋质量问题严重影响正常居住使用,买受人也可要求解除合同和赔偿损失。

(九)商品房买卖转移登记和权证办理

律师应合理提示委托人,商品房买卖应办理登记手续,未办理登记,不影响合同效力,但不得对抗善意第三人。未办理登记手续,商品房的所有权也不能转移。

律师可以作为购房者的委托人代办房屋权证,具体服务包括:整理购房人的有关身份资料;汇总办理产权过户需要的资料;向房管局报送上述资料,填写所有的标准表格及书面文件;代缴各种税、费;代交公共维修基金,代填公共维修基金登记卡;代办交易过户手续,代领卖契;代办权属登记手续,申领房屋权属证书,通知购房人验证;代办上述事项中所需的公证手续;转入抵押登记程序。

律师应提示委托人,由于出卖人的原因,买受人在下列期限届满未能取得房屋权属证书的,除当事人有特殊约定外,出卖人应当承担违约责任:①商品房买卖合同约定的办理房屋所有权登记的期限;②商品房买卖合同的标的物为尚未建成房屋的,自房屋交付使用之日起90天;③商品房买卖合同的标的物为已竣工房屋的,自合同订立之日起90天。

二、二手房(存量房)买卖中的法律服务

二手房(存量房)并不是一个严格的法律概念,它一般是指已经取得政府房地产行政管理部门颁发的房屋所有权属证明,可在住房二级市场上进行交易及流通,卖房人拥有完全处置权利的各类型房产。

律师在协助委托人办理二手房买卖过程中需要提供的服务与新建商品房买卖过程中提供的服务在性质上并无实质性差异,也主要包括:签订合同前对房屋权属与交易对象的审查、对买卖合同内容的审查、协助办理抵押贷款事宜、协助办理房屋权属转移登记等。

比较特殊的问题是,二手房(存量房)交易过程往往涉及各类型中介服务机构,如房地产咨询、房地产价格评估、房地产经纪机构等。

在目前二手房买卖中介服务中,问题最多的是房地产经纪业务。律师要提示委托人注意审查经纪公司和其执业经纪人的资格证书:对经纪公司要查验工商行政管理机关颁发的《营业执照》和在房地产管理部门办理备案手续的证明;对执业经纪人要查验市工商局颁发的《经纪执业证书》和在房地产管理部门办理注记手续的证明;同时,要核验《经纪执业证书》和《营业执照》上经纪公司的名称是否一致。没有备案、注记的房地产经纪组织和执业经纪人代理的业务,房地产交易中心将不予受理。

三、商品房抵押

商品房抵押,是指抵押人以其合法的商品房以不转移占有的方式向抵押权人提供债务履行担保的行为。债务人不履行债务时,抵押权人有权依法以抵押的房地产拍卖所得的价款优先受偿。

律师可以为委托人办理商品房抵押业务时提供的法律服务当然也包括对房屋权属的审查、对当事人主体资格的审查、对抵押合同的审查等等,无需赘言。在为商品房抵押当事人提供法律服务的过程中,对于以下商品房抵押与一般抵押相较而言所具有的特殊之处,应予以特别强调:

1. 商品房租赁与抵押的效力。律师应当提示委托人,已出租的商品房可以抵押,但实现抵押权(处分该商品房)时,承租人在同等条件下对该商品房有优先购买权;抵押权实现后,租赁合同在有效期限内对于商品房的受让人继续有效,即承租人仍可在租赁合同约定的租赁期限内继续占有、使用该商品房并从中收益,受让人除可向承租人收取租金外,不得妨害承租人的租赁权。

抵押后的商品房也可出租,但应当书面告知承租人该商品房已抵押的事实。已经抵押的商品房出租的,抵押权实现后,租赁合同对商品房受让人不具有约束力,即受让人可终止原租赁合同,承租人对该商品房不享有优先

购买权、继续租赁权。抵押人未书面告知承租人抵押事实的,抵押权实现造成承租人损失的,抵押人承担赔偿责任;如果书面告知承租人该商品房已经设定抵押,抵押权实现造成承租人损失的,由承租人自己承担。

商品房抵押权的效力并不当然及于租金等孳息。但当债务履行期届满,债务人不履行债务致使抵押物被人民法院依法查封的,自查封之日起抵押权人有权收取该抵押物的孳息。抵押权人未将查封抵押物的事实通知应当清偿法定孳息的义务人的,抵押权的效力不及于该孳息。

2.附属物、从物、从权利与抵押权的效力。除法律、法规有禁止性规定的,或抵押当事人对商品房附属物、从物、从权利的移转有特别约定的,以折价、变卖、拍卖方式实现抵押担保债权时,附属物、从物、从权利随抵押物一并转移。

抵押权的效力通常及于抵押权设定时已经存在的商品房从物,而一般不及于抵押人以后取得的从物。

抵押商品房与从物分别为两个以上的人分别所有的,抵押权的效力不及于抵押物的从物。

3.商品房转让与抵押效力。律师应当合理地提示委托人,并阐述商品房转让与抵押效力的法律关系。抵押人转让抵押商品房,应当告知抵押权人和买受人。买受人可代替抵押人清偿全部债务,消灭该商品房上的抵押权,并向抵押人支付房价和已清偿债务的余额后取得该商品房所有权。抵押商品房转让,未告知抵押权人和买受人:商品房抵押已经登记的,抵押权优先受法律保护,抵押权人可主张抵押登记后的商品房买卖合同无效,仍可对抵押商品房主张权利,买受人不得对抗抵押权人对该商品房实现抵押权,买受人遭受损失的,可向抵押人追偿;商品房抵押未经登记的,买卖权优先受法律保护,抵押权人不得对抗买受人,买受人取得该商品房所有权,抵押权人遭受损失的,抵押人承担赔偿责任。

4.抵押商品房的拆迁。律师应提示委托人,商品房在抵押期间被依法列入拆迁范围的,按下列规定处理:

以交换产权作为补偿的,以交换所得房屋重新设定抵押权;实行作价补偿的,抵押人可以与抵押权人协商提前清偿抵押所担保的债权,也可以与抵押权人协商将补偿金向约定的第三人提存作为抵押财产。

抵押人与拆迁人达成安置补偿协议后,应当与抵押权人就上述事项进行协商。抵押人向拆迁人提交其与抵押权人关于该抵押权及其所担保债权处理问题的书面协议后,方可取得补偿金和安置房屋。

对于重新设定抵押权的,抵押人和抵押权人应当重新签订抵押合同。原抵押物上存在两个以上抵押权的,各抵押权的先后顺序应当与原抵押登记的顺序一致。

5. 抵押物拆除改建的限制。律师应提示委托人,除城市建设需要拆迁房屋外,未征得抵押权人的书面同意,抵押人不得将已设定抵押权的房屋拆除或者改建。

四、商品房租赁

在商品房租赁过程中,律师为委托人提供的主要服务:①审查租赁交易的合法性;②协助拟定、洽商、签署房屋租赁合同。

(一)审查交易的合法性

1. 审核出租人是否具有出租资格,包括:出租人是否与出租房屋权证上的名称一致;共有房屋出租的,是否有其他共有人同意出租的证明;委托出租的,房屋所有人是否与出租房屋权证上的名称一致,受托人与房屋所有人是否有委托出租合同;代理出租的,房屋所有人是否与出租房屋权证上的名称一致,代理人是否有房屋所有人的委托代理出租证明;转租的,是否取得原出租人的书面同意或有无原出租人的授权;出租给境内外来流动人员的,有无取得公安机关颁发的《房屋租赁治安许可证》。

2. 审核房屋是否具备出租条件和有无禁止出租的情形;对前两项内容必要时应进行尽职调查,核实是否与当事人陈述和提供的文件资料一致。

(二)审查租赁合同

1. 对商品房租赁合同的审查。对商品房租赁合同的审查,主要关注的是以下关键条款,具体审查内容如下:

(1)审查租赁面积的计算方法、调查核实其是否和房地产权证上登记面积或法定检测部门检测面积一致,租赁房屋的平面图一定要在清楚标明租赁范围后作合同的附件。

(2)审查房屋交付时的状况,特别是附属设施和设备状况是否具体明确及能否拆除、改建或增设和租赁期满交还时的要求。

(3)审查租赁合同约定的房屋用途是否和政府批准的规划用途一致;若不一致,须由出租人或出租人委托承租人报规划部门批准。

(4)房屋租赁期限不应超过土地使用权出让合同、土地租赁合同约定的土地使用年限及不得超过 20 年,租赁合同不得违反此规定。

(5)审查和明确租金和有关费用的范围,租金是否包含管理费、空调、水、电费等;审查租赁保证金约定是否合理及租赁期满后租赁保证金的处理。

(6)若出租人同意承租人对房屋进行装修,要注意审查装修的有关约定:装修的内容和要求、承租人对装修公司及其工人的管理、装修给第三人造成损害的责任承担、装修发生的水电等费用承担与支付、装修过程中与物业管理公司的协调、装修期内是否免租或一定期限内免租等。

(7)因承租人对租赁房屋进行装修而发生的对租赁物的改善或增添他

物,合同应对租赁届满时的处分以及对改善或增添他物所发生的费用等内容有明确的约定,以预防因此引起纠纷或产生纠纷时无相关约定可依据。

(8)维修责任:若当事人没有另外约定,出租房屋的养护、自然或第三人造成的损坏或故障,其维修责任在于出租人;若因承租人使用不当或过错造成的损坏或故障,则承租人须承担维修责任或维修费用。

(9)若是经营性房屋租赁,律师要合理提示当事人是否投保公众责任险或第三者责任险。

(10)押金条款。房屋承租方一般需要向出租方缴纳一定数额的押金作为合同履行的担保,如果出现拖欠租金、人为损坏等合同约定的情况时,出租方有权扣除租金并要求承租方在约定期限内补足租金。

2.对违约责任及合同解除权的约定。房屋租赁合同的约定越详细、越明确,就越不可能产生歧义。尤其需要注意的是,只要规定了义务,就一定要有相应的违约责任的规定。对违约责任的规定,最重要的是对合同解除权的约定。

(1)承租人的解约权。出租人有下列情形之一,承租人可以解除合同:出租人未按时交付房屋的,承租人可以催告出租人在合理期限内交付,逾期仍未交付的;出租人交付的房屋不符合租赁合同约定,致使不能实现租赁目的的;交付的房屋危及承租人安全的;对房屋租赁期限没有约定,依照法律规定仍不能确定的。

(2)出租人的解约权。承租人有下列情形之一,出租人可以解除合同:对房屋租赁期限没有约定,依照法律规定仍不能确定的;承租人未征得出租人同意改变房屋用途,致使房屋损坏的;承租人逾期不支付租金累计超过6个月或约定的期限的;承租人造成房屋主体结构损坏的;房屋租赁合同未约定可以转租,承租人转租房屋未征得出租人同意的。

■ 第四节　房屋拆迁中的法律服务

一、概述

这里讨论的房屋拆迁主要包括城市房屋拆迁和农村房屋拆迁。城市房屋拆迁,是指经依法许可,拆迁人对房屋所有者或使用者给予补偿安置并对城市规划区内国有土地上的房屋及附属物进行拆除的法律行为。农村房屋拆迁,是指房屋所有者或使用者获得合法补偿安置的前提下迁出,由拆迁人经依法许可对农民集体所有土地上的房屋及附属物进行拆除的法律行为。

律师可代理与拆迁相关的非诉讼法律业务,主要包括提供拆迁法律咨询、受托调查、起草修改拆迁方案、起草修改各类法律文书、出具专项法律意见书、培训拆迁工作人员、代理政府、拆迁人、拆迁单位、被拆迁人、房屋承租人、房屋同住人、房屋使用人参与拆迁评估活动、参与听证及谈判活动、参与行政裁决活动、参与强制拆迁活动、参与行政复议活动、参与仲裁活动、参与诉讼活动等。

二、房屋拆迁法律服务重点

在整个房屋拆迁活动中,需要律师提供法律服务的地方很多,基本涵盖了整个过程的每个环节和拆迁法律关系的全部当事人以及相关权利义务人。然而,从拆迁的实践来看,还是有重点的,无论是委托人选择律师,还是律师提供服务,都是有重点的。

（一）拆迁前期准备阶段

拆迁前期准备阶段是指截至房屋拆迁许可证公告之日前的阶段。在此阶段,当事人需要律师提供服务集中在以下几个环节:

1. 项目决策分析服务。任何房屋拆迁项目,都是以追求一定的经济效益和社会效益为目的的。因此,需要认真地核算各种成本和收益,以确定投资风险。确定投资的法律风险就是律师的任务。

2. 规划许可服务。项目立项之后,确定了项目用地的选址规划许可。受当事人委托,律师可以持项目批文向规划管理部门联系,得到规划红线图和选址意见书,以便向土地管理部门办理土地使用权出让、转让手续。申请规划部门许可,不仅要与规划部门打交道,还需要协调环保、行业主管、水电气基础设施等管理部门的关系,防止在规划红线内存在难以克服的法律障碍。

3. 土地使用权取得服务。城市房屋拆迁的前提是取得土地使用权。对此,律师应在三个方面发挥重要作用:选择取得方式、起草和审查合同及合同的履行。

4. 拆迁许可证取得服务。在申请拆迁人取得立项、土地使用权、规划许可等文件后,要立即组织编制拆迁计划和方案,落实拆迁补偿安置资金。律师应协助委托人备妥相关资料,然后向房屋拆迁管理部门申请房屋拆迁许可证。如发现提交的资料存在缺陷,要及时更改,以便顺利地取得房屋拆迁许可证。

（二）拆迁实施阶段

在取得房屋拆迁许可证后,紧张的拆迁工作就可以开展。对此,律师可以提供全过程的法律服务,也可以约定予以重点服务。

1. 选择拆迁方式和队伍。拆迁可以是委托拆迁,也可以自行组织拆迁。如果拆迁人有适当的专业人士承办,加上律师提供全过程服务,就可以自行拆迁。自行拆迁的优势在于能使自身的人员满负荷工作,具体工作也具有较大的灵活性。如果拆迁人缺少拆迁的专业人士,一般就应考虑委托拆迁。

如果是委托拆迁,律师应帮助当事人考察拆迁实施单位的信誉、拆迁能力;帮助当事人草拟和敲定委托拆迁合同的条款,使合同合法、公平,便于履行。

2. 代为处理纠纷。在拆迁的实施阶段,出现较多的纠纷有三种,其处理过程中,都需请律师代理。

(1)拆迁人与被拆迁人之间的纠纷。这类纠纷主要是围绕房屋拆迁补偿安置而产生。处理这类纠纷的原则应当是公平和谅解:①补偿安置不能过低或过高,应以市场评估价格为中心线,进行协商;②谅解,应说服和引导拆迁人与被拆迁人求同存异。

(2)被拆迁人内部的纠纷。被拆迁人对外是一家,对内常有利益冲突。律师代理这类纠纷要本着"和为贵"的原则,多做说服教育工作,尽量促成和解。

(3)行政纠纷。拆迁实施阶段,常见有房屋拆迁管理部门和其他行政机关与行政相对人出现纠纷。在《城市房屋拆迁管理条例》取消了政府统一拆迁后,房屋拆迁的行政纠纷主要集中在不服处罚方面。对此,律师无论作为行政机关的法律顾问,还是行政相对人的代理人,都宜重在预防。

作为行政机关的法律顾问,要及时提醒行政机关依法行政,把握好行政处罚的合法性与合理性,特别要注意容易忽视的程序问题。一旦发现错误,要建议主动纠正,避免诉累。

作为当事人的法律顾问或代理人,要及时提醒其依法办事,不要为追求经济效益而违法蛮干。一旦发现错误,要建议当事人主动改正,避免处罚的加重。发现行政处罚错误,应先行交涉。一般情况下,不要轻易起诉。对确需起诉的,一方面要坚持原则,另一方面要留有余地,对可能庭外和解的,应当庭外和解后撤诉。不能逞一时痛快,使委托人的长远利益受到损害。

3. 申请代理服务。有的情况下当事人之间难以谈拢,为防止超越拆迁期限,律师应经拆迁人授权,及时代理申请事务。主要有三项:

(1)申请裁决。在拆迁人与被拆迁人,或者拆迁人、被拆迁人与房屋承租人达不成拆迁补偿安置协议时,为防止延误时间,律师应建议及时申请房屋拆迁管理部门的裁决。律师可为拆迁人起草申请书,准备有关资料,使裁决能尽快作出。

(2)申请证据保全。在强制拆迁和产权不明确房屋的拆迁前,律师受拆迁人委托,应向公证机关申请办理证据保全,以防止房屋拆除后,权利人就已被拆除的房屋和屋内其他财产的状况提出异议,而产生不必要的纠纷。

(3)申请强制拆迁。在拆迁实施阶段,有三种情况可以强制拆迁:①拆迁补偿安置协议订立后,被拆迁人或房屋承租人在搬迁期限内拒绝搬迁的,拆迁人可以申请仲裁或起诉。诉讼期间,拆迁人可以委托律师向法院申请先予执行即强制拆迁。②房屋拆迁管理部门应当事人申请就拆迁补偿安置作出了裁决，而当事人对裁决不服的，可以向法院起诉。拆迁人依法提供了拆迁安置用房、周转房或者对被拆迁人给予货币补偿的，诉讼期间，不停止拆迁的执行即拆迁人可委托律师向人民法院申请强制执行。③裁决生效，被拆迁人或承租人在裁决规定的搬迁期限内未搬迁的，拆迁人可以委托律师，要求市、县人民政府责成有关部门强制拆迁，或者由房屋拆迁管理部门申请人民法院强制拆迁。

除了上述三种拆迁外，对产权不明确的房屋，也是在没有征得产权人同意的情况下，由拆迁人提出补偿安置方案，报房屋拆迁管理部门审核同意后，实施拆迁。这种拆迁的本质与前三种强制拆迁并无不同，只是拆迁主体不同。因此，律师可在房屋拆迁过程中，协助拆迁人核实房屋确实产权不明确之后，编制合理的补偿安置方案，批准后实施拆迁，以避免潜在的纠纷。同时，也维护双方的合法权益。

第二十一章　律师涉外业务

众所周知,中国经历20多年经济的飞速发展,已不可避免地纳入到国际经济运行的循环当中。世界500强的企业有400多家也先后到中国来投资、抢占市场和商机,它们所涉略的行业触及到生产、商业服务和人力资源的各个环节。据世界发展银行对中国经济发展的调查总结,称中国目前已成为"世界工厂"、"服务外包的集散地"。

跨国公司的投资活动对世界经济贸易的影响起着举足轻重的作用。任何经济活动都离不开对人身和财产安全保障的思考、乃至权利被侵犯之后所采取法律救济手段的选择。对于外国投资者更是首先关注所在国的立法保障措施。因此,所在国的政治、法律法规和行政规章、以及司法案例等因素,对外国投资者在决定其是否进入、存在形式、投资的数额和退出机制等方面都是必不可少的考察要件。国外律师,尤其发达国家的律师虽对本国企业的运行模式了如指掌,但对外国的法律和程序,特别是不同于其本国的法律体系、以及行政、语言、文化和商业习惯、甚至法院断案倾向等等,他们很难全面了解及作出准确的判断。这就需要当地同行的帮助和协作。

当中国的律师面对外国投资者的咨询、聘用,外国同行的协助请求,我们不仅首先要储备相关的本国经济、政策、法律知识,同时还要知悉国际商业活动中的基本操作习惯和流程,如果能了解投资者所在国的交易惯例、社会生活、文化习俗、乃至礼仪等方面的基本常识,则更有助于彼此的相互沟通和了解。

■　第一节　非诉讼涉外业务的发展历程

随着中国的经济国门打开,外来经济实体纷沓而至所带来的法律需求不断增加,对原有的仅局限于法律顾问服务的非诉讼律师业务,在业务范围、法律知识和服务方式方面已不能满足市场的需求。目前,非诉业务的收入在发达国家一般占到律师事务所收入的60%～70%,但在我国,非诉业务的收入仅占律师事务所收入的1/3,可见非诉业务有巨大的拓展空间,尤其是涉外非诉讼法律业务亟需发展并与国际法律服务市场接轨。

20多年来,我国的非诉法律业务,尤其是涉外非诉业务经历了以下几个发展阶段:

1.20 世纪 80 年代的整 10 年,也是我国对外开放政策出台伊始并在不断探索的时期,大量外商在中国进行试探性的投资和贸易活动,引发我国非诉及涉外非诉法律服务从无到有的发展。

2.20 世纪的最后 10 年,是开放政策取得成效明显的 10 年。中央政府大力推进国家基础建设和房地产开发,因此涉及房地产、融资、建筑及招投标的法律服务,以及证券市场的发展等等,非诉业务向纵深发展。而涉外非诉业务在律师事务所开始形成了"以专业化团队服务"为承揽业务的流行语。

3.21 世纪开始至今,特别是我国加入"WTO"组织后,贸易和投资政策的进一步透明和法规的健全,外资涉足中国的资本市场和通过企业并购和股权受让等方式进入中国市场也更具吸引力。加之中国的大型国企控股公司面向全球发行股票引发大量的国际基金投资公司和基金管理公司进入中国,与之相关的证券、融资、保险和基金管理的法律服务市场的竞争日趋激烈。这个时期,中外律师事务所在涉外非诉业务上的竞争十分明显。

当前,我国有些非诉讼法律业务已经很成熟,如企业法律顾问、律师见证、房屋买卖按揭贷款审查等等。法律服务在律师事务所也逐渐走向专业化,如提供与外资公司设立,股权转让及并购、反倾销法律服务相关联的一些律师事务所已形成特色。更多的法律服务业务亟待推进和开发,如基金设立和管理,金融衍生产品的法律风险管理,国际税收策划等。在此需要指出的是,中国在 WTO 的入世框架协议中,并未对"法律服务"行业进行开放,但允许外国律师事务所到中国执业,范围仅限于对在中国的外商提供与其本国法律相关的事务服务,同时对来自中国律师事务所的涉及外国法律的合作请求提供服务。但是,有些法律事务同时混杂着来自于几个不同国家的投资主体或涉及他们所在国的外汇、税务、劳工等法律问题。因此,中外律师的竞争在所难免。而中国律师在涉外非诉法律服务方面的开拓尚有着不小的空间。

■ 第二节　逐步健全的涉外法律法规

2001 年 12 月 11 日中国正式成为世界贸易组织的一员,中国向全世界承诺认真履行其在"一揽子协议"中的义务——开放市场、降低关税。经济的全球化进一步加大了商品和生产要素跨国界流动的频率,同时资金、人员的流动反过来又促进贸易的发展,并导致各国的经济相互依赖的程度加深,推动了世界贸易和跨国投资的不断扩大。应该看到的是,全球化进程同时也冲击着各国原有的法律制度和体系。

一、中国对外贸易发展及法律规范正逐渐走向完善

中国对外贸易的发展突飞猛进,贸易大国地位已经显露,由原来的1978年第32位上升至今天的全球第3位。2001年以来,中国贸易平均每年增长近30%。2005年我国的对外贸易总额已经达到14221亿美元,对外贸易的份额占到全世界的6.4%。[1] 尤为令人关注的是,中国加入WTO组织之后,在与国际贸易规则及法律的接轨之下,在世界经济贸易中的话语权不断提高,并凸显在新一轮的国际贸易规则的谈判角色当中。按照美国负责东亚与太平洋事务的副助理国务卿Thomas Christensen的话,"中国已经高度融入到全球体系当中并从中获得利益,中国在全球舞台上的影响日益增长,对全球各重要体系提出了新的挑战"。[2]

1.商务贸易规则日渐符合国际化要求。2001年底中国在"多哈会议"上对外郑重承诺,将加大经济开放的步伐,履行负责任的发展中大国的义务。至今入世已经5年,在这一过渡期内,不论是在贸易规则还是关税壁垒的管制方面,中国都作出全面的调整。与此同时,中国也全面修改国内法律法规与WTO规则相一致。

(1)在外贸法律法规方面,对1994年7月1日施行的《中华人民共和国对外贸易法》进行修订,并于2004年7月1日正式实施。新修订的对外贸易法进一步完善贸易救济制度,全面引入国际贸易通行规则。在入世成功后,全面按照WTO《反倾销协定》的精神对1997年3月由国务院发布的第一部《中华人民共和国反倾销和反补贴条例》进行修订,并颁布《中华人民共和国反倾销条例》(2002年1月1日生效),废止了原来反倾销和反补贴条例合一的法规。随后2004年3月31日颁布《中华人民共和国反补贴条例》,并陆续制定了一系列反倾销、反补贴调查的程序、步骤的实施细则。还在2001年底通过了《中华人民共和国货物进出口管理条例》(2002年1月1日正式施行)。该条例规定"除法律、行政法规明确禁止或者限制进出口的外,任何单位和个人均不得对货物进出口设置、维持禁止或者限制措施"。

(2)在法规清理方面,国务院按照法制统一、非歧视、公开透明的原则,对与外贸有关的中央及地方性法规、各级政府的规章和其他政策等实施全面清理。国务院对2000年底前颁布的756项行政法规进行了清理。取消1195项审批规定,改变82项管理方式。[3] 此外还颁布了《中华人民共和国行政许可法》,进一步增加政策制定、执行的透明度和法规实施前的通报

---

[1] 沈四宝:《论WTO后过渡期中国对外贸易法律制度的梳理》,载http://www.gjmy.com/gjmywz/news/news_d/10318.html.

[2] Thomas Christensen,《中国在全世界的作用》,在美中经济与安全审议委员会上的发言,2006.06.03. http://usinfo.state.gov/mgck/Archive/2006/Aug/14 - 27184.html.

[3] 《世贸司张向晨司长谈我国加入WTO履行承诺情况》,载商务部网站"司局长访谈"。

制度。

（3）在部门规章方面，2003年7月国家进行机构改革，将对外经贸部、国家经贸委、国内贸易部、国家发展计划委员会合并统一，成立商务部。由商务部统一处理外商投资的审批和管理。2003年12月为了配合香港、澳门与内地建立更紧密经贸关系的决定，增加了〈关于设立中外合资对外贸公司试点暂行办法〉补充规定。商务部还于2004年6月25日出台了《外贸经营者备案登记办法》，并于当年7月1日开始施行，这标志着货物贸易的进出口权全面开放，国内贸易和国际贸易开始融合。此外，为了开展和规范对外贸易壁垒调查工作，消除国外贸易壁垒对我国对外贸易的影响，商务部制定了《对外贸易壁垒调查规则》，2005年3月1日起生效。随着国际贸易摩擦不断升级，我国被提起的反倾销案件日益增多，2006年5月17日商务部审议通过《出口产品反倾销案件应诉规定》，2006年8月14日正式运行。所有的外贸法规，都依照中国在入世时所签订的WTO总协定的原则来制定。

2. 商务贸易引入市场准入和政策透明原则。我国服务贸易的发展落后于货物贸易。入世后服务贸易随着开放力度的加大而增加，服务贸易的逆差不断地抵消货物贸易的顺差。在入世的第一个五年中，我国依照《服务贸易总协定》中的承诺，开放12个服务大类中的10个，涉及总共100个小类部门，占服务部门总数的62.5%，开放程度达到发达国家的水平。[1] 根据商务部发布的消息称，中国服务业已形成全方位、多层次的开放格局。服务贸易出口在世界的排名已由原来第28位上升到第8位，进口在世界排名由第40位上升到第7位。[2]

过去10年来中国加快了服务贸易法律法规的制定，颁布了一批涉及服务贸易领域的重要法规。

电信业方面，2001年12月5日国务院颁布《外商投资电信企业管理规定》，并于2002年1月1日起生效。规定指出，"外商投资电信企业可以经营基础电信业务、增值电信业务"。并实施了《电信业务经营许可证管理办法》，采用招标等方式颁发基础电信业务经营许可证。另外，在信息产业部的主持下，正在积极草拟《电信法》。当前，该行业的外商投入情况是：向中国管理机构申请设立外资电信企业有8家，其中有4家已获得电信业务许可证的发放。

在金融业方面，一个以《银行业监督管理法》、《商业银行法》为核心，各

---

〔1〕 商务部新闻办公室：http://www.mofcom.gov.cn/aarticle/a/200609/20060903279947.html，2006.9.27.
〔2〕 王兆寰：《商务部：中国服务贸易出口世界排名上升至第八位》，中新社北京2006年9月27日报道。

种行政法规和部门规章为主体,金融司法解释为补充的中国现代银行业监管法律体系已经基本建立。中国银监会已经发布了 132 件规章和规范性文件,内容涉及金融机构及业务市场准入、风险管理、内部控制、资本充足率、风险集中、关联交易等诸多方面的规范性文件。[1] 陆续出台《外资金融机构管理条例实施细则》、《境外金融机构投资入股中资金融机构管理办法》以及《中国银行业监督管理委员会行政处罚办法》和《中国银行业监督管理委员会行政复议办法》等规章和规范性文件,较好地促进了中资银行改革和外资银行业务发展。

在证券业方面,2003 年 10 月 28 日全国人大为了保护投资人及相关当事人的合法权益,促进证券投资基金和证券市场的健康发展,颁布了《中华人民共和国证券投资基金法》。第二次修改了《中华人民共和国证券法》(2006 年 1 月 1 日正式施行)。中国证监会还公布《证券公司融资融券业务试点管理办法》和相关指引,允许证券公司开展融资融券业务试点,这在国内证券市场是一次重大创新。

此外,保险业的开放步伐尤为突出。2001 年 12 月 12 日为了适应对外开放和经济发展的需要,加强和完善对外资保险公司的监督管理,发布了《中华人民共和国外资保险公司管理条例》,修改了《中华人民共和国保险法》。2006 年 6 月 12 日中国保险监督管理委员会还审议通过了《外国保险机构驻华代表机构管理办法》(2006 年 9 月 1 日起施行)。现在外资保险公司与中资保险公司一样站在同一起跑线上竞争,可以在我国的任何一座城市布网设点。

服务贸易涉及社会生活的各个领域,发达国家服务产业的发展和经验远远领先于我国,外资的进入带动服务贸易的扩大,也带来了服务管理理念和经验的传播,使得我国的服务行业的水平日益提高,为我国在世界经济、文化的交流,特别是 2008 年举办奥运会打下很好的基础。

二、中国涉外投资法律日趋与国际接轨

自 1978 年开始实施改革开放政策以来,中国制订了一系列优惠政策来吸引外国投资者。截至 2005 年,累计吸收外商直接投资近 6 600 亿美元,已连续 15 年位居发展中国家首位。[2] 目前,中国政府在招商引资方面的工作重点也从追求数量向提高质量上转变。

自第一部有关外商投资的法律《中华人民共和国中外合资经营企业法》

---

〔1〕 谢登科:《中国现代银行业监管法律体系基本建立》,载 http://biz.163.com/05/1103/16/21L6VOCD.html.

〔2〕 冼国明:《国际资本流动新趋势与我国吸收外资政策》,载《2005 年中国外商投资报告》,商务部网站。

于 1979 年颁布以来,中国外商投资法律体系经历了建立、发展、调整和完善的不同阶段。到目前为止,中国已经基本形成一个以《中外合资经营企业法》《中外合作经营企业法》《外资企业法》及其实施条例、细则为核心,以相关部门规章和规范性文件为配套的比较完备的外商投资法律体系,内容覆盖了投资准入、外商投资企业的设立、合并、分立、增减资、股权变更、境内投资、并购、清算等企业经营的全过程。当然这些法律法规随着国内、国际经济运行的发展趋势还将不断调整和修改。

2005 年 10 月,中国修改了《公司法》,降低了公司设立的门槛,进一步完善了公司资本制度和法人治理结构方面的规定,健全了对股东尤其是中小股东利益的保护机制。同时对外资开放的行业不断扩大,先后出台了《关于外国投资者并购境内企业的规定》和《外商投资举办投资性公司的补充规定》。过去一直被国家认为是属于国民经济命脉的领域,如电信、交通运输、电力、公共设施等领域,如今随着经济的发展,也越来越多地被纳入了开放的领地,并成为跨国并购的主战场。在电子、制药、航空、新技术等国际化程度高且我国目前缺乏竞争优势的产业领域,也开始大胆引入了跨国公司的并购。

伴随着外国投资的深入,跨国企业借由并购逐渐主导着我国某些资源和市场的方向,垄断问题日渐凸现。一部《反不正当竞争法》不足以调整和约束市场的不法行为,国家正在加紧制订《反垄断法》,完善《电力法》《航空法》《铁路法》等相关法律。

但是必须承认,我国利用外资的立法依旧欠缺统一规范的体系,法律效率和法律内容均不完备。外资立法在不同效力、层次和规模上也欠缺相互配合,经常出现部门间的规范、规章不衔接、相互冲突和无法可依的状况。诸多法规的修订和调整势在必行。

三、中国在国际经济组织中的作用日益加强

由上个世纪末期至今,世界再次兴起区域贸易集团化的热潮。据 WTO 统计,到 2003 年 5 月,通知 WTO 的区域贸易协议已经超过 265 个。在这些协议中,有超过 190 个目前已生效。双边的自由贸易协定(FTA)约占 90% 左右。[1] 当前,中国参加的主要世界贸易组织有:

1. 中国与世界贸易组织(WTO)。1994 年 4 月 15 日在摩洛哥的马拉喀什市举行的关贸总协定乌拉圭回合部长会议决定成立更具全球性的世界贸易组织(世贸组织),以取代成立于 1947 年的关贸总协定(GATT)。

世界贸易组织(World Trade Organization,简称 WTO)是一个独立于联合

---

〔1〕 宾建成、陈柳钦:《世界双边 FTA 的发展趋势与我国的对策探讨》,载 http://www. xslx. com/htm/jjlc/sjjj/2005 - 04 - 01 - 18534. htm.

国的永久性国际组织。该组织的基本原则和宗旨是通过实施市场开放、非歧视和公平贸易等原则,来达到推动实现世界贸易自由化的目标。1995 年 1 月 1 日正式开始运作,负责管理世界经济和贸易秩序,总部设在日内瓦。

中国自 1986 年 7 月就开始递交申请重返当时的关贸组织 GATT。经历了长达 15 年的谈判历程,中国最终在 2001 年 11 月 12 日正式签署了 WTO 总协定,成为 WTO 的成员国。中国今天的成就,离不开多年为加入 WTO 所作出的努力和改进。

2. 中国与东盟自由贸易进程(CAFTA)。同属亚洲太平洋沿岸的中国与东盟国家(ASEAN)的交往从未间断。20 世纪 90 年代以来,中国与东盟各国的经贸关系得到全面发展。2003 年 10 月在第 7 次东盟与中国领导人会议上,中国政府宣布加入《东南亚友好合作条约》,并与东盟签署了宣布建立面向和平与繁荣的战略伙伴关系。在经贸合作方面,东盟已成为中国第五大贸易伙伴,中国成为东盟的第六大贸易伙伴。截至 2003 年底,中国企业在东盟 10 国的投资项目达 857 个,中方投资 9.41 亿美元,占中国对外投资总额的 8.77%。[1] 在经济建设的各个领域,中国与东盟的合作都体现了优势互补、互利互惠。

3. 香港、澳门与中国内地更紧密经贸关系安排(CEPA)。香港与中国内地更紧密经贸关系是在两地长期经贸交流合作的基础上发展起来的。2003 年 6 月 29 日中国与香港签署的《内地与香港关于建立更紧密经贸关系的安排》(CEPA),是一个在 WTO 框架下的自由贸易协议,是中国内地到现在为止所签订的内容最全面、开放幅度最大的自由贸易协议,同时也是香港目前参与领域最广泛、内容最深刻的自由贸易协定。在 CEPA 框架下,简化审批程序及促进两地往来,使两地在服务业合作方面的空间更为广阔。

同样,2003 年 10 月 17 日中国内地也与澳门签订了《内地与澳门关于建立更紧密经贸关系安排协定》,促进内地与澳门的经济联系。在 WTO 的框架体系下建立更紧密联系的机制,CEPA 的签署和实施是区域合作领域的一个典范,这为大中华经济圈的形成拉开了帷幕。

4. 中国与其他区域经济合作。2005 年 11 月 18 日,在胡锦涛主席和智利前总统拉戈斯的共同见证下,中国与智利两国政府签署了《中华人民共和国政府和智利共和国政府自由贸易协定》。中国—智利自由贸易协定将从 2006 年 10 月 1 日起实施降税进程。

中国是亚太经合组织(APEC)的重要的创始成员。自 1991 年参加 APEC 以来,中国与 APEC 成员的贸易比重始终维持在 70% 以上。2005 年

---

[1] 袁波:《中国与东盟双向投资持续升温》,载新闻网 http://news. qq. com/a/20050221/000555. htm.

10月亚太经济合作组织第九次领导人非正式会议在上海举行。

今天的中国已经切实融入到世界贸易的体系当中。2006年9月国际货币基金组织(IMF)各成员以压倒多数通过增加中国、土耳其、墨西哥三个新兴经济国家投票权。今后IMF在制定借贷、货币调整等方面的政策时,也将更多地考虑目前发展中国家面临的问题,而不是一味地追求货币政策改革。

■ 第三节　涉外法律服务中律师的作用

一、国际贸易中的律师服务

中国的对外贸易增长不仅成为国内经济持续发展的主要动力,也推动了世界经济贸易的发展。广义国际贸易,主要指跨越一国边境的商品交换即为国际贸易。国际贸易因交易内容和交易方式不同又有许多的分类。当前按商品内容划分主要有三种:货物贸易、服务贸易和技术贸易。货物贸易中,按照货物移动方向又分进口贸易、出口贸易和过境贸易。按照商品的形态分有形贸易和无形贸易。联合国编写了《国际贸易标准分类》(SITC)将国际贸易的有形商品分成10大类,63章和1924个项目。[1] 一般意义上我们所称的国际贸易主要是指货物、服务及技术的进出口贸易。

律师在提供涉及国际贸易的法律服务实践中,首先必须要了解与国际贸易活动相关的国际公约、惯例、国际协定及国内法律规范。了解他们在不同商业环境和交易背景下的最优运用规律。为客户提供便捷、明了的操作指导和规范的文件制作。

(一)1980年《联合国国际货物买卖公约》及其他与贸易相关的规定

随着全球经济一体化进程的加速,国际货物买卖行为已明显占据着当今国际贸易领域的重要位置。为了解决交易过程中出现的因使用语言及法律的不一致而导致的纠纷,各国往往以加入国际公约的形式来保障跨国之间的货物买卖的顺利进行。《联合国国际货物买卖合同公约》(以下简称"公约")是联合国国际贸易法委员会在1964年两个海牙公约,即《国际货物买卖统一法公约》和《国际货物买卖合同成立统一法公约》基础上制订的。1980年3月在由62个国家代表参加的维也纳外交会议上通过。按照公约第99条的规定,公约在有10个国家批准之日起12个月后生效。自1988年1月1日起,公约对包括我国在内的11个成员国生效。截至2005年6月,加

---

〔1〕　高成兴、朱立南:《国际贸易教程》,中国人民大学出版社2001年版,第18页。

入该公约的国家已有 65 个。[1]

我国在 1986 年交存的批准书中声明：中国不受公约第 1 条第 1 款第 (b)、第 11 条及与第 11 条内容有关的规定的约束。为了执行公约，我国前对外经济贸易部在 1987 年 12 月 4 日发布了《关于执行联合国国际货物买卖合同公约应注意的几个问题》。公约的宗旨是制定国际货物销售的统一规则，以减少法律障碍，促进国际贸易的发展。公约适用的主体范围系适用于营业地在不同国家的当事人之间所订立的货物买卖合同。公约适用的客体范围是"货物买卖"。但并非所有的国际货物买卖都属于公约的调整范围，公约排除了以下几种买卖：①以直接私人消费为目的的买卖；②拍卖；③依执法令状或法律授权的买卖；④公债、股票、投资证券、流通票据和货币的买卖；⑤船舶、气垫船和飞行器的买卖；⑥电力的买卖；⑦卖方绝大部分义务是提供劳务和服务的买卖。公约在我国生效 20 年来，适用公约解决国际货物买卖合同纠纷的诉讼和仲裁案件不在少数，如 1998 年由山东省高级人民法院判决的，美国联合企业有限公司诉山东省对外贸易总公司烟台公司上诉案，因双方没有约定解决合同争议所适用的法律，但我国和美国均是公约的缔约国，因此适用了公约的有关规定审理此案。我国公司和非缔约国公司之间订立的货物买卖合同，公约不能直接适用，除非他们选择了公约作为合同准据法。如杭州中级人民法院审理的阿拉伯联合酋长国迪拜阿里山的海湾资源有限公司与杭州杭钢对外经济有限责任公司的国际货物买卖合同纠纷案，就因当事人选择了公约作为准据法，依公约规定判决了此案。

律师在国际货物贸易中除了灵活掌握国际货物买卖公约外，在谈判、合同制作、履行和争议解决过程中还必须运用到世界广泛通行的《国际贸易术语解释通则》(2002)，在贸易结算中涉及使用跟单信用证问题而采用国际商会《跟单信用证统一惯例》(UCP500)的解释规定等。此外，律师还必须了解我国与之相配套的民商事法律法规，以及国际、国内仲裁的一般程序和规则，最高法院的司法解释和相关案例判决。例如，2005 年 11 月最高人民法院根据中国的民法通则、合同法、担保法，结合国际商会《跟单信用证统一惯例》的规则公布了《最高人民法院关于审理信用证纠纷案件若干问题的规定》(法释[2005]13 号)。该文指出，人民法院在审理信用证纠纷案件中涉及单证审查的，应当根据当事人约定适用的相关国际惯例或者其他规定进行；当事人没有约定的，应当按照国际商会《跟单信用证统一惯例》以及国际商会确定的相关标准，认定单据与信用证条款、单据与单据之间是否在表面上相符。因此，我们不仅要对它们的条文规定达到熟练运用的程度，还要随

---

[1] 许军珂：《〈联合国国际货物买卖合同公约〉及其在我国的实践》，载 http://www.npc.gov. cn/zgrdw/common/zw.jsp? label = WXZLK&id = 342973.

时关注这些规则的修改版本及内容变化。当我们给客户解决对外贸易过程中的棘手问题时，要能技巧性利用前述规则中对客户有利的条款，设定合理安排、保障措施和风险防范的手段。比如，作为出口企业的律师，我们更多地考虑或建议客户采用 FCA、CPT、CIP[1]等成交方式，因为这类贸易术语有利于出口方提早转移风险，提前出具运输单据，尽早收汇，加快资金的周转。而作为进口方来说，如在我方进口大宗货物需要以租船方式装运时，原则上采用 FOB 方式，由我方自行租船、投保，以避免卖方与船方勾结，利用提单骗取款项。国际上利用伪造提单或信用证诈骗巨款的案件时有发生。再有，根据代理的客户身份的不同，考虑他们所在国之间是否有共同参与的贸易组织和协定，根据相关的贸易协定的内容获取最优惠的政策待遇和最便捷的相关服务。例如，充分利用 WTO 成员国之间在贸易、通关、商检等环节中的规则。如发生贸易摩擦，一旦无法解决争议，还可以利用 DSB 的争端解决机制磋商和裁判。更重要的是，面对市场优势明显的客户，而我们代理的客户处于劣势的情形之下，我们怎样在合同条款中利用诉讼或仲裁的条款尽可能地保护自身的利益。在双边或多边国际贸易中，有可能涉及国家间发起的反倾销、反垄断制裁措施、甚至使用技术贸易壁垒阻碍他国贸易进入，这是发达国家经常利用的手段。律师怎样应对，我们将在随后提到。

另外，国际市场竞争剧烈。企业要想在市场竞争中取胜，掌握竞争对手竞争地位的信息也很重要。除了了解 WTO 的多边贸易规则外，律师还需要了解目标市场所签订的各种区域或多边贸易协定的情况。只有对国内、国际经济动向和金融及税收政策有综合的了解，律师才能为客户利益的最大化提供高质量的法律服务。

（二）比 WTO 服务贸易总协定的承诺更开放

我国对 WTO 在服务领域的开放有逐步过渡的承诺规定。律师要通过相关政府部门及公开的信息渠道收集准确信息，对开放领域的幅度和进度要全面了解，对哪些领域尚未开放或限制开放等等均要明晰。此外，律师应深刻掌握国际服务贸易游戏规则，掌握国际服务贸易相关协定和国际惯例，辅助、代理客户进行合同或项目谈判。

事实上，在加入世贸之初，我国银行业就全面开放了外汇业务，人民币业务的开放地域也逐渐扩大，迄今已扩大到 25 个城市，其中西安、沈阳、哈尔滨、长春、兰州、银川、南宁比承诺的时间表提前开放，人民币业务对象也由外企、外国人和港澳台同胞扩大到内资企业。外资银行在法规规定的范围内经营的业务品种已过百，市场准入标准和程序也比加入时更简化。我国还鼓励合格的境外投资者参与国内金融机构重组改造，并将单个外资机

---

[1] 参见《国际贸易术语解释通则》（2002）。

构入股中资商业银行的比例由原来的 15% 提高到 20%。截至 2005 年 12月,外资银行在华共设立 226 家营业性机构、249 家代表处。有 5 家外资汽车金融公司获准进行筹建。[1] 截至 2005 年 10 月底,有 15 个国家和地区的44 家保险公司在华设立了 100 个营业性机构。在机构数量增加的同时,外资保险公司的营业额 4 年来也增速可观,去年前 10 个月,外资财险公司和寿险公司的保费收入同比各增 27.8% 和 356.1%。截至 2005 年 8 月底共批准设立从事分销业务的外资商业企业超过 900 家。全球大型跨国零售巨头如沃尔玛、家乐福、麦德龙等均已进入我国,并得到快速发展。其他如法律、会计、医疗、教育、旅游等领域,四年来的市场准入扩大很快。法律服务市场,在华境外律师事务所代表机构已有 195 家;会计和审计方面,现有 7 家外资会计师事务所在华运营,其分所总共有 18 家,其中 10 家是近 4 年批准的;此外,获得许可的中外合资、合作医疗项目共 52 个;全国经批准的中外合作办学机构和项目共 851 个;共有 11 家中外合资旅行社和 7 家外资独资旅行社拿到了经营许可。[2]

上述服务贸易的发展离不开国际投资的带动,更离不开法律服务的支持。律师在贸易和投资相交叉的法律服务当中,还会遇到许多新问题、新规则,这就要求我们不断学习。律师要主动参与法律讨论,参与国内相关规章的制定。

(三)国际技术贸易的发展

国际技术贸易是国际贸易的一个重要组成部分,技术贸易的主要方式包括:许可证贸易、咨询服务和技术服务及转让。

跨国公司在国际技术贸易中占有重要地位。长期以来,跨国公司控制了相当份额的国际技术贸易,以技术输出带动资本输出和商品输出。律师在国际技术贸易活动过程中所起的作用是毋庸置疑的。由于技术贸易及与知识产权相关的法律服务对律师的法律功底和知识层面的要求很高,具有理工科文化背景对此类服务提供者极为有益。比如,涉及专利、商标或软件产品交易等。法律服务的内容大致包括:技术转让合同谈判、草拟和签订;技术秘密(know - how)的获得;保密条款、职务或非职务行为的界定;国际连锁店的加盟许可;以及技术转让中专利、商标和著作权问题以及它们在境外申请和取得的法律程序和步骤等等。比如,许可合同是最基本、最典型、最普遍的一种技术贸易形式。根据授权程度的不同,它有独占许可合同、排他许可合同、普通许可合同、可转让许可合同、交叉许可合同等类型。根据合同标的的不同,又有专利许可合同、商标许可合同和专有技术许可合同等类

〔1〕《世贸司张向晨司长谈我国加入 WTO 履行承诺情况》,载商务部网站"司局长访谈"。
〔2〕《世贸司张向晨司长谈我国加入 WTO 履行承诺情况》,载商务部网站"司局长访谈"。

型。律师在审查这类合同时应注意所下定义的名词和术语在同一合同条款出现时含义一致。在专利许可合同中,应列有规定专利标记的使用、侵权及其处理条款等等。在商标许可合同中,特殊条款主要有:商标内容和特征,商标的合法性和有效性;接受方使用商标的形式;对商标标识的管理;关于产品质量监督权等。

世界贸易条件下的规则及竞争方式已经发生变化,跨国公司正在用技术和标准双管齐下为自己拓展道路,也在为技术不够发达的发展中国家设置门槛。技术贸易壁垒也成为竞争的一个手段。乌拉圭回合谈判达成了《与贸易有关的知识产权协议》(TRIPS),明确了知识产权的类型为:版权、专利、商标、地理标志、工业设计、集成电路、外观设计(分布图)、未披露的信息、包括贸易秘密等。各国都利用知识产权制度,保护自己的技术优势、品牌优势并力图阻止外来更强大的技术优势的冲击。对最发达的国家来说,出口产品的绝大部分利益依赖于其对技术和知识产权的保护。因此,知识产权的保护也成为国际贸易中不可回避的问题。

二、反倾销案件中的法律业务

国际贸易竞争局势的加剧,各国的贸易保护主义通过反倾销的制裁措施达到维护其贸易利益的目的。WTO 的《反倾销协定》是一个由成员方达成的多边条约,旨在消除不公平的贸易、规范国际经济秩序和行为,它已成为国际反倾销的新法典。

据 WTO 统计,1990~2003 年,全世界反倾销案件共有 3664 起,远远超过前 41 年的总和。1995~2003 年使用反倾销数量最多的前三位成员分别是印度、美国、欧盟,其中美欧共发起反倾销调查 603 起,占全部反倾销调查数的 1/4。[1] 加入 WTO 五年来,中国作为最大的发展中成员在反倾销调查中持续遭受"非市场经济地位"的不公正待遇,成为反倾销的最大受害国。

(一)立法和司法程序规定

WTO 的《反倾销协定》直接规范的是各国政府的经济管制行为,它的间接落脚点却是直接参与国际贸易的民商事主体的权利义务。因此,协定赋予个体提起反倾销申请的权利,由各国主管机关受理并发起反倾销的调查,同时也赋予被裁定倾销的出口商寻求当地的行政和司法救济权。

WTO 的《反倾销协定》在国内执行包括以下几个组成部分:①国内立法审查和批准;②立法实施;③国内行政和司法机关对相关立法的执行和适用。我国最早的反倾销立法始于 1997 年 3 月 25 日颁布的《中华人民共和国反倾销和反补贴条例》。2001 年 11 月为切实履行入世承诺出台了《中华人

---

〔1〕 王世春:《从发展中成员角度看国际贸易规则的不公平性》,载《国际经济合作》2004 年第10 期。

民共和国反倾销条例》。2004 年 3 月 31 日国务院再次进行修改并重新发布。此外,为了保证反倾销行政复审和司法复审在我国的顺利实施,我国最高司法机关于 2002 年 8 月通过了《最高人民法院关于审理国际贸易行政案件若干问题的规定》、2002 年 9 月通过了《最高人民法院关于审理反倾销行政案件应用法律若干问题的规定》。商务部针对反倾销的调查及程序步骤制定具体的规定办法,如《反倾销调查立案暂行规定》、《反倾销调查听证会暂行规定》、《反倾销抽样调查暂行规定》、《反倾销信息公开暂行规定》等等。上述法律及规章均报送 WTO 反倾销措施委员会备案,反倾销措施委员会针对我国报送的立法情况每年进行审查。

(二)反倾销法律在中国的实施

根据《中华人民共和国反倾销条例》规定,我国发起反倾销调查和确定反倾销结果的主管机关是商务部。在确定征收临时反倾销税和最终反倾销税时,由商务部提出建议,国务院关税税则委员会根据商务部的建议作出决定,由商务部公告。商务部有权制定相关的反倾销具体调查程序规则。

从 1997 年 11 月我国发起第一次反倾销立案调查到 2005 年 1 月止,中国对进口产品的反倾销调查立案达 34 起,作出初裁的案件 27 起,终裁的案件 20 起。[1] 既有裁定撤销申请,也有倾销成立的。

新闻纸反倾销案例是我国首例反倾销调查案件,它无疑给国内其他企业正在遭受到国外产品倾销的产业和厂家提供了榜样。事情的起因是,从 1995 年起,中国的新闻纸产业就受到来自美国、加拿大、韩国等国新闻纸低价出口到中国的严重冲击。当时由于无法可依,未能对这种低价倾销行为采取行动。1997 年 3 月反倾销法规颁布之后,同年 11 月,我国 9 大新闻纸厂家代表中国新闻纸业向当时的对外经贸部提出申请,要求对来自于上述国家的新闻纸进行反倾销调查。于 1997 年 12 月 10 日正式公告立案。1998 年 7 月 9 日发布初裁结果,上述三国的新闻纸必须向中国海关提交倾销幅度为 17.11% ~78.93% 现金保证金。1999 年 6 月 3 日发布终裁决定,上述三国低价倾销的新闻纸对中国新闻纸产业造成了实质损害。征收反倾销税(税率分别为 9% ~78%)。该反倾销措施实施为 5 年。此次反倾销案件首开了中国产业运用反倾销法律武器维护自身利益的先河。

在中国加入世贸组织之后,在反倾销立法和实践上也进一步与国际接轨,受理的案件也日益增多。商务部在 2004 年 8 月 12 日发布公告,决定对原产于日本、欧盟和美国的进口呋喃酚进行反倾销立案调查。于 2006 年 2 月 12 日最终裁定原产于日本、欧盟和美国的进口呋喃酚存在倾销,并对中国呋喃酚产业造成实质损害,且倾销与实质损害之间存在因果关系。裁定

〔1〕 肖伟主编:《国际反倾销法律与实务》,知识产权出版社 2006 年版,第 458 页。

征收反倾销税(税率44%～113.2%)自发布公告之日起5年。距离此章编写最近的新的一起反倾销案例终裁决定即2006年7月22日商务部发出2006第42号公告。[1] 经过调查,商务部最终裁定,原产于日本和我国台湾地区的进口PBT树脂存在倾销,中国内地PBT树脂产业遭受了实质损害,而且倾销与实质损害之间存在因果关系。自2006年7月22日起及其后5年,对原产于日本和我国台湾地区的进口PBT树脂征收反倾销税(税率6.24%～17.31%)。

(三)中国成为反倾销措施和贸易保护的最大受害国及对策

比起中国为保护国内产业利益所采取的反倾销措施,中国在境外被发起反倾销调查和裁决征收反倾销税的案例也是近年来世界最多的。根据世界贸易组织的最新统计,1995年1月1日至2005年12月31日,中国出口产品共遭到了469起反倾销调查,被实施了338起反倾销措施,分别占同期总数量的16.51%和18.74%,是此间遭受反倾销调查和被实施征收反倾销税数量最多的成员,[2]它已成为影响中国对外贸易的一个重要因素。对我国出口产品发起反倾销调查的国家或地区达33个,涉及我国出口产品4000余种,累计影响我国每年出口金额约160亿美元。[3]

中国出口欧盟的产品中,约有10%受到欧盟的反倾销调查的影响。涉及化工、纺织、机电等多个领域总值达数十亿美元,占国外对中国反倾销调查总数的1/5。欧盟和美国对中国发起反倾销调查的最主要理由是中国的"非市场经济地位"。尽管欧盟委员会在1998年4月一致同意将中国从"非市场经济国家"的名单中除去,但依旧视为"有条件的市场经济国家"。而且也与美国一样一直用第三国的生产成本为评估正常价值的替代国,忽视中国有着巨大的劳动力资源且成本较低的因素。例如,中国出口到欧盟遭受反倾销起诉的彩电,在确定正常价值与出口价格的比较时,欧盟将新加坡定为替代国,而新加坡的劳动力成本是中国的20倍。选择这样的替代国必然会得出中国彩电倾销的结论。7家中国彩电出口商被征收44.6%反倾销税。业内人士普遍认为,中国彩电原本就徘徊在微利和亏损边缘,征收反倾销税基本意味着欧盟市场彻底对中国传统彩电出口关上了大门。美国迄今已对中国产品实施近100起反倾销措施,是世界上对华反倾销起诉最多的国家,其立案调查的反倾销案中有半数是针对中国产品。美国对中国的纺织品、钢铁、家具、彩电等相关产品采取反倾销措施,甚至对中国蘑菇罐头反

---

〔1〕 中国贸易救济信息网:http://www.cacs.gov.cn/DefaultWebApp/showNews.jsp? newsId = 300130000066.

〔2〕 李昌奎:《走出反倾销的十大认识误区》,载http://wto337.blogchina.com/5537884.html.

〔3〕 岳皓:《国际反倾销不公平性研究》,载《国际经济合作》2003年第2期.

倾销立案两次。

随着中国被反倾销起诉立案的增多,中国政府也呼吁并大力辅助企业采取积极态度应诉,以维护正当的贸易权利。目前,中国出口商应诉的绝对胜诉率(无税或无损害结果)已经达到 37.5%,对来自欧盟的案件企业应诉率达到 100%。1999 年,欧盟对中国自行车部件提出反倾销指控,初裁时,欧盟以自己为替代国,倾销率达 122.9%。经过中国据理力争,欧盟同意采纳中方的建议以"中国香港"替代,终裁时仅为 1.3% ~6.9%。[1] 另一个值得提到的成功案例是美国对中国浓缩苹果汁的反倾销调查。中国浓缩苹果汁年产量达 30 万吨,其中 85% 出口欧美市场。美国苹果协会于 1998 年底开始酝酿起诉中国苹果汁的低价倾销。1999 年 6 月美国商务部正式立案,11 月初裁结果出来,初裁税率从 9.85% ~38.86%。由于我国未被美国承认为市场经济国家,在计算和裁定倾销是必须寻找第三替代国作为价格审查依据。美国选择了并非苹果主产区的印度北方为苹果价格比照。中国的应诉企业在中美两国律师共同努力下,有理有据地提出反驳意见,甚至就美国商务部作出的终裁向美国国际贸易法院提起上诉。最后,美国商务部两次对其裁决作出修改,并采用中方提供的土耳其作为替代国,对中国应诉企业的最终裁决中,5 家零税率,4 家税率为 3.83%,而未应诉的企业的平均税率为 51.74%。[2]

面对反倾销案件日益加剧,一方面,中国的出口企业应自觉遵守国家有关外贸法规,抵制低价倾销行为。另一方面,中国企业一旦遭受反倾销立案,应迅速报告给行业协会,有组织地组成反倾销应诉小组,并聘请精通国际反倾销惯例的国内律师和国外有反倾销实践的律师,这是胜诉的前提。最明显的案例是,美国对中国家具反倾销案件裁决中,中国企业被认为在低于公平价值对美出口木制卧室家具,倾销幅度为 0.79% ~198.08%,绝大部分应诉企业获得了 8.64% 的平均税率,未应诉企业被裁定 198.08% 的税率。值得吸取教训的是,有 6 家应诉企业由于应诉过程中在回答问卷等方面不符合美国商务部的要求也被裁定了 198.08% 的惩罚性税率。[3] 由此看来,企业和律师在反倾销案件的工作中来不得一丝马虎。在阻止反倾销措施实施的手段上也可以考虑通过价格承诺方式结案,但要注意方式方法的灵活运用。在不可避免的替代国的选择上,尽可能地选择一个经济发展水平与

---

〔1〕 张秀娥:《欧盟对华反倾销原因及应对策略》,载 http://www. china – customs. com/cus-toms/data/1579. htm.

〔2〕 于洋:《浅析美国对中国苹果浓缩汁反倾销案》,载 http://www. rccs. com. cn/sort/Article-Show. asp? Articleid = 2946.

〔3〕 龚雯:《美对华家具反倾销案裁决不公》,载 http://www. people. com. cn/GB/jingji/1037/2983055. html.

我国相当的市场经济国家为替代国,这也是反倾销能否胜诉的关键所在。对于进入此法律服务领域的律师,要全面了解反倾销的国际、国内法律法规及程序,并积极地与国内和国际上的同行交流和合作。

根据我国 2004 年《反倾销条例》第 3 条的规定:"倾销,是指在正常贸易过程中进口产品以低于其正常价值的出口价格进入中华人民共和国市场。"该定义与 WTO《反倾销协定》和其他国家的规定并无实质区别。反倾销案件的关键要点在于:[1]

(1)是否构成倾销方面,主要在于:①正常价值的确定;②出口价格计算方法;③正常价值和出口价格的比较。

(2)关于损害事实方面:①对国内同类产业的影响分析;②是否造成实质性损害或实质性阻碍。我国《反倾销产业损害调查规定》第 4 条将"实质性损害"解释为"不可忽视的损害"。

(3)因果关系上,应把握:①因果关系的标准;②因果关系的确定方法;③对倾销进口产品以外的其他因素的影响评估。如果损害是由于倾销产品的其他优势引起的,或者倾销在其中起的作用很小,就不能认为倾销本身与损害之间有因果关系。

此外,律师也最不应忽视程序方面的保障。与 WTO《反倾销协定》类似,我国《反倾销条例》第 13 条、第 18 条对发起反倾销调查分别规定了申请发起和自行发起两种方式。后者的发生情形即当国内企业自行发起存在难以克服的困难或国内企业未意识到倾销存在时,主管机关基于保护国内产业的需要,通过发起反倾销调查,可以积极有效地保护国内产业的发展。WTO《反倾销协定》第 13 条规定,每一成员在其国内立法中必须包括反倾销措施所应设立的司法、仲裁复审,或行政法庭或监督程序等。我国的《反倾销条例》第 53 条规定,对反倾销主管机关决定不服的,可以向人民法院提起诉讼。总之,程序合法是案件得到公平、公正处理的基础。我国自反倾销立案、调查、到决定公布的行政程序大约耗时 24 个月。在征收期限上,通常最终征收反倾销税自征收之日起 5 年内终止,这与 WTO《反倾销协定》的规定"临时措施实施(一般在 4 ~ 9 个月)和最终反倾销措施实施 5 年"的期间有所不同。我国应尽快修改上述期间规定的不一致,更好地保护我国国内产业的利益。对于我方在国外受到的反倾销制裁,我们要敢于和善于利用司法审查程序,甚至不惜利用 WTO 争端解决机制中 DSB(Dispute Settlement Body)及程序以获得公正对待。

三、跨国公司从设立子公司到走并购捷径之路

全球并购浪潮在进入 21 世纪以来达到历史的顶峰。国际并购占全球

---

[1] 肖伟主编:《国际反倾销法律与实务》,知识产权出版社 2006 年版,第 471 页。

外国直接投资 80% 以上,并购已成为跨国投资最重要的方式。中国正成为最有吸引力的投资国。根据联合国贸发会议发布的《2004 年世界投资报告》,中国 2000 年外资并购占 FDI(Foreign Direct Investment)的 5.5%,2004 年达到 11%。[1] 2004 年外资在华投资共完成 2141 个跨国并购项目,价值 240 亿美元,占我国实际吸收外商投资的 40%。2002 年以前,跨国公司在华设立的研发机构已将近 200 个,到 2004 年底超出了 700 个。[2]

(一)外商由直接建厂投资向跨国并购转变

尽管我国吸引外资的放开政策和相关立法由来已久,但在 1995 年以前多为设立"三资"企业,即中外合资、合作和外商独资企业,以及随后允许外商投资设立股份有限公司等四种投资形式。中国给予这四类企业以税收政策上的优惠和鼓励。据统计,2004 年中国的外贸依存度已经接近 70%。

律师在这一时期介入外资企业多以提供法律顾问服务为主,从新设合资、合作企业的谈判与政府部门的沟通、股份结构的设置、合同草拟和签订,以及人员雇用及税务事务等,提供从政策到法律的全面服务,甚至包括之后股权转让、诉讼和仲裁。

随着中国市场经济改革的深入和对外开放政策的调整,国家开始鼓励外资进入国有企业的改组重建工作。由于历史的原因,国有企业多占据国家经济的主要行业和重要资源,80% 的上市公司亦被国有股或法人股所控制。由于国企的行业主导地位、品牌效应和稳定的客户群,正是外资进入中国市场、迅速获取市场份额最可取的途径。因此,中国的并购交易目前大部分还是围绕着国有企业进行的。

(二)外资并购政策进一步明晰和完善,跨国并购势头迅猛

外资并购中国企业已开始对我国经济产生深刻而又广泛的影响。随着外资并购的蓬勃发展,我国在制定外资并购相关法规方面不断加快步伐。2001 年以来,政府发布了一系列相关的法规,使得外资并购在政策上的障碍逐渐消除,可操作性明显增强。2001 年 11 月《关于上市公司涉及外商投资有关问题的若干意见》,允许外商投资股份有限公司发行 A 股或 B 股和允许外资非投资公司通过受让非流通股的形式收购国内上市公司股权。2002 年 10 月,证监会发布《上市公司收购管理办法》,对上市公司的收购主体不再加以限制,外资将获准收购包括国内 A 股上市公司和非上市公司的国有股和法人股。2003 年 1 月《外国投资者并购境内企业暂行规定》,对外资并购的形式,外资并购的原则、审查机构、审查门槛、并购程序作了较为全面的规

[1] 程云杰、谭剑:《中国修改外商投资法律法规旨在"宽进严管"》,新华社报道,2006.09.27.
[2] 裴长洪:《吸收外商直接投资与产业结构优化升级》,载《2005 年中国外商投资报告》,商务部网站。

定。通过近几年外资并购发展的实践，随着外资并购境内企业的增加，在审批监管、资产评估、防止国有资产流失、反垄断等方面也出现了一些问题，显现出原来的法规不够细化和可操作性较弱的一面。2006年8月8日，在前述《暂行规定》的基础上修改并发布《关于外国投资者并购境内企业的规定》，该《规定》是我国较为全面的、专门性的规制外资并购的行政规章，标志着我国外资并购进入有法可依的时代。

外资在选择目标企业时，必须首先考虑所投行业是否符合当前国家发展改革委员会2004年发布的《外商投资产业指导目录》（2005年1月1日实施）的规定。新的《外商投资产业指导目录》及附件，鼓励外商投资类由186条增加到262条，限制类由112条减少到75条。[1] 这时律师在给外商提供法律服务时最先要排除外商选择的行业是投资指导目录中被禁止和绝对限制的行业。如果在行业选择上外商自身不符合进入的条件，则投资就没有了基础和平台。

当前，外资并购我国上市公司的主要形式[2]有以下两种：

（1）采用直接并购模式：①协议收购上市公司非流通股；②通过换股的方式直接并购上市公司；③向外资定向增发可转换债；④向外资定向增发B股；⑤国际招标转让资本；⑥资产置换方式。

（2）采用间接并购模式：①管理层收购（Management Buy Out）；②通过由其控股的境内外商投资企业并购上市公司；③通过并购上市公司的国内控股股东间接控股上市公司；④通过司法拍卖方式竞买上市公司股权；⑤债转股模式；⑥通过收购上市公司的核心资产实现并购目的；⑦协议收购外资法人股来收购上市公司；⑧通过QFII制度并购上市公司。

对于非上市公司的并购，虽存在规范性文件较为笼统和政策缺乏衔接问题，但目前基本上有以下模式可供参考：①整体收购；②部分并购；③通过增资扩股控制合资企业；④收购合资企业中的中方股权；⑤外资企业重组其在中国的分支机构。

律师的作用就是给客户提供符合法律规定架构和建议，如果出现法规空档情形，则要与相关主管部门沟通取得文件批准和认可。在风险防范方面，对外方而言，重点关注行业政策规范、中方的土地、房产、知识产权和税收、环保、重大诉讼等问题的隐患；对出让的中方而言，对商业信息的保密与赔偿约定、外方资产的真实性或担保、国有资产评估和转让批准程序、过渡期控制权等问题审慎进行评估和约定。不同的服务对象，应对措施则不同，

〔1〕 刘东凯：《新"外商投资产业指导目录"鼓励条款增加》，载新华网，http://www.qetdz.com.cn/special/develop – view/history/0032/a – 02.htm.

〔2〕 唐清林副主编：《企业并购法律实务》，群众出版社2005年版，第281页。

律师应具有足够的灵活性提出建设性意见和建议。

四、垄断涉及的法律问题

国际贸易竞争和投资的增长引发了反垄断问题,并成为国家间用来保护自己国内工业的强有力手段。经济全球化的深入,发达国家也日益把产业安全放在非常主要的位置。在美国,有《谢尔曼法》、《克莱顿法》、《联邦贸易委员会法》等国会的立法、联邦最高法院的有关判例以及政府的《兼并指南》等共同构成美国的反垄断法律。此外,在《证券法》、《证券交易法》、《公司法》等立法中也有专门的条款规制企业并购行为。相比之下,我国尽管在《反不正当竞争法》、《产品质量法》、《商标法》、《价格法》、《招标投标法》、《电信条例》等国内法律法规中或多或少也带有反垄断的条款,但尚不足以有效遏制市场垄断并产生整体预期效果。

据我国工商总局 2004 年 4 月发布的名为《在华跨国公司限制竞争行为表现及对策》的报告显示,[1]一些进入中国市场的跨国公司逐渐显现垄断态势。跨国公司凭借其雄厚的资本,通过企业横向并购、品牌控制等方式迅速扩大规模和实力,在中国取得市场优势甚至是独占的地位。以感光材料行业的重新洗牌为例,1998 年,柯达实施全行业合资战略,国内厂家几乎被一网打尽,惟一幸存的是市场份额仅为 15% 的乐凯,而柯达于 2003 年又收购了其股份。更极端的例子是,摩根投资基金控股南孚电池后,又倒手转卖给生产金霸王电池的吉列公司,而后者正是南孚电池的竞争对手,从而使该行业的垄断位置迅速提高。

2003 年的统计数据表明,在 22 个领域里,外资已占据了 70% 以上的绝对控制。[2] 2005 年 4 月,美国卡特彼勒收购了山东山工机械有限公司 40% 的股权,而后又将目光投到厦门工程机械有限公司、广西柳州工程机械集团等重点企业。显然,听任外资在越来越多的行业、领域形成垄断之势,国内企业和民族产业将逐渐丧失市场话语权,最终危及国家经济安全。

反垄断法作为"经济宪法",是市场经济的象征,是维护市场自由和公平竞争的基本法律,反垄断法的地位无可替代。全球范围对滥用垄断地位的立法规制,大致可有两种类型:①仅禁止和制裁滥用垄断地位的行为,不干预垄断地位本身,即使该地位是以不正当方式获取的。欧盟的反垄断法是这一典型。②严厉禁止以不正当方式获取或者维系垄断地位的行为,甚至允许采取分拆垄断企业等制裁措施以根除垄断之根基。美国是这一立法最典型的国家。就数量而言,绝大多数国家采用的是第一种类型的立法。

---

[1] 李安方:《中国开放战略需要升级版》,载 http://column.bokee.com/67168.html.

[2] 戴远程:《跨国公司涉嫌在华垄断》,载 http://www.chinavalue.net/showarticle.aspx? id = 1654&categoryID = 10.

世界上已有100多个国家制订了自己的反垄断法,但国际上缺乏一个统一的、被普遍公认的反垄断法规。世贸组织《服务贸易总协定》第8条明确反对妨碍竞争的垄断企业的市场独占。无论是一家还是几家企业,只要形成市场瓜分或约定限价的控制就属于反垄断立法举措针对的范围。随着我国市场经济体制的逐步确立和WTO过渡期的结束,对竞争规则、反垄断立法的需求也将愈来愈迫切。

我国专门针对外资并购垄断行为的法规最早出现在2003年颁布的《外国投资者并购境内企业暂行规定》。目前生效实施的《关于外国投资者并购境内企业的规定》第51条规定,外国投资者并购境内企业有下列情形之一的,投资者应就所涉情形向商务部和国家工商行政管理总局报告:①并购一方当事人当年在中国市场营业额超过15亿元人民币;②1年内并购国内关联行业的企业累计超过10个;③并购一方当事人在中国的市场占有率已经达到20%;④并购导致并购一方当事人在中国的市场占有率达到25%。此外,商务部或国家工商行政管理总局认为外国投资者并购涉及市场份额巨大,或者存在其他严重影响市场竞争等重要因素的,也可以要求外国投资者作出报告。由于我国的《反垄断法》正在审议阶段,作为部门法规的新《规定》,在反垄断审查内容上要符合经济大法《反垄断法》的规定,由此,新《规定》的反垄断审查内容将会在出台后的《反垄断法》的基础上进一步充实完善。

我国的反垄断立法应充分借鉴其他国家在此成功的一面。在设立专门机构负责反垄断法执行问题上,一些国家的反垄断执法机构具有准司法性,如美国的联邦贸易委员会、日本的公正交易委员会,除享有一般行政权外,还享有准司法权和准立法权,并且裁决案件的程序也基本相同于法院部门。而大多数欧洲国家则采用纯行政机关作为反垄断负责机构。典型的是英国的公平贸易办公室和德国卡特尔局。[1] 结合我国的实际情况,在反垄断执法机构的设置问题上,坚持以科学合理、精干效能、权威独立为原则,建立一个独立而权威的执法机构。根据我国地域辽阔的特点,应当设立中央与省(自治区、直辖市)两级机构,实行垂直管理。在执法权问题上,反垄断执法机构拥有调查检查权、审核批准权、行政处罚权、行政强制措施权、行政裁决权和规章制定权等。此外,也参照国外反垄断法的域外适用,我国的反垄断法在订立时,既充分考虑对国外某些影响到国内利益的行为行使域外管辖权的原则,也应当注意的是,反垄断法域外适用也是一把双刃剑,对国家主权原则的适用会带来法律上的冲突。

中国律师在提供国际贸易、投资、并购的法律服务中,应当具有前瞻性

---

〔1〕 陈俊:《WTO规则与中国反垄断立法的制度回应》,载《国际经济合作》2005年第4期。

的思维和眼光,适时、准确提供给境内外客户最好的服务。

五、涉外知识产权保护

《与贸易有关的知识产权协议》(TRIPS)是 WTO 系列法律的重要组成部分,入世后的这几年里,我国立法机关先后对《专利法》、《商标法》、《著作权法》及实施细则都作了修正。并随着形势发展需要,在知识产权的各个领域出台了一些新的法律规定和司法解释,包括知识产权刑事保护问题也出台了相关的司法解释。我国知识产权保护体系已与 TRIPS 的要求日趋接近。

加强知识产权的保护,对吸引外资由数量到质量的转变有着积极的影响。近年来,外商独资化的倾向一方面是因为这些公司逐渐了解并熟悉了中国的市场环境,客观上具备了独资的条件,另一方面,也出于跨国公司对自身技术和知识产权保护的担心。越来越多的跨国公司把其研发基地设在中国。向中国转移的技术也主要集中在信息通讯、生物制药、精细化工等对知识产权制度保护敏感的制造业。因此中国加强和调整知识产权保护,对于引导外商投资方向具有积极的作用。

根据对外贸易法,中国通过实施贸易措施,防止侵权产品进口和知识产权权利人滥用权利的现象,促进中国知识产权在国外的保护形象。作为一名法律工作者,应该对当今知识产权保护从手段、政策到司法程序有清晰的了解,例如:DVD 专利申请问题,计算机软件反盗版问题,技术标准定义问题等。同时,也还需要关注一系列司法机关相关判例和解释。此外,还要收集一些来自于不同部门的调研报告,了解市场对此类法律服务的需求。例如,商务部《在华跨国公司知识产权滥用情况及其对策研究报告》中指出,"跨国公司正在利用专利策略包围我国企业,他们现在每年专利申请量占我国总专利申请量的30%。日益密集的专利'陷阱'将成为中国公司不得不面对的棘手问题","中国产品出口增长过程受到的国外保障措施壁垒也越来越多"等等。

■ 第四节 涉外法律服务的发展趋势

随着法律服务进程的加快,在服务对象、服务领域、服务手段以及管理等方面呈现国际化特征,这同时也带来了对法律服务、法律人才的大量需求,特别是需要迅速增加对有关世贸组织有更多了解的法律人员,如:法官、律师、专家及法律顾问等等。而且,国际化的法律人才,还要具备多语种、多媒体技能,具有跨文化的知识及良好的职业道德素质。另一方面,为经济全球化提供综合型法律服务也已成为当今国际法律服务业发展的潮流和方向。在我国经济发达的主要城市,如北京、上海,已建立了一些大型的律师事务所,而且其内部分工也设置了多个专业部门,如环保、知识产权、不动产、税务等等。

法律服务业由于其专属性、地域性以及与司法管辖权相结合的特性,在乌拉圭回合谈判中,无论是发达国家还是发展中国家对法律服务的承诺都带有不同程度的限制,从市场准入、国民待遇和政策法律上对外国律师在本国执业设置技术或非技术壁垒,以尽可能保护本国法律服务市场。早在1992年5月中国司法部就颁布了《关于外国律师事务所在中国境内设立办事处的暂行规定》,允许对外国律师事务所在中国境内设立办事处,从事与其本国的法律相关的业务。中国入世也并没有承诺对外国律师开放涉及中国法律事务的服务市场。但在中国内地与香港地区的 CEPA 协议关于法律服务类(CPC861)中有一定的放松管制,"允许香港律师行在中国内地设立代表机构并与内地律师事务所联营;允许获得内地律师资格的15名香港律师在内地实习并执业,从事内地非诉讼法律事务;允许内地律师事务所聘用香港法律执业者,但不得办理内地法律事务"[1]。

世界经济一体化和自由化提高了国际经济贸易的活跃程度,特别是跨国公司的发展,跨国间公司兼并与收购、工业知识产权的跨国交易、跨国项目合作等等,这些都带动了国际法律服务的需求。各国从事律师业的人数、律师事务所,以及法律服务咨询公司的格局也在不断调整以适应市场的需求。涉外法律业务的竞争在中国将日趋加剧,作为进入法律服务市场中的一分子,你准备好了吗?

---

[1] 安民:《内地与香港、澳门更紧密经贸关系的安排知识读本》,中国商务出版社2004年版,第31页。

第二十二章 律师其他非诉讼业务

《律师法》第 25 条第 6 款规定,律师可以"接受非诉讼法律事务当事人的委托,提供法律服务"。这是律师从事非诉讼业务的法律依据。律师非诉讼业务是律师诉讼业务相对应的称谓,是指律师根据当事人的委托授权处理当事人非诉讼法律事务的活动。

律师非诉讼业务的范围非常广泛,泛指法院诉讼程序之外的与法律适用相关的各种律师业务。根据当事人法律事务是否涉诉可以分为有争议的非诉讼业务和无争议的非诉讼业务。有争议的非诉讼业务是指已经发生争议或可能要发生争议,但不通过诉讼途径解决和处理的法律事务,如律师参与调解、仲裁等;无争议的非诉讼业务是指没有争议、没有纠纷的法律事务,如律师担任法律顾问,提供专项法律服务,代办公证、登记、申请等各项事务。

本章的内容既涉及有争议的非诉讼业务,如律师参与或主持调解,也涉及无争议的非诉讼业务,如代办公证、律师见证、资信调查、法律咨询和代书等。

■ 第一节 律师代办公证

公证制度起源于古罗马的民事法律制度。从罗马历史的早期起,罗马人中就存在着一些公职人员,一般被称为 scribae 或者 scribes。最初,scribae 只是单纯的复写人员或抄写人员,由于他们的专业知识和技能,scribae 的职业逐渐发生了变化。一部分人成了附属于议会和法庭的永久性公职人员,负责记录公共事务程序、转录国家文件、向罗马治安法官提供法律意见和记录他们的判决和法令;另一部分人则介入了私人行为,被称作 tabellio。tabellio 在广场或市场上为公众提供职业化建议或帮助,并从事起草契约、遗嘱和产权转让文书等活动,并对各方当事人产生约束力。tabellio 的这种行为被称为 instrumenta publice confecta,与那些个人行为或由私人起草的、tabellio 未曾介入的文件相比,具有一定的信用和确定性。

我国的公证制度是在古代私证制度上逐步发展并借鉴前苏联的公证制度建立起来的。在我国古代就有民间私人作证的习惯,人们通常邀请当地有名望的人士或族戚邻里到场见证收养子女、遗嘱继承、分家、借贷、土地和房屋买卖等活动,并证明他们在字据(契约)上签字画押,以防"空口无凭"。但私证只能证明客观事实的存在,并不能保证事实的合理性与合法性,更不能达到避免民事纠纷、有效保护当事者的合法权益不受侵害的目的。随着社会、经济的发展和需要,公证制度已经成为世界各国通行的一项重要法律制度。律师作为专业的法律服务者,接受当事人的委托代为办理公证业务无疑是对当事人合法权益不受侵害的进一步有力的保证。

《公证法》第2条:"公证是公证机构根据自然人、法人或者其他组织的申请,依照法定程序对民事法律行为、有法律意义的事实和文书的真实性、公证性予以证明的活动。"公证是法律赋予公证机构的一种证明活动,与民间存在的私证相对应。公证的法律效力有三点:①证据效力。经公证的民事法律行为,有法律意义的事实和文书,应当作为认定事实的根据,但有相反证据足以推翻该项公证的除外,《民事诉讼法》第67条有相同的规定。最高人民法院《关于民事诉讼证据的若干规定》第9条第6项规定,经有效公证文书所证明的事实,当事人无需举证,第77条规定经过公证的书证证明力大于其他文书、视听资料和证人证言。②强制执行效力。对经公证的以给付为内容并载明债务人愿意接受强制执行承诺的债权文书,债务人不履行或者履行不适当的,债权人可以依法向有管辖权的人民法院申请执行。最高人民法院、司法部《关于公证机关赋予强制执行效力的债权文书执行有关问题的联合通知》规定,公证机关赋予强制执行效力的债权文书范围包括:借款合同、借用合同、无财产担保的租赁合同;赊欠货物的债权文书;各种借据,欠单;还款(物)协议;以给付赡养费、扶养费、抚育费、学费、赔(补)偿金为内容的协议;符合赋予强制执行效力条件的其他债权文书。③有效性。对于法律、行政法规规定必须公证的事项,当事人必须公证,否则,该事项依法不具有法律效力。

根据《公证法》第11、12条的规定,公证机构办理的业务分为公证机构办理的公证事项和公证机构办理的相关事务两类。公证事项包括:①合同;②继承;③委托、声明、赠与、遗嘱;④财产分割;⑤招标投标,拍卖;⑥婚姻状况,亲属关系,收养关系;⑦出生、生存、死亡、身份、经历、学历、学位、职务、职称、有无违法犯罪记录;⑧公司章程;⑨保全证据;⑩文书上的签名、印鉴、日期,文书的副本、影印本与原本相符;⑪自然人、法人或者其他组织自愿申请办理的其他公证事项。公证机构办理的相关事务包括:①法律、行政法规规定由公证机构登记的事务;②提存;③保管遗嘱、遗产或者其他与公证事项有关的财产、物品、文书等等。

对于以上公证机构办理的公证事项和相关事务,根据《公证法》第26条"自然人、法人或者其他组织可以委托他人办理公证"的规定,律师都可以接受当事人的委托,代理其办理公证。但是"遗嘱、生存、收养关系等应当由本人办理公证的除外"。《公证程序规则》第 8 条规定:"当事人、当事人的法定代理人或法定代表人,可以委托代理人申办公证事项,但申办遗嘱、遗赠扶养协议、赠与、认领亲子、收养、解除收养、委托、声明、生存及其他与当事人人身有密切关系的公证事项除外。"由此可见,律师不得代理当事人办理这些与当事人人身有密切关系的公证事项,这些事项必须由当事人本人亲自办理。

律师代办公证作为律师事务所的一项非诉业务,律师接受当事人委托后应做到以下几点:①与当事人签订《委托合同书》,明确律师代理的权利义务;然后,由当事人签署授权书,明确委托权限;②律师要审查当事人需要进行公证的事项及相关文件,注意是否有不符合《公证法》及其有关规定的内容;③到有管辖权的公证机构办理公证。

■ 第二节 律师主持或参与调解

调解是解决民事纠纷的一种重要途径。调处息讼的做法早在《后汉书》就有记载。在明朝,法律规定各州县设立"申明亭",请长者在亭里受理民间纠纷。清代,建立了全面的调处制度,形成了三种调处形式:民间自行调处,由乡、保、族长调处;官批民调,将民事纠纷和轻微刑事案件由官府批给民间调处;官府调处。

苏区司法审判实践的代表马锡武审判方式就是以调解为主的民事审判方式,由此逐渐形成了中国特色的民事调解制度。1979 年《民事诉讼法(试行)》确定了着重调解的原则。1991 年修订的《民事诉讼法》改为调解自愿、合法原则。

在美国法院受理的民商案件中,30% 的案件在答辩后,举证前即可调解解决;30% 的案件能在举证、质证阶段达成庭外调解;25% 的案件能在法官的要求下,由调解员或律师主持调解而获得解决;剩余的案件中,有 5% ~ 8% 的案件能通过审前会议达成调解;真正由法官判决的案件仅占 5% ~7% 。

律师主持或参与调解,是律师介入调解活动的两种不同的方式。律师主持调解,是指律师应双方或多方当事人要求,作为调解人对发生纠纷的当事人进行疏通劝导,向其阐明法律,说服各方当事人互相谅解,作出让步,促使其协商达成一致,最终解决纠纷。律师主持调解属于民间调解,律师在调解中处于中间人的地位。而律师参与调解则是指律师接受一方当事人的委托,代理其参加有关机构或组织主持的调解活动,例如行政机关,人民调解委员会主持的调解活动,律师参与调解的法律地位是一方当事人的代理人。

《律师法》第25条第5、6项的规定,是律师履行主持或参与调解这一执业行为的法律依据,同时,《民事诉讼法》、最高人民法院《关于人民法院民事调解工作若干问题的规定》、司法部《人民调解工作若干规定》是律师主持或参与调解活动的法律根据。

一、律师主持调解

律师主持调解,作为律师非诉讼的执业活动,是有别于司法调解,行政调解的一种民间调解,主要是利用律师的法律专业知识和技能,从中间人的角度,居中评价争议双方或多方的是非曲直,促使当事人互相理解和妥协,达成各方都能接受的协议。律师主持调解时的调解权,来源于双方或多方当事人的自愿委托,不带有任何强制性,调解必须是当事人自愿的,律师不能借助其身份强制当事人调解,更不能在调解中利用自身的法律知识袒护一方当事人。

律师主持调解达成的调解协议,具有合同的法律效力,是当事人之间的一种法律行为,能够引起当事人之间某种实体法律关系的设立、变更或终止。当事人一方反悔可以参照最高人民法院《关于审理涉及人民调解协议的民事案件的若干规定》第2条的规定向人民法院起诉请求变更、撤销协议或确认协议无效,一方拒不履行的,另一方有权按上述法律规定向法院起诉。

（一）律师主持调解的条件

1.应是非诉讼纠纷事件,且事实基本清楚,权利义务关系明确,证据确凿充分。

2.当事人双方对协商解决纠纷有诚意,并同意律师居中调解。

3.当事人具有履行协议的实际能力。

（二）律师主持调解的范围

律师主持调解的范围相当广泛,只要是非诉讼法律事务纠纷,律师都可以主持调解,具体包括:①普通的民事纠纷和轻微的刑事案件;②民商事合同纠纷和其他民商事纠纷;③劳动争议纠纷。

（三）律师主持调解的程序

有关律师主持调解的程序问题,法律没有明确规定。律师实务中,律师主持调解的基本程序和方法是:

1.准备阶段。①办理委托手续。律师接受当事人双方或多方委托,要与委托人签订委托合同。在办理委托手续时讲明律师主持调解的含义、性质、要求、作用等,以便使各方当事人明确其权利义务关系,摆正当事人与律师之间的关系。②了解事实真相。对所调解案件纠纷的起因、经过和双方的要求等进行全面了解,以便掌握当事人争执的焦点和各自的立场、态度。③分析各方当事人对调解的态度及认识的差距。

2.调解阶段。律师首先要谈自己的身份,宣传非诉讼调解的意义、原则及双方应持的正确态度。由非诉讼当事人分别介绍纠纷的原因、经过和后果,并提出各自的主张。然后律师向各方当事人阐明有关法律对处理此纠纷的规定及各自应承担的法律责任。向当事人讲明利弊,促使各方提出方案。最后律师就各方提出的调解方案,进行说和,找出都能接受的调解意见。

3.协议阶段。经律师主持的调解能达成协议的,应制作调解协议书。协议书既可以由律师起草,征求当事人意见后定稿;也可以由当事人一方起草后,交律师及各方修改定稿。既可以由承办律师记录在案,也可以由各方当事人、律师各执一份。其格式,大致可以包括下列几个方面:

(1)当事人的自然情况,一般应称为当事人,不宜称原告或被告。

(2)纠纷的起因、经过、是非责任。内容要明确、具体,既要忠于事实真相,又要符合法律政策要求。

(3)律师主持调解的时间、地点。参与协助调解的相关人员。

(4)协议的具体内容,即当事人各自应享受的权利和应承担的义务。这是调解协议书的核心部分,要明确、具体,以便于今后履行。

(5)协议生效期限和双方履行完毕的最后期限。在当事人签名盖章后,由律师签名盖章。有协助调解人的,应该在协议上签名盖章。

4.履行阶段。对于双方当事人同意由主持调解的律师负责执行的,主持调解的律师要按协议负责执行。在执行时如出现了不能执行的情况需要对协议修改的,要对协议及时进行修改。对于能够执行的协议,在执行时要做好执行笔录,由在场执行的人签字,然后入卷。

二、律师参与调解

律师参与调解,是律师根据委托人的授权,以委托人代理人的身份,与对方当事人进行和解,或参加有关机构组织的调解活动。当事人的纠纷发生后,尚未将纠纷提交有关机构处理,或虽然提交有关机构但尚未达成调解协议时,律师代理委托人与对方当事人平等协商,达成和解协议,以和解的方式解决纠纷。当事人的纠纷已经提交有关机构处理的,如行政机关,人民调解委员会,律师在有关机构的组织下代理委托人参加调解,促使双方当事人达成调解协议,以调解的方式解决纠纷。

律师在参与调解活动时,应注意以下问题:

1.应与委托人订立委托代理合同,明确代理权限。代理权是律师代理当事人参加非诉讼调解活动的根据。律师在代理诉讼及仲裁活动时,须向有关部门提交授权委托书,而在代理非诉讼调解时,有关法律虽未规定律师应提交授权委托书,但是,作为代理活动的根据,律师应与委托人订立书面的委托代理合同,以明确律师的代理权限,尤其是涉及委托人实体权利的处分问题,代理律师与委托人之间必须有明确的约定。

2.应在弄清案件事实、明确是非界限的基础上代理参加调解活动。非诉讼调解协议作为当事人之间所达成的一种协议,具有法律意义,能够引起双方当事人之间某种实体法律关系的设立、变更或终止。因此,律师代理非诉讼调解,也应同代理诉讼调解、仲裁调解一样,首先应弄清双方当事人争议的事实和双方的是非、责任界限,然后根据委托人的授权,与对方当事人达成协议,以妥善解决双方当事人的纠纷。

3.应在代理权限范围内,尽力维护委托人的合法权益。律师代理非诉讼调解,无论以何种方式参加,都应在其代理权限范围内,尽力维护委托人的合法权益,不能因为代理的是非诉讼调解,就随意超越、滥用代理权,作出损害委托人利益的行为。代理律师必须明确,任何代理行为,代理人都应依法承担代理责任。

4.应妥善处理非诉讼调解终结后的有关事务。如前所述,不同性质的非诉讼调解,其结果具有不同的法律意义。调解终结时,若双方当事人达成了调解协议,且该调解协议具备强制执行效力或合同效力的,代理律师应告知委托人严格地履行调解协议;若双方当事人未能达成调解协议,代理律师应及时告知委托人,另行通过其他方式解决争议,并依法提出初步意见供委托人参考,以实现其合法权益。

■ 第三节　律师见证

律师见证的法律属性为"人证"或"私证"。在我国古代就有私人作证的民间习惯,人们通常邀请当地有名望的人士或族戚邻里到场进行见证活动,并证明他们在字据(契约)上签字画押。发展至宋代我国出现了专门替人写字的铺子,被称作"书铺"或者"钞状书铺户"。"书铺"主要功能之一就是由"代书人"替人书写状书,由于代人写状书要经常涉及书写的文书的内容,就使代书人不可避免地参与到相应的民事行为中去。如书写买卖契约时,就可能成为买卖契约成立的见证人,而在书写"婚书"时,无论是"求婚书"、"许婚书"还是"庚贴","代书人"均可成为婚姻成立的见证者。

对于律师见证,目前的法律、法规并无具体明确的规定,律师开展见证业务,比较直接的根据就是《律师法》第25条第6项的规定:"接受非诉讼法律事务当事人委托,提供法律服务。"律师见证是应法律服务市场的需求而产生的一项律师非诉讼业务,特别是在涉外民事活动中,律师出具的见证意见书往往是必不可少的法律文件,成为公证之外的另一种证明形式。

一、律师见证的概念及法律特征

律师见证,是指律师应当事人的申请,根据自己的亲身所见,以律师事务所的名义,依法对法律事件或法律行为的真实性、合法性进行证明的一种活动。律师见证具有下列法律特征:

1. 见证的主体是律师。律师见证,具有不同于其他证明方式的独到之处,即律师见证的主体是律师,而见证的名义是作为专门法律服务机构的律师事务所,这与任何人都可以进行的民间私证,以及以公证机构名义进行的公证,都有根本的区别。

2. 见证是一种对法律事实的确认。当事人请求见证,往往是因为对法律、法规不够了解,对所见证事项的合法性缺乏必要的认识,想通过律师见证寻求一种法律保护。因此,律师见证,主要是根据现行的法律,对法律事实的真实性、合法性进行确认。

3. 见证的时间与空间有着严格的限制。所谓的见证时间,是指对见证行为发生之时进行见证;所谓空间,是指律师亲眼所能见到的范围。律师见证的时间与空间都不能超出这个范围。

4. 律师具有独立的地位。律师办理见证业务,虽然也是基于当事人的委托,但委托的是见证,而不是代理。在见证过程中,律师是以见证人的身份从事见证活动,他既不是代理人也不是调解人,而是在双方或多方当事人之外的具有独立地位的见证方,具有证明和监督的双重性质。

二、律师见证的原则

根据法律法规确立的法律原则和律师实务的经验,律师见证应遵循以下原则。

1. 自愿原则。律师见证有别于法律法规规定的强制公证,我国法律法规没有规定哪些事项需要进行律师见证,当事人委托律师见证是根据自己办理某些事项的需要,主动请求律师进行见证。因此,律师见证必须是根据当事人的委托才行,不得强迫当事人进行见证。

2. 直接原则。律师见证必须是律师对其亲身所见的法律事实和法律行为进行见证,即律师仅能就其本人亲眼所见范围内发生的法律事实和法律行为进行证明,体现为见证的时间性和空间性,律师不得对其本人未亲眼所见到事实出具见证意见书。

3. 客观原则。律师见证要真实的反映当事人的意思表示,客观的确认正在发生的法律事实或行为,不得歪曲客观事实。

4. 回避原则。律师不得办理与本人、配偶或本人、配偶的近亲属有利害关系的见证业务。

三、律师见证的效力

1. 约束效力。律师见证,对当事人具有一定的约束力。因为当事人既然自愿申请见证,而且所见证的法律行为也具有真实性、合法性,那么当事人就不得对已见证的事项随意变更、修改或废止,而应自觉履行。

2.证据效力。律师见证,是律师以自己专业人员的身份和法律专业知识,以律师和律师事务所的名义,从第三者的角度,客观公正地证明了当事人所为的法律行为,这不仅在客观上使被见证对象具有真实性和合法性,同时还使其具有一定的可信性。因而当发生纠纷引起诉讼时,通常可作为认定事实、确定当事人之间权利义务关系的证据。

四、律师见证的范围

律师见证应侧重于对法律行为进行见证,而对某些不以人的意志为转移的法律事件则不宜进行见证。实务中律师见证的业务主要有以下几个方面:①各类民商事合同的签订与履行的行为;②公司(企业)章程,董事会决议,股权转让协议等法律文书;③委托代理等民事法律关系。

律师不得见证法律、法规、行政规章规定强制公证的事项,也不得见证法律法规禁止见证的事项。

五、律师见证程序

1.接受当事人的委托,签订委托见证合同。当事人委托律师进行见证时,律师应要求当事人首先提交能够证明其身份的证件,并说明委托见证的事项,提交有关文件、材料和证据。律师接待委托见证的当事人应制作笔录,根据当事人的要求和所提供的材料,审查其是否属于见证范围。对于符合见证条件的,应由律师事务所和当事人签订委托见证合同。合同的内容一般应包括:①申请见证的事项;②合同双方的责任;③律师费用及支付方式;④双方签名、盖章,注明日期。对不符合律师见证条件或不属于律师见证范围,以及见证事项不真实、不合法的,则不接受委托。

2.审查。律师接受委托后,应对当事人就见证人提供的材料进行认真审查分析。

(1)核实当事人的主体资格。见证律师在对当事人的主体身份进行调查和认证时,不能仅以当事人自行提供的材料作为认定主体资格的依据,还要主动去查明自然人或法人的真实身份,确定其权利能力和行为能力、资信状况、履约能力等等。对企业来说,应当调查企业的工商登记、税务登记、外贸许可、特许经营、产品标准、专利商标等等,对相关的证据和材料,还应到有关部门进行必要的调查核实。

(2)审核见证事项的合法性。从律师见证的目的看,见证不仅仅是对行为本身的见证,还应包括对所见事项如合法性进行见证,否则律师作为法律服务职业的专有属性则得不到体现,律师见证也就失去了应有的法律意义。以合同见证为例,律师不能只对合同签字盖章行为的真实性做见证,还要对合同内容的合法性进行见证。律师见证之所以不同于普通公民的作证,主要体现在见证律师对见证事项合法性的审查上。同时,律师还要注意所见证的事项不得违背社会公德和侵害他人合法权益。

(3)审查见证事项的真实性。律师进行见证要查明当事人提交材料的真实性,确定其意思表示要真实、明确,是否有欺诈、胁迫、乘人之危和重大误解的情形。

3.见证。见证行为发生时,见证律师应监督法律文件的制作、复制,证明它们的真实性、合法性。需要注意的是,在双方或多方当事人实施特定的法律行为时,接受聘请的见证律师必须亲临现场,目睹该项法律行为的完成。律师见证仅是就其亲自经历某一事件过程中的所见所闻进行客观的证明,不需要进行分析研究、判断推理。因此,律师见证时,必须尊重客观事实,防止个人主观臆断。

4.出具见证意见。对经律师见证,见证事项真实、合法,律师应在委托见证合同约定的期限内出具律师见证书,律师应当在见证书上签名,律师事务所应在见证书上盖章。

六、律师见证书

律师见证书是律师开展见证业务所使用的法律文书,其内容结构主要由首部、正文、尾部三部分组成。

1.首部。包括标题、文书编号、委托见证人的身份情况等。

2.正文。这是见证书的主体部分,可依次写清见证事项、见证过程、见证结论和法律依据等四项内容。

3.结尾。应在右下方按序分行写出律师事务所的全称,由两名见证律师签字盖章,并在见证书的年、月、日上加盖律师事务所的公章。

■ 第四节　律师资信调查

一、律师资信调查的概念

律师资信调查,是指当事人为预防风险,保障其投资、经营的安全,委托律师代理其对他方的资产状况和商业信誉进行的考察和了解的一项非诉讼业务。律师进行资信调查,是律师发挥职业优势,行使调查权,为当事人提供法律服务的一个主要的执业活动。

所谓资信是指被调查对象的资金能力和信誉状况。根据律师实务,资信调查的内容主要包括以下几个方面:

1.被调查对象的基本情况。即被调查对象的主体资格、法律地位和行为能力。如果是经济组织,还应当包括是否具备法人资格,企业的组织形式、注册资本、经营范围等;如果是自然人则应当查明:①出生日期;②身份证件、签发日期;③户籍所在地;④居住地;⑤家庭基本情况;⑥毕业处所;⑦工作处所;⑧有无犯罪记录;⑨个人信誉情况;⑩有关职能部门评价。

2.被调查对象的资本状况。包括注册资本总额、实有资本及其对外债权债务、经济效益情况、生产能力和技术设备力量等内容。

3.被调查对象的经营情况。包括其经营范围和方法以及生产经营状况等内容。调查被调查对象的合法经营项目、经营活动的方式,以确定其商业性质。企业经营实际现状,企业实际办公状况,企业机构设备情况,企业经营状态。资产实地追踪,固定资产现状的全方位追踪调查,提供所在地点,资产具体数额,产权所有并辅图片资料。深度背景分析,主营范围,主要货源,主要市场,供销渠道。

生产经营状况的调查,包括调查被调查对象的开工状况、经济效益状况以及产品市场状况。特别要注意,是否有开工不足、经济效益逐步下降、产品不适销对路、没有市场等情况。

4.被调查对象的商业信誉情况。主要包括其生产的产品质量,履行合同的能力,以往的履约率,服务质量情况,产品的声誉情况,产品的销售服务情况,实际信用状况,合作伙伴评价,业内人士评价,主管部门评价,重大不良记录等。

5.被调查对象财产担保情况。主要应调查该企业是否对其不动产和固定资产已经设定了抵押担保;是否为其他企业设立了保证人担保。

二、律师资信调查的途径

律师资信调查的方式主要是通过被调查对象所在的商务机构、企业登记机构、金融机构、信息咨询机构或通过当地的律师事务所、中国驻外使领馆、被调查对象的有关客户等途径进行。律师资信调查的目的在于为委托人的投资和经营活动提供可靠的参考依据,因此在调查结束时,律师应向委托人提交书面材料,将调查结案报告给委托人。

从各种意义上讲,委托人委托律师进行资信调查,其重要意义和作用远远超出资信调查本身,它不仅可以预防和减少纠纷的发生,更重要的在于保障委托人合法的财产权益免受因对方的欺诈行为所造成的巨大损失。

律师资信调查的事项是根据委托人的要求确定的,其调查内容往往涉及被调查对象的商业秘密和个人隐私,因此,律师应严格依照法律对当事人委托的事项进行审查和研究,然后决定是否接受调查,以防止委托事项侵犯其他人的合法权利。

■ 第五节 法律咨询

一、法律咨询的概念和范围

法律咨询,是指律师对当事人就有关法律问题的询问进行解释、说明,以及提供解决该问题的意见、方案、建议的一种业务活动。根据《律师法》第25条第7项的规定,律师解答法律询问,是律师的一项重要职责,也是律师向社会提供法律服务的一种普遍方式。

由于我国律师法对律师解答法律询问的范围没有作具体规定,因此实践中的做法不够统一。但根据律师实务的经验,律师解答法律询问的范围,不宜过宽,但也不宜过窄,应当是就询问者所提出的有关法律、政策问题,作出正确解答,防止对法律作出扩张解释,也应尽量避免主观臆断,律师可结合司法实践中的相关案例适当加以说明。

解答法律询问是律师运用法律知识向社会提供法律服务最普遍的方式。人们在社会生活中,可能遇到各种各样的法律问题需要请求律师予以解答,因此法律咨询的范围是非常广泛的,咨询者不仅可以是国家机关、企事业单位、社会团体和我国公民,而且可以是外国法人、外国组织和外国公民;咨询的问题,可能是有关婚姻家庭的,也可能是有关诉讼、非诉讼纠纷方面的;也可能涉及刑法、民法、经济法、婚姻法、各种诉讼法、劳动法、行政法等,还可能涉及国家方针、政策、国际惯例与规则等等。因此,律师要加强自身业务的学习,提高业务水平,为当事人提供高水平的法律咨询服务。律师在解答法律询问时既要注意法律咨询内容的广泛性,同时也应当确立解答法律询问工作的重点,其中解答有关刑事、民事、经济、行政法律和诉讼程序的问题,特别是对已经或者可能形成诉讼的具体事件提供法律上的意见是律师法律咨询的重点。避免"有问必答、有求必应",把非法律的问题也都列入法律询问的范围。此外,对于有些仍然靠政策调整解决和处理的问题,也应当列入解答法律询问的范围,否则,就会使一部分咨询者失去获得法律保护的可能。

二、律师法律咨询的方法

律师解答法律询问,有口头解答和书面解答两种方法。其中口头解答是一种主要的方法,而书面解答则属于特殊情况。

(一)口头解答

口头解答,是律师对于咨询者提出的问题,用口头方式予以回答。一般情况下,律师对于咨询者提出的问题,都是立即给予解答,只有遇到情况复杂,需要查阅资料、集体讨论后才能解答的问题,才与咨询者另外约定时间再作解答。

律师接待咨询者,应当填写《律师咨询登记表》,写明咨询者的姓名、性别、年龄、职业、文化程度、民族、工作单位、住址等基本情况,并记明其咨询的具体问题,然后开始听取咨询和解答问题。

律师在听取咨询阶段,应当明确这一阶段的任务主要是听清楚咨询者陈述的事实和需要解答的问题实质。律师应当认真、仔细地倾听咨询者的陈述。由于咨询者在年龄、文化程度、社会职业等方面的差异,其表达能力也就各不相同。对于语言含糊不清、词不达意或杂乱无章、漫无边际的陈述,律师一方面要认真耐心地倾听,同时也要注意引导其说明事实真相和问题实质。并且,对于关键性的事实和情节,律师还应当有针对性地进行提问。根据咨询者情况的不同,律师既可以采取谈心式提问、探讨式提问,也可以采取发问式提问,这几种提问方式也可以交叉、重复使用。提问既可以在咨询者陈述的过程中进行,也可以在咨询者陈述结束以后进行。律师应避免采取司法机关询问当事人的提问方式,注意使咨询者消除顾虑,使其信赖律师,与律师建立良好的心理接触关系,确保其能够清晰准确地作出陈述。同时,律师在听取陈述过程中,还应当注意查看、阅读咨询者随身带来的有关证据、材料、文件等,核实其陈述是否有根据,是否真实可靠,有无遗漏情节和矛盾现象,以便深入全面地了解事实真相。

律师在听取咨询以后,在对咨询者做出答复以前,应当根据自己所掌握的法律专业知识和有关政策,对咨询者陈述的事实进行综合分析判断。对于情况复杂涉及面广、把握不准的问题,不要急于做出绝对肯定或绝对否定的答复,而应当从咨询者所陈述的事实中理出头绪,找出实质性和关键性的问题,弄清咨询者的基本要求,然后根据法律和政策,分析判断咨询者的要求是否合理合法,如果合法,就应进一步分析该问题涉及哪些权利义务关系、应通过什么途径解决。律师只有在全面了解事实,对事实进行综合分析判断的基础上,才能找出解决问题的方案,所提出的建议才会准确无误、有的放矢和切实可行。

(二)书面解答

书面解答,是律师根据法律和政策,以书面形式解答咨询者提出的问题。律师在以书面形式解答法律询问时,同样也要有针对性,做到有的放矢,而不能答非所问。律师要认真研究咨询者提供的有关材料,分析咨询者叙述的事实是否真实可靠,提出的问题是否合理合法,以尽可能弄清楚咨询者的真实意图和实际情况,做出重点明确、条理清晰和有针对性的答复。同时,律师在出具书面材料中要注意文字清晰,语言通俗易懂,答复和建议明确具体、切实可行,并且有法律、政策作为依据。

总之,不管是口头解答,还是书面解答,对于不合理、不合法的要求,律师都应当耐心向咨询者解释法律、政策的规定,使其心服口服地放弃显然违法或无理的要求;对于不属于解答范围的问题,律师也应当向咨询者说明情况,并告知解决问题的有关途径;对于仅涉及程序问题的询问,可以依照法律明确予以答复;对于涉及实体问题的询问,如刑事被告人的定罪量刑、民事损害赔偿的具体数额等问题,一般不宜具体答复。

■ 第六节 代 书

一、代书的概念和意义

(一)代书的概念和特征

代书即律师代写法律文书,是指律师根据委托人的合法意志,依据事实和法律,以委托人的名义代替委托人书写诉讼文书和有关法律事务的其他文书的行为。

根据《律师法》的规定,代写诉讼文书和有关法律事务的其他文书是律师的一项主要业务,其法律特征主要是:

1. 律师代书文书必须以委托人的名义,并反映委托人的合法意志。律师的代书与律师撰写的辩护词、代理词,尽管都是为了维护委托人的合法权益而书写的法律文书,但辩护词、代理词是以律师自己的名义制作和发表的,而代书必须以委托人的名义书写,否则就不能称之为代书。同时,代书所反映的内容应当符合委托人的合法意志。

2. 律师代书必须根据事实和法律。律师代书的文书,在内容上应如实反映客观事实,注意引用法律正确。对于委托人不合理的或违法的要求,律师应当耐心说服、劝其放弃,如果委托人仍固执己见,律师有权拒绝代书。

3. 律师代书所产生的法律后果由委托人承担。由于律师代书是以委托人名义书写的,而且反映的是委托人的合法意志,因此,律师代写的法律文书使用后所产生的法律后果理所当然由委托人承担。如代写起诉状,引起诉讼程序后,在诉讼中享受一定权利和承担一定义务的应是委托人,而不是代书的律师。

4. 律师代写的是法律事务文书,或是与国家法律的执行有直接关系的文书,如代书起诉状、合同、遗嘱等。

(二)律师代书的意义

代写诉讼文书和其他律师事务所文书,是律师从法律上帮助公民维护合法权益的一种方式。其重要性表现在以下几个方面:

1. 代书是从法律上维护当事人合法权益的一种方式。律师可以通过为那些缺乏法律知识或者没有文化以及行为能力受限制的当事人代写法律文书,帮助他们克服诉讼上的困难,直接维护其诉讼权利。通过帮助当事人起草、审查、修订法律文书,帮助他们克服法律事务操作上的困难,起到防止纠纷,平抑诉讼的作用。

2.律师代书对审判工作提供了有利条件。可使审判人员从代书中清楚地了解当事人诉讼请求,事实理由,相关证据和法律依据,从而可以加快诉讼进程,缩短审理时间。对于保证人民法院准确、及时、合法地处理案件具有重要的意义。

3.律师代书可以起到宣传法律,提高群众法制观念的作用,律师的每件代书业务,无不涉及法律、政策。因此,又可以说律师的每件代书都是对于法律、法规及政策具体的、形象的说明或解释,直接可以起到教育当事人,增强法制观念的作用。

总之,律师代书工作,是律师业务活动中的一项很重要的工作。工作质量的好坏,直接反映着律师的业务水平,直接影响着律师的声誉和其他业务的开展。因此,广大律师一定要重视此项业务活动,充分发挥代书工作的积极作用,为维护法律的正确实施及当事人的合法权益作出贡献。

二、代书的范围

律师代书的范围十分广泛。根据法律事务的不同性质,律师代写的法律事务文书可以分为以下两类:

1.诉讼文书。诉讼文书的代书,通常是律师接受刑事、民事或行政案件当事人的委托,在参与诉讼活动过程中代写的各种法律事务文书。它主要包括诉状类文书和诉讼过程中使用的各种申请书,前者如起诉状、上诉状、答辩状、申诉状等,后者如财产保全申请书、回避申请书、鉴定申请书、申请执行书、申请撤诉书等。

2.有关法律事务的其他文书,通常也称非诉讼法律事务文书。非诉讼法律事务文书的代书,主要是指诉讼文书以外的,律师在担任法律顾问、进行非诉讼代理以及接待来访过程中,根据委托人的要求而书写的法律事务文书。这一类文书主要包括合同、公司章程、意向书、声明书、谈判备忘录、技术引进可行性研究报告、公证申请书、仲裁申请书,以及公民间的一般契约、遗嘱、遗赠扶养协议、收养协议、申请书等,内容十分庞杂。

律师代书的范围,应以上述两类法律事务文书为限。对于不涉及法律问题的一般文稿函件,则不属于律师代书的范围。至于违法犯罪分子的悔过书、坦白书等,也不能由律师代书,而应由其本人书写。

三、代书的基本要求

律师的代书,既不是机械地"录事"、简单地"代笔",也不是文学创作,而是一项法律性、政策性很强的律师业务。律师代书质量的高低、优劣,不仅直接关系到委托人的合法意志是否能够得到充分反映,而且直接反映出

律师的业务水平,并在一定程度上影响律师的信誉和律师工作的顺利开展。因此,律师代书必须遵守以下基本要求:

1. 目的明确、中心突出。所谓目的明确,是指律师在代写法律事务文书时,要有明确的目的和宗旨,对文书所要解决的实质性问题必须明确、肯定。所谓中心突出,是指律师代书前,应当首先请委托人详细叙述有关事实,并说明代书的目的要求,以便把握案情、事件或者问题的实质,从而确立论点、突出中心、明确目的,避免在枝节上大做文章。诉讼文书陈述的事实要求全面、客观、真实,要反映案件的主要事实,反映案件事实之间的内在联系。对于案件的次要事实,则可以采用概括叙述的方法。

2. 内容客观、理由充分。由于任何法律事务文书,都能够引起相应的法律后果,所以律师代书要力求客观全面地反映真实情况,准确地引用法律,实事求是地分析判断,合情合理地提出要求。并且,律师代书诉讼文书时还应注意对当事人提供的证据材料进行认真的分析研究,以确定其真实可靠性。对于证据不足的,应当指导当事人及时补充证据材料,以便为其写出事实清楚、证据充分、理由充足的诉讼文书。对于当事人的要求不能"有求必应",而应当根据事实和法律来论证当事人诉讼请求的正确性和合法性;用证据的真实性还原事实的真实性,使事实建立在证据的基础上,做到用证据说话。只有这样才有助于法庭作出公正的裁决。

3. 用语准确、逻辑严密。法律事务文书要求单一解释,所以用语一定要准确。所谓用语准确,不仅是要求在内容上要准确地叙述事实和引用法律,而且也要求在语言的运用上要准确地遣词造句和使用标点符号。律师代书时,不管是表述事物发生、发展过程,还是分析论证事理或解释某个观点,都必须做到表述准确恰当,逻辑严密,有理有据,文字精炼朴实。文章结构层次清晰,大小标题立意明确,概括性强。绝不能有主观臆断、自相矛盾、违反事理、含糊其辞、模棱两可或用华丽词藻渲染、修饰等现象出现,以免产生歧义和误解。尽量避免使用疑问句或反问的语式。

4. 层次分明、格式规范。为了有效地发挥法律事务文书的法律效能,各类法律事务文书一般都有固定或标准的格式。因此律师代书,不仅要做到内容客观、准确、合法,而且在制作上要规范化。对于有固定要求的结构或式样,不能随意变动和前后倒置。

图书在版编目（CIP）数据

律师制度 / 田文昌主编. --北京：中国政法大学出版社，2007.5
ISBN 978-7-5620-2981-6

Ⅰ.律... Ⅱ.田... Ⅲ.律师制度 - 研究 - 中国　Ⅳ.D926.5

中国版本图书馆CIP数据核字(2007)第071357号

出版发行	中国政法大学出版社
经　销	全国各地新华书店
承　印	固安华明印刷厂

720mm×960mm　　16开本　　26.625印张　　485千字
2007年6月第1版　　2013年10月第2次印刷
ISBN 978-7-5620-2981-6/D·2941
定　价：29.00元

社　址	北京市海淀区西土城路25号
电　话	(010)58908435(编辑部)　58908325(发行部)　58908334(邮购部)
通信地址	北京100088信箱8034分箱　邮政编码 100088
电子信箱	fada.jc@sohu.com(编辑部)
网　址	http://www.cuplpress.com　(网络实名：中国政法大学出版社)